U0319155

普通高等教育"十三五"规划教材

"十二五"江苏省高等学校重点教材（教材编号：2015-1-078）

岩土工程测试技术

（第2版）

主编　沈　扬　张文慧

编委　王　伟　励彦德　陶明安

　　　倪小东　李海龙　葛冬冬

北　京

冶 金 工 业 出 版 社

2023

内 容 提 要

本书涵盖了目前在土木、交通、水电、采矿等工程领域涉及的主要室内外岩土工程测试技术。全书共分为十五章,详细地讲述了土的颗粒分析、土的基本物理指标测定、无黏性土的相对密实度测定、黏性土的基本工程指标测定、土的渗透系数测定、土的变形特性指标测定、土的抗剪强度和指标测定、室内试验土样制备、室内岩石强度和变形试验、土工织物试验、载荷试验、触探试验和原位波速测试、场地应力位移检测、现场专项岩土工程检测与监测等各项技术的基本原理、操作方法、数据处理及分析注意要点。

本书为高等学校土木、交通、水电、采矿等专业的教材,也可供从事相关工作的工程技术人员参考。

图书在版编目(CIP)数据

岩土工程测试技术/沈扬,张文慧主编 . —2 版 . —北京:冶金工业出版社,2017.6(2023.1 重印)

普通高等教育"十三五"规划教材

ISBN 978-7-5024-7534-5

Ⅰ.①岩… Ⅱ.①沈… ②张… Ⅲ.①岩土工程—测试技术—高等学校—教材 Ⅳ.①TU4

中国版本图书馆 CIP 数据核字(2017)第 133560 号

岩土工程测试技术 (第2版)

出版发行	冶金工业出版社	电　　话	(010)64027926
地　　址	北京市东城区嵩祝院北巷 39 号	邮　　编	100009
网　　址	www.mip1953.com	电子信箱	service@ mip1953.com

责任编辑　杨　敏　美术编辑　吕欣童　版式设计　孙跃红
责任校对　石　静　责任印制　窦　唯
三河市双峰印刷装订有限公司印刷
2013 年 1 月第 1 版,2017 年 6 月第 2 版,2023 年 1 月第 3 次印刷
787mm×1092mm 1/16;25.5 印张;615 千字;388 页
定价 68.50 元

投稿电话　(010)64027932　投稿信箱　tougao@cnmip.com.cn
营销中心电话　(010)64044283
冶金工业出版社天猫旗舰店　yjgycbs.tmall.com
(本书如有印装质量问题,本社营销中心负责退换)

第 2 版前言

岩土工程是一门应用性很强的学科，其以岩土体为对象开展分析，以试验测试、理论分析、数值分析三大方法为主体研究手段。其中，试验测试技术不仅独立发挥作用，而且也是验证理论和数值分析可靠性的重要支撑。河海大学岩土工程学科作为国家两个首批岩土工程重点学科之一，长期以来致力于在本科和研究生教学中开展专业的岩土工程测试技术理论与实践课程教授。为应对国内外岩土工程测试技术发展的新态势以及配合相关课程教学的有效深入，作者所在团队于 2013 年出版了《岩土工程测试技术》教材。该教材出版后，得到广大师生的好评，并在 2015 年入选江苏省高等学校重点教材立项。

对第 1 版教材进行修订，主要基于两方面考虑：其一，第 1 版对现场测试技术内容的介绍还较少，本次修订对目前原位开展的典型测试技术予以重点补充，主要包括场地的基本土工测试技术（如沉降、水平位移、孔压观测方法等），四类典型土建工程（基坑工程、道路工程、隧道工程和桩基工程）中的测试技术等；其二，在第 1 版出版后的三年间，部分岩土工程测试技术有了显著发展，一些领域的相关规范也有了变革，因此在修订时，将一些规范更新内容与时俱进地予以呈现，同时也对一些新测试技术进行了补充说明，以供相关专业本科生、研究生学习，以及高校教师、科研技术人员工作借鉴和参考。

修订后的教材共十五章，其中第一章~第八章、第十章~第十三章由沈扬负责修订；第九章由王伟负责修订；新增的第十四章由励彦德（中交天津港航勘查设计研究院）撰写，第十五章由张文慧、陶明安（铁道第三勘察设计院）、倪小东、李海龙（江西省建筑设计研究总院勘察分院）、沈扬、王俊健撰写；葛冬冬（江苏省南通市海安县水利局）、徐海东、朱颖浩、杜文汉、邱晨辰、葛华阳参与了部分章节的撰写、修订工作；施文、沈雪、李安、芮笑曦、宋顺翔、王钦城参与了部分章节的绘图和校订工作。为便于读者学习，本书特别提供了配套课件（需要者可与冶金工业出版社联系），王俊健、芮笑曦、施文、王钦城、葛华阳、冯照雁、翁禾、沈雪、冯建挺参与了课件的制作。以上参与修订工作的成员,除特别注明外,均来自河海大学。

本书在撰写过程中,借鉴和引用了一些国内外专家、学者的书籍、学术论文等资料,并得到江苏高校品牌专业建设工程一期项目(PPZY2015B142)、国家自然科学基金面上项目(51479060)的资助,在此谨表谢忱。

限于作者水平,书中恐有不妥之处,恳请读者批评指正。

联系邮箱:shenyang1998@163.com。

作 者

2017 年 3 月

第1版前言

岩土工程测试技术是岩土工程学科的重要组成部分，对土木、水利、采矿、交通、海洋、市政等工程的勘察、设计与施工均具有重要意义。本书是为适应我国工程建设需要而编写的面向广大本科院校相关专业学生的岩土工程测试技术教材，同时亦可作为岩土、勘察、地质工程专业研究生和从事土工试验与现场测试工作的专业技术人员的参考书。考虑到本书的综合适用性及岩土工程测试本身的特点，全书以土力学测试技术为主，但亦介绍了一些典型的岩石力学测试试验内容。

目前国内土工检测试验方面的教材较多，侧重点一般为试验流程的介绍，而我们在教学、科研过程中发现，测试中所涉及的一些原理概念易被混淆，操作中的细节易被忽视，从而引起很多问题，甚至带来数据分析的误差和错误。因此，为满足广大师生的实践需要以及鼓励学生做发散性思考，本书在章节内容编排和要点侧重方面，强调了岩土工程测试技术与岩土力学理论之间的逻辑对应关系，重视对试验操作细节的还原，同时对一些因原理与实际差异而引起的分析结果偏差进行了剖析，并注意将试验检测内容与解决工程实际问题有机联系起来。考虑到课时限制以及各种试验的实际应用程度，本书对测定同一类参数的试验一般只详细阐述两种试验方式，其他相似试验，以列举参考文献的方式予以推介，从而在有限的篇幅下保证教材的深度与广度。

本书涉及的岩土工程试验操作规则，主体是以中华人民共和国国家标准《土工试验方法标准》（GB/T 50123—1999）、《土的工程分类标准》（GB/T 50145—2007）、《工程岩体试验方法标准》（GB/T 50266—1999）、《岩土工程勘察规范》（GB 50021—2001）为基准，并参考诸多国家标准、行业标准与规程的相关条例和相关岩土类工程测试著作编写的。目前国内不同行业内关于岩土工程测试方面的规程较多，其间可能存在差别，本书在一定程度上进行了对比分析，亦期望不同行业的读者根据实际工作需要，应用不同的规程、规范来完成检测测试操作和数据处理。

全书共分十三章，其中第一、二、三、五、七、八、十二、十三章由沈扬编写，第六、十、十一章由张文慧编写，第九章由王伟编写，第四章由张文慧、沈扬编写。葛冬冬、陶明安、李海龙、费仲秋、黄文君、徐国建、周秋月参与了部分章节的编辑、绘图和校订工作。

在编写过程中，参考了国内外一些专家、学者的书籍、学术论文等资料，并得到了"长江学者和创新团队发展计划"（IRT1125）的资助，在此谨表谢忱。

限于作者水平，书中不当之处，恳请读者批评指正。

作　者
2012 年 9 月

目　　录

第一章 土的颗粒分析试验

第一节 导 言

工程中通常把工程性质相近的一定尺寸范围的土粒划分为一组，称为粒组。土中颗粒的组分很多，其粒径从大到小，排布不齐，其间的差异，若用宏观类比，就如同一只只的小蚂蚁穿梭于栋栋摩天大厦之间，土中各颗粒尺寸间的巨大差异可见一斑。不同的组分不仅代表着颗粒大小的关系，同时也蕴涵了内在不同的化学连接作用，颗粒分析试验至少能让我们从物理上对这些颗粒组分进行调查，且实际工程中土的很多性质，如密实度、渗透性、稠度等，也能直接通过颗粒的大小及其在土体总量中所占的百分含量予以反映。因此颗粒分析试验就显得格外基础与重要，本书的起笔便从土的颗粒分析试验开始。

土体的颗粒组成是通过级配，即各粒组的相对含量表示的，因此我们进行颗粒分析试验的目的：从直观层面上说是为了测定土体中各粒组的百分含量，深层次而言就是分析土体的级配情况，进而对其工程特性的优劣进行评价。表 1-1 列出了根据中华人民共和国国家标准《土的工程分类标准》（GB/T 50145—2007）所进行的土的常见粒组分类。

表 1-1 土中的常见粒径组分类[5]

粒 组 统 称	粒 组 划 分		粒径（d）的范围/mm
巨粒组	漂石（块石）组		$d>200$
	卵石（碎石）组		$200 \geqslant d>60$
粗粒组	砾粒（角砾）	粗 砾	$60 \geqslant d>20$
		中 砾	$20 \geqslant d>5$
		细 砾	$5 \geqslant d>2$
	砂 粒	粗 砂	$2 \geqslant d>0.5$
		中 砂	$0.5 \geqslant d>0.25$
		细 砂	$0.25 \geqslant d>0.075$
细粒组	粉 粒		$0.075 \geqslant d>0.005$
	黏 粒		$d \leqslant 0.005$

★ 较之于旧版的《土的分类标准》（GBJ 145—90），《土的工程分类标准》（GB/T 50145—2007）针对粗粒组分类做了完善，添加了中砾类型，并实现了砂粒组的细分，这都是因为在实际工程中发现颗粒粒形对地基承载力估算非常重要而做出的改进。

从表中可见，土的组分差别巨大，显然在实践中仅仅采用一种类型的试验，是很难确定所有土粒粒组含量的。因此有关粒组组分确定的颗粒分析试验，需分为几种：对于粒径在 0.075mm 以上的粗粒土，一般采用筛析法分析土的颗粒组分；而对粒径在 0.075mm 以下的细粒土，则采用密度计法试验或移液管法试验予以分析；若土中粗细兼有，则联合使用筛析法及密度计法或移液管法。有关这些试验的介绍，将在本章的第二节和第三节分别予以阐述。

第二节　筛析法试验

一、试验原理

筛析法试验的原理简单，简而言之就是选择孔径大小各异的一系列分析筛，将试样放置在最大筛径的分析筛中，并由上至下将自大到小孔径的筛叠在一起，进行振筛。振筛后，根据土样留在不同孔径筛盘中的土粒含量差异来对其进行分组，进而算得各个粒组在总土中所占的百分含量。这种方法简单易行，但由于筛孔制作限制，以及小粒径土粒的黏连特性，这种纯机械的分选方法仅适用土粒粒径超过 0.075mm，但又不大于 60mm 的土。有关粒径大于 60mm 土粒的分类方法，可参考文献 ［49］，此处不再赘述。

二、试验设备

筛析法的设备主要包括以下几个部分：

（1）分析筛：分析筛根据孔径的大小分为两类，即粗筛和细筛。其中，粗筛一般为圆孔，孔径分别为 60mm、40mm、20mm、10mm、5mm 和 2mm；而细筛一般为方孔，等效孔径分别为 2mm、1mm、0.5mm、0.25mm、0.15mm 和 0.075mm。

（2）台秤：称量 5kg，最小分度值 1g。

（3）天平：称量 1000g，最小分度值 0.1g 的天平，以及称量 200g，最小分度为 0.01g 的天平。

（4）振筛机：要求筛析过程中能够提供上下振动和水平方向的转动（见图 1-1）。

（5）其他：烘箱、量筒、漏斗、研钵（附带橡皮头研杵）、瓷盘、毛刷、匙、木碾等。

图 1-1　振筛机

三、试验步骤

（1）从风干的松散土样中，根据四分法取出代表性试样（四分法定义详见第八章室内试验岩土样制备），取样质量根据土粒尺寸，按以下要求选取：

1）最大粒径小于 2mm 的土取 100~300g；

2）最大粒径小于 10mm 的土取 300~1000g；

3）最大粒径小于 20mm 的土取 1000~2000g；

4）最大粒径小于 40mm 的土取 2000~4000g；

5）最大粒径小于 60mm 的土取 4000g 以上。

若试样质量小于500g时，要求称量准确至0.1g；若试样质量超过500g时，称量精度应准确至1g。

（2）如土样均为无黏性土，则按以下步骤进行试验：

1）将上述称取样先以2mm的筛为基准过筛，分别称出通过筛孔和残留在筛上的试样质量（若筛下质量，即小于2mm粒径土粒含量小于总土质量的10%时，不作细筛分析；反之当筛上质量，即大于2mm粒径土粒含量小于总土质量的10%时，不作粗筛分析）。

2）若进行细筛分析，则将先前过2mm筛的土倒入依次叠好的细筛最上层的筛盘中，将整组细筛放入振筛机中，进行振动，约进行10~15min后，停止振筛。由最大孔径筛开始，依次将各筛取下，在白纸上用手轻叩摇晃至无土粒漏下为止。将残留在各筛盘上以及底盘内的土样称重。精确至0.1g。

3）若进行粗筛分析，则将粗筛组按照孔径从大到小的顺序自上而下叠合，并将先前残留在2mm筛盘上的土倒入粗筛最上层的筛盘中，同步骤2）对整组土振筛、分筛并称重，精确至0.1g。

★　粗筛和细筛各分筛称量土的总质量与先前初始土样质量差异不能超过1%，否则要重新测定。

（3）若土样为含有细粒土的无黏性土，则按以下步骤进行试验：

1）将试样按在橡皮板上用研磨杵碾碎。根据试验步骤（1）的要求，取代表性试样置于清水容器中，用搅拌棒充分搅拌，使得试样的粗细颗粒充分分离。

2）将上述容器中的试样悬液通过2mm的筛，边搅拌边冲洗边过筛，直至筛上仅留大于2mm的土粒为止。

3）取残留在筛盘上的粗粒土烘干至恒重，称量其质量，精确到0.1g。并按照无黏性土过筛法步骤中的第3）步进行粗筛分析。

4）而对2mm以下土粒，需将底盘中所接取悬液，用带有橡皮头的研磨杵研磨，再过0.075mm筛，反复冲洗直至筛上仅留大于0.075mm的净砂为止。

5）取残留在筛上的土，烘干至恒重，按照无黏性土过筛法步骤中的第2）步，进行细筛分析。

6）而对0.075mm以下粒径土，烘干至恒重称量，若其含量大于总土质量10%，还要对其各粒组组分采用密度计或移液管法进行测定；若小于10%，则记录一个总的百分含量即可。

四、数据整理

颗粒分析试验数据就是要整理相应粒组的百分含量，具体如下所述。

1. 计算各粒组组分在总土中所占的百分含量

小于某粒径的试样质量占试样总质量的百分比，应根据式（1-1）进行计算：

$$P_i = \frac{m_{si}}{m_s} P_x \tag{1-1}$$

式中　P_i——小于某一粒径的试样占试样总质量的百分比，%；

m_{si}——小于某一粒径的试样的质量，g；

m_s——当细筛分析时或用密度计法分析时为所取试样的质量；当粗筛分析时为试样的总质量，g；

P_x——粗径小于2mm（细筛分析时）或粒径小于0.075mm（密度计法分析时）的试样质量占总质量的百分数。如试样中无大于2mm粒径或无0.075mm粒径，以及在计算粗筛分析时，取$P_x = 100\%$。

计算后，将数据添置在筛析法的颗粒分析试验记录表中（见表1-2）。

表1-2　颗粒大小分析试验记录表（筛析法）

工程名称：＿＿＿＿＿＿＿＿＿＿＿＿＿　　　　试验者：＿＿＿＿＿＿＿＿＿＿＿＿＿

土样编号：＿＿＿＿＿＿＿＿＿＿＿＿＿　　　　计算者：＿＿＿＿＿＿＿＿＿＿＿＿＿

试验日期：＿＿＿＿＿＿＿＿＿＿＿＿＿　　　　校核者：＿＿＿＿＿＿＿＿＿＿＿＿＿

风干土质量＝	g	小于0.075mm的土占总土质量的百分数＝	%
2mm筛上土质量＝	g	小于2mm的土占总土质量的百分数＝	%
2mm筛下土质量＝	g	细筛分析时所取试样质量＝	g

筛　号	孔径/mm	累计留筛土质量/g	小于该孔径的土质量/g	小于该孔径的土质量百分数/%	小于该孔径的总土质量百分数/%
盘底总计					

2. 绘制土的颗粒大小级配曲线

以小于某一粒径的颗粒质量占土样总质量的百分含量（%）为纵坐标，以颗粒粒径（mm）为横坐标（对数比例尺），根据前述求出小于某一粒径土的颗粒质量百分数绘制级配曲线（见图1-2），注意粒径坐标设定按照我国规范的要求，为左大右小。

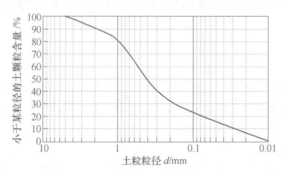

图1-2　颗粒大小级配曲线

★　级配图的绘制，是诸多图表中采用对数坐标轴表示的一例。很多工程问题都会出现对数坐标，但其含义不尽相同，例如本章颗分试验的对数坐标是为将粒径大小差异达到成千上万倍的各种土粒组综合反映在有限的图表空间中，所采取的一种便利措施；而第四章液塑限测定中对数图表的使用，则是因为圆锥刺入深度与含水率均与土体表面刺入强度成负指数联系，进而两者能在双对数轴上具有良好的线性关系表征。

3. 计算级配指标

根据确定几个关键的粒径含量点，计算不均匀系数 C_u 和曲率系数 C_c，进而进行土体级配优劣性的评价。

其中各指标的表述形式为：

（1）不均匀系数。不均匀系数的计算式为

$$C_u = \frac{d_{60}}{d_{10}} \tag{1-2}$$

式中　C_u——不均匀系数；

d_{60}——限制粒径，即在颗粒大小分布曲线上小于该粒径土含量占总土质量 60% 的粒径；

d_{10}——有效粒径，即在颗粒大小分布曲线上小于该粒径土含量占总土质量 10% 的粒径。

（2）曲率系数。曲率系数的计算式为

$$C_c = \frac{d_{30}^2}{d_{60}d_{10}} \tag{1-3}$$

式中　C_c——曲率系数；

d_{30}——颗粒大小分布曲线上小于该粒径土含量占总土质量的 30% 的粒径。

（3）判别级配优劣情况。不均匀系数 C_u 反映粒径曲线坡度的陡缓，表明土粒大小的不均匀程度。工程上常把 $C_u \leqslant 5$ 的土称为匀粒土；反之 $C_u > 5$ 的土则称为非匀粒土。

曲率系数 C_c 反映粒径分布曲线的整体形状及细粒含量。研究指出：$C_c < 1$ 的土往往级配不连续，细粒含量大于 30%，且在 $d_{30} \sim d_{60}$ 间易出现较大粒径土粒的缺失；$C_c > 3$ 的土也是不连续，细粒含量小于 30%，且在 $d_{10} \sim d_{30}$ 间易出现较小粒径土粒的缺失；而 C_c 介于 1~3 时土粒大小级配的连续性较好。根据《土的工程分类标准》（GB/T 50145—2007），工程中对粗粒土级配是否良好的判定规定如下：

1）良好级配的材料。一般来说，多数累积曲线呈凹面朝上的形式，坡度较缓，粒径级配连续，粒径曲线分布范围表现为平滑。同时满足 $C_u > 5$ 及 $C_c = 1 \sim 3$ 的条件。

2）不良级配的材料。颗粒粒径较均匀，曲线陡，分布范围狭窄。不能同时满足 $C_u > 5$ 及 $C_c = 1 \sim 3$ 的条件。

上述级配的特性，在工程上很有用处。但是必须注意，石渣料和砾质土、风化料、冰碛上的级配变化范围很大，其不均匀系数一般都大于 5，并具有压碎性大的特点。因此，在对粗粒土级配优劣的判别时，应结合实际用料的情况和曲率系数进行具体分析。

第三节　密度计法（比重计法）试验

筛析法只能测定粒径在 0.075mm 以上的粗粒土的百分含量，因此需要其他方法对更小粒径土的含量进行测定。国际上比较通用的方法是密度计法、移液管法和激光粒度仪试验法，本节将介绍密度计法的有关内容，有关移液管法的内容可参考文献 [6，14，20]。由于密度计法主要是测定细粒土的组分含量，因此要求粒组中大于 0.075mm 以上土颗粒的质量百分数不能过多，一般要求不超过 10%，且粒径不能大于 2mm。

一、试验原理

1. 斯托克斯定律

有关密度计法（比重计法）的试验原理有几点要引起注意，首先是密度计法得以应用的理论前提——斯托克斯定律（Stokes' law）。

该定律的基本表述为，当固体颗粒足够小时，可认为其在溶液中下沉速率不变。这种现象的适用颗粒粒径，一般认为在 0.002~0.2mm，而作为细粒土试样而言，其等效粒径普遍小于 0.075mm，因此这个范围内的颗粒可满足匀速下沉的前提条件。同时斯托克斯定律还认为，这种匀速的颗粒下沉速度与颗粒粒径之间存在如式（1-4）所反映的单调映射关系：

$$v = \frac{L}{t} = \frac{(G_s - G_{w,T})\rho_{w,4}g}{1800 \times 10^4 \eta}d^2 \tag{1-4}$$

式中　　v——颗粒在水溶液中下沉速度，cm/s；

　　　　L——某一时间内的颗粒落距，cm；

　　　　t——下落时间，s；

G_s，$G_{w,T}$——土粒比重和 T℃时水的比重；

　　　$\rho_{w,4}$——4℃时水的密度，取 1.0g/cm³；

　　　　g——重力加速度，取 981cm/s²；

　　　　d——颗粒粒径，mm，精确到小数点后 4 位；

　　　　η——水的动力黏滞系数，10^{-6}kPa·s。

> ★　式（1-4）并不是以国际单位制为前提，因此带入系数时需格外注意各系数分量所要求的数量量纲。

而若将上式移项转换可得：

$$d = \sqrt{\frac{1800\eta \times 10^4}{(G_s - G_{w,T})\rho_{w,4}g} \cdot \frac{L}{t}} = K\sqrt{\frac{L}{t}} \tag{1-5}$$

式中　K——粒径计算系数，与悬液温度和土粒比重有关，$(cm \cdot s)^{1/2}$。

从此式可见，对已知溶液，知道颗粒比重等相关参数后，只要确定一定时间颗粒下落的距离，就可得知该颗粒的粒径大小。

而密度计法测定土的级配含量的本质，就是利用密度计的读数，和土粒的下沉时间，来知道相对应的某一粒径及其以下粒径土的质量百分含量。

其具体实现思路为：

一批不同粒径土样如果在初始时刻均匀分布在溶液中的各层（见图 1-3（a）），也就是说，此时各水平层面中各种粒径大小的颗粒含量相等。为对图中颗粒所在位置做更清晰的说明，我们在溶液各层位置旁标注坐标符号，定位颗粒初始所在位置。其中纵坐标"1~6"是颗粒所在初始层编号，而横坐标"A~F"是颗粒大小的依次编号。

此后，若颗粒自由下沉，则大颗粒下沉速率快，而小颗粒下沉速率慢，t_i 时刻后，溶液中颗粒分布就会从图 1-3（a）所示初始情况，转变为图 1-3（b）所示的颗粒分层缺失的情况。

以图 1-3（b）中 t_i 时刻颗粒所在位置为例：此时 3 层 B 号位置，粒径大小为 d_B 的颗粒实际上来自于初始的 1 层 B 号位，而原来 3 层 B 号位的颗粒已经下落到 5 层，同时只要溶液足够多，认为颗粒不会在大多数层面区域发生重叠（只有在溶液的最下层会有颗粒堆积重叠）。于是图 1-3（b）的 3 层中只有 d_B 及以下粒径的颗粒，且其颗粒含量与图 1-3（a）所示溶液初始时刻，各层中 d_B 及以下粒径的颗粒的含量相同。因此如能测得图 1-3（b）第 3 层溶液的密度，通过一定换算关系就能算知该层溶液中 d_B 及以下粒径颗粒的质量，进而换算求得整体溶液中（即初始溶液中）d_B 及以下粒径颗粒的总质量。进而便能确定粒径小于 d_B 的土所占总土粒的百分含量。

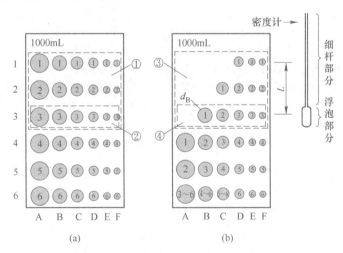

图 1-3　密度计试验中颗粒下沉示意图

（a）颗粒搅匀后初始时刻；（b）颗粒搅匀后 t_i 时刻

而该 d_B 粒径的具体大小，只要有方法得知其下沉落距及时间，则依据斯托克斯定律，由式（1-5）便可求出。

2. 密度计的工作原理

根据上文表述，若能测定某一时刻，某层溶液的密度，则该层溶液中最大粒径以下土粒含量就可算知；同时若能确定该最大粒径土粒的下沉速率，就可根据斯托克斯公式知道

8

对应土粒的粒径大小。而这两个关键点，均可通过使用密度计（比重计）来实现。

　　通常使用的密度计有两种：甲种密度计和乙种密度计。图1-4是乙种密度计的结构示意（甲种密度计与之构型相同，只是其上刻度有别，将在后面试验设备中予以介绍），由下部浮泡和上部细杆两部分组成，细杆部分标有刻度，乙种密度计上的刻度就是其所测溶液的密度。

　　对均质溶液而言，密度计的读数原理是，根据密度计浮在溶液中时不同的排水体积，确定所占的密度计重量，再根据阿基米德浮力定律，换算得到溶液密度。

　　由于细杆的体积要小得多，所以一般也认为测定的密度代表的是密度计浮泡形心位置处的溶液密度，进而根据一定的公式反推原溶液中相应颗粒的浓度和颗粒质量。

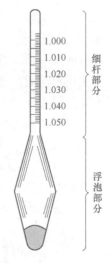

图1-4　乙种密度计结构示意图

　　同时可以根据密度计不同的放入时间，以及相应时刻液面到密度计浮泡形心的距离，了解不同土粒的下落距离，进而实现土粒粒径的确定。

　　以上所述就是密度计法的工作原理，也体现了粒径大小和下沉速率确定的基本思路，而其具体的操作方式、相关计算方法和存在问题则将在下面的试验步骤中予以详细说明。

> ★　误差说明：如图1-3所示，密度计实际测得的是细杆部分和浮泡部分所浸润溶液（即框③或框①范围内）的平均密度，在图1-3（a）中，溶液均质，框②与框①包含溶液所反映的密度相同；而在图1-3（b）中，溶液不均匀，明显密度计浮泡形心所在的框④中溶液密度大于框③中溶液密度。目前颗分法数据处理是以框③的密度来作为密度计浮泡形心所在层的框④的密度，从而导致框④溶液计算密度值比真实值偏小，从而低估了溶液中 d_B 及以下粒径的土粒含量。目前方法下尚不能将此误差扣除，但读者应从原理和定性层面了解这种误差的来源。

二、试验设备和试剂

　　（1）密度计：分甲种密度计和乙种密度计，其中乙种密度计读数反映的是溶液的密度，而甲种密度计读数是换算体积后得到的溶液中颗粒的质量。但是甲种密度计的颗粒质量读取，是基于颗粒比重为2.65时所确定的，因此对其他比重颗粒的溶液，还要进行换算。换算方法见数据分析部分。

　　1）甲种密度计，刻度单位是以在20℃时，每1000mL悬液种所含土的质量（g）来表示，刻度范围-5~50g，最小分度值0.5。

　　2）乙种密度计，刻度单位是以在20℃时，悬液的密度来表示的，刻度范围0.995~1.020g/cm³，最小分度值0.0002。

　　（2）量筒：容积1000mL，分度值为10mL。

　　（3）洗筛：孔径为0.075mm。

（4）洗筛漏斗：上口直径略大于洗筛直径，下口直径略小于量筒内径。

（5）天平：量程1000g，最小分度为0.1g的天平；以及量程200g，最小分度为0.01g的天平。

（6）辅助设备：温度计、搅拌器、煮沸器、分散剂、研磨杆、秒表、容积为500mL的锥形烧瓶等。

（7）分散剂：浓度6%双氧水，1%硅酸钠或4%六偏磷酸钠溶液。

> ★　分散剂是指加入到介质中的少量的、能使介质表面张力显著降低，从而使颗粒表面得到良好湿润作用的物质。不同的样品需要用不同的分散剂。分散剂的作用有两个方面：其一加快"团粒"分解为单体颗粒的速度；其二延缓和阻止单个颗粒重新团聚成"团粒"。分散剂的用量为介质重量的千分之二至千分之五。使用时可将分散剂按上述比例先加到介质中，待充分溶解后即可使用。

（8）水溶盐检验试剂：浓度10%盐酸，5%氯化钡，10%硝酸，5%硝酸银。

三、试验步骤

（1）取代表性的天然或风干土样200~300g，过2mm筛，确定留在筛上，即粒径大于2mm的土占试样总质量的百分比。

（2）测定过2mm筛土的风干含水率。

（3）根据风干含水率，称取干土质量为30g的风干试样，精确至0.01g。风干试样的质量m可由式（1-6）或式（1-7）计算：

当试样中易溶盐含量（易溶盐质量与风干土总质量之比）小于1%时：

$$m = 30 \times (1 + w_0) \tag{1-6}$$

当易溶盐含量大于或等于1%时：

$$m = \frac{30 \times (1 + w_0)}{1 - w_s} \tag{1-7}$$

式中　m——风干土质量，g；

　　　w_0——风干土含水率，%；

　　　w_s——易溶盐含量，%。

（4）当易溶盐含量大于0.5%时，则说明试样中易溶盐含量过高，会导致悬液中土粒成团下沉，因此需要洗盐。

有关易溶盐含量确定的方法，通常有电导法和目测法两种。

1）电导法的基本操作步骤为：

按照电导率仪使用说明书的操作规则，测定T℃时，土水比为1:5的试样溶液的电导率，并按照式（1-8）计算20℃时溶液的电导率，若K_{20}测定大于1000μS/cm，应进行洗盐。

$$K_{20} = \frac{K_T}{1 + 0.02(T - 20)} \tag{1-8}$$

式中　K_{20}——20℃时悬液的电导率，μS/cm；

　　　K_T——T℃时悬液的电导率，μS/cm；

　　　T——测定悬液的温度，℃。

注：若K_{20}测定大于2000μS/cm，可参照文献［6］中有关标准方法测定易溶盐含量。

2）目测法的基本操作步骤为：

取风干试样 3g，放于烧杯，加 4~6mL 纯水调成糊状，用研磨杵将其研散，再加纯水 25mL，煮沸 10min，冷却后将其通过漏斗移入试管中，静置过夜，若试管中出现凝聚现象，应洗盐。

（5）将需洗盐的试样，根据式（1-7）称取对应干土质量为 30g 的风干试样，倒入 500mL 锥形瓶中，加纯水 200mL，搅拌后快速倒入用滤纸覆盖的漏斗中，不断用纯水洗滤，直到滤液的电导率 K_{20} 小于 1000μS/cm（或对 5% 酸性硝酸银溶液和 5% 酸性氯化钡溶液无白色沉淀反应）为止。

★ 洗滤过程中，如在锥形瓶溶液中出现了混浊，说明土粒被落入溶液，这样必须重新过滤，保证土粒都留在滤纸之上。

（6）将不需洗盐的风干土或洗盐后留在滤纸上的试样，倒入 500mL 的锥形瓶中，注入纯水 200mL，浸泡过夜。

（7）将锥形瓶置于煮沸设备上煮沸，煮沸时间宜为 40min。

（8）将冷却后的悬液移入烧杯中，静置 1min，并通过洗筛漏斗将上部悬液过 0.075mm 筛，遗留在杯底的沉淀物用带橡皮头的研杵研散，再加适量水搅拌，静置 1min，重复将上部悬液过 0.075mm 筛，反复倾洗，直至锥形瓶中的砂粒洗净，但量筒中的悬液总量不得超过 1000mL。

（9）将筛上和杯中砂粒合并洗入蒸发皿中，倒出清水，烘干，称量，进行细筛分析。

（10）将已过 0.075mm 筛的悬液倒入量筒，加入 4% 六偏磷酸钠分散剂 10mL，再注入纯水至 1000mL（对加入六偏磷酸钠后悬液中颗粒仍产生凝聚，应选用其他分散剂）。

（11）将搅拌器放入量筒，沿着悬液深度上下搅拌 1min（约 30 次），搅拌时要注意用力均匀，尽量伸到底部，上拔时则要小心，防止将悬液带出量筒。

★ 若搅拌不够充分，将引起密度计读数偏小，特别是前几级大粒径溶液的含量；而搅拌带出土体，则会引起土量损失，造成读数偏小。因此搅拌过程务必重视。

（12）停止搅拌后，迅速取出搅拌器，放入密度计，并且开启秒表计时。测定累计 0.5min、1min、2min、5min、15min、30min、60min、120min、1440min 时刻下密度计的读数。

★ 虽然，因为颗粒不断下沉，溶液上层越来越稀，密度计每次放入后的读数必然越来越小。但有关密度计读数的时间点选择还是较有讲究。若读数时间过密，不仅两个测点读数会非常接近，测定的粒径离散程度不够，而且会因为密度计的频繁放入，增添对悬液的扰动，带来误差加剧；而如果读数点间隔时间过长，又可能使得某些关键粒径对应含量测定的缺失，级配曲线上的特征点也过于稀疏，进而导致曲线的真实性下降。

密度计放置时，要求密度计浮泡处于量筒中心，不得贴紧筒壁。

读数时，在悬液中，读取弯液面上缘的读数（悬液中很难读取弯液面最低处读数，两者之间需要进行修正，具体方法见后），甲种密度计应准确至0.5，乙种密度计应该准确至0.0002。

（13）每次读数后，在小心取出密度计同时，放入温度计，测定悬液温度，精确至0.5℃。

> ★ 由于密度计体积较大，长期放置在悬液中，会影响颗粒正常下沉，因此要求密度计在读数完成后拿出溶液。同时为了保证密度计的读数稳定性，要求在密度计读数前10~20s就将密度计提前轻放入悬浊液中。此外放置密度计入溶液的停留位置也有讲究，建议将密度计停留在接近溶液初始密度的位置松手，从而减少密度计在溶液中的晃动（按照30g土可以估算，溶液比重在1.02~1.03之间，则可先把密度计放置在此处位置；之后每次放入密度计都使所在液面刻度接近前一次的密度计读数，从而减少密度计为了接近平衡而产生的往复振动程度）。

四、数据处理

1. 三种基本类型的密度计读数校正

密度计读数测定后首先应进行三种类型的校正：

（1）弯液面校正，即同温度下，悬液的上缘与弯液面最底处两个读数的差值校正。通常实现的方法是在清水中，对密度计在清水中刻度的液面上缘与弯液面最底处的读数差进行测读，将两者的差值 n（或甲种密度计计作 n'）计算到正式的密度计读数中去。

> ★ n 是正值。因为密度计读数下大、上小，读数时记录的是弯液面吸附在密度计管壁上的上翘边沿读数，而实际应该是和弯液面底部齐平点的读数。

（2）试验温度与20℃标准校正。由于密度计的刻度是在20℃的溶液中标定的，只有在20℃时读数是准确的，而当溶液温度高于20℃时，溶液膨胀，其实际密度下降，此时测定读数，要比标准温度下测定的读数偏低，因此此时要增加温度校正值；反之，当温度低于20℃时，悬液体积收缩，其实际密度较20℃时的标准密度大，导致密度计读数偏高，因此要减小温度校正值。温度校正值计作 m_t（甲种密度计记为 m_t'），具体的温度校正值见表1-3。

（3）分散剂校正。由于预先在溶液中加入分散剂，使得溶液的密度增加，因此在计算真正溶液密度时，要扣除该部分引起误差。而具体方法是，采用20℃的1000mL纯水，测定密度计读数，再将试验中所采用的分散剂加入，用搅拌器对量筒中的溶液进行搅拌，之后放入密度计读数，两次读数差，即为分散剂校正值 C_D（甲种密度计记 C_D'）。

综上所述，密度计的真实读数应该为：

甲种：
$$r_i' = R_i' + n' + m_t' - C_D' \tag{1-9a}$$

乙种：
$$r_i = R_i + n + m_t - C_D \tag{1-9b}$$

式中 R_i'，R_i——t_i时刻甲种和乙种密度计读数；

r_i'，r_i——甲种和乙种密度计经三种校正后的读数。

密度计校正后读数用于计算每一读数时刻，对应层面上最大粒径的尺寸及该粒径以下各粒组组分的含量。

表 1-3　温度校正值

悬液温度 /℃	甲种密度计温度校正值 m'_t	乙种密度计温度校正值 m_t	悬液温度 /℃	甲种密度计温度校正值 m'_t	乙种密度计温度校正值 m_t
10	−2	−0.0012	20.5	0.1	0.0001
10.5	−1.9	−0.0012	21	0.3	0.0002
11	−1.9	−0.0012	21.5	0.5	0.0003
11.5	−1.8	−0.0011	22	0.6	0.0004
12	−1.8	−0.0011	22.5	0.8	0.0005
12.5	−1.7	−0.0010	23	0.9	0.0006
13	−1.6	−0.0010	23.5	1.1	0.0007
13.5	−1.5	−0.0009	24	1.3	0.0008
14	−1.4	−0.0009	24.5	1.5	0.0009
14.5	−1.3	−0.0008	25	1.7	0.001
15	−1.2	−0.0008	25.5	1.9	0.0011
15.5	−1.1	−0.0007	26	2.1	0.0013
16	−1	−0.0006	26.5	2.2	0.0014
16.5	−0.9	−0.0006	27	2.5	0.0015
17	−0.8	−0.0005	27.5	2.6	0.0016
17.5	−0.7	−0.0004	28	2.9	0.0018
18	−0.5	−0.0003	28.5	3.1	0.0019
18.5	−0.4	−0.0003	29	3.3	0.0021
19	−0.3	−0.0002	29.5	3.5	0.0022
19.5	−0.1	−0.0001	30	3.7	0.0023
20	0	0			

2. 计算小于某一粒径试样的百分含量

（1）首先应确定相应的粒径尺寸 d_i。d_i 可以根据前述不同时刻对应的粒径尺寸与下沉速率的关系，由式（1-10）计算：

$$d_i = \sqrt{\frac{1800 \times 10^4 \eta}{(G_s - G_{w,T})\rho_{w,4}g} \cdot \frac{L_i}{t_i}} = K\sqrt{\frac{L_i}{t_i}} \tag{1-10}$$

式中　d_i——t_i 时刻密度计浮泡形心点处溶液中土粒的最大粒径，mm，精确到小数点后
　　　　　4 位；

　　　η——水的动力黏滞系数，10^{-6}kPa·s；

　　　G_s——土粒的比重，0.075mm 以下，各种粒组颗粒的比重差异不大，可采用相同值
　　　　　设定；但在 0.075mm 以上，实际上各类粒组的比重值是有差异的，因而会带
　　　　　来误差；

　$G_{w,T}$——T℃下水的比重；

　　$\rho_{w,4}$——4℃时纯水的密度，取 1.0g/cm³；

　　　t_i——下落时间，s；

g——重力加速度，取 981cm/s^2；

K——粒径计算系数，$K = \sqrt{\dfrac{1800 \times 10^4 \eta}{(G_s - G_{w,T})\rho_{w,4}g}}$ ，$(\text{cm} \cdot \text{s})^{1/2}$，与土粒比重、悬液的温度等因素有关，可由表 1-4 查得；

L_i——t_i 时刻液面至浮泡形心的距离，亦即颗粒的有效沉降距离，cm。可以根据图 1-5 所标定的经验关系求得。注意图中密度计的读数，只要将密度计初始读数加上弯液面的校正值即可，这是因为此时长度是根据密度计的外观长度修正的，与溶液本身实际密度没有关系。有学者认为 L_i 即是悬液面到密度计形心的距离[37]；也有部分学者认为，由于密度计浮泡部分和细杆部分截面积不同，需将所测得距离按照一定的关系式进行修正，得到有效沉降距离[14]。

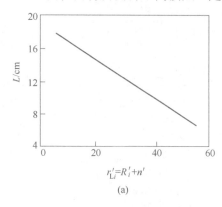
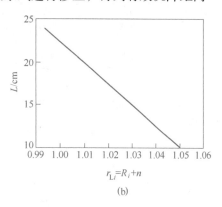

图 1-5　密度计读数与有效沉降距离的关系

（a）甲种密度计读数（$r'_{Li}=R'_i+n'$）与有效沉降距离 L'_i 的关系；

（b）乙种密度计读数（$r_{Li}=R_i+n$）与有效沉降距离 L_i 的关系

表 1-4　粒径计算系数 $K=\sqrt{\dfrac{1800 \times 10^4 \eta}{(G_s-G_{w,T})\rho_{w,4}g}}$ 值表　　　　$((\text{cm} \cdot \text{s})^{1/2})$

温度/℃	土　粒　比　重								
	2.45	2.5	2.55	2.6	2.65	2.7	2.75	2.8	2.85
5	0.1385	0.1360	0.1339	0.1318	0.1298	0.1279	0.1291	0.1243	0.1226
7	0.1344	0.1321	0.1300	0.1280	0.1260	0.1241	0.1224	0.1206	0.1189
9	0.1305	0.1283	0.1262	0.1242	0.1224	0.1205	0.1187	0.1171	0.1164
11	0.1270	0.1249	0.1229	0.1209	0.1190	0.1173	0.1156	0.1140	0.1124
13	0.1235	0.1214	0.1195	0.1175	0.1158	0.1141	0.1124	0.1109	0.1004
15	0.1205	0.1184	0.1165	0.1148	0.1130	0.1113	0.1096	0.1081	0.1067
17	0.1173	0.1154	0.1135	0.1118	0.1100	0.1085	0.1069	0.1047	0.1039
19	0.1145	0.1125	0.1108	0.1090	0.1073	0.1058	0.1031	0.1088	0.1014
21	0.1118	0.1099	0.1081	0.1064	0.1043	0.1033	0.1018	0.1003	0.0990
23	0.1091	0.1072	0.1055	0.1038	0.1023	0.1007	0.0993	0.0979	0.0966
25	0.1065	0.1047	0.1031	0.1014	0.0999	0.0984	0.0970	0.0957	0.0943

温度/℃	土 粒 比 重								
	2.45	2.5	2.55	2.6	2.65	2.7	2.75	2.8	2.85
27	0.1041	0.1024	0.1007	0.0992	0.0977	0.0962	0.0948	0.0935	0.0923
29	0.1019	0.1002	0.0986	0.0971	0.0956	0.0941	0.0928	0.0914	0.0903
31	0.0998	0.0981	0.0965	0.0950	0.0935	0.0922	0.0908	0.0898	0.0884
33	0.0977	0.0961	0.0945	0.0931	0.0916	0.0903	0.0890	0.0883	0.0865
35	0.0957	0.0941	0.0925	0.0911	0.0897	0.0884	0.0871	0.0869	0.0847

计算后，将所有数据添置在密度计法的颗粒分析试验记录表中（见表1-5）。

表1-5 颗粒大小分析试验记录表（密度计法）

工程名称：_____　　　　　　试验者：_____

土样编号：_____　　　　　　计算者：_____

试验日期：_____　　　　　　校核者：_____

小于0.075mm 颗粒土的质量百分数_____　　干土总质量_____

湿土质量_____　　　　　　　　　　　　密度计号_____

含水率_____　　　　　　　　　　　　　量筒号_____

干土质量_____　　　　　　　　　　　　烧瓶号_____

含盐量_____　　　　　　　　　　　　　土粒比重_____

试样处理说明_____　　　　　　　　　　比重校正值_____

风干土质量_____　　　　　　　　　　　弯液面校正值_____

试验时间	下沉时间 t /min	悬液温度 T /℃	密度计读数						土粒落距 L /cm	粒径 d /mm	小于某粒径的土质量百分数 /%	小于某粒径的总土质量百分数/%
			密度计读数（ R 或 R' ）	温度校正值（ m_t ）	弯液面校正值（ n 或 n' ）	分散剂校正值（ C_D ）	密度计校正读数（ r_i 或 r_i' ）	密度计比重校正后读数（ R_H 或 R_H' ）				
			(1)	(2)	(3)	(4)	(1)+(2)+(3)−(4)	甲种： $C_G' \, r_i'$ 乙种： $C_G(r_i-1)\rho_{w,20}$				

（2）根据式（1-11）。求解粒径小于 d_i 的土粒在试样中的百分比 P_i。

甲种密度计：

$$P_i = \frac{100m_i}{m_s} = \frac{100}{m_s} \times R'_H = \frac{100}{m_s} \times C'_G \times r'_i = \frac{100}{m_s} \times \frac{G_s}{G_s - G_{w,20}} \times \frac{2.65 - G_{w,20}}{2.65} r'_i$$

（1-11a）

乙种密度计：

$$P_i = \frac{100m_i}{m_s} = \frac{100V}{m_s} \times R_H = \frac{100V}{m_s} \times C_G \times (r_i - 1)\rho_{w,20}$$

$$= \frac{100V}{m_s} \times \frac{G_s}{G_s - G_{w,20}}(r_i - 1)\rho_{w,20}$$

（1-11b）

式中 m_i——d_i 粒径以下土粒的质量，g；

m_s——土粒质量，一般为 30g；

V——颗粒分析试验量筒中悬液体积，一般 $V = 1000 \text{cm}^3$；

R'_H——甲种密度计经过比重校正后读数，$R_H = C'_G \times r'_i$；

R_H——乙种密度计经过比重校正后读数，$R_H = C_G \times (r_i - 1)\rho_{w,20}$；

C'_G——甲种密度计比重校正系数，$C'_G = \dfrac{G_s}{G_s - G_{w,20}} \times \dfrac{2.65 - G_{w,20}}{2.65}$；

C_G——乙种密度计比重校正系数，$C_G = \dfrac{G_s}{G_s - G_{w,20}}$；

r'_i——甲种密度计经过弯液面，温度和分散剂校正后读数，见式（1-9a）；

r_i——乙种密度计经过弯液面，温度和分散剂校正后读数，见式（1-9b）；

G_s，$G_{w,20}$——分别为土粒比重，20℃时纯水的比重；

$\rho_{w,20}$——20℃时纯水的密度，g/cm³。

★ 从甲、乙密度计计算土粒百分含量最终公式对比可见，虽然甲种密度计直接读出了溶液中土粒的质量，但最终计算中，甲种密度计的校正反而要比乙种繁琐。这是因为，甲种密度计关于土粒质量的换算，是以悬液中土粒比重为 2.65 为前提，当悬液中的土粒比重不是 2.65 时，还需进一步换算。而乙种密度计读出的是悬液的密度，与土粒比重并无关系，只要根据浮力定律换算实际的颗粒含量即可。下述乙种密度计含量推导即说明了这个问题。一些著作把乙种密度计下的这个修正系数 C_G 也称作比重校正系数，但实际的含义是不同的。读者在分析原理时，应注意这个区别。

有关乙种密度计计算土粒含量的公式，可推导如下：

$$m_i = r_i\rho_{w,20}V - \rho_{w,20}V_w = G_{w,20}\rho_{w,4}(r_iV - V_w) = G_s\rho_{w,4}V_s = G_s\rho_{w,4}(V - V_w) \quad (1-12)$$

式中 V，V_w——分别表示溶液体积和溶液中水的体积，cm³；

$\rho_{w,4}$——4℃时水的密度，g/cm^3；

其他符号意义同式（1-11）。

由此可得：

$$V_w = \frac{(G_{w,20}r_i - G_s)V}{G_{w,20} - G_s}$$ （1-13）

代入式（1-12）可得：

$$m_i = G_s\rho_{w,4}\frac{G_{w,20}V(1 - r_i)}{G_{w,20} - G_s} = V \times \frac{G_s}{G_s - G_{w,20}} \times (r_i - 1) \times \rho_{w,20}$$ （1-14）

该式与式（1-11b）中 m_i 的分项相一致。且从中亦可见，推导中并没有用到所谓土粒比重必须为 2.65 的假设前提。

3. 绘制土的颗粒大小分布曲线

类似筛析法试验中的成果整理，以小于某粒径试样质量占总质量的百分比为纵坐标，以颗粒粒径为横坐标（对数比例尺，且左大右小），在单对数坐标上绘制颗粒大小分布曲线（类似图 1-2）。

含量计算时注意，如果原土在 0.075mm 上下皆有粒径分布，则求得之粒径含量需再乘以 0.075mm 以下粒径土占总土质量的百分比，方为该粒径以下土体在总土样中的百分比。

级配图绘制后，应根据式（1-2）和式（1-3）计算不均匀系数和曲率系数，进行级配优良性评价。

第四节　激光粒度仪试验

本节将介绍另一种用以测定粒径在 0.075mm 以下的细粒土百分含量的方法：激光粒度仪试验法。该实验可以测试的颗粒粒径范围通常在 0.1~340μm 之间。

一、试验原理

激光粒度分布仪是采用米氏散射原理进行粒度分布测量的。该原理的基本表述为：当一束平行单色光照射到颗粒上时，在傅氏透镜的焦平面上将形成颗粒的散射光谱，这种散射光谱不随颗粒运动而改变，通过米氏散射理论分析这些散射光谱就可以得出颗粒的粒度分布。所谓粒度分布，就是粒径分布，将土粒试样按粒径不同分为若干级，每一级土粒（按质量、按数量或按体积）所占的百分率。假设颗粒为球形且粒径相同，则散射光能按艾理圆分布，即在透镜的焦平面形成一系列同心圆光环，光环的直径与产生散射的颗粒粒径相关，粒径越小，散射角越大，圆环直径就越大；粒径越大，散射角就越小，圆环的直径就越小。

二、试验设备和试剂

（1）激光粒度分布仪：激光粒度分布仪分多种，本节以 BT-9300H 激光粒度分布仪为例。图 1-6 是 BT-9300H 激光粒度分布仪实物图（其中，右侧部分为 BT-600 蠕动循环分散系统）。

图 1-6　BT-9300H 激光粒度分布仪

（2）分散剂：浓度 6% 的双氧水，1% 的硅酸钠或 4% 的六偏磷酸钠溶液。

（3）其他：电脑、打印机、天平、取样勺、搅拌器、取样器等。

三、试验步骤

1. 测试准备

（1）仪器及使用准备。

1）检查粒度仪、电脑、打印机等，确保连接良好，保证放置仪器的工作台牢固，并将仪器周围的杂物清理干净。

2）向 BT-600 蠕动循环分散系统的循环池中加大约 500~600mL 的水（如使用单独的超声波分散器，应向超声波分散器中加大约 250mL 的水）。

3）准备好样品池及蒸馏水、取样勺、搅拌器、取样器等实验用品。

（2）取样与悬浮液的配置。BT-9300H 型激光粒度仪是通过对少量样品进行粒度分布测定来表征大量粉体粒度分布的，要求所测的样品具有充分的代表性。取样一般分三个步骤：先选取大量粉体；再从取出的大量粉体中取出适量实验室样品；最后按照缩分法选取适量测试样品。每一步的取样量一般按 kg、g 和 mg 三个数量级递减。

1）从大量粉体中取实验室样品应遵循的原则。

尽量从粉体包装之前的料流中多点取样，在容器中取样，应使用取样器，选择多点并在每点的不同深度取样。

★　每次取完样后都应该把取样器具清洗干净，禁止用不洁净的取样器取样。

2）实验室样品的缩分。实验室样品的缩分可采用以下三种方法：

①勺取法：用小勺多点（至少四点）取样。每次取样都应将小勺中的样品全部倒进烧杯或循环池中，不得抖出一部分或保留一部分。

②圆锥四分法：将试样堆成圆锥体，用薄板沿轴线将其切成相等的四份，将对角的两份混合后堆成圆锥体，再用薄板沿轴线将其切成相等的四份，如此循环，直到其中一份的量符合需要（一般在1g左右）为止。

③分样器法：将实验室样品全部倒入分样器中，经过分样器均分后取出其中一份，如这一份的量还多，应再倒入分样器中进行缩分，直到其中一份（或几份）的量满足要求为止。

3）配置悬浮液。将加有分散剂的介质（约80mL）倒入烧杯中，然后加入缩分得到的实验样品，并进行充分搅拌，放到超声波分散器中进行分散。此时加入样品的量只需粗略控制，80mL介质加入1/3～1/5勺即可。通常样品越细，所用的量越少；样品越粗，所用的量越多。测量同样规格的样品时，要大致找出一个比较合适的样品和介质的比例，这样每次测试该样品时就可以按相同的规程进行操作。用有机系列介质（如乙醇）时，一般不用加分散剂。因为多数有机溶剂本身具有分散剂的作用。此外，还因为一些有机溶剂不能使分散剂溶解。

由于样品的种类、粒度以及其他特性的差异，不同种类、不同粒度颗粒的表面能、静电、黏结等特性都不同，所以要使样品得到充分分散，不同种类的样品以及同一种类不同粒度的样品，超声波分散时间也往往不同。表1-6列出不同种类和不同粒度的样品所需要的分散时间。

> ★ 所谓介质，是指粒度测试前用于与样品混合，配制成悬浮液的液体。介质的作用是使样品呈均匀的、分散的、易于运输的状态。对介质的一般要求是：①不使样品发生溶解、膨胀、絮凝、团聚等变化；②不与样品发生化学反应；③对样品的表面应具有良好的润湿作用；④透明纯净无杂质。可选作介质的液体很多，最常用的有蒸馏水和乙醇。特殊样品可以选用其他有机溶剂做介质。

表1-6 常见样品所需分散时间

粒度 D50/μm	滑石、高岭土、石墨/min	碳酸钙、锆英砂等/min	铝粉等金属粉/min	其他/min
>20	1～2	1～2	1～2	1～2
20～10	3～5	2～3	2～3	2～3
10～5	5～8	2～3	2～3	2～3
5～2	8～12	3～5	3～5	3～8
2～1	12～15	5～7	5～7	8～12
<1	15～20	7～10	7～10	12～15

（3）使用BT-600蠕动循环分散系统时的操作步骤。

1）BT-600蠕动循环分散系统。BT-600蠕动循环分散系统由蠕动循环泵、超声波分散器、搅拌器、控制面板、管路、测试窗组件等部分组成，如图1-7所示。

2）连接。将管路连接好。注意管路的弯处（接头处）不能打折。

3）加水。首先向循环池中加500～600mL水，打开BT-600蠕动分散系统的电源开关，

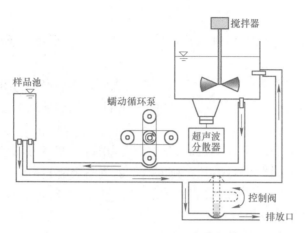

图 1-7 BT-600 蠕动循环分散系统原理图

将"超声波定时器"调到 3min（分散时间）。打开"循环"开关开启循环，使池中的水充满管路。

4）排除气泡。刚刚加水的循环池或管路中往往会带入气泡，如果不彻底排除，将对粒度测试带来很大的影响。排除气泡的方法是打开超声波，然后反复停止/启动循环，每次停止/启动循环的间隔为 2~3s，直到循环池没有气泡冒出为止。

5）测量背景。打开"循环"开关使介质处于循环状态，然后进入"测量-测试"窗口，系统将自动进行测量背景。按"确定"按钮后结束测量背景，系统等待进入"测试"状态。

6）浓度与分散。将样品混合均匀，用小勺在样品袋中的多个不同部位少量多次取样加到循环池中，当测试窗口中的浓度值达到 20~30 之间时就停止加样。然后打开超声波开关，对样品进行分散，分散时间一般为 3min，当分散时间结束后按"连续"或"单次"，就进入测试状态了。

> ★ 浓度大小对测试结果有一定的影响。BT-9300H 激光粒度分布仪的允许浓度范围为 10~60 之间，最佳浓度范围是 20~40 之间。这里的浓度大小表示样品使激光发生散射的强度（遮光率），而不是样品的百分比浓度。一般情况下样品的百分比浓度与所显示的浓度数据（遮光率）成正比。但当样品浓度超过一定限度时，浓度数据反而减小，这是因为样品浓度太高，散射光被遮挡所致。

7）单次测试。在测试窗口中按"单次"按钮，就会得到一个粒度分布结果，结果窗口包括分布数据表格、分布图形、典型结果等表达形式。在这些窗口中都可以进行保存、打印、复制、Excel 等操作。

8）连续测试。在测试窗口中按"连续"按钮，就会得到最多 20 个连续的粒度分布结果。连续测试的作用是可以重复性比较，并可以得到多次测试的平均结果。双击连续结果窗口中的任何一个结果，都可以得到与单次测试结果相同的窗口，并可以进行相应的操作。

9）清洗。测试结束后按"排放"按钮将样品排放掉，然后对循环池、管路等进行清洗。清洗的一般流程是重复两三次"加水-循环-排放"操作。

2. 测试步骤

打开激光粒度分析系统图标进入该测试系统，单击"测量"菜单，进入粒度测试状态。

（1）文档。单击"测量-测试导向"项，即进入测试文档窗口。测试文档窗口可用于记录样品名称、介质名称、测试单位、样品来源等信息，这些信息可在最后的测试报告单中打印出来。

（2）背景。背景是在没有加入样品时各个光电探测器上的信号值，正常状态下背景数值应在2~6之间。测试背景的目的是在粒度测试前将系统清零，以消除样品池、介质等非样品因素对散射光的影响，使测试结果更为准确。单击"测量-测试"后，系统首先进入测试背景状态。如果背景数值和状态正常，在"背景操作区"中单击"确认"即完成背景测试；如果背景值和状态值不正常，单击"背景校准"系统将进入背景校准窗口；"默认"是使用上一次的背景值，此功能常于测试过程中关闭"测试"窗口又重新进入后，需要使用上一次的背景值，又不可重新测试背景时使用；"启动"是在按确认后需要重新测试背景时使用。

（3）测试。"确认"背景后向循环泵中加入样品，并将浓度（遮光率）调到20~40之间，就可以进行粒度测试了。测试的方法是在"测试"窗口中单击"单次"或"连续"按钮，进入粒度测试状态并自动显示测试结果。

（4）结果。测试结果将以典型结果、表格、图形三种形式显示出来。

（5）连续测试。连续测试的主要作用是比较同一个样品的重复性。连续测试次数是在"设置-测试参数设置-连续次数"中设定的。测试结束后单击"确定"按钮得到多个测试结果，这时选中一个结果可以保存；单击"打印"可以将连续测试的数据和图形打印出来；单击"图形"标签则以图形形式显示连续测试结果。

（6）连续结果。单击"连续结果"可以显示最后一次的连续测试结果以及它们的平均值。

★　除上述连续的测试过程外，在"测试"菜单中，还提供了"文档"、"背景"、"测试"、"结果"等选项功能。操作者还可以通过单项操作进行粒度测试。

四、数据整理

1. 测试结果报告单的生成

BT-9300H型激光粒度仪的测试结果会以结果报告单的形式自动生成，如表1-7所示。

2. 绘制土的颗粒大小级配曲线

与筛分试验的结果整理相类似，以小于某一粒径试样质量占总质量的百分比为纵坐标，以颗粒粒径为横坐标（对数比例尺，且左大右小），在单对数坐标上绘制颗粒大小分布曲线（见图1-2）。级配图绘制完成后，应根据式（1-2）和式（1-3）计算不均匀系数和曲率系数，确定级配的优良性。

表 1-7　BT-9300H 型激光粒度分布仪分析系统结果报告单（示例）

样品名称：53333333						样品来源：丹东百特仪器有限公司					
介质名称：水						测试单位：丹东百特仪器有限公司					
测试人员：yhz						测试日期：2014-05-16　测试时间：15：00：06					
备注：5.3-2											
中位径：61.39μm			体积平均径：68.14μm			面积平均径：5.43μm			遮光率：53.52		
比表面积：409.08m²/kg			物质折射率：1.520+0.100i			介质折射率：1.333			跨度：2.12		
D3：0.56μm		D6：0.90μm			D10：1.87μm		D16：23.69μm			D25：36.66μm	
D75：93.86μm		D84：113.18μm			D90：132.35μm		D97：177.16μm			D98：191.33μm	

粒径/μm	区间/%	累积/%	粒径/μm	区间/%	累积/%	粒径/μm	区间/%	累积/%	粒径/μm	区间/%	累积/%
0.10~0.11	0	0	0.76~0.85	0.7	5.64	5.85~6.51	0.09	13.11	44.69~49.74	5.25	38.24
0.11~0.12	0	0	0.85~0.95	0.69	6.33	6.51~7.24	0.08	13.19	49.74~55.36	5.78	44.02
0.12~0.14	0	0	0.95~1.05	0.65	6.98	7.24~8.06	0.07	13.26	55.36~61.62	6.2	50.22
0.14~0.15	0.02	0.02	1.05~1.17	0.63	7.61	8.06~8.97	0.1	13.36	61.62~68.58	6.44	56.66
0.15~0.17	0.04	0.06	1.17~1.31	0.57	8.18	8.97~9.98	0.11	13.47	68.58~76.33	6.49	63.15
0.17~0.19	0.05	0.11	1.31~1.45	0.58	8.76	9.98~11.11	0.14	13.61	76.33~84.96	6.32	69.47
0.19~0.21	0.08	0.19	1.45~1.62	0.55	9.31	11.11~12.37	0.19	13.8	84.96~94.56	5.96	75.43
0.21~0.24	0.08	0.27	1.62~1.80	0.52	9.83	12.37~13.77	0.21	14.01	94.56~105.24	5.41	80.84
0.24~0.26	0.14	0.41	1.80~2.00	0.48	10.31	13.77~15.32	0.25	14.25	105.24~117.13	4.73	85.57
0.26~0.29	0.17	0.58	2.00~2.23	0.44	10.75	15.32~17.05	0.49	14.49	117.13~130.37	3.99	89.56
0.29~0.32	0.22	0.8	2.23~2.48	0.41	11.16	17.05~18.98	0.28	14.77	130.37~145.10	3.26	92.82
0.32~0.36	0.28	1.08	2.48~2.76	0.36	11.52	18.98~21.12	0.45	15.22	145.10~161.50	2.54	95.36
0.36~0.40	0.34	1.42	2.76~3.08	0.34	11.86	21.12~23.51	0.7	15.92	161.50~179.75	1.91	97.27
0.40~0.45	0.42	1.84	3.08~3.42	0.3	12.16	23.51~26.17	1.16	17.08	179.75~200.06	1.28	98.55
0.45~0.50	0.49	2.33	3.42~3.81	0.25	12.41	26.17~29.12	1.74	18.82	200.06~222.66	0.75	99.3
0.50~0.55	0.58	2.91	3.81~4.24	0.2	12.61	29.12~32.41	2.43	21.25	222.66~247.83	0.38	99.68
0.55~0.62	0.64	3.55	4.24~4.72	0.17	12.78	32.41~36.08	3.18	24.43	247.83~275.83	0.18	99.86
0.62~0.69	0.68	4.23	4.72~5.25	0.13	12.91	36.08~40.15	3.93	28.36	275.83~307.00	0.11	99.97
0.69~0.76	0.71	4.94	5.25~5.85	0.11	13.02	40.15~44.69	4.63	32.99	307.00~341.69	0.03	100

思 考 题

1-1　分析土粒级配含量的颗分试验主要有哪几种类型，各自的适用条件如何？

1-2　采用密度计法测定土体颗粒含量的基本原理是什么，该法误差主要来自哪些方面？

1-3　颗粒级配曲线横坐标为什么要采用对数比例尺？

1-4　有 A、B 两个土样，通过室内试验测得其粒径与小于该粒径的土粒质量见表 1-8 和表 1-9，试绘制出它们的粒径分布曲线，并求出 C_u 和 C_c 值。

（答案提示：A 土，$C_u = 11.4$，$C_c = 1.45$；B 土，$C_u = 5.2$，$C_c = 1.11$）

表 1-8　A 土样试验资料（总质量 500g）

粒径 d/mm	5	2	1	0.5	0.25	0.1	0.075
小于该粒径的质量/g	500	460	310	185	125	75	30

表 1-9　B 土样试验资料（总质量 30g）

粒径 d/mm	0.075	0.05	0.02	0.01	0.005	0.002	0.001
小于该粒径的质量/g	30	28.8	26.7	23.1	15.9	5.7	2.1

第二章　土的基本物理指标测定试验

第一节　导　言

在区分了土粒中颗粒大小后，我们从"细观世界回到了宏观世界"，将对由这些颗粒所组成的土体的基本特性进行研究。而在层层深入了解的过程中，作为宏观特性的基础土的物理性质指标将为我们首先所关注。

土的物理特性指标中，直接测定的三个最基本指标：含水率、密度和比重，是进行工程中指标换算的基础，其他诸如饱和度、干密度、孔隙比等都可通过这些指标换算得到，亦或就是它们的一些变体，因此掌握测定这三个基本指标就显得尤为重要。本章将在第二节至第四节，分别对这三个基本指标的测试方法进行介绍。

而为了说明基本指标的换算作用，表 2-1 列出了采用三个基本指标表示的常用物理性质指标换算公式。

表 2-1　采用三大基本指标表示的常用物理性质指标

指标名称	符号表示	换算公式	备 注 说 明
干密度	ρ_d	$\rho_d = \dfrac{\rho}{1+w}$	
孔隙比	e	$e = \dfrac{G_s \rho_w (1+w)}{\rho} - 1$	
孔隙率	n	$n = 1 - \dfrac{\rho}{G_s \rho_w (1+w)}$	
饱和密度	ρ_{sat}	$\rho_{sat} = \dfrac{(G_s - 1)\rho}{G_s(1+w)} + \rho_w$	
饱和度	S_r	$S_r = \dfrac{wG_s\rho}{G_s\rho_w(1+w) - \rho}$	
浮重度	γ'	$\gamma' = \dfrac{(G_s - 1)\rho g}{G_s(1+w)}$	由于密度是材料本质，所以一般不称浮密度，而仅仅用浮重度表示

下面就分节介绍各种指标的测定方法。

第二节　含水率测定试验

一、概述

含水率定义为土体在高温下，减少水分至恒重时，所失去的水质量与烘干土体颗粒质量之比。一般烘干温度不大于110℃，而土中强吸着水沸点一般在150℃以上，因此含水率定义中的水，包含了自由水（含重力水和毛细水）和弱吸着水，含水率的高低在一定程度上反映了土的可塑程度，对土体的强度、变形都有着密切的影响。

> ★ 含水率测定，之所以不包含强吸着水，是因为一般认为，强结合水与土粒结合紧密，有一定的抗剪强度，在很多情况下，是将其看成固体的一部分对待。

实际操作中，含水率的测定方法有很多种，本节仅对目前最常用的两种含水率测定方法进行介绍。其他的一些方法，如炒干法、碳化钙气压法等，可以参考文献 [20，24]。

二、烘干法

1. 试验原理

实验室内的烘干法是含水率测定中最基本也是最标准的一种方法。即利用恒温烘箱设定规定的温度，让土体在其中烘干至衡重，根据烘干前后土体的质量差求得土中水的质量，进而计算含水率。

2. 试验设备

（1）恒温烘箱：烘箱的调控温度要求在50~200℃的变化范围内设定。

（2）天平：称量200g，最小分度值0.01g。

（3）其他设备：包括铝盒（根据土粒分类选择不同大小的铝盒）、干燥器、铅丝篮、温度计等。

3. 试验步骤

（1）称取铝盒质量 m_0，之后对细粒土，取具有代表性试样15~30g，对有机质土、砂类土和整体状构造冻土取50g，对砾类土，取100g，放入铝盒内，盖上盒盖，称盒加湿土的质量 m_1，准确至0.01g。得到湿土质量为 m_1-m_0。

（2）打开盒盖，将盒置于烘箱内，设定在105~110℃的恒温下烘至恒量。烘干时间根据土质不同而变化，其中对黏土约10h，粉土或者粉质黏土不得少于8h，对砂土不少于6h，对含有机质超过干土质量5%的土，应将温度控制在65~70℃的恒温下烘至恒量。

> ★ 需要注意的是，上文中的高温界定，在无黏性土中是105~110℃，保证水分能够充分挥发，但是如果土中含有有机质，则在该温度下同样会因为分解和碳化，进而挥发，因此会导致测定的含水率偏高。一般当有机质含量高于5%时，就应降低烘干温度，那些不能控制温度，且温度值过高的酒精燃烧法等方法就不能使用。一般对有机质含量高于5%的土，用65~70℃温度烘干至恒重，但是此时持续时间要比105℃高温长，且可能还有部分水分未能挥发，影响真实含水率的测定，因此严格的实施，建议采用负压低温法测定含水率。

（3）将称量盒从烘箱中取出，盖上盒盖，放入干燥容器内冷却至室温，称盒加干土质

量 m_2，准确至 $0.01g$。扣除铝盒质量 m_0，即得干土质量 $m_s = m_2 - m_0$。

（4）根据式（2-1）计算试样的含水率，准确至 0.1%：

$$w = \frac{m - m_s}{m_s} \times 100 = \frac{m_1 - m_2}{m_2 - m_0} \times 100 \tag{2-1}$$

式中 w——试样的含水率，$\%$；

$\quad\quad m$——湿土质量，g。

（5）若是对层状和网状构造的冻土测定含水率，则其在进行前述（1）~（4）步骤前，应按下列步骤进行取样：

采用四分法切取土样 $200 \sim 500g$（若冻土结构均匀则少取，反之多取）放入搪瓷盘中，称盘和试样质量，准确至 $0.1g$。扣除称盘质量，得冻土试样 m_3。

待冻土试样融化后，调成均匀糊状，称土糊和盘质量，准确至 $0.1g$，扣除盘质量，得土糊质量 m_4。从糊状土中取样，按照前述的（1）~（4）步骤进行糊状制样的含水率测定。

★ ① 冻土之所以要融化成糊状后才能测定含水率，是因为土体在冻结条件下，水分在土中的分布可能不均匀。此外冻结状态下也不利于切取试样，切样还可能造成冰的质量损失，从而影响含水率的准确测定。

② 若糊状土太湿时，多余的水分让其自然蒸发或用吸球吸出，但不得将土粒带出；土太干时，可适当加水调糊。

对层状和网状冻土的含水率，应按下式计算，准确至 0.1%。

$$w = \left[\frac{m_3}{m_4} \times (1 + 0.01w_n) - 1 \right] \times 100 \tag{2-2}$$

式中 w——冻土试样的含水率，$\%$；

$\quad\quad w_n$——糊状试样的含水率，$\%$；

$\quad\quad m_3$——冻土试样质量，g；

$\quad\quad m_4$——糊状试样质量，g。

（6）同一含水率下的土，需要平行测定两组的含水率值，取其算术平均值作为确定土体的含水率值。针对重塑均匀土质，如果平均含水率高于 40% 时，两次含水率测定差异不得大于 2%；若平均含水率在 $10\% \sim 40\%$ 时，两次含水率测定差异不得大于 1%，若平均含水率低于 10% 时，两次含水率测定差异不得大于 0.5%；对层状和网状构造的冻土含水率差值不得大于 3%。而对于原状土质，其天然条件下，上下部位土的含水率即可能有差异，此时可以适当放宽平行试验结果的差值允许范围。

4. 数据处理

烘干法的试验数据记录表如表 2-2 所示。

表 2-2　含水率试验记录表（烘干法和酒精燃烧法）

工程名称_____　　　　试验者_____

试验方法_____　　　　计算者_____

试验日期_____　　　　校核者_____

试样编号	试样名称	盒号	盒质量/g	盒+湿土质量/g	盒+干土质量/g	湿土质量/g	干土质量/g	含水率/%	平均值/%

三、酒精燃烧法

1. 试验原理

酒精燃烧法是室内或在室外条件下，不具备烘干法条件时，所常用的一种含水率测定方法。其原理就是利用酒精燃烧产生的热量使土中水气化蒸发。根据灼烧前后土体的质量差求得土中水的质量，进而计算含水率。

2. 试验设备

（1）酒精：纯度高于 95%。

（2）天平：称量 200g，最小分度值 0.01g。

（3）其他设备：包括铝盒（根据土粒分类选择不同大小的铝盒）、干燥器、铅丝篮、温度计、滴管、火柴和调土刀等。

3. 试验步骤

（1）取代表性的试样放入铝盒内，一般对黏性土取 5~10g，砂性土取 20~30g，盖上盒盖，称量质量 m_1（此类实验称量均准确至 0.01g），扣除铝盒质量 m_0，即得到湿土的质量 $m = m_1 - m_0$。

（2）用滴管将酒精注入放有试样的铝盒中，直至盒中出现自由液面为止。同时轻轻敲击铝盒，使酒精在试样中充分混合均匀。

（3）点燃铝盒中的酒精，烧至火焰熄灭。

（4）待试样冷却几分钟后，重复（2）~（3）步，反复燃烧两次。当第三次火焰熄灭后，立即盖好盒盖，称干土加铝盒的质量 m_2，扣除铝盒质量 m_0，即得干土质量 m_s。

（5）同一试样的含水率需要平行测定两次，取两次所得的含水率算术平均值，作为该土的含水率，有关误差的限制要求，与烘干法相同。

4. 数据处理

酒精燃烧法的试验数据记录与烘干法相同，其数据记录表亦如表 2-2 所示。

第三节　密度测定试验

土的密度的基本定义是单位体积土体质量，这里特指的是土体在天然情况下固-液-气三相共存时的密度，一般也称天然密度，与土体在饱和状态下的饱和密度，以及在完全干燥条件下的干密度对应。土的密度是直接测定的土的三大基本物理性质指标之一，其值与土的松紧程度、压缩性、抗剪强度等均有着密切联系。

干密度、饱和密度，都不是直接测定，而是通过天然密度换算得到的，具体见表2-1。干密度不宜采用试验方法测定，是因为土体由湿到干会有体积收缩（尤其对黏性土而言），而干密度定义上的体积，则是天然状态下收缩前土体的体积，因此如果用试验方法计算得到的干密度要比真实值偏大。

测定密度的基本思想，都是用各类方法将土体的体积确定出来，再称量土体的质量，从而求得土体的密度。具体而言，有先确定一定体积，再称量土体质量的环刀法；亦有先确定了土体质量，再测定该土块所占据体积的蜡封法、灌砂法、灌水法等。本书主要介绍环刀法、蜡封法和灌水法，其他方法的介绍可参考文献［6，14］。

一、环刀法

1. 试验原理

环刀法的原理是利用环刀切取一定体积的土体，再测得环刀与土体质量，扣除环刀质量，从而求得土样密度。环刀法适用的对象是细粒土。

2. 试验设备

（1）环刀：内径61.8mm、79.8mm，高度20mm。

（2）天平：称量500g，最小分度值0.1g；称量200g，最小分度值0.01g。

（3）其他：刮刀、钢丝锯、凡士林等。

3. 试验步骤

（1）取原状或制备好的重塑黏土土样，将土样的两端整平。在环刀内壁涂一薄层凡士林，称量涂抹凡士林后的环刀质量 m_0，再将环刀刃口向下放在土样上。

（2）一边将环刀垂直下压，一边用刮刀沿环刀外侧切削土样，压切同步进行，直至土样高出环刀。

（3）根据试样的软硬采用钢丝锯或切土刀对环刀两端土样进行整平。取剩余的代表性土样测定含水率。擦净环刀外壁，称环刀和土的总质量 m_1，准确至0.1g，扣除环刀质量 m_0后，即得土体的质量 $m = m_1 - m_0$。

（4）根据式（2-3）和式（2-4）确定试样的密度和干密度：

$$\rho = \frac{m_1 - m_0}{V} \tag{2-3}$$

$$\rho_d = \frac{\rho}{1 + 0.01w} \tag{2-4}$$

式中　ρ，ρ_d——分别为土体的密度和干密度，g/cm^3；

　　　　V——环刀的容积，cm^3；

　　　　w——含水率，%，其测定方法参见本章第二节。

（5）环刀法测定密度，应进行两次平行测定，两次测定密度的差值不得大于0.03g/cm^3，取两次测值的算术平均值为最终土样密度。

4. 数据整理

环刀法测定密度的记录表格，可参考表 2-3 绘制。

表 2-3　密度试验记录表（环刀法）

工程名称＿＿＿＿＿＿＿＿＿＿　　　　试验者＿＿＿＿＿＿＿＿＿＿

送检单位＿＿＿＿＿＿＿＿＿＿　　　　计算者＿＿＿＿＿＿＿＿＿＿

土样编号＿＿＿＿＿＿＿＿＿＿　　　　校核者＿＿＿＿＿＿＿＿＿＿

试验日期＿＿＿＿＿＿＿＿＿＿　　　　试验说明＿＿＿＿＿＿＿＿＿

试样编号	试样类别	环刀编号	环刀质量 /g	环刀体积 /cm³	环刀+湿土质量 /g	湿土质量 /g	密度 /g·cm⁻³	平均密度 /g·cm⁻³	含水率 /%	干密度 /g·cm⁻³
			(1)	(2)	(3)	(4) (3) - (1)	(5) $\frac{(4)}{(2)}$	(6)	(7)	(8) $\frac{(5)}{1+0.01\times(7)}$

二、蜡封法

1. 试验原理

蜡封法，是先确定土体质量，再测定该土块所占据体积，进而求得土体密度的方法。其核心思路是通过阿基米德浮力排水的原理来测定土体体积。具体实践方法见试验步骤。该方法属于室内试验，适用于黏结性较好，但是易破裂土和形状不规则的坚硬土。

2. 试验设备

（1）蜡封设备：熔蜡加热器、蜡。

（2）天平（见图 2-1）：称量 200g，最小

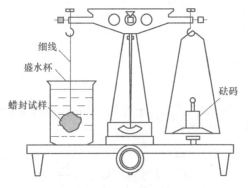

图 2-1　蜡封法称量天平

分度值 0.01g；具有吊环方式称量方法。

（3）其他设备：切土刀、温度计、纯水、烧杯、细线、针等。

3. 试验步骤

（1）从原状土样中，切取体积约 30cm³ 的试样，清除表面浮土及尖锐棱角后，将其系于细线上，放置在天平中，称其质量 m，准确至 0.01g。

（2）用熔蜡加热器将蜡溶解，形成蜡溶液，持线将试样缓缓浸入刚过熔点的蜡液中，浸没后立即提出，检查试样周围的蜡膜，如周围有气泡应用针刺破，再用蜡液补平，冷却后称蜡封试样的质量 m_1，准确至 0.01g。

（3）将蜡封试样挂在天平一端，浸没于盛有纯水的烧杯中，称蜡封试样在纯水中的质量 m_2，准确至 0.01g，并测定纯水的温度（见图 2-1）。

（4）取出试样，擦干蜡面上的水分，再称蜡封试样质量。若浸水后试样质量增加，应另取试样重做试验。若无，则按照式（2-5）计算试样密度：

$$\rho = \frac{m}{\dfrac{m_1 - m_2}{\rho_{w,T}} - \dfrac{m_1 - m}{\rho_n}} \qquad (2\text{-}5)$$

式中　m——湿土质量，g；

　　　m_1——湿土与蜡的质量和，g；

　　　m_2——湿土蜡封后在水中称得的质量，g；

　　　ρ_n——蜡的密度，g/cm³；

　　　$\rho_{w,T}$——纯水在 T℃时的密度，g/cm³，可由表 2-4 查到。

而试样的干密度，按式（2-4）计算即可。

（5）蜡封法测定密度，亦应进行两次平行测定，两次测定差值不得大于 0.03g/cm³，取两次测值的算术平均值。

表 2-4　水在不同温度下的密度表

温度/℃	水的密度 /g·cm⁻³	温度/℃	水的密度 /g·cm⁻³	温度/℃	水的密度 /g·cm⁻³
4	1.0000	15	0.9991	26	0.9968
5	1.0000	16	0.9989	27	0.9965
6	0.9999	17	0.9988	28	0.9962
7	0.9999	18	0.9986	29	0.9959
8	0.9999	19	0.9984	30	0.9957
9	0.9998	20	0.9982	31	0.9953
10	0.9997	21	0.9980	32	0.9950
11	0.9996	22	0.9978	33	0.9947
12	0.9995	23	0.9975	34	0.9944
13	0.9994	24	0.9973	35	0.9940
14	0.9992	25	0.9970	36	0.9937

4. 数据整理

蜡封法法测定密度的记录表格，可参考表 2-5 绘制。

表 2-5 密度试验（蜡封法）

工程名称＿＿＿＿＿＿＿＿＿＿＿＿＿ 　　试验者＿＿＿＿＿＿＿＿＿＿＿＿＿

送检单位＿＿＿＿＿＿＿＿＿＿＿＿＿ 　　计算者＿＿＿＿＿＿＿＿＿＿＿＿＿

土样编号＿＿＿＿＿＿＿＿＿＿＿＿＿ 　　校核者＿＿＿＿＿＿＿＿＿＿＿＿＿

试验日期＿＿＿＿＿＿＿＿＿＿＿＿＿ 　　试验说明＿＿＿＿＿＿＿＿＿＿＿＿＿

湿土质量 /g	土加蜡的质量/g	土加蜡在水中质量/g	水温 /℃	T℃水的密度 /g·cm^{-3}	蜡的密度 /g·cm^{-3}	试样密度/g·cm^{-3}	平均密度 /g·cm^{-3}
(1)	(2)	(3)	(4)	(5)	(6)	$\dfrac{(7)}{\dfrac{(1)}{\dfrac{(2)-(3)}{(5)}-\dfrac{(2)-(1)}{(6)}}}$	(8)

三、灌水法

1. 试验原理

灌水和灌砂法适用于现场试验，特别适于建筑工程中出现的杂填土、砾类土、二灰土等。就测定精度而言，灌水法要较灌砂法精确，该法也是先确定了需要测定土体的质量，然后用排水的方法，来确定土块的体积。

2. 试验设备

（1）台秤：称量 50kg，最小分度值 10g。

（2）储水筒：直径应均匀，并附有刻度及出水管。

（3）聚氯乙烯塑料薄膜袋。

（4）其他：铁锹、铁铲、水准尺。

3. 试验步骤

（1）如表 2-6 所示，根据试样中土粒的最大粒径，确定试坑尺寸。

表 2-6 用于灌水法和灌砂法的试坑尺寸

试样最大粒径/mm	试坑尺寸	
	直径/mm	深度/mm
5~20	150	200
40	200	250
60	250	300

（2）将选定试验处的试坑地面整平，除去表面松散的土层。整平场地要略微大于开挖试坑的尺寸，并且用水准尺校核试坑地表是否水平。

（3）根据确定的试坑直径，划出坑口轮廓线，在轮廓线内用铁铲向下挖至要求深度，边挖边将坑内的试样装入盛土容器内，称试样质量 m，准确到 $10g$，同时测定试样含水率。

（4）挖好试坑后，放上相应尺寸套环，用水准尺找平，将略大于试坑容积的塑料薄膜袋平铺于坑内，翻过套环压在薄膜四周。

（5）记录储水筒内初始水位高度 H_1，拧开储水筒出水管开关，将水缓慢注入塑料薄膜袋中。当袋内水面接近套环边缘时，将水流调小，直至袋内水面与套环边缘齐平时关闭出水管，静置 $3\sim5min$，如果袋内出现水面下降时，表明塑料袋渗漏，应另取塑料薄膜袋重做试验，若水面稳定不变，则记录储水筒内水位高度 H_2。

4. 数据整理

（1）试坑的体积以及试样的体积，应按下式计算：

$$V = (H_1 - H_2) \times A - V_0 \tag{2-6}$$

式中　V——试坑的体积，cm^3；

　　　H_1——储水筒初始水位高度，cm；

　　　H_2——储水筒注水终了时水位高度，cm；

　　　A——储水筒断面积，cm^2；

　　　V_0——套环体积，cm^3。

（2）试样的密度，按式（2-7）计算：

$$\rho = \frac{m}{V} \tag{2-7}$$

式中　ρ——试样密度，g/cm^3；

　　　m——试样质量，g；

　　　V——试样（试坑）体积，cm^3。

（3）灌水法测定密度的记录表格，可参考表 2-7 绘制。

表 2-7　密度试验（灌水法）

工程名称＿＿＿＿＿＿＿＿＿＿　　　　试验者＿＿＿＿＿＿＿＿＿＿

送检单位＿＿＿＿＿＿＿＿＿＿　　　　计算者＿＿＿＿＿＿＿＿＿＿

土样编号＿＿＿＿＿＿＿＿＿＿　　　　校核者＿＿＿＿＿＿＿＿＿＿

试验日期＿＿＿＿＿＿＿＿＿＿　　　　试验说明＿＿＿＿＿＿＿＿＿＿

试坑编号	储水筒水位 /cm		储水筒断面积 /cm^2	套环体积 /cm^3	试坑体积 /cm^3	试样质量 /g	湿密度 /g·cm^{-3}	含水率 /%	干密度 /g·cm^{-3}	试样重度 /kN·cm^{-3}
	初始	终了								
	(1)	(2)	(3)	(4)	(5) (3)×[(2)−(1)]−(4)	(6)	(7) $\frac{(6)}{(5)}$	(8)	(9) $\frac{(7)}{1+0.01×(8)}$	(10) (9)×g

试坑编号	储水筒水位 /cm		储水筒断面积 /cm²	套环体积 /cm³	试坑体积 /cm³	试样质量 /g	湿密度 /g·cm⁻³	含水率 /%	干密度 /g·cm⁻³	试样重度 /kN·cm⁻³
	初始	终了								
					(5)		(7)		(9)	(10)
	(1)	(2)	(3)	(4)	(3)×[(2)−(1)]−(4)	(6)	$\dfrac{(6)}{(5)}$	(8)	$\dfrac{(7)}{1+0.01\times(8)}$	(9)×g

第四节　比重测定试验

土粒比重，亦称为土粒的相对密度，定义为干土粒质量与4℃下同体积纯水的质量比值，其作为土的三大基本物理性质指标之一，是计算土体孔隙比，饱和度等参数的重要基础。

> ★　在我国的一些化工、医药等学科的国标中，"比重"一词已被废止，仅称做"相对密度"。但在岩土工程领域，比重的名称一直沿用，包括所有相关的国家标准和行业规范，因此本书也仍采用比重一词。

目前常见土体的比重，砂砾为2.65左右，黏性土稍高，约在2.67~2.74范围，而当土中含有有机质时，比重会明显下降到2.4。引起比重差异的原因，主要是组成各种土的矿物成分的比重以及各种矿物的含量不同。

在实验室中测定比重的方法有很多，比较典型的有比重瓶法、浮称法和虹吸筒法。其中比重瓶法适用于粒径小于5mm的土；浮称法适用于粒径大于5mm，且粒径大于20mm的土粒含量小于10%的土；而虹吸法适用于粒径大于5mm，且粒径大于20mm的土粒含量大于10%的土。以下将分别予以介绍。

此外，在测定比重前应注意一个问题：对于混合粒组而言，其颗粒比重肯定与单一粒组的比重有差异，其反映的是土体的综合比重，因此在称量前应约定粒组。例如，土体的粒径在5mm上下的质量数大致相当时，过5mm筛，分成两个粒组，按照两种方法进行测定大于和小于5mm粒径的孔径，再根据式（2-8），算得加权调和平均比重：

$$G_s = \dfrac{1}{\dfrac{P_1}{G_{s1}} + \dfrac{P_2}{G_{s2}}} \qquad (2-8)$$

式中　G_s——土颗粒的平均比重；

G_{s1}——大于 5mm 土粒的比重；

G_{s2}——小于 5mm 土粒的比重；

P_1——大于 5mm 土粒占总土质量的百分比,%；

P_2——小于 5mm 土粒占总土质量的百分比,%。

一、比重瓶法

1. 试验原理

比重瓶法的基本原理是利用阿基米德浮力定律,将称量好的干土放入盛满水的比重瓶中,根据比重瓶的前后质量差异,来计算土粒比重。该法适用于测定粒径小于 5mm 土的比重。

2. 试验设备

（1）长颈或短颈形式的比重瓶：容积为 100mL 或 50mL 的比重瓶若干只。

（2）恒温水槽：精度控制±1℃。

（3）天平：称量 200g,最小分度值 0.001g。

（4）砂浴：可以调节温度。

（5）真空抽气设备：可以控制负压程度。

（6）温度计：量程范围 0~50℃,最小分度值 0.5℃。

（7）分析筛：孔径为 2mm 及 5mm。

（8）辅助设备：烘箱、中性液体（如煤油等）、漏斗、滴管等。

3. 试验步骤

（1）比重瓶的校准：在测定比重前,需要先对一定温度下的比重瓶及比重瓶与纯水的质量进行标定校正。分为称量校正法和计算校正法。相对而言,前者的精度更高。此处介绍称量校正法,其步骤简述如下：

1）将比重瓶洗净后烘干,放置于干燥器中冷却至室温称重,精确到 0.001g（要求称量两次质量,差值不能超过 0.002g,取其平均值为比重瓶质量）。

2）纯水煮沸冷却至室温后,注入比重瓶,如比重瓶为长颈瓶,则注水高度略低于瓶的刻度处,再用滴管补足液体至刻度处。而对短颈瓶,加纯水或中性液体至几乎满,用瓶塞封口,使得多余水分从瓶塞的毛细管中溢出,保证瓶内没有气泡。

3）调节恒温水槽温度在 5℃ 或 10℃,将比重瓶放入恒温槽内,等瓶中水温稳定后,取出比重瓶,擦干外壁,称瓶和水总质量,精确至 0.001g,测定恒温水槽内水温,准确至 0.5℃。

4）以 5℃ 为级差,调节恒温槽水温,测定相应递增温度下瓶水总质量,直至达到本地区自然最高气温。要求同一温度进行两次平行测定,差值不能超过 0.002g,取其平均值。

5）记录不同温度下瓶和水的总质量,填于表 2-8 中,并以瓶加水质量为横坐标,温度为纵坐标绘制关系曲线,以备后续查表所需。

（2）将比重瓶烘干后称得瓶质量为 m_0,取烘干土约 15g,放入 100cm³ 的比重瓶中（若采用 50cm³ 比重瓶,则称取干土 12g）,称得瓶和干土总质量 m_1,准确至 0.001g。

表 2-8　比重瓶校准记录表

瓶号_____　　　　　　校准者_____

瓶质量_____　　　　　　校核者_____

校准日期_____

温度/℃	瓶、水总质量/g	平均瓶、水总质量/g

（3）排气。

1）煮沸法排气。在装土的比重瓶中，注入纯水至瓶的体积约一半处（若土中含有可溶性盐、亲水性胶体或有机质时，需用其他中性液体，例如煤油代替纯水，进行测定，此步将跳过），摇动比重瓶后，将其放置于砂浴上煮沸，并保证悬液在煮沸过程中不溢出瓶外。煮沸时间，以悬液沸腾起算，砂及砂质粉土不少于 30min，黏土及粉质黏土不少于 1h。

2）真空抽气法排气。某些砂土在煮沸过程中容易跳出，而采用中性液体进行测定时，不能采用煮沸法排气，采用本步骤排气。抽气时，负压应接近一个大气压，从负压稳定开始计时，约抽 1~2h，直至悬液内不再出现气泡为止。

> ★　所有比重试验中，封闭气泡的未排尽是产生误差的重要来源，因此气泡排空非常重要。

（4）将纯水或中性液体注入排气后的比重瓶中，如比重瓶为长颈瓶，则注水高度略低于瓶的刻度处，再用滴管补足液体至刻度处。而对短颈瓶，加纯水或中性液体至几乎满，待瓶子上口的悬液澄清后，用瓶塞封口，使得多余水分从瓶塞的毛细管中溢出。

（5）将瓶子擦干，称得瓶、液体和土粒的总质量 m_2，并测定瓶内的水温，准确至 0.5℃。

（6）根据水温以及比重瓶标定所得到的温度与瓶水总质量的关系曲线，得到当前温度下瓶子与水（或中性液体）的总质量 m_3。

4. 数据整理

根据式（2-9）计算土粒的比重：

$$G_s = \frac{m_s}{m_s - (m_2 - m_3)} \times G_{w,T} \tag{2-9}$$

式中 G_s——土粒比重；

m_s——干土质量，g；

m_2——瓶与干土、液体的总质量，g；

m_3——瓶与液体的总质量，g；

$G_{w,T}$——T℃时水或其他中性液体的比重。

该式子分母部分 m_2-m_3 实际上是一定体积干土与同体积水的质量差，再被 m_s 扣除，即计算得到与土相同体积的水的质量，故与分子干土质量比值，即得比重。

同一种试样平行测定两次结果，当两次算得比重值差异小于 0.02 时，取其算术平均值，否则重做。

相关数据可整理于如表 2-9 所示的比重试验（比重瓶法）记录表中。

表 2-9 比重试验记录表（比重瓶法）

工程名称＿＿＿＿＿＿＿＿＿＿＿＿＿＿   试验者＿＿＿＿＿＿＿＿＿＿＿＿＿＿

送检单位＿＿＿＿＿＿＿＿＿＿＿＿＿＿   计算者＿＿＿＿＿＿＿＿＿＿＿＿＿＿

土样编号＿＿＿＿＿＿＿＿＿＿＿＿＿＿   校核者＿＿＿＿＿＿＿＿＿＿＿＿＿＿

试验日期＿＿＿＿＿＿＿＿＿＿＿＿＿＿   试验说明＿＿＿＿＿＿＿＿＿＿＿＿＿＿

试样编号	比重瓶号	水温 /℃	液体比重 $G_{w,T}$	比重瓶质量 m_0/g	瓶和干土总质量 m_1/g	干土质量 m_s/g	瓶和干土、液体总质量 m_2/g	瓶和液体总质量 m_3/g	土粒比重 G_s	比重均值 G_s
	(1)	(2)	(3)	(4)	(5)	(6) ——— (4)-(5)	(7)	(8)	(9) ——— $\frac{(3)\times(6)}{(6)-[(7)-(8)]}$	(10)

二、浮称法

1. 试验原理

此法的基本原理，是利用阿基米德浮力定律，通过计算浮力原理来进行测定比重。该法用于粒径大于等于 5mm，且粒径大于 20mm 的土粒含量小于 10% 的土的比重测定（因为浮称法测定结果虽然比较稳定，但是大于 20mm 粒径土粒过多时，采用本方法将增加试验的设备，在室内使用不便）。

2. 试验设备

（1）浮秤天平：称量 2kg，分度值 0.2g；称量 10kg，分度值 1g，如图 2-2 所示。

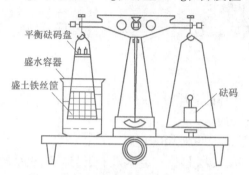

平衡砝码盘
盛水容器
盛土铁丝筐
砝码

图 2-2　浮秤天平示意图

（2）铁丝筐：孔径小于 5mm，边长约 10~15cm，高度约 10~20cm。

（3）盛水容器：尺寸应大于铁筐。

（4）辅助设备：烘箱、温度计、孔径 5mm 和 20mm 的分析筛等。

3. 试验步骤

（1）取代表性土样 500~1000g，冲洗，将其表面尘土和污浊物清除彻底。

（2）将试样浸没在水中一昼夜。

（3）将铁丝筐安放于天平一侧，在另一侧放入砝码，测定铁丝筐在水中质量 m_1，并同时测定容器中的水温，精度至 0.5℃。

（4）将浸没水中之试样取出，立即放入铁丝筐中，缓缓浸没于水中，并不断摇晃铁丝筐，直至无气泡溢出为止。

（5）用砝码测定铁丝筐和试样在水中的总质量 m_2。

（6）将试样从筐中取出，烘干至衡重，称量干土质量 m_s。

4. 数据整理

根据式（2-10）计算土粒的比重：

$$G_s = \frac{m_s}{m_s - (m_2 - m_1)} \times G_{w,T} \tag{2-10}$$

式中　G_s——土粒比重；

m_s——干土质量，g；

m_1——铁丝筐在水中质量，g；

m_2——铁丝筐和试样在水中的总质量，g；

$G_{w,T}$——T℃时水的比重。

该式分母部分实际上是计算得到干土在水中所受到的浮力，浮力定义为土粒体积与水重度的乘积，故与分子比值，即得比重。

同一种试样平行测定两次结果，当两次算得比重值差异小于 0.02 时，取其算术平均值，否则重做。

相关数据可整理于如表 2-10 所示的比重试验（比重瓶法）记录表中。

表 2-10 比重试验记录表（浮称法）

工程名称＿＿＿＿＿＿＿＿＿＿＿＿ 试验者＿＿＿＿＿＿＿＿＿＿＿＿

送检单位＿＿＿＿＿＿＿＿＿＿＿＿ 计算者＿＿＿＿＿＿＿＿＿＿＿＿

土样编号＿＿＿＿＿＿＿＿＿＿＿＿ 校核者＿＿＿＿＿＿＿＿＿＿＿＿

试验日期＿＿＿＿＿＿＿＿＿＿＿＿ 试验说明＿＿＿＿＿＿＿＿＿＿＿

试样编号	水温 /℃	水的比重 $G_{w,T}$	烘干土质量 m_s/g	铁笼在水中质量 m_1/g	铁笼和土在水中总质量 m_2/g	土粒比重 G_s		比重均值 G_s	备注
						(6)			
	(1)	(2)	(3)	(4)	(5)		$\dfrac{(2)\times(3)}{(3)-[(5)-(4)]}$	(7)	

三、虹吸筒法

1. 试验原理

此法的基本原理，是利用阿基米德浮力定律，直接通过测定土粒的排水体积来确定比重。该法用于粒径大于等于 5mm，且粒径大于 20mm 的土粒含量大于 10% 的土的比重测定。然而，亦有研究指出，大于 20mm 超过 10% 采用虹吸筒法而不采用浮称法，是因为早先机械天平的精度和量程的限制，随着量程、精度同步提高的电子天平出现，这一局限已经基本可以克服，而实践操作表明，粗粒体积在此法中很难准确测定，测试的随机误差较大，一般得到的土粒相对密度偏小，所以目前较少建议采用该法。

2. 试验设备

（1）虹吸筒：如图 2-3 所示。

（2）台秤：称量 10kg，最小分度值 1g。

（3）量筒：容积应大于 2000cm³。

（4）辅助设备：烘箱、温度计（最小分度值

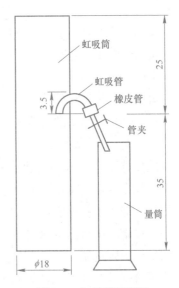

图 2-3 虹吸筒示意图

0.5℃），孔径 5mm 和 20mm 分析筛等。

3. 试验步骤

（1）取代表性土样 1000~7000g，将试样彻底冲洗，清除表面尘土和污浊物。

（2）将试样浸没在水中一昼夜，晾干或擦干试样表面水分后，称量其质量 m_1，并称量量筒质量 m_0。

（3）将清水注入虹吸筒，直至虹吸管口有水溢出时停止注水。待管口不再出水后，关闭管夹，将试样缓缓放入虹吸筒中，并同时边搅清水，直至无气泡溢出，搅动过程不能使液体溅出筒外。

（4）等待虹吸筒中水平平静后，放开管夹，让试样排开的水通过虹吸管流入量筒中。称量筒加水质量 m_2，量测筒内水温，精确至 0.5℃。

（5）取出虹吸管内试样，烘干称重，得到试样干土质量 m_s。

★　进行试验步骤（2）的原因：干土质量易测，而干土颗粒体积难测。在虹吸前，先让土样浸润一昼夜，这样土中的孔隙已尽可能地被水提前充满（试验步骤（2）），则当土样放入虹吸筒中的时候，排水体积就是土粒与浸润一昼夜后充满土体孔隙中的水的体积，而这部分孔隙中水的体积，又可通过称量计算晾干土和烘干土的质量差值算得，扣除以后便可得纯土粒的体积，以便进行密度计算。若无浸润一昼夜的操作，则在虹吸作用前的短时间内，土体孔隙无法被水完全充满，换而言之，此时虹吸作用排出的水体积，实际是土颗粒体积以及一部分孔隙中残留空气的体积，这部分体积很难估算，难以扣除。故为解决这一问题，实现土粒体积的准确估算，步骤（2）的操作是必不可少的。

---

4. 数据整理

根据式（2-11）计算土粒的比重：

$$G_s = \frac{m_s}{(m_2 - m_0) - (m_1 - m_s)} \times G_{w,T} \tag{2-11}$$

式中　G_s——土粒比重；

m_s——烘干土质量，g；

m_0——量筒的质量，g；

m_1——晾干试样的质量，g；

m_2——量筒和水的总质量，g；

$G_{w,T}$——T℃时水的比重。

该式分母中 $m_1 - m_s$ 是晾干土样孔隙中所还存留水的质量，$m_2 - m_0$ 是与晾干土样等体积的 T℃水的质量；故分母即为与晾干土样中土颗粒等体积的水的质量；分子干土质量与之的比值，即为土粒比重。

同一种试样平行测定两次结果，当两次算得比重值差异小于 0.02 时，取其算术平均值为结果，否则重做。

相关数据可整理于如表 2-11 所示的比重试验（虹吸筒法）记录表中。

表 2-11 比重试验记录表（虹吸筒法）

工程名称＿＿＿＿＿＿＿＿＿＿＿＿　　　　　　试验者＿＿＿＿＿＿＿＿＿＿＿＿

送检单位＿＿＿＿＿＿＿＿＿＿＿＿　　　　　　计算者＿＿＿＿＿＿＿＿＿＿＿＿

土样编号＿＿＿＿＿＿＿＿＿＿＿＿　　　　　　校核者＿＿＿＿＿＿＿＿＿＿＿＿

试验日期＿＿＿＿＿＿＿＿＿＿＿＿　　　　　　试验说明＿＿＿＿＿＿＿＿＿＿＿

试样编号	水温 /℃	水的比重 $G_{w,T}$	烘干土质量 m_s/g	晾干土质量 m_1/g	量筒质量 m_0/g	量筒加排开水质量 m_2/g	土粒比重 G_s	比重均值 G_s	备注
							(7)		
	(1)	(2)	(3)	(4)	(5)	(6)	$\dfrac{(2)\times(3)}{[(6)-(5)]-[(4)-(3)]}$	(8)	

思 考 题

2-1 土体含水率测定有哪几种方法，各自的适用条件如何？

2-2 土体密度测定有哪几种方法，各自的适用条件如何？

2-3 土体比重测定有哪几种方法，各自的适用条件如何？

2-4 请推导解释层状和网状冻土含水率测定公式（2-2）的由来。

2-5 有土料1000g，它的含水率为7%，若使它的含水率增加到17%，问需加多少水？

（答案提示：93.46g）

2-6 蜡封法测土的密度，已知试件质量为62.59g，蜡封试件质量为65.86g，蜡封试件水中质量为27.84g，蜡体积为3.56cm³，水的密度为1g/cm³，则该土密度是多少？

（答案提示：1.82g/cm³）

第三章　无黏性土的相对密实度测定试验

第一节　导　　言

密实度是影响土体工程性状的一个重要因素，这在无黏性土中尤为突出。一般理解，密实程度可用孔隙比的大小来表征，但是孔隙比仅仅反映了一个绝对状态。如图 3-1（a）、（b）所示，三种颗粒组成的两种土的孔隙比相同。其中 A 颗粒单体面积为 B 颗粒单体面积的 4 倍。如要进一步密实图（a）中的土，由于 A 圆无法填充入 C 圆中的孔隙，进一步密实的可能性没有，而对图（b）中的土，B 圆可以填充入 C 圆的孔隙中，从而形成图（c）所示的新的孔隙结构，从而获得更小的孔隙比和更大的密实度。

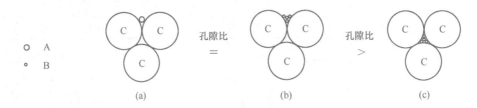

图 3-1　颗粒粒径对土体密实性状影响示意图

由此可见，如果土体的颗粒级配不同，即使孔隙比相同，它们可以继续被密实的难易程度显然也是不同的。这种密实特性从本质上说与级配有关，而在一般宏观应用下，人们也需要一个指标去进行判断，用以工程应用。因此引出了无黏性土的相对密实度 D_r，这个指标可采用形如式（3-1）的公式表示：

$$D_r = \frac{e_{max} - e_0}{e_{max} - e_{min}} = \frac{(\rho_{d,0} - \rho_{d,min})\rho_{d,max}}{(\rho_{d,max} - \rho_{d,min})\rho_{d,0}} \tag{3-1}$$

式中　e_{max}——无黏性土体在最松散状态下的最大孔隙比；

e_{min}——无黏性土体在最密实状态下的最小孔隙比；

e_0——当前时刻土体的天然孔隙比；

$\rho_{d,max}$——对应最密实状态的最大干密度，g/cm^3；

$\rho_{d,min}$——对应最松散状态的最小干密度，g/cm^3；

$\rho_{d,0}$——当前时刻土体的天然干密度，g/cm^3。

而孔隙比 e 和干密度之间 ρ_d 的换算关系，可由式（3-2）求得：

$$e = \rho_w G_s / \rho_d - 1 \tag{3-2}$$

虽然采用孔隙比求解相对密实度在公式表达上较为简洁，但在实际测试的方法中，还是以密度更为容易测定。这也就是式（3-1）采用孔隙比和密度两种形式表述的一个原因。

根据 D_r 大小，一般可将土分为三种密实状态：

$$0 < D_r \leqslant 1/3 \qquad 疏松$$

$$1/3 < D_r \leqslant 2/3 \qquad 中密$$

$$2/3 < D_r \leqslant 1 \qquad 密实$$

无黏性土的相对密实度与土的压缩性、抗剪强度等有着密切的联系，是反映地基稳定性（特别是抗震稳定性）、控制土石坝、路堤等填方工程碾压标准的重要指标，尤其在填方质量控制中应用最多。

另外，需要提醒读者注意的是，黏性土的很多物理、力学特性不仅受孔隙比的影响，还决定于液塑限等稠度指标，且孔隙比与初始含水率等因素之间的关系也颇为复杂（详见第四章），因此工程中并不将相对密实度用于黏性土密实程度的评价。

★ 《岩土工程基本术语标准》（GB/T 50279—2014）中，将相对密度定义为"无黏性土（如砂类土）最大孔隙比 e_{max} 与天然孔隙比 e_0 之差和最大孔隙比 e_{max} 与最小孔隙比 e_{min} 之差的比值，可反映无黏性土的紧密程度"，即相对密实度 D_r。但由于现行的一些规范中（如《公路桥涵施工技术规范》（JTG/T F50—2011）等）将比重称作相对密度，故本书中仍将 D_r 统一称为相对密实度，以示区别。

第二节　最大干密度（最小孔隙比）试验

一、试验原理

为了实现土样最密实的状态，通常采用振动、击实和振动击实联合等试验方法。具体而言，为防止土颗粒在较大的直接冲击能下发生破碎，影响其密实程度的真实评价，目前一般对粒径较小的无黏性土，推荐采用击实、振动联合方法，即通过对容器中的一定量干土进行双向的锤打和振动，直至试样体积不再改变时候的最大干密度，并相应转换，求得相应的最小孔隙比。而对颗粒比较大的土体，考虑到可能出现颗粒破碎的情况，建议改用振动压实的方法。

本节主要介绍的是针对粒径不大于 5mm，其中粒径 2~5mm 的试样质量不大于试样总质量的 15% 且能自由排水的无黏性土的最常用击实方法，具体细节见试验步骤。除此以外，还有水中沉降、水中振动法等试验手段。如果击碎程度过大，应减少击打步骤，而增加振动密实的手段，例如可以用到电动试验仪和振动台进行。特别是对于粒径大于 5mm 的砾粒土和巨粒土，必须采用振动台和振冲器法进行试验，以减少颗粒破碎给测量带来的负面影响。有关粒径大于 5mm 的粗颗粒土相对密实度试验可参考文献 [14，20]，本文仅做简单介绍。

二、试验设备

最大干密度测定试验所使用的设备主要包括以下几个部分：

（1）金属圆筒：用以盛装土样。常见规格有容积为 250cm³（内径 5cm）和 1000cm³（内径 10cm）两种圆柱筒（高度均为 12.73cm），并附有相应规格的护筒。

（2）振动叉：其形式及尺寸如图 3-2 所示。

（3）击锤：两种形如图 3-2 所示的锤，锤重 1.25kg，直径 5cm，锤落高 15cm。

（4）台秤：要求称量量程5000g，最小分度值1g。

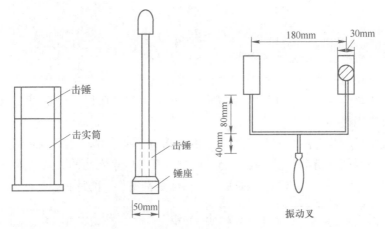

图3-2　最大干密度试验设备示意图

三、试验步骤

（1）取4000g风干或烘干无黏性土土样，分为均匀等量两份。

（2）取其中一份，分三层倒入金属圆筒中，每层倒入土量约600~800g（以振击后体积略大于金属圆筒容积的三分之一为宜。太少则事后击实不到标准体积，影响测定；太多，意味着本试验所能提供的能量不够，无法实现最密实状态）。

（3）将击锤放入筒中，提升击锤至高度上限，以30~60次/min自由落下击打试样表面；同时在击打过程中，使用振动叉往返敲击圆筒两侧，频率150~200次/min。一般需振击5~10min，直至试样的体积不再改变为止。且在第三次装样前，要套入护筒，再行振动击实。放入护筒一定要尽量平整套入，并去除击实筒与套筒结合部的细土颗粒，否则容易导致护筒与击实筒卡壳，在击实后无法拔出。

> ★　由于本试验是为测定最大密实度，因此在击实程度上，并不像最优含水率中一样，以约定击实次数来控制击实能量，而是希望获得尽可能大的能量来取得一个绝对值。但考虑到在获得最优密实效果下，不导致土样破碎为前提原则，故并不用过高动能的锤击。同时在锤击时，粗砂击数相对较少，细砂较多。

（4）在三层击打以后，卸除护筒，用刮刀刮除上覆余土后，将土样连击实筒一并称重（精确至1g），扣除击实筒质量后，根据土样体积和质量，计算土体的最大干密度和最小孔隙比。

（5）取另一份土样重复（2）~（4）步骤，进行平行测定。

> ★　有关粒径大于5mm，而小于60mm的粗粒土，其最大干密度测定方法可参考水利部《土工试验规程》（SL237—1999）和交通部《公路土工试验规程》（JTG E40—2007），以干法或湿法测定。其中，干法是直接用最小干密度试验时装好的试样放置在振动台上，安放上加重物后以0.64mm振幅振动8min，测读试样的高度，由此计算试样体积，进而计算其最大干密度。而湿法是采用天然湿土装样后振动6min，然后减小振幅，施加重物，继续振动8min停止。测读试样高度，以及称量试样筒和试样质量并由此计算试样含水率，进而计算得到试样的最大干密度。

四、数据处理

（1）根据量筒体积 V_s 和称取试样的质量 m_s，根据式（3-3），计算试样最大干密度，精确到 $0.01g/cm^3$：

$$\rho_{d,max} = \frac{m_s}{V_s} \tag{3-3}$$

式中 $\rho_{d,max}$——最大干密度，g/cm^3。

（2）两次平行测定得到的计算结果误差不超过 $0.03g/cm^3$，则以其算术平均值作为结果，否则重新试验。

（3）根据平均最大干密度值，由式（3-4）计算土体的最小孔隙比，精确到 0.01。

$$e_{min} = \frac{\rho_w G_s}{\rho_{d,max}} - 1 \tag{3-4}$$

式中 e_{min}——最小孔隙比。

（4）相关数据的记录可会同最小干密度试验的相关成果汇总于表 3-1 所示的数据记录表中。

表 3-1 相对密实度试验数据记录表

工程名称：_____   试验者：_____

土样编号：_____   计算者：_____

试验日期：_____   校核者：_____

试 验 项 目			最大孔隙比试验		最小孔隙比试验
试 验 方 法			漏斗法	量筒法	振击法
试样加容器质量/g					
容器质量/g					
试样质量/g					
试样体积/cm³					
干密度/g·cm⁻³					
平均干密度/g·cm⁻³					
土粒比重					
孔隙比					
天然干密度/g·cm⁻³					
天然孔隙比					
相对密实度					

第三节 最小干密度（最大孔隙比）试验

一、试验原理

土样最松散的状态下的干密度即为最小干密度（对应最大孔隙比）。测试的基本思路是，根据松散土样堆积时的体积及相应质量，来推算其对应干密度，并联合土粒比重可求得对应最大孔隙比，计算公式可参见式（3-5）和式（3-6）。

对于粒径小于 5mm 的无黏性土，一般采用三种方法获取同质量下土的最大体积，即漏斗法、量筒法和漏斗量筒法联合判定法。其中第三种方法，是将前两种方法依次进行后所得到的干密度指标与独立进行这两种方法所得干密度指标进行比较，取其中最小者为最终测定值。因此本节只介绍漏斗法和量筒法，具体细节见试验步骤。由于采用盛土装置和漏斗尺寸的限制，这些方法只适用于粒径小于 5mm、能自由排水的无黏性土，同时要求粒径在 2~5mm 之间的土粒不能超过土样总质量的 15%。对于粒径大于 5mm 的土样，其最小干密度测定方法可参考文献［14，20］，按照固定体积法进行测定。

二、试验设备

最大干密度的设备主要包括以下几个部分：

（1）玻璃量筒：可以选用 500cm³ 和 1000cm³ 两种，后者内径应大于 6cm。

（2）长颈漏斗：要求颈口磨平，颈管内径约 1.2cm，如图 3-3 所示。

（3）锥形塞：直径为 1.5cm 的圆锥体焊接于铁杆上，如图 3-3 所示。

（4）砂面拂平器：如图 3-3 所示。

（5）天平：要求称量量程 1000g，最小分度值 1g。

（6）橡皮板（量筒法专用）。

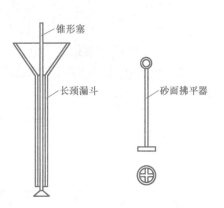

图 3-3　最小干密度试验设备示意图

三、试验步骤

（一）漏斗法

（1）先称取 1500g 的充分风干或烘干土样，搓揉或用圆木棍将其在橡皮板上碾散后拌和均匀备用。

（2）锥形塞插入漏斗中（自下口穿入），并提起长柄，使锥体将漏斗的底部堵住，一起放入体积为 1000cm³ 的量筒中，并保证锥形塞底部与量筒底部接触。

（3）称取 700g 土样（精确至 1g），均匀倒入漏斗中。倒入时，将塞子和漏斗同时提起，再下移锥形塞，使得漏斗中的砂漏入量筒中，提放锥形塞时注意，使得漏斗口与砂面始终保持大约 1~2cm 的距离，以保证土样能缓慢均匀落入量筒。

> ★　若试样中不含有大于 2mm 的颗粒时，可取土样约 400g，使用 500cm³ 的量筒进行试验。

（4）待所称量的土样均落入量筒后，取出漏斗与锥形塞，用砂面拂平器轻轻将试样表面拂平，并注意勿使量筒振动，然后测度记录试样的体积 V_s（估读至 5cm³）。

（二）量筒法

（1）先进行同漏斗法之步骤。

（2）待漏斗法结束后，用手掌或橡皮板堵住量筒口，将量筒倒转，再使得土样缓慢转回初始位置，循环反复数次，并保证试样表面水平（尽量不用砂面拂平器），记下试样体积的最大值（估读值 5cm³）。

★　量筒倒转时，不能太快，过快反而会提供试样动能，使试样密实；但也不宜太慢，太慢可能会使得粗粒下沉较快，出现试样的分层现象，也得不到最松散的效果。

★　有关粒径大于 5mm 而小于 60mm 的粗粒土，其最小干密度测定方法可参考水利部《土工试验规程》（SL237—1999）和交通部《公路土工试验规程》（JTG E40—2007），以固定体积法来进行测定。简而言之，为将试样缓慢注入已知体积和质量的试样筒内，当充填高度高出筒顶 25mm 时，刮除余土，称取筒加试样的质量，换算得到试样的最小干密度。

四、数据处理

（1）根据试样体积和称取试样的质量，根据式（3-5），计算试样的干密度，精确到 0.01g/cm³：

$$\rho_{d,min} = \frac{m_s}{V_s} \tag{3-5}$$

式中　$\rho_{d,min}$——最小干密度，g/cm³。

（2）重复试验两次，计算得到误差不超过 0.03g/cm³，则以算术平均值作为结果，否则重新试验。

（3）以最小干密度的平均值，根据式（3-6）计算土体的最大孔隙比，孔隙比精确到 0.01：

$$e_{max} = \frac{\rho_w G_s}{\rho_{d,min}} - 1 \tag{3-6}$$

式中　e_{max}——最大孔隙比。

（4）如果漏斗法和量筒法均进行，则取其中较大试样体积值，以计算最小干密度 $\rho_{d,min}$ 和相应最大孔隙比 e_{max}。

（5）参照已知的土体天然孔隙比或者天然干密度，根据式（3-1）计算土体的相对密实度。

（6）相对密实度记录的表格亦见表 3-1。

第四节　相对密实度应用的补充说明

土体的密实程度是影响其物理力学特性与工程性质的重要因素，特别对无黏性土而言，当土体较为密实时，强度及承载力较高，可作为较好的工程基础地基，而随着密实程度的降低，土体强度及稳定性也逐渐下降，甚至出现在动力响应下发生液化的不利现象，故在工程应用中对无黏性土密实程度的判断需尤为谨慎。

本章试验均是在干燥条件下进行的，而实际上不论对无黏性土还是黏性土，含水率都

46

是影响压实性的重要因素。一些研究表明，在相同
击实功能下，对于粒径不大于 5mm 且能自由排水
的无黏性土而言，由于其含水率的不同，击实效果
会呈现大致如图 3-4 所示的波浪形变化。

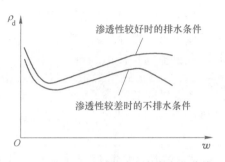

图 3-4　砂土的干密度随含水率变化曲线

其原因是当土体的含水率很低时，土粒间受水
所产生的毛细作用影响，移动阻力较大，不易被压
实；但当含水率增大到一定值时，毛细连结程度逐
渐消失，而水的润滑作用显现，使得土体又开始容
易被压实；而当含水率进一步增大，接近土体的满

饱和程度时，如果无黏性土的渗透性良好，则在迅速排水条件下，仍能获得较高的密实
度，而若无黏性土透水性较弱，则但在击实过程中水的存在消耗了大量的击实能，且水分
也不易迅速排出，其密实度又会下降。故当有水存在情况下，无黏性土的最大干密度值一
般要小于室内试验利用干砂击密获得最大干密度值。

目前研究与工程中判断无黏性土密实度主要有室内相对密实度试验和现场标准贯入度
试验等方法。相对而言，室内相对密实度试验能对土体密实程度及状态更详细和全面地分
析，定量化程度高，但此法通常忽略水对密实度的影响，与真实工况有所差异。而以标贯
试验体现到了实际问题中土中水的影响，但结果偏于经验性，定量程度也较弱。

在实际工程应用中，针对无黏性土地基所进行处理时通常均要求进行相对密实度测定
试验，并要求处理后的相对密实度一般大于 0.65，即处于密实状态。而具体密实度，则需
根据具体工程和加固区功能不同而有所差异。例如《铁路路基设计规范》（TB10001—
2005）中，对路基中砂类土（粉砂除外）采用相对密实度和地基系数作为控制指标，基
床表层相对密实度 D_r 指标值为 0.8（Ⅱ级铁路）；基床底层相对密实度 D_r 指标值为 0.75
（Ⅰ级、Ⅱ级铁路）；基床以下部位填料相对密实度 D_r 指标值为 0.7（Ⅰ级、Ⅱ级铁路）。
《建筑地基处理技术规范》（JGJ 79—2002）中地基挤密后要求砂土达到的相对密实度范围
为 0.70~0.85。

思　考　题

3-1　为什么工程中对土体松密程度的判断通常不选用孔隙比作为标准？

3-2　击实法对粒径较大的土体为何不再适用？

3-3　比较说明最大干密度试验中，击实步骤与第四章黏性土最优含水率中的击实步骤有何异同。

3-4　试验中土样均为烘干（或充分风干）土，而实际工程中多为湿土，如何看待试验结果的适用性？

3-5　从某天然砂土层中取得的试样通过试验测得其含水率 $w=12\%$，天然密度 $\rho=1.72\text{g/cm}^3$。最大干密
度试验所用金属圆筒容积为 250cm³，两次试验中试样的质量分别为 441g、438g。最小干密度试验
采用漏斗法，两次试验所用试样的质量和体积分别为 704g、505cm³ 和 697g、495cm³。试通过计算
判断该砂土的密实程度。

（答案提示：$D_r=43.3\%$，属于中密土）

第四章　黏性土的基本工程指标测定

第一节　导　　言

含水率对土体的物理状态和力学性质有着重要影响，特别对黏性土而言，其工程性状很大程度上取决于与含水率有关的基本特性。本章将着重对其中的两个最基本特性，黏性土的稠度和击实性的测试方法进行介绍。

稠度定义为黏性土的干湿程度或在某一含水率下抵抗外力作用而变形或破坏的能力，通常用硬、可塑、软或流动等术语描述。当黏性土的含水率较高时，重塑黏土在自重作用下不能保持其形状，发生类似于液体的流动现象，几乎没有强度，且随含水率降低其体积逐渐减小，称其处于液态。当含水率降低后，重塑黏土在自重作用下，能保持其形状。在外力作用下发生持续的塑性变形而不产生断裂且其体积也不产生显著变化，外力卸除后仍能保持已有的形状，黏性土的这种性质称为可塑性，这一状态称为可塑状态。当处于可塑状态时，黏性土具有一定的抗剪强度，且其体积随含水率降低而减小；若黏性土的含水率继续降低，可塑性逐渐丧失，在较小的外力作用下产生弹性变形为主的变形，当外力超过一定值后土体发生断裂，且土体体积随含水率减小而减小，此时称土体处于半固体状态；若含水率进一步降低，黏性土的体积趋于稳定，不随含水率降低而变化，土体进入固体状态。土体从液态逐渐进入到可塑状态、半固体状态、固体状态的含水率 w 与体积 V 的变化过程，如图 4-1 所示。

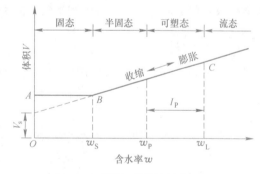

图 4-1　黏性土的状态转变过程

从图 4-1 中可以看到，黏性土从一种状态过渡到另一种状态，可用某一界限含水率来区分，该界限含水率称为稠度界限或阿太堡（Atterberg）界限。液态与可塑状态分界处的界限含水率称为液限含水率（简称液限，记作 w_L），可塑状态与半固体状态分界处的界限含水率称为塑限含水率（简称塑限，记作 w_P），半固体状态与固体状态分界处的界限含水率称为缩限含水率（简称缩限，记作 w_S）。本章的第二节就将对黏性土稠度特性中的液限与塑限的测定方式予以介绍。

★　对于已经形成一定结构的黏性土来说，由于其土体结构对变形的影响，即使其处于液态，也不会产生流动；准确地说，黏性土处于液态的含义为：当黏性土处于液态时，通过重塑破坏其结构后，黏性土会发生类似于液体的流动现象。

★　严格地说，黏性土不同状态之间的过渡是渐变的，并无明确的界限。为了使用上的方便，目前工程上只是根据某些试验方法得到的含水率称作界限含水率。

而黏性土的击实特性，是指一定含水率和饱和程度的黏土在一定击实能量作用下，土颗粒克服粒间阻力，产生位移，实现土中孔隙减小，密度增加的特性。黏性土在填筑工程中，性状受干密度大小的影响显著，而这种干密度的实现程度，又与黏性土初始所处的含水率条件有着非常密切的关联。不同含水率下，土体不但表现出抵抗外力所引起变形能力的不同，而且还表现出不同的被压实性能，即一定压实外力下所能达到的干密度也不同。第三节中将介绍黏性土击实特性中最优含水率的测定方式。

第二节　液塑限试验

液塑限试验要求土的颗粒粒径小于 0.5mm，且有机质含量不超过试样干土质量的 5%。试验宜采用天然含水率试样，当土样不均匀，采取代表性土样有困难时，也可采用风干试样。当试样中含有粒径大于 0.05mm 的土颗粒或杂质时，应过 0.05mm 筛。

一、试验目的

界限含水率试验主要测试细粒土的液限含水率（w_L）、塑限含水率（w_P）和缩限 w_S。计算获得塑性指数 $I_P = w_L - w_P$、液性指数 $I_L = (w - w_P)/I_P$，根据 w_L 和 w_P 由塑性图对土进行分类和利用 I_L 判断天然土所处的状态，从而提供黏性土的工程分类的依据和评价其工程性质。因工程上最常用的是液限和塑限，故本节只介绍液限、塑限试验。

二、试验原理

重塑土处于液态时，在自重作用下发生流动，而处于可塑态时，必须施加外力作用才发生变形。由此可知，在两种状态的分界处，土从不能承受外力向能承受一定外力过渡。

测定液限含水率的试验方法主要有圆锥液限仪法、碟式液限仪法和液塑限联合测定法。圆锥液限仪法是将质量为 76g 的圆锥仪竖直轻放在试样表面，使其在自重作用下自由下沉，以锥体经过 5s 恰好沉入土中 10mm 或者 17mm 时的含水率为液限。碟式液限仪法是把土碟中的土膏用开槽器分成两半，以每秒 2 次的速率将土碟由 10mm 高度下落，当土碟下落击数为 25 次时，以两半土膏在碟底的合拢长度恰好为 13mm 时的含水率为液限。

各国采用的碟式仪和圆锥仪规格不尽相同，其所得试验结果也不一致。一般情况下，碟式仪测得的液限大于 76g 圆锥入土深度 10mm 的圆锥仪所测得的液限，而与入土深度 17mm 测得的液限相当。

国外对液限测定以碟式仪为标准，而我国长期使用圆锥仪测定液限，主要是因为其操作简单，所得数据稳定，标准易于统一。试验结果表明，以圆锥仪入土 10mm 时对应的含水率为液限时计算得到土的强度偏高，而以圆锥仪入土 17mm 时对应的含水率为液限和国外碟式仪测得液限时计算得土的强度（平均值）基本一致，因此我国现阶段各规范普遍推荐使用的液塑限联合测定法中，是以圆锥入土深度 17mm 时对应的含水率作为液限。

通常认为采用圆锥仪测液限，其入土深度取值主要争议源自试验结果在不同行业中的应用目的和经验差别。若土的液限用于了解土的物理性质及塑性图分类，应以碟式仪法或圆锥仪入土 17mm 时对应的含水率为液限；若土的液限用于承载力计算，则可采用圆锥仪入土 10mm 时对应的含水率为液限计算塑性指数和液性指数。在我国水利、公路等工程及其相对应的规范标准中，一般采用碟式仪法或圆锥仪入土 17mm 深度测得的液限，而在建筑工程及其相对应的规范中多采用的是圆锥仪入土 10mm 深度测得的液限。

综上因素，国家标准《土工试验方法标准》（GB/T 50123—1999）考虑了建筑和水利等多方面用途和各种规范的统一，在推荐采用液塑限联合测定法确定液限（此时 76g 圆锥入土深度为 17mm）的同时，亦保留了以 76g 圆锥入土深度 10mm 对应的试样含水率来确定液限的方法。

塑限试验利用土体处于可塑态时，在外力作用下产生任意变形而不发生断裂，土体处于半固体状态时，当变形达到一定值（或受力较大）时发生断裂的特点来进行塑限确定。试验中给予试样一定外力，以其能在达到规定变形值刚好出现裂缝，所对应的含水率作为塑限含水率。

塑限试验长期采用的是搓滚法，该法的主要缺点是人为因素影响大，测值比较分散，所得结果的再现性和可比性较差。此外，塑限试验还可使用液塑限联合测定法。该方法以圆锥角为 30°，质量 76g 的不锈钢圆锥，刺入不同含水率的土膏，以其中 5s 内锥尖刺入深度恰为 2mm 时对应的土膏含水率作为塑限含水率。这是因为，通过大量对比试验发现，该条件下的土膏含水率与搓条法得到的塑限值接近。

我国的国家标准《土工试验方法标准》（GB/T 50123—1999）中给出了两种测定塑限的试验方法：液塑限联合测定法和滚搓法，并以前者为标准方法。

三、液塑限联合测定试验

目前液塑限联合测定方法在国家标准《土工试验方法标准》（GB/T 50123—1999）、《土的工程分类标准》（GB/T 50145—2007）、水利部《土工试验规程》（SL237—1999）等规范中推荐使用。

1. 仪器设备

（1）光电式液塑限联合测定仪：如图 4-2 所示。

（2）圆锥仪：锥质量为 76g，锥角 30°。

（3）读数显示屏：宜采用光电式、游标式和百分表式。

（4）试样杯：直径 40~50mm，高 30~40mm。

（5）天平：称量 200g，分度值为 0.01g。

（6）其他：烘箱、干燥器、称量盒、调土刀、

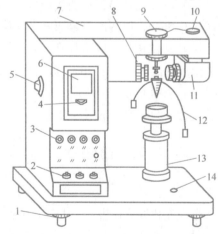

图 4-2　液塑限联合测定仪
1—水平调节螺丝；2—控制开关；3—指示灯；
4—零线调节螺丝；5—反光镜调节螺丝；
6—屏幕；7—机壳；8—物镜调节螺丝；
9—电磁装置；10—电源调节螺丝；
11—光源；12—圆锥仪；
13—升降台；14—水平泡

孔径为 0.5mm 的筛、凡士林等。

2. 试验步骤

（1）制备试样。本试验原则上采用天然含水率的土样制备试样，当土样不均匀，采取代表性土样有困难时，也可采用用风干土制备试样。

当采用天然含水率试样时，应剔除大于 0.5mm 的颗粒，取代表性土样 250g，分成三份，按含水率接近液限、接近塑限和在两者之间制备试样。静置一段时间。

当采用风干土样时，取过 0.5mm 筛土样 200g，分成三份，分别放入 3 个盛土皿中，加入纯水按含水率接近液限、接近塑限和在两者之间制备试样。然后然后放入密封的保湿缸中，静置 24h。

（2）将试样用调土刀调匀，密实地填入试样杯中，土中不能含封闭气泡，将高出试样杯的余土用调土刀括平，随即将试样杯放于仪器升降座。

★　试样面刮平即可，不要刻意追求表面光滑，否则反而容易封闭气泡，造成测试结果不准。

（3）取圆锥仪，在锥尖涂以极薄凡士林，接通电源，使磁铁吸稳圆锥仪（当使用游标式或百分表式时，提起锥杆，用旋钮固定）。

（4）调节屏幕基线，使屏幕上标尺的零刻度线与屏幕基线重合（游标尺或百分表读数调零）。

（5）调整升降座，使圆锥尖接触试样表面，接触指示灯亮立即停止转动旋钮。

（6）关闭电磁铁开关，圆锥在自重下沉入试样（当使用游标式或百分表式时用手扭动旋扭，松开锥杆），经 5s 后测读圆锥下沉深度（显示在屏幕上）。

（7）改变土样与锥尖的接触位置，重复步骤（3）~（6），两次测定圆锥下沉深度差值不超过 0.5mm，取两次测定深度平均值为该点的锥入深度，否则重做。

（8）从试样杯中取出圆锥，将试样杯从升降台上取下，挖去锥尖入土处的凡士林，取锥体附近的试样不少于 10g，放入称量盒内测定含水率。

（9）将全部试样再加水或吹干并调匀，重复（2）~（8）的步骤，分别测定第二点、第三点试样的圆锥下沉深度及相应的含水率。

★　三个不同含水率试样的圆锥入土深度的各自范围宜为 3~4mm、7~9mm、15~17mm。

---

3. 数据整理

将相关数据填在表 4-1 中。其中：

（1）含水率按式（4-1）计算，精确至 0.1%：

$$w = \left(\frac{m_n}{m_d} - 1 \right) \times 100 \tag{4-1}$$

式中　w——含水率，%；

　　　m_n——湿土质量，g；

　　　m_d——干土质量，g。

表 4-1　液塑限联合测定试验记录表

工程名称：＿＿＿＿＿＿＿＿＿　　　　　　　　试验者：＿＿＿＿＿＿＿＿＿

土样编号：＿＿＿＿＿＿＿＿＿　　　　　　　　计算者：＿＿＿＿＿＿＿＿＿

试验日期：＿＿＿＿＿＿＿＿＿　　　　　　　　校核者：＿＿＿＿＿＿＿＿＿

试样编号	圆锥入土深度 h/mm	盒号	湿土质量 m_n/g	干土质量 m_d/g	含水率 w /%	平均含水率 /%	液限 w_L /%	塑限 w_P /%	塑性指数 I_P

（2）以含水率为横坐标、圆锥入土深度为纵坐标，在双对数坐标纸上绘制关系曲线（见图4-3），三点应在一条直线上，如图中直线 A。当三点不在一条直线上时，通过高含水率的点和其余两点连成二条直线，在入土深度为 2mm 处查得两条线上相应的两个含水率值。当这两个含水率的差值小于 2% 时，可以两点含水率的平均值与最高含水率的点连一直线如图中直线 B，当两个含水率的差值大于等于 2% 时，应重做试验。

在此基础上，根据图4-3中 A 线或 B 线查得入土深度为 2mm 对应的含水率即为塑限，入土深度为 17mm（或 10mm）对应的含水率即为 17mm（或 10mm）标准的液限。

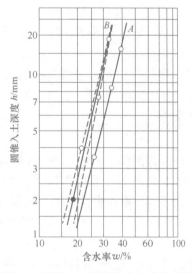

图4-3　圆锥入土深度与含水率关系图

★　大量的试验数据表明：土膏表面刺入阻力与圆锥下沉深度和含水率均能成单调递减的幂函数关系，因而圆锥下沉深度与含水率能在双对数坐标上呈现较好的线性关系。

按式（4-2）、式（4-3）计算塑性指数和液性指数：

$$I_P = w_L - w_P \qquad (4-2)$$

$$I_L = \frac{w - w_P}{I_P} \qquad (4-3)$$

式中　I_P——塑性指数，去掉百分号；

　　　I_L——液性指数，计算至 0.01；

　　　w_L——液限，%；

　　　w_P——塑限，%；

w——天然含水率,%。

四、圆锥仪液限试验

目前该方法在许多规范中使用。其中国家标准《土工试验方法标准》（GB/T 50123—1999）以圆锥仪（圆锥质量76g）的锥尖5s刺入土深度17mm（或10mm）时对应的含水率为液限,《建筑地基基础设计规范》（GB 50007—2011）以圆锥仪（圆锥质量76g）的锥尖5s刺入土深度10mm时对应的含水率为液限,交通部《公路土工试验规程》（JTG E40—2007）中则推荐以圆锥仪（圆锥质量76g或100g）的锥尖5s内刺入土深度17mm（或20mm）时对应的含水率为液限。

1. 仪器设备

（1）圆锥液限仪,如图4-4所示。圆锥质量目前较多为76g（交通部公路规程中有用100g圆锥,以下都以76g圆锥的试验为介绍）,锥角为30°,试样杯直径为40~50mm、高为30~40mm。

（2）天平:称量200g,最小分度值为0.01g。

（3）其他:烘箱、干燥器、称量盒、调土刀、孔径为0.5mm的筛、小刀、滴管、吹风机、凡士林等。

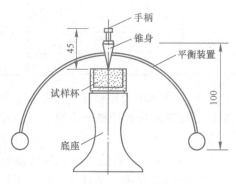

图4-4 圆锥液限仪

2. 试验步骤

（1）制备试样。原则上采用天然含水率的土样制备试样,当土样不均匀,采取代表性土样有困难时,也可采用用风干土制备试样。当采用天然含水率试样时,应剔除大于0.5mm的颗粒,取代表性土样250g;当采用风干土样时,取过0.5mm筛土样200g;将试样放在橡皮板上用纯水将土样调成均匀膏状,放入调土皿中,浸润过夜。

（2）将试样用调土刀调匀,密实地填入试样杯中,土中不能含封闭气泡,将高出试样杯的余土用调土刀括平,随即将试样杯放于仪器升降座上。

（3）将圆锥仪擦拭干净,在锥尖上抹一层凡士林,用手拿住圆锥仪手柄,使锥体垂直于土面,当锥尖刚好接触土面时,轻轻松手让锥体自由沉入土体中。

（4）松手后约5s后观看锥尖的入土深度,若入土深度刚好为17mm（或10mm）,此时土的含水率即为液限。

（5）若锥体入土深度大于或小于17mm（或10mm）,则代表试样含水率高于或低于液限,应根据试样的干、湿情况,适当加纯水拌合或边调拌边风干,重复步骤（2）~（4）,直到满足刺入深度要求为止。

（6）平行进行两次试验,当两次测定的液限含水率差值小于2%时,取平均值作为该土样的液限。

（7）取出锥体,用小刀取锥孔附近土样10~15g（注意去除有凡士林部分）,放入称量盒内,测定其含水率。

3. 数据整理

（1）按式（4-4）计算液限,精确至0.1%:

$$w_L = \left(\frac{m_n}{m_d} - 1\right) \times 100 \tag{4-4}$$

式中 w_L——液限,%;

m_n——湿土质量,g;

m_d——干土质量,g。

（2）并将圆锥仪液限试验的记录格式如表4-2，只有当两次平行测定的液限差值不超过2%时，所取的液限平均值方为有效，否则需要重新试验。

表4-2 圆锥仪液限试验

工程名称：_____   试验者：_____

土样说明：_____   计算者：_____

试验日期：_____   校核者：_____

试样编号	盒号	水质量 m /g	湿土质量 m_n /g	干土质量 m_d /g	液限 w_L /%	液限平均值 /%

五、碟式仪液限试验

目前碟式仪液限测定方法在国家标准《土工试验方法标准》（GB/T 50123—1999）、水利部《土工试验规程》（SL237—1999）等规范中推荐使用。

1. 仪器设备

碟式液限仪如图4-5所示，主要组成部分如下。

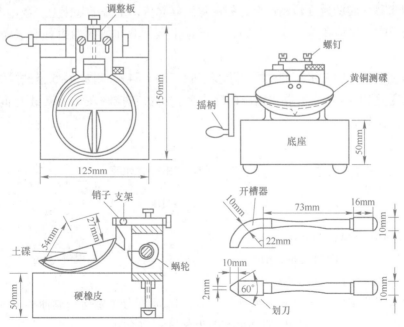

图4-5 碟式液限仪结构示意图

（1）划刀：刀口宽 2mm，刀高 10mm，刀侧面夹角 60°，刀口圆弧半径 22mm。

（2）土碟：黄铜制成，碟盘对应的圆球半径 54mm，碟最大深度 27mm，碟中填土最厚处 10mm，碟底至底座间落高 10mm。

> ★　土碟必须自由下落而不能左右摇晃，碟底至底座间落高 10mm 必须准确，可采用间隙块检验，当土碟上升到最大高度时，块规刚好通过，若不符合要求，可以采用调节钮调节。

（3）支架：将土碟铰支于底座上。

（4）底座：为一长方体硬橡胶，硬度和弹性模量值有严格规定。

（5）天平：称量 200g，最小分度值为 0.01g。

（6）其他：烘箱、干燥器、铝制称量盒、调土刀、毛玻璃板、滴管、吹风机、孔径 0.5mm 筛等等。

2. 操作步骤

（1）制备试样。本试验原则上采用天然含水率的土样制备试样，当土样不均匀，采取代表性土样有困难时，也可采用风干土制备试样。当采用天然含水率试样时，应剔除大于 0.5mm 的颗粒，取代表性土样 250g；当采用风干土样时，取过 0.5mm 筛土样 200g；将试样放在橡皮板上用纯水将土样调成均匀膏状，放入调土皿中，浸润过夜。

（2）将制备好的试样充分调拌均匀后，平铺于碟式仪的前半部，铺土时建议由中间填满，挤向两旁，以防止试样中存在气泡，试样表面平整，试样中心厚度为 10mm。用开槽器经蜗形轮中心沿铜碟直径将试样划开，形成 V 形槽。为避免槽缝边扯裂或试样在土碟中滑动，允许从前至后，再从后至前多划几次，将槽逐步加深，以代替一次划槽，最后一次从后至前的划槽能明显的接触碟底。但应尽量减少划槽的次数。

（3）以每秒两转的速度转动摇柄，使铜碟反复起落，坠击于基座上，数记击数，直至槽底两边试样的合拢长度为 13mm 时为止，记录击数，并在槽的两边各取试样 10g 左右，测定含水率。

（4）将制备的不同含水率的试样，重复步骤（3）~（4），测定 4~5 个试样的槽底两边试样合拢长度为 13mm 所需击数和相应的含水率，击数宜控制在 15~35 击之间，其中 25 次以上及以下各 1 次。

3. 数据整理

（1）按式（4-5）计算各击次下合拢时试样的相应含水率：

$$w_n = \left(\frac{m_n}{m_d} - 1 \right) \times 100 \tag{4-5}$$

式中　w_n——n 击下试样的含水率，%；

　　　m_n——n 击下试样的质量，g；

　　　m_d——试样的干土质量，g。

（2）根据试验结果以含水率为纵坐标、以击次对数为横坐标绘制曲线，如图 4-6 所示。查得曲线上击数 25 次所对应的含水率即为该试样的液限 w_L。

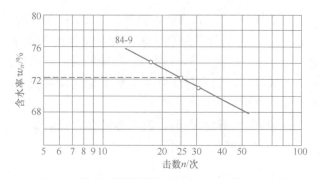

图 4-6　碟式液限仪试验下含水率与击数关系曲线

（3）记录。碟式仪液限试验的记录格式如表 4-3 所示。

表 4-3　碟式仪液限试验

工程名称：_____　　　　　　　试验者：_____

土样说明：_____　　　　　　　计算者：_____

试验日期：_____　　　　　　　校核者：_____

试样编号	击数	盒号	湿土质量 m_n /g	干土质量 m_d /g	含水率 w /%	液限 w_L /%

六、搓滚法塑限试验

目前搓滚法塑限试验测定方法在国家标准《土工试验方法标准》（GB/T 50123—1999）、水利部《土工试验规程》（SL237—1999）等规范中推荐使用。

1. 仪器设备

（1）毛玻璃板：约 200mm×300mm。

（2）缝隙 3mm 的模板或直径 3mm 的金属丝，或分度值为 0.02mm 的卡尺。

（3）天平：称量 200g，分度值 0.01g。

（4）其他：烘箱、干燥器、铝盒、筛（孔径 0.05mm）等。

2. 试验步骤

（1）取过 0.5mm 筛的代表性试样 100g，置于盛土皿中加纯水拌和浸润，静置过夜。

（2）将制备好的试样在手中捏揉至不黏手或用吹风机稍微吹干，然后将试样捏扁，如出现裂缝表示含水率已接近塑限。

（3）取接近塑限的试样 8~10g，先手用捏成橄榄形，然后再用手掌在毛玻璃板上轻轻搓滚。搓滚时手掌均匀施加压力于土条上，不得使土条在毛玻璃板上无力滚动。土条长度不宜超过手掌宽度，在任何情况下，土条不得有空心现象。

（4）当土条搓成直径为 3mm 时，表面产生裂缝，并开始断裂，此时含水率即为塑限；若土条搓成直径为 3mm 时不产生裂缝或断裂，表示此时试样的含水率高于塑限，则将其揉成一团，重新搓滚；当土条直径大于 3mm 时即已开始断裂，表示试样含水率小于塑限，应弃此土样，去重新取土试验；若土条在任何含水率下始终搓不到 3mm 即开始断裂，则认为土塑性极低或无塑性。

（5）取直径符合 3mm 断裂土条约 3~5g，放入称量盒内随即盖紧盒盖，测定含水率，此含水率即为塑限。

3. 数据整理

（1）按式（4-6）计算塑限，精确至 0.1%：

$$w_\mathrm{P} = \left(\frac{m_\mathrm{n}}{m_\mathrm{d}} - 1 \right) \times 100 \tag{4-6}$$

式中　w_P——塑限，%；

　　　m_n——湿土质量，g；

　　　m_d——干土质量，g。

（2）将搓滚法塑限试验数据记录于表 4-4 中。试验需要进行 2~3 次的平行测定，取各次测定塑限的平均值为最终目标值，并规定计算得到的塑限值的平行差值，黏土和粉质黏土不得大于 2%，粉土不得大于 1%，否则重新进行试验。

表4-4　搓滚法塑限试验

工程名称：＿＿＿＿＿＿＿＿＿　　　　　　　试验者：＿＿＿＿＿＿＿＿＿

土样说明：＿＿＿＿＿＿＿＿＿　　　　　　　计算者：＿＿＿＿＿＿＿＿＿

试验日期：＿＿＿＿＿＿＿＿＿　　　　　　　校核者：＿＿＿＿＿＿＿＿＿

试样编号	盒号	水质量 m /g	湿土质量 m_n /g	干土质量 m_d /g	塑限 w_L /%	塑限平均值 /%

第三节　击实试验

一、试验目的

击实试验是模拟土工建筑物现场压实条件，采用锤击方法使土体密度增大、强度提高、沉降变小的一种试验方法。其目的是测定试样在一定击实功作用下（非饱和状态下）含水率与干密度的关系，以确定土体的最大干密度和其对应的最优含水率，为工程设计提供初步的填筑标准。

室内击实试验模拟土工建筑物现场压实条件，在一定击实功（与现场施工机械相配套）作用下，得到不同含水率时土的干密度变化规律。通过击实试验得到土体两个击实参数，最大干密度 $\rho_\mathrm{d,max}$ 和最优含水率 w_op，根据施工规范提出填土碾压标准、土体允许含水率和控制干密度。

击实试验分轻型击实试验和重型击实试验两种。

二、试验原理

细粒土的击实曲线如图 4-7 所示。图中击实曲线（实线）的开展即反映了黏性土在不同含水率下的击实特征，击数一定条件下（意味着击实功一定），黏性土在含水率较低时，土粒表面的吸着水膜较薄，在某一击实功作用下，击实过程中粒间电作用力以引力占优势，土粒相对错动困难，并趋向于形成任意排列，干密度小；随着含水率的增加，吸着水膜增厚，击实过程中粒间斥力增大，土粒容易错动，因此土粒定向排列增多，干密度相应增大。但是当含水率达到最优含水率后，若再继续增大含水率，土样内出现大量的自由水和封闭气体，外力功大部分变成孔隙水应

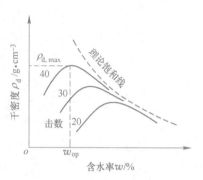

图 4-7　典型击实曲线及与理论饱和线的关系图

力，因而土粒受到的有效击实功减小，干密度降低。故干密度反而随含水率的增加而减小。而对于细粒饱和土，由于渗透系数小，在击实过程中来不及排水，故认为是不可击实的。

此外，从图可见，击实功（击数所反映）对于干密度与含水率的关系亦有显著影响。当击实功提高时，虽然土体干密度仍是随含水率的增加先增大后减小，但土体的最大干密度逐渐增大，而最优含水率随之减小。而右侧的理论饱和线（虚线），是指对应某一级干密度下，土体如果完全饱和时的含水率值。从图可见，击实曲线在高含水率下也只能无限逼近理论饱和线，即非饱和的土体通过击实的方式永远也不可能达到完全的饱和状态。

而对无黏性土，大量试验表明，其在仅使用击实方法下不容易密实，而且密实过程中，也无法得到如图 4-7 所示的具有峰值特征的含水率与干密度关系曲线，即不存在最优含水率和最大干密度。有关无黏性土密实特性及检测方法请参阅本书第三章的内容。

三、试验设备

（1）击实仪：分为轻型击实仪和重型击实仪两类（见图 4-8），分别提供不同的击实能量，用于轻型和重型击实试验。其击实筒、击锤、护筒等主要部件的尺寸如表 4-5 所示。

表 4-5　击实仪主要部件规格表

试验方法	锤底直径 /mm	锤质量 /kg	落高 /mm	击实筒			护筒高度 /mm
				内径 /mm	筒高 /mm	容积 /cm³	
轻型	51	2.5	305	102	116	947.4	50
重型	51	4.5	457	152	116	2103.9	50

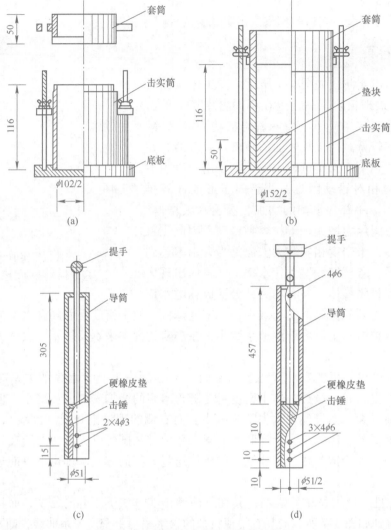

图 4-8　击实筒、击锤和导筒的构造图

(a) 轻型击实筒；(b) 重型击实筒；(c) 2.5kg 击锤；(d) 4.5kg 击锤

（2）推土器：用特制的螺旋式千斤顶或液压千斤顶加反力框架组成。

（3）台秤：称量 10kg，分度值 1g。

（4）天平：称量 200g，分度值 0.01g。

（5）标准筛：孔径为 20mm 圆孔筛和 5mm 标准筛。

（6）其他设备：烘箱喷水设备、碾土设备、盛土器、修土刀和保湿设备等。

四、试验步骤

1. 试样制备

击实试验试样制备分干法制备和湿法制备两种。

（1）干法制样。用四分法取一定量代表性土样，轻型击实试验为 20kg、重型击实试验为 50kg，风干碾碎。

1）预估加水量。若为轻型击实试验，取样后过 5mm 筛，将筛下土样拌匀，并测定土样的风干含水率 w_0。根据经验，土的最优含水率略低于塑限，可由塑限预估土的最优含水率。按依次相差约 2% 的含水率制备一组（不少于 5 个）试样，其中应有 2 个含水率大于塑限，2 个含水率小于塑限，1 个含水率接近塑限。每份试样加水量计算公式如下：

$$\Delta m_{\text{w}} = \frac{m}{1 + w_0}(w - w_0) \tag{4-7}$$

式中　Δm_{w}——制成含水率 w 的试样需加水量，g；

　　　m——每份试样质量，g；

　　　w——制备试样含水率，%；

　　　w_0——风干试样或天然含水率，%。

若为重型击实试验，取样后过 20mm 筛，将筛下土样拌匀，并测定土样的风干含水率。按依次相差约 2% 的含水率制备一组（不少于 5 个）试样，其中至少有 3 个含水率小于塑限的试样。然后按式（4-7）计算加水量。

2）加水备样。将一定量土样平铺于不吸水的盛土盘内（轻型击实取土样约 2.5kg，重型击实取土样约 5.0kg），按 1）步骤中算得预定含水率下的加水量，用喷水设备往土样上均匀喷洒所需加水量，拌匀并装入塑料袋内或密封于盛土器内静置备用。静置时间分别为：高液限黏土不得少于 24h，低液限黏土可酌情缩短，但不应少于 12h。

> ★　轻型击实试验中，当试样中粒径大于 5mm 的土质量小于或等于试样总质量的 30% 时，应对最大干密度和最优含水率进行校正，见本节数据分析部分；而当试样中粒径大于 5mm 的土质量大于试样总质量的 30% 时，应使用更大的击实筒击实，击数以单位体积击实功相同为原则相应增加击数、落高或击锤质量，其具体方法可参考水利部《土工试验规程》（SL237—1999）。

（2）湿法制样。取天然含水率代表性土样（轻型为 20kg、重型为 50kg），碾碎后按要求过筛（轻型过 5mm 筛或 20mm 筛、重型过 20mm 筛），将筛下土拌匀并测定天然含水率。和干法制样一样，预估最优含水率，在最优含水率附近制 5 份土样，相邻两个试样的含水率差值宜为 2%。静置一昼夜使含水率均匀分布备用。

> ★　同一种土（特别对液限较高的黏土），以烘干、风干、天然含水率三种状态分别来配置不同含水率试样，进行击实所能得到的最大干密度依次减小，而对应的最优含水率依次增大。此现象在一定程度上归因于烘干和风干条件可改变黏性土中的胶结性质。所以在现场工程中，为得到更好的击实效果，在条件允许情况下，应尽量使土体在干燥条件下加水后碾压击实；反之，若干燥碾压制样实现困难，则应根据工程实际土体在加水碾压前的含水率条件，选择合适的室内干法或湿法击实试验来对其最优含水率和最大干密度进行评价。

2. 击实

击实过程的具体操作步骤如下：

（1）将击实仪平稳置于刚性基础上，连接击实筒与底座，安装护筒，击实筒内壁涂一薄层凡士林或润滑油。称取一定量试样，倒入击实筒内，分层击实。轻型击实试样分 3 层击实，每层装入试样 600~800g，每层击 25 击。重型击实分 5 层，每层装入试样 900~

1100g，每层56击；若分3层，每层94击。每层试样高度宜相等，两层交界处的土面应刨毛。击实后，每层高度不超过理论高度5mm，最后余高应小于6mm。

> ★　重型击实试验中，为了保证击实筒中央土层和周围土层所受击实功能相同，在采用机械操作时，击实仪必须具备在每一圈周围击实完成后，中间加一锤的功能。

（2）用修土刀沿护筒内壁削挖后，扭动并取下护筒，测出超高，应取多个测值平均，准确至0.1mm，沿击实筒顶细心修平试样。拆除底板，试样底部若超出筒外，也应修平，擦净筒外壁，称筒与试样总质量，精确至1g。计算出试样湿密度。

（3）用推土器从击实筒内推出试样，从试样中心处2份代表性土样（轻型为15~30g，重型为50~100g），平行测定土的含水率，称量准确至0.01g，含水率的平行误差不得超过1%。计算试样的干密度。

（4）重复步骤（1）~（3），对不同含水率的试样依次进行击实，得到各试样的湿密度、含水率，计算得到干密度。

> ★　读者应注意最优含水率实验室操作与理论设计上的一个明显差别。理论上，用以测定最优含水率的几组土体的干土质量应相同，这样才能归一化地比较不同含水率对击实效果（用干密度来反映）的影响。然而这样做在实际操作时就会导致击实后土体的体积不同，不易测定密度。因此在实际试验中，利用了土样填满标准击实筒的体积来确保击实后几个土体的体积一致，则换算击实后干密度非常便捷。但这也导致了在击实前，几个土体中干土的质量明显不同，也就是说干土质量对于击实效果的影响并没有被归一化，在理论上就存在一定的不严谨性。面对这一问题，只能说，目前的击实试验，是通过大量试验数据结果的比较，认为在设计的击实试样体积下，试验中干土质量在一定范围内的变化不会显著影响击实功和含水率对黏土击实特性（最优含水率以及干密度与初始含水率关系）的评价，于是这种误差被默许的存在，以提高试验的便捷程度。

五、数据整理

1. 计算

（1）按式（4-8）计算击实后各试样的含水率：

$$w = \left(\frac{m}{m_{\mathrm{d}}} - 1\right) \times 100 \tag{4-8}$$

式中　w——击实后试样含水率，%；

　　m——用以测定含水率的湿土质量，g；

　　m_{d}——用以测定含水率的湿土烘干后质量，g。

（2）按式（4-9）计算击实后各试样的干密度：

$$\rho_{\mathrm{d}} = \frac{\rho}{1 + 0.01w} \tag{4-9}$$

式中　ρ_{d}——干密度，g/cm³，计算精确到0.01g/cm³；

　　ρ——击实后试样的湿密度，g/cm³；

　　w——击实后试样含水率，%。

（3）按式（4-10）计算土的饱和含水率：

$$w_{sat} = \left(\frac{\rho_w}{\rho_d} - \frac{1}{G_s}\right) \times 100 \tag{4-10}$$

式中 w_{sat}——饱和含水率，%；

G_s——土粒比重；

ρ_w——水的密度，g/cm^3。

2. 制图

（1）将击实试验所得的相关数据添入表4-6中。

表4-6 击实试验记录表

工程名称：_____   试验者：_____

土样编号：_____   计算者：_____

试验日期：_____   校核者：_____

	试验序号						
干密度	筒+土重/g						
	筒重/g						
	湿土重/g						
	湿密度/g·cm^{-3}						
	干密度/g·cm^{-3}						
含水率	盒 号						
	盒+湿土/g						
	盒+干土/g						
	盒质量/g						
	水质量/g						
	干土质量/g						
	含水率/%						
	平均含水率/%						
最大干密度/g·cm^{-3}				最优含水率/%			

（2）将按式（4-9）计算的干密度与之对应的含水率，以干密度为纵坐标，含水率为横坐标，绘制如图4-9所示的干密度与含水率关系曲线。通过寻找曲线上峰值点纵、横坐标，确定土的最大干密度和最优含水率。若曲线不出现峰值点，应进行补点试验。

同时，按式（4-10）计算数个干密度下土的饱和含水率，绘制该土体在不同含水率下的理论饱和曲线于同一图中（类似图4-9所示）。

3. 校正

击实试验中，当粒径大于20mm的颗粒含量小于30%时，对于土样中含有少量大于

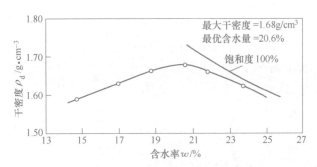

图 4-9 击实条件下含水率与干密度关系曲线

20mm 的粒径，需要剔除时，应对最大干密度和最优含水率进行校正：

$$\rho'_{d,max} = \cfrac{1}{\cfrac{1 - P_{20}}{\rho_{d,max}} + \cfrac{P_{20}}{G_{s2}\rho_w}} \qquad (4\text{-}11)$$

$$w'_{op} = w_{op}(1 - P_{20}) + w_2 P_{20} \qquad (4\text{-}12)$$

式中　$\rho'_{d,max}$——校正后土样的最大干密度，g/cm^3，计算至 $0.01 g/cm^3$；

　　　$\rho_{d,max}$——粒径小于 5mm 试样的最大干密度，g/cm^3；

　　　G_{s2}——粒径大于 20mm 的土粒饱和面干比重；

　　　P_{20}——粒径大于 20mm（重型 40mm）的土粒百分含量，%；

　　　ρ_w——水的密度，g/cm^3；

　　　w_2——粒径大于 20mm 的土粒的吸着含水率，%，计算至 0.01%；

　　　w'_{op}——校正后的最优含水率，%；

　　　w_{op}——粒径小于 5mm 试样的最优含水率，%。

★　饱和面干比重指当土粒呈饱和面干状态（土粒内部孔隙含水达到饱和而其表面干燥）时的土粒总质量与相当于土粒总体积的纯水 4℃时质量的比值。
　　吸着含水率是指土粒在饱和面干状态时所含的水的质量与干土质量比，以百分数表示。

思 考 题

4-1　液限含水率和塑限含水率试验时，为什么要去掉大于 0.5mm 的颗粒？

4-2　圆锥液限仪试验与液塑限联合测定试验在测定黏土液限时有何不同？

4-3　请举出目前国内外用于测定黏土液限的三种试验方法，并简述其原理。

4-4　请简述黏土具有最优含水率的原因及其影响因素？

4-5　砂土能否通过本章所述的击实试验得到最大干密度和最优含水率？

4-6　液塑限联合测定试验中，3 个试样的平均锥入深度和含水率分别为 3.7mm、21.4%，8.2mm、33.6%，15.5mm、53.5%。试通过作图求得该土的液限与塑限。

（答案提示：塑限 $w_P = 16.8\%$，液限 $w_L = 57.6\%$）

4-7 某黏性土击实试验测得的数据见表 4-7，试计算出表中所缺数据，并通过绘图得到该黏性土的最大干密度和最优含水率。

（答案提示：$w_{op} = 20.7\%$，$\rho_{d,max} = 1.51 \text{g/cm}^3$）

表 4-7 某黏性土击实试验

击实仪类型（轻型击实仪，容积：947.4cm³）					大于 5mm 的颗粒含量				200g	
试验序号		1		2		3	4	5	6	
干密度	筒+土质量/g	4062		4072		4066	3887	3960	4025	
	筒质量/g	2340		2340		2340	2340	2340	2340	
	湿土质量/g									
	湿密度/g·cm⁻³									
	干密度/g·cm⁻³									
含水率	盒 号	32.86	35.59	34.38	32.17	36.09	33.74	31.14	31.82	32.53	31.88	34.59	34.25
	盒+湿土质量/g	28.81	31.08	30.45	28.60	32.16	30.12	28.79	29.34	29.78	29.18	31.22	30.91
	盒+干土质量/g	12.46	13.05	12.78	12.62	13.27	12.56	12.89	12.60	13.09	12.73	13.18	13.04
	盒质量/g	32.86	35.59	34.38	32.17	36.09	33.74	31.14	31.82	32.53	31.88	34.59	34.25
	水质量/g									
	干土质量/g									
	含水率/%									
	平均含水率/%									
最大干密度/g·cm⁻³						最优含水率/%				

第五章　土的渗透系数测定试验

第一节　导　言

　　岩土力学应用于工程中有三大问题需要解决——渗流、强度和变形，而渗流是其中首当其冲的问题。所谓渗流，是指土孔隙中的自由水在重力作用下发生运动迁移的现象。有关渗流需要解决的工程问题有很多，从站在水的角度所考虑的流量、流网的确定，防渗与固结排水压缩量的关注，到立足于土粒角度所分析的渗流中对土粒稳定产生显著影响的渗流力的计算，以及在固结这一本质属于不稳定渗流问题中沉降速率的计算等等。

　　从微、细观层面上看，渗流就是水在土的孔隙中流动，其方向实际上是千变万化的，但在宏观视角一般只确定其一个基本的流向作为渗流方向，而且为了计算的便利，通常选取的也是研究对象的横截面而非真正的过水面积。在这些基础之上，想要解决上述工程问题，其关键一点就是要确定土的渗透系数。

　　渗透系数的测定，抑或是这一系数的发现，都是从达西渗透定律（Darcy's law）出发的。达西定律的原始表达式为：

$$v = ki \tag{5-1}$$

式中　v——土的渗流速度，cm/s；

　　　k——土的渗透系数，cm/s；

　　　i——渗流时的水力坡降。

　　所谓渗流速度，就是水在土体中发生渗流时，单位时间流过单位渗流截面的流量；而水力坡降，就是单位渗流路径上的能量（水头）损失。从式（5-1）出发，可以转换得到渗透系数 k 的求解式：

$$k = v/i \tag{5-2}$$

　　因此如要测定 k，就要分别求得渗流速度 v 和水力坡降 i，这是所有渗透试验设计的出发点。另一方面，从大量土体渗透系数测定的实际结果看，并非所有土都严格服从达西定律，从而给渗透系数的测定带来很大变数。如图 5-1 所示，大体而言只有砂土符合达西定律，即渗流速度与水力坡降的比值始终不变。而对黏土而言，其在水力坡降轴上有一个初始的截距，表明只有提供一定的水力坡降（起始水力坡降）才能够发生渗流，且发生渗流以后的斜率并不为常数。由于斜率体现了渗透系数的大小，因此可知，随着水力坡降的增加，黏土的渗透系数也增加，只有在水力坡降较大时，该值才接近常数。而对粗粒土中的砾土而言，较小的水力坡降条件下，其渗透系数为常数，但随着水力坡降增加，其渗透系数将减少，而且呈现曲线变化。

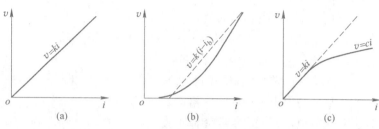

图 5-1　土的渗透速率与水力坡降的关系

（a）砂土；（b）黏土；（c）砾土

从内在因素分析，细粒土渗透系数较小，且存在临界水力坡降，不仅仅是由于颗粒小造成相应的孔隙也小，更重要的是其矿物成分亲水性大，且结合水膜较厚，从而使渗透特性显著降低。

另外在渗流过程中，水头能量之所以发生损失，即产生水力坡降，实际上是黏滞阻力的能耗造成的。而黏滞性的发挥程度又与温度有关，温度越高，水体的黏性越小，动力黏滞系数越小，黏滞耗能越小，则水在土体中的流速就会增加，亦即渗流系数则会随温度升高而变大。

以上内容是对土体渗流特性和渗透系数本质做出的简单描述，亦反映了渗透系数测定的基本思路，同时也提示检测人员，一定要充分估计水力坡降对渗透系数测定所带来的影响。

具体到实际的渗透系数测试方式，分室内和室外试验两种方法。其中室内试验又分两类，即用于测定较高渗透系数的常水头试验和用于测定较低渗透系数的变水头试验，而测定的方法都是依据达西渗透定律进行衍生而实现的。测定了渗透系数以后，就能对土体的渗透性进行工程分类。一般地，当土体的渗透系数 $k > 10^{-3}$ cm/s 时，判定土体为强渗透性，当 k 介于 10^{-3} cm/s 与 10^{-6} cm/s 之间时，为中等渗透性，当 $k < 10^{-6}$ cm/s 时，为弱渗透性。表 5-1 列出了常见土的渗透系数量级范围。

表 5-1　常见土的渗透系数范围

土类型	渗透系数/cm · s^{-1}	土类型	渗透系数/cm · s^{-1}
黏　土	$a \times 10^{-10} \sim a \times 10^{-7}$	细砂、粉砂	$a \times 10^{-4} \sim a \times 10^{-3}$
粉质黏土	$a \times 10^{-7} \sim a \times 10^{-6}$	中　砂	$a \times 10^{-3} \sim a \times 10^{-2}$
粉　土	$a \times 10^{-6} \sim a \times 10^{-4}$	砾石、粗砂	$a \times 10^{-2} \sim a \times 10^{-1}$
黄　土	$a \times 10^{-5} \sim a \times 10^{-4}$	卵　石	$a \times 10^{-1} \sim a$

而在接下来的三节内容中，将就室内试验的常水头法和变水头法以及现场的综合测试方法予以分别介绍。

第二节　室内常水头试验

一、试验原理

常水头试验，其试验装置的基本原理结构示意图如图 5-2 所示。

装置中装有待测定的土样，在试验过程中，保持试样装置顶面的水位不变，而让装置底部的出水口出水，这就使得渗流前后的自由水面恒定，即所谓的常水头。由于形成了常水头液面差，装置中的水将在土体中形成恒定渗流，从而使得土体中的水头沿渗流方向位置依次下降，并保持恒定，同时稳定渗流也使出水口的流量在单位时间中变得恒定。在此情况下，测定渗透系数就变得简单了。

具体到试验中，一方面通过稳定条件下进出土体的两个测压管中的液面差值求得渗流路径上两点间的水头损失 h，再根据两点的渗流路径 L 及公式 $i=h/L$，确定水力坡降值 i。

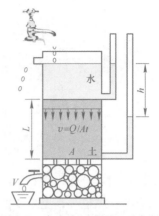

图 5-2　常水头试验原理示意图

> ★　需要注意的是：严格意义上讲，两点渗流造成的能量损失应是位能、压能和动能之和的差值，如果仅仅确定两点自由水位的差值，并没有包括动能的变化。但通过计算分析可知，渗流中的动能较之位能和压能，属于高阶无穷小量，因此可忽略不计。

另一方面，测量出水口在一定时间 t 中的流量 Q，除以渗流试样的横截面积 A，就可求得水在恒定渗流时的渗流速度 v，即 $v=Q/At$。

如此再根据前述的达西渗流定律公式（5-2），即可求得土体的渗透系数 k。

常水头法只适用于渗流系数比较大的土，原因如下：其一、由于该试验需要测定一定时间的流量，根据现行的装置而言，$70cm^2$ 横截面积，测定流速通常需几十秒至几分钟。而如果土体的渗透系数较小，例如下降 2~3 个数量级，则测定相同的可读流量，需要数小时甚至数十小时的时间，从时间上考虑不经济；而如果改用扩大渗流截面的方法，则装置横截面至少要扩大 2~3 个数量级，无疑在用土量以及装置制作耗材上也是极不经济的，且给试验操作带来很大麻烦。其二、如图 5-1 所示，对渗透系数小的土质而言，还存在一个临界水力坡降，若水力坡降不足，再长的时间，土体也不会发生渗流。而临界水力坡降并不由时间和渗流的横截面积决定，而是取决于常水头试验中渗流进出面上的水头差以及发生渗流的路径，黏土发生渗流的起始水力坡降一般较大（大于 20 的很常见）。在 10cm 的渗流路径下，就需要提供 2m 以上的水头差，才能实现渗流，这对常水头试验仪器而言就要制作超高的试样模具，明显不现实，而若减少渗流路径，则连测定孔压变化的测压管位置都很难设置。

综上所述，常水头法只适用于渗流系数比较大的土，测定的渗透系数范围大致在 10^{-4} ~ 10^{-1}cm/s 之间。而对渗透性差的土，其渗透系数测定采用的是变水头法，将在本章第三节予以介绍。

二、试验装置

（1）常水头渗透仪。

常水头试验的试验装置有很多，一般满足如图 5-3 所示的装置构型。在我国，使用较多的是 70 型渗透仪。其得名于设备中主容器封底金属圆筒的横截面尺寸为 $70cm^2$（当使用其他尺寸圆筒时，圆筒内径应大于试样最大粒径的 10 倍）。设备总高 40cm，底部金属孔板以上 32cm。金属孔板的作用是过水滤土，不让土量在渗流过程中有损失；而土样上部通常与容器顶部也有 2cm 的间隙，主要是防止充水时，将土样溅出。此外其在装置左侧中部，设定了三个测压管，用于测定渗流不同位置处的水头，测压管之间的距离均为 10cm。

（2）5000mL 容积的供水瓶金属。

（3）500mL 容量的量杯。

（4）5000g 量程 1.0g 分度值的天平。

（5）温度计，分度值 0.5℃。

（6）秒表。

（7）木质击实棒。

（8）其他：如橡皮管、夹子、支架等。

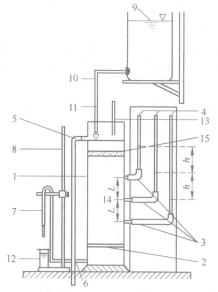

图 5-3　常水头渗透仪
1—封底金属圆筒；2—金属孔板；3—测压孔；
4—玻璃测压管；5—溢水孔；6—渗水孔；
7—调节管；8—滑动支架；
9—容量为 500mL 的供水瓶；10—供水管；
11—止水夹；12—容量为 500mL 的量筒；
13—温度计；14—试样；15—砾石层

三、试验步骤

（1）按照图 5-3 所示连接好仪器，检查各管路和试样筒接头处的密封性是否完好，连接调节管 7 和供水管 10，由试样筒底部倒充水直至水位略高于金属透水板顶面，放入滤纸，关闭止水夹 11。

（2）取代表性风干土样 3～4kg，称量精确至 1.0g，测定土体的风干含水率，用以计算干土质量。

（3）将试样分层装入仪器，大约 2～3cm 一层，每层装完后，用木锤轻轻击打到一定厚度，用以控制孔隙比，如试样含粘粒较多则应在金属孔板上加铺厚约 2cm 的粗砂过渡层防止试验时细料流失，并量出过渡层厚度。试样装好后，连接供水管和调节管，并从调节管进水至试样顶面，饱和试样。

> ★　注意注水饱和时，水流不能过大，否则容易冲动试样，破坏孔隙的均匀性。

（4）重复第（3）步，分层填充试样，直至最后一层试样高出最上侧测压管管口衔接处 3～4cm。待最后一层试样饱和后，在试样上部铺设 2cm 厚的砾石层以作缓冲层。继续使水位上升至圆筒顶面，将调节管卸除后，使得管口高于圆筒的顶面，观测三个测压管水位是否与孔口齐平。

（5）量测试样顶部距离筒顶的高度，换算得试样高度。并称量剩余土样，换算得装入土（试样）质量（精确至 1.0g），进而得到试样的干密度和孔隙比。

（6）静置数分钟后，观察各测压管水位是否与溢水孔 5 齐平，如果不是，则说明试样或测压管接头处有气泡阻隔，需要采用吸水球进行吸水排气。

（7）开启水阀向容器内充水，之后水龙头始终处于开启状态，保证容器顶部水面溢满，与溢水孔齐平。

（8）打开出水口阀门，改变调节管出水口位置，一般低于试样上部 1/3 高度处，并保证能够出水（渗流发生），以及溢水孔处的水位始终不变，之后恒定出水口位置不变。

（9）让渗流发生一段时间，直到三个侧管中水位恒定，表明已经形成稳定渗流，记录三个侧管的水位位置 H_1、H_2、H_3，并确定两两水位差为 h_1、h_2。

（10）开启秒表，计量一定时间内，量筒承接出水管流出的渗流水量，此时调节管口不可没入水中，并测定进水与出水处水体的温度，取平均值 t。

（11）上述步骤完成，即结束一次渗透系数测定，按照上述步骤再重复 5~6 次试验。基本内容相同，只是形成渗流的调节管出水口位置要做相应变化，使得每次试验中的水头差不同，从而测出不同水力坡降和渗流速度下土体的渗透系数。

四、数据处理

（1）试样干密度和孔隙比的计算：

$$\rho_d = \frac{m/(1+w)}{Ah} \tag{5-3}$$

$$e = \frac{\rho_w G_s}{\rho_d} - 1 \tag{5-4}$$

式中　m——风干土的质量，g；

　　　w——风干土的含水率，%；

　　　ρ_d——试样干密度，g/cm^3；

　　　A——试样横截面积，cm^2；

　　　h——试样高度，cm；

　　　e——试样孔隙比；

　　　G_s——土粒比重。

（2）渗透系数的计算：

$$k = v/i = \Delta Q\left(\frac{\Delta l}{H_1 - H_2} + \frac{\Delta l}{H_2 - H_3}\right) \bigg/ 2A\Delta t \tag{5-5}$$

式中　　Δt——测定时间，s；

　　　　Δl——渗流路径，即两测压孔中心间的试样高度（一般为 10cm），cm；

H_1，H_2，H_3——试样在三个测压管的水位高度，cm；

　　　　ΔQ——Δt 时间内的水流流量，cm^3。

式（5-5）中，$\Delta Q/A\Delta t$ 部分是由流量和时间，换算得到的渗流速度。而 $\left(\dfrac{\Delta l}{H_1 - H_2} + \dfrac{\Delta l}{H_2 - H_3}\right)/2$ 部分，则代表了依据三个测点水头所算得的两两水力坡降倒数的平均值。

★　理论上说，计算平均水利坡降的方法是直接求解两个水力坡降的平均值，很多岩土工程著作也这样表述，但从直接求解水力坡降平均值的公式 $i = \left(\dfrac{H_1 - H_2}{\Delta l_1} + \dfrac{H_2 - H_3}{\Delta l_2}\right)/2$ 可见，由于试验装置一般设定两两水头测点的渗流路径长度相同，即 $\Delta l_1 = \Delta l_2 = \Delta l$，因此实际水力坡降平均值的公式就变为 $i = \left(\dfrac{H_1 - H_3}{\Delta l}\right)/2$，即中间测点的水头读数 h_2 实际并未用到，亦即没有真正起到平均的作用。而如果按照式（5-5），先求解两段水力坡降的倒数，再求平均，来计算渗透系数，则可以避免上述问题。请读者在应用时应引起注意。

　　将各次算得的渗透系数，取形如 $a \times 10^{-n}$ 的形式（$1 < a < 10$），a 允许保留一位小数，且求得的各渗透系数 a 的差值不能超过 2，并求解各值的算术平均值，得到该土在 $T℃$ 时的渗透系数 k_T。

　　（3）按照式（5-6），折算得到 20℃ 时的土体渗透系数 k_{20}：

$$k_{20} = k_T \eta_T / \eta_{20}$$ （5-6）

式中　k_{20}——标准温度时试样的渗透系数，cm/s；

　　　　η_T——$T℃$ 时水的动力黏滞系数，Pa·s；

　　　　η_{20}——20℃ 时水的动力黏滞系数，Pa·s。

　　水在各温度下的动力黏滞系数表见表 5-2。

表 5-2　水在各温度下的动力黏滞系数表

温度 $T/℃$	动力黏滞系数 η /10^{-6}kPa·s	温度 $T/℃$	动力黏滞系数 η /10^{-6}kPa·s	温度 $T/℃$	动力黏滞系数 η /10^{-6}kPa·s
5.0	1.516	14.0	1.175	23.0	0.941
5.5	1.493	14.5	1.160	24.0	0.919
6.0	1.470	15.0	1.144	25.0	0.899
6.5	1.449	15.5	1.130	26.0	0.879
7.0	1.428	16.0	1.115	27.0	0.859
7.5	1.407	16.5	1.101	28.0	0.841
8.0	1.387	17.0	1.088	29.0	0.823
8.5	1.367	17.5	1.074	30.0	0.806
9.0	1.347	18.0	1.061	31.0	0.789
9.5	1.328	18.5	1.048	32.0	0.773
10.0	1.310	19.0	1.035	33.0	0.757
10.5	1.292	19.5	1.022	34.0	0.742
11.0	1.274	20.0	1.010	35.0	0.727
11.5	1.256	20.5	0.998		
12.0	1.239	21.0	0.986		
12.5	1.223	21.5	0.974		
13.0	1.206	22.0	0.963		
13.5	1.188	22.5	0.952		

　　（4）最后将所有实验数据和换算结果填入表 5-3 的常水头试验数据记录表中。

表5-3　渗透试验记录表（常水头法）

试样高度：＿＿＿＿＿＿＿　　　　干土质量：＿＿＿＿＿＿＿　　　　测压管间距：＿＿＿＿＿＿＿

试样面积：＿＿＿＿＿＿＿　　　　土粒比重：＿＿＿＿＿＿＿　　　　试样孔隙比：＿＿＿＿＿＿＿

试验次数	经过时间/s	测压管水位/cm			水位差/cm		水力坡降倒数平均$1/i$	渗水量/cm³	渗透系数/cm·s⁻¹	水温/℃	水温20℃渗透系数/cm·s⁻¹	平均渗透系数/cm·s⁻¹
		Ⅰ管H_1	Ⅱ管H_2	Ⅲ管H_3	h_1 H_1-H_2	h_2 H_2-H_3						
1												
2												
3												
4												
5												
6												

第三节　室内变水头试验

一、试验原理

如前文所述，常水头试验并不利于测定渗透性较差土质的渗透系数，这类土质的渗透系数的测定，由变水头试验来完成。其所测渗透系数的适用范围一般为 $10^{-7} \sim 10^{-4}$ cm/s。

而变水头试验的实现，也是源于达西渗透定律。由于达西定律的原始表达式为 $v=ki$，因此本节仍从式子 $k=v/i$ 出发，来解释试验原理。

如图 5-4 所示是变水头装置的模型示意图。

图中 L 段所示的就是变水头装置中放置的土样，而装置左右分别有一个水面，从图中可见，右边细管中水面要比左边水面高，当试验开始时，打开细管中的阀门，水就从左边细管流经土样，最终从左侧容器水面的出水口流出。装置中，出水口的水位恒定，而右侧进水口的水位在逐渐下降，并不像常水头试验中那样需要不断补充水，因此该试验被称为变水头试验。

而在不补水的条件下，如何测定渗透系数呢？不妨再从原理公式出发寻找解决思路。为求渗透系数 k，就需知道渗流速度 v 和水力坡降 i。先看水力坡降，若取一即时时刻 t，此时，进出水面水头差为 h，而后在微小时刻

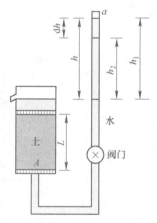

图 5-4　变水头试验原理示意图

dt 变化下，进水水头下降 dh，而出水水头不变，则此时两个水面的水头差为 $h-\mathrm{d}h$，由于进水和出水口流速都非常小（比常水头要小得多），因此 $h-\mathrm{d}h$ 就是土中水在渗流过程中发生的能量损失。而土体的渗流路径是不变的 L，因此 $t+\mathrm{d}t$ 时刻，土体的即时水力坡降为 $(h-\mathrm{d}h)/L$。而即时的流速，因实在太小，不能由出水口称量计算，故转从进水口分析，在 dt 增加时刻，细管中水位下降 dh，意味着微小时刻的流量 dQ 变化可用 $a\mathrm{d}h$ 表示。而对

应的即时平均渗流速度，则为 adh/Adt，其中的 A 为渗流土体的横截面积，因此在 $t+dt$ 时刻，土体的渗透系数计算式为：

$$k = v/i = (adh/Adt)/(h/L) \tag{5-7}$$

然而这个式子是基于瞬时数值在物理上的理解，在数学上依然无法求解，只能更进一步，利用积分的表达式来求解一个平均的流速：

$$k = v/i = \dfrac{\displaystyle\int_{h_1}^{h_2} adh}{\displaystyle\int_{t_1}^{t_2} Adt} \Big/ \left(\dfrac{h}{L}\right) \tag{5-8}$$

式（5-8）建立的物理含义，就是变微小时间段的即时流速与水力坡降的比值为较长时间段中，平均流速与平均水力坡降的比值。

但要注意，实际计算时，即时水头 h 不能留在积分式外，因为 h 也是一个随时间变化的量，从物理意义上理解，既然流速是一个平均值，水力坡降更是一个平均值，因此也要把 h 放在积分号内，相应的，根据平均流速与平均水力坡降求解渗透系数的合理公式应为：

$$k = \dfrac{\displaystyle\int_{h_1}^{h_2} a\left(\dfrac{L}{h}\right) dh}{\displaystyle\int_{t_1}^{t_2} Adt} \tag{5-9}$$

即

$$k = 2.3 \dfrac{aL}{A(t_2 - t_1)} \lg \dfrac{h_1}{h_2} \tag{5-10}$$

式中　a——变水头管的内截面积，cm^2；

　　　L——渗流路径，即试样高度，cm；

　t_1，t_2——测读水头的起始时间和终止时间，s；

　h_1，h_2——起始和终止水头，cm。

对式（5-10），有些读者可能还会产生另一个疑问，即渗透系数的平均值是否可以用来替代即时值，例如选择长时间和短时间渗流所计算出的渗透系数平均值是否会产生差异，以及如何应对这种差异。由于在实际试验数据分析过程中，测定的渗透系数确实有一定波动甚至可能出现较大差值，解释和解决此类疑惑变得更有必要。

笔者认为，对以上问题要一分为二看。通常理解的达西渗流定律，是在砂土中验证的，而在黏性土中，实际流速与水力坡降间并不符合线性的变化特征。如图 5-2 所示，黏土发生渗流需有一起始水力坡降，且随水力坡降增加，流速呈现非线性变化（逐渐变大），最终方接近一常数；相应地，以作为斜率而反映出数值特征的土体渗透系数，也将随水力坡降的变化而变化的（严格说是随水力坡降的上升而上升，到比较高的水平才趋近常数）。因此在实际的变水头试验中，当渗流路径不变化，而试验中的水头在不断下降时，若水头整体水平不高，不同时段测定的渗流系数是会逐渐变小，即上文中读者的担心是存在的；但如果选取的水头较高，且两个时间点间，水头的变化值比较小，则求得的渗透系数变化是在图 5-2 所示的直线段，其每次测定的渗透系数值是较为稳定的。

> ★　试验中，应选取接近实际工程情况的水力坡降值进行试验。而若要知道渗透系数随水力坡降的变化规律，则应进行多次不同水力坡降水平的试验进行分析，但每次试验中的水头落差值不宜过大。具体要求，将在数据分析中予以说明。很多土工测试的著作中并未提到这点，请试验者引起注意。

变水头试验只适用于渗透系数小的土，其中原因简述如下：若测定土的渗透系数过大，变水头管中，水位下降过快，记录时间差就有困难，而若要让变水头管中水位下降变慢，则变水头管横截面尺寸更要缩小。渗透系数每提高一个数量级，细管的面积也要下降一个数量级，这对目前已不到 $0.5cm^2$ 的细管横截面尺寸而言，是很难做到的，且会增加毛细作用等负面影响。因此渗透系数大的土，还是应用常水头装置测定其渗透系数。

二、试验设备

1. 变水头渗透仪

在我国较多采用的是南 55 型变水头渗透仪，如图 5-5 所示，它是南京水利科学研究院于 1955 年研制定型的。装置中试样放置在图中所示的渗透容器中，横截面积为 $30cm^2$，高 4cm。而渗透容器内部结构，底部是透水石（试验中透水石都要浸润），然后依次向上为滤纸、泥膏试样、滤纸和上部透水石，最上为容器顶部的旋紧压盖。渗透容器的底部接口处连接进水管，是渗流的进口（一般为对称布置，在底部有两个接口，接任何一头都可）；而容器上面有一出水口，为渗流出口。此外，图中所示，提供水力坡降的细管装置

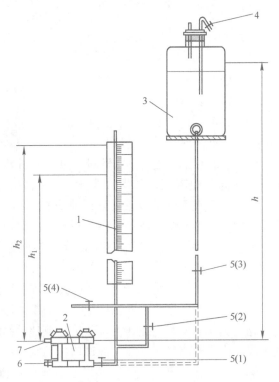

图 5-5　变水头渗透仪

1—变水头管；2—渗透容器；3—供水瓶；4—接水源管；

5—进水管夹；6—排气管；7—出水管

的横截面积，要根据实验室配备的实际管路面积确定。

此外，对于某些淤泥质土，一般的变水头试验也不能满足快速测定渗透系数的要求，故而改用加压型渗透仪，或采用三轴仪或固结仪装置的渗透试验进行测定。加压型渗透仪的方法，主要是通过气压增加入水口处的水压，并保持出水口处的水头压力不变，从而增加水力坡降，进而提高渗流速度，以在较短的时间内测定渗透系数。而三轴仪或固结仪装置渗透试验更是为了模拟现场在一定真实围压条件下，渗透系数变化情况。有关这部分的试验方式，可参考文献［6］。

2. 辅助设备

无气水、刮刀、量筒、秒表、温度计等。

三、试验步骤

（1）对原状黏土或一般含水率下重塑黏土的试样制备应按本书第八章第二节的规定进行，将环刀压入原状或重塑土样块，平整土样两面（但不能用刀往复涂抹，以免闭塞孔隙，影响渗流），形成装在环刀中的黏土试样。

而对吹填土、淤泥土等超软土可直接取现场或已调配至与现场含水率一致的呈流塑状态的土膏备用。

（2）在渗透容器套筒内壁涂抹一层凡士林，再在容器底部依次放置浸润的透水石和滤纸。对已装在环刀中的试样，将装有试样的环刀装入渗透仪的容器中；而对流塑状态的土膏试样，则先将环刀装入渗透容器固定，然后将调配好的土膏根据预期的质量缓慢装入环刀（注意装入过程中严禁使土膏中产生气泡），直至装满整平。

（3）试样装入后，放置上部滤纸和透水石，安置好止水圈，去除多余凡士林，盖上渗透容器顶盖，拧紧顶部的螺丝，保证渗透容器不漏水、漏气。

（4）对不易透水的土样，在第2步装样前需先进行真空抽气饱和；而对土膏试样和较易透水试样，可在第3步后直接用变水头装置的水头进行试样饱和。

★ 土中的气泡可能会堵塞土的孔隙，使得测定渗透系数比饱和土低，一些时候渗透系数随着试验历时的延长而降低，就是因为气泡逐渐分离，迁移，堵塞孔道造成的，因此在进行饱和土的渗透试验时，一定要对其充分饱和，并且使用无气水。

（5）饱和完成后，将渗透仪进水口与水头装置的测压管链接，再将渗流入水夹关闭，开启注水夹，保证渗流水头具有足够高度，关闭注水夹。

（6）开启渗流入水夹，先让底部排气口打开，保证不再出气泡，关闭之，再打开顶部排水口，一定时间后判别是否有渗流发生，发生渗流的判别以出水口出现缓慢滴水为准。如果始终未有出水，则继续增加测压管中的水位高度，重复上述步骤，直到渗流发生为止。

（7）记录渗流水头的高度 h_1，同时开启秒表，记录发生渗流一定时间 Δt 后的渗流水头 h_2，保证 h_1-h_2 大于10cm，之后便可利用公式（5-10），求得试样渗透系数 k，而对时间差 $\Delta t=t_1-t_2$，规定黏粒含量较高或干密度较大土体也不要超过 3~4h。注意，在测定终点读数时不能关闭出水和进水阀门，否则有气泡回灌影响读数。

（8）按步骤 7，反复测定 5~6 次渗透系数，每次取不同的初始渗流水头 h_1 和时间间隔 Δt，注意初始水头不能太低，一者太低不会发生渗流，二者低渗透系数土的渗透系数在较低水头（流速）下是随着水头（流速）的增加而增加的，如此就不能保证为一常数。

（9）另外测定试验开始时与终止时的水温，用以修正不同温度下的渗透系数。

★　如果在试验过程中出现水流加快或者出水口浑浊现象，表明可能有局部流土破坏的可能，应检查是否漏水或者集中渗流，如有，要停止试验，重新制样。

四、数据处理

（1）渗透系数按式（5-10）进行计算，即：

$$k = 2.3 \frac{aL}{A(t_2 - t_1)} \lg \frac{h_1}{h_2}$$

式中　a——变水头管的内截面积，cm^2；

　　　L——渗流路径，即试样高度，cm；

　t_1，t_2——测读水头的起始时间和终止时间，s；

　h_1，h_2——起始和终止水头，cm。

（2）根据式（5-10），可求解试验温度下的渗透系数，再按式（5-6）以及表 5-1 所示的水在各温度下的动力黏滞系数，折算得到 20℃时的渗透系数 k_{20}。

（3）实验数据和换算结果填入表 5-4 的变水头试验数据记录表中。

实际工程应用中，对渗透系数低的土，如前所述，其渗透系数是随着水力坡降的变化而变化的，因此在测定渗透系数求解时应该有两个考虑：一是根据实际的需要，选取接近实际条件的水力坡降进行渗透系数测定，此时，算得的几个渗透系数可求取平均值；二是如果工程中水力坡降的条件并不确定，建议按照上述步骤，进行不同水力坡降条件的渗透系数测定，相似水力坡降条件下，测定 5~6 组，取其平均值；而几个不同水力坡降水平下的平均渗透系数，不要再取平均值，而应绘制渗透系数随平均水力坡降变化的关系曲线，以备工程应用所需。

表 5-4　渗透试验记录表（变水头法）

试样高度：_____　　　干土质量：_____　　　测压管间距：_____

试样面积：_____　　　土粒比重：_____　　　试样孔隙比：_____

试验次数	经过时间 /s	测压管读数/mm		渗透系数 /cm·s⁻¹	水温/℃	水温20℃渗透系数 /cm·s⁻¹	平均渗透系数 /cm·s⁻¹
		h_1	h_2				
1							
2							
3							
4							
5							

第四节 现场井孔抽水渗透试验

一、试验原理

室内渗透试验，只能测定现场某一点的渗透系数，实际上现场土并不均匀，且移送到室内的过程中易受扰动，所测结果不能充分代表现场的实际情况。而测定土体的渗透系数，其目的就是为了评价现场土的综合渗透特性，因此除对各点土在室内进行渗透系数测定以外，一般在工程中还会采取现场测定的方法。现场常见的方法包括井孔抽水法和井口注水法两类，亦有多用于岩体渗透系数测定的钻孔压水试验（亦有用于贫水干旱地层和水位较深地区）。本节介绍的是井孔抽水法。

井孔抽水法和变水头法基于同样的近似概念，即所有测得的渗透系数都是渗流路径上的平均值。为了更简明的说明井孔抽水法的试验原理，笔者以有两个观测孔的井孔抽水试验为例进行介绍，该类试验的水位分布如图5-6所示。

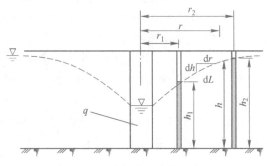

图5-6 井孔抽水法水位示意图

如图所示，在抽水井的周围将形成一个漏斗，而漏斗半径对应的每一个过水截面是一个圆柱面，面积为 $2\pi rh$，因此相应的流量 q 为：

$$q = kiA = k\frac{\mathrm{d}h}{\mathrm{d}r}(2\pi rh) \tag{5-11}$$

式中　q——抽水井范围内过水断面流量，cm/s；

　　　k——抽水井范围内平均渗透系数，cm/s；

　　　r——漏斗半径，m；

　　　h——距离抽水井中心 r 距离处的水头高度，m。

为了求得渗流路径上两个观测孔区域范围内土体的平均渗透系数，就必须求解这个范围内，平均的水力坡降和该平均水力坡降位置对应的平均过水断面积，据此可将式（5-11）改写为：

$$q = 2\pi k\frac{h\mathrm{d}h}{\dfrac{1}{r}\mathrm{d}r} = 2\pi k\frac{\displaystyle\int_{h_1}^{h_2} h\mathrm{d}h}{\displaystyle\int_{r_1}^{r_2}\frac{1}{r}\mathrm{d}r} \tag{5-12}$$

式中　r_1，r_2——两个观测孔到抽水井井轴中心的水平距离，m；

h_1, h_2——两个观测孔孔中的水头高度，m。

其他符号同式（5-11）。

> ★ 式（5-12）中的积分含义与本章第三节中室内变水头法所用式（5-9）的积分式不同，此处是由积分求得的平均水力坡降的概念来取代局部微分的水力坡降概念；而变水头法的积分概念，是由累积的总流量概念来取代瞬时微分的流量概念。

进而得到平均渗透系数的求解表达式：

$$k = \frac{q}{\pi} \frac{\ln(r_2/r_1)}{h_2^2 - h_1^2} \approx 2.3 \frac{q}{\pi} \frac{\lg(r_2/r_1)}{h_2^2 - h_1^2} \tag{5-13}$$

这一试验被广泛应用于现场土层透水性的评价，在水文地质调查的普查和初勘阶段也广泛采用。但是在具体操作中，相关公式会有变化，将在下面数据分析中予以列出。

按照井流理论，可把抽水试验分为稳定流抽水试验和非稳定流抽水试验。对于稳定流抽水试验，抽水量与水位降深在规定的稳定延续时间内不随时间变化，而对于非稳定流抽水试验，抽水量与水位降深随抽水时间的延续，水位逐渐下降或水量逐渐减少。

另外在井孔的深度方面，分为两种：一种是完整井抽水；另一种是非完整井抽水。前者，井深到含水层底部，孔壁中过滤器的长度等于含水层的长度，这种方法一般含水层厚度不能过大（小于15m）；而后者，井深无法到达含水层底部，孔壁中过滤器的长度小于含水层的长度，这种方法一般含水层厚度大于15m或者非均质含水层单层厚度大于6m。

需要说明的是，本节主要介绍适用于土体渗透系数测定的单孔抽水试验方法，并且数据处理是以稳定流完整井孔抽水试验为基础所进行的。

二、试验设备

（1）抽水设备：需要根据含水层的水量、水位、孔径、孔深和动力条件等因素进行选取，常用的抽水设备有空压机、射流泵、深井泵等。

（2）过滤器：设置在抽水井中，过水滤土的装置，需要根据土质不同进行不同类型的选择，有骨架过滤器、网状过滤器、缠丝过滤器和砾石过滤器等。

（3）测量水位工具：常用工具包括电测水位计、测钟、浮子式水位计等。

（4）测量流量工具：常用如流量表、水箱、堰等。

（5）测量气温水温工具：普通温度计、水温计等。

三、试验步骤

（1）设置排水渠收集抽水水量，距离要充分远，以不影响本地试验测试结果为目的。

（2）在现场打设试验井，抽水孔位置应根据试验的目的，结合场地水文地质条件、地形、地貌条件以及周围环境，布置在有代表性地段，并且要贯穿所要测定渗透系数的土层。

打孔孔径应满足抽水设备、出水量以及避免产生三维流的影响等要求。常见抽水孔径参考值如表5-5所示，且保证打设井口的垂直，要求100m深度的孔斜不超过1°。

表 5-5　常见抽水孔孔径参考值

含水层土性	含水层厚度<25m 时的抽水孔径/mm	含水层厚度>25m 时的抽水孔径/mm
细　砂	127~146	146~168
粗　砂	146~168	168~219
卵砾石	>168	>219

（3）设置过滤器和测压管，安装抽水设备和测试器具，并在正式测试前，对井孔和测试孔反复用清水冲洗。

（4）试验性抽水，检查水泵、动力、测试器具的运转情况和工作效果，以便及时发现和解决问题。

（5）观测静止水位。抽水孔与观测孔都需测得天然静止水位，每 2h 测 1 次，3 次所测数字基本相同或 4h 内水位升降不超过 1~2m，无连续上升或下降趋势，即为天然静止水位。

（6）放入抽水泵，以井为中心，以恒定速率抽水，形成以一个稳定的以井孔为中心的漏斗状地下水面。

抽水过程中，要求有 3 次不同的水位降深。其中抽水孔的最大降深 s_{max} 接近含水层厚度的三分之一。但对承压水，一般认为不宜降到含水层的顶板以下。这 3 次降深分别为：$s_1 \approx \dfrac{1}{3} s_{max}$，$s_2 \approx \dfrac{2}{3} s_{max}$，$s_3 \approx s_{max}$。此外，降深顺序宜细土先小后大，粗砾先大后小。

水位和流量的观测时间，按照 5min、5min、5min、10min、10min、10min、20min、20min、20min、20min、30min 的时间间隔进行，之后每 30min 观测一次，抽水的持续时间应在 4~8h。

当确认稳定时间内，涌水量和动水位都没有明显上升或下降趋势时，通过测定试验井和观测孔中的稳定地下水位，可以绘制出整个地下水的变化图形。一般的动水位的稳定标准，用水泵抽水时，水位波动值不超过 3~5cm；用空压机抽水时，水位波动不超过 10~20cm。而涌水量的稳定标准，一般是最大最小涌水量的差值与常见涌水量的比值不超过 5%。

四、数据分析

（1）绘制井内涌水量 Q，井内水位降深 S 随时间 t 的变化曲线。

（2）绘制井内涌水量 Q 和单位井内涌水量 q 随井内水位降深 S 的变化曲线，判别抽水的正常状况，或是否有承压水等水层等特征。

图 5-7 表示了典型类型的 Q-S 和 q-S 曲线特征，可根据类型特征，查表 5-6 确定大致

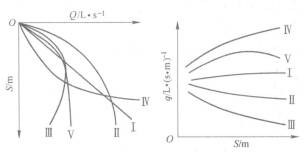

图 5-7　Q-S 和 q-S 曲线开展类型特征图

的类型，以判别抽水是否正常及是否需要水位降深修正。

表 5-6　Q-S 和 q-S 曲线类型判别表

曲线类型	情况分析与判别
Ⅰ	承压水，曲线正常
Ⅱ	潜水或承压水受到管壁、过滤器阻力或三维紊流影响，曲线正常，但需要进行水位降深修正
Ⅲ	抽水孔水源不足，或过水断面遭到阻塞
Ⅳ	一般为不正常曲线，需要重新抽某一降深；若只有仅是因为抽水龙头贴近过滤器进水部位引起的，则为三维紊流影响的正常曲线，但需要进行水位降深修正
Ⅴ	某一降深以下 S 增加，但是 Q 不再改变，属于降深过大，需要重新调整降深

（3）对水位降深值进行修正。分析 Q 和 q 随 S 变化曲线类型，修正 S。当曲线为Ⅱ或Ⅳ类型时，往往是由于抽水井中三维渗流或紊流影响导致了附加降深，需要扣除，修正公式如下：

$$S' = S \pm \beta Q^2 \tag{5-14}$$

$$\beta = \frac{S_{i+1}/Q_{i+1} - S_i/Q_i}{Q_{i+1} - Q_i} \tag{5-15}$$

式中　S'，S——修正前后的井内水位降深，m；

　　　S_i——第 i 次抽水时的孔井内的水位下降值，m；

　　　S_{i+1}——第 $i+1$ 次抽水时候孔径内的水位下降值，m；

　　　Q_i——第 i 次抽水时孔井出水量，L/s；

　　　Q_{i+1}——第 $i+1$ 次抽水时孔井出水量，L/s。

如果是Ⅱ型曲线，式（5-14）修正取负号；是Ⅳ型曲线，式（5-14）修正取正号。

（4）进行稳定型完整井抽水渗透系数计算。对无承压水的单孔抽水，采用式（5-16）计算渗透系数：

$$k = 0.732q \frac{\lg(r_2/r_1)}{(2H-S)S} \tag{5-16}$$

式中　q——抽水稳定时，井中抽水流量，m^3/s；

　　　r_2——含水层影响半径，m；

　　　r_1——抽水井半径，m；

　　　H——潜水含水层厚度，m。

　　　S——抽水稳定时，井中水位降深值，m

式（5-16）和式（5-13）比较，两者形式上几乎完全一致，只是式（5-13）中选取的是两个观测孔的水位 h_1 和 h_2，这里选取的实际是井口的 $h_1 = H-S$ 和稳定处的 $h_2 = H$，所以形式略微有些变化。

如果是承压水的单孔抽水，则采用式（5-17）求解渗透系数：

$$k = 0.36q \frac{\lg(r_2/r_1)}{MS} \tag{5-17}$$

式中　q——抽水稳定时，井中抽水流量，m^3/s；

　　　r_2——含水层影响半径，m；

r_1——抽水井半径，m；

M——承压含水层厚度，m；

S——抽水稳定时，井中水位降深值，m。

式（5-17）和式（5-13）比较，形式上一致，但是系数明显降低。从概念上理解，因为承压水水头要比潜水高，势必带来流量增加，在获得相同渗透系数的公式中，其前系数的减少，实际体现了相应分母上水力坡降的增加。

严格的抽水试验，还要判别水文地质条件，编制抽水试验成果综合图表（包括场地平面图，钻孔柱状图等）。有关这部分内容，以及完整井多孔或潜水和承压水并存等地下条件下和非完整井时渗透系数的测试与计算方法，可参考文献［43］，本书不再详述。

思 考 题

5-1 室内常水头试验数据处理中如何使三个测压管水头都得到充分利用？

5-2 室内变水头试验中，实验仪器正常，操作规范，水头在某一高度时，装置顶部排水口始终未见有缓慢滴水，请从原理分析其原因，如何解决？

5-3 小明对某黏性土开展室内变水头渗透系数测定试验，发现采用 4 级不同水力坡降水平下得到的渗透系数有较大差异，并如表 5-7 所示，请问如何对这 4 个渗透系数进行后续的数据处理？

表 5-7   渗透系数测定试验

水头 渗透系数	第一级 初始水头	第一级 结束水头	第二级 初始水头	第二级 结束水头	第三级 初始水头	第三级 结束水头	第四级 初始水头	第四级 结束水头
	60cm	42cm	75cm	50cm	92cm	84cm	98cm	90cm
各级所得 渗透系数	1.2×10^{-7}cm/s		4.0×10^{-7}cm/s		7.2×10^{-7}cm/s		7.6×10^{-7}cm/s	

5-4 现场井孔抽水渗透试验中，如何判别抽水是否正常，或是否有承压水等水层等特征，如何对水位降深值进行修正？

第六章 土的变形特性指标测定

第一节 导 言

在地基上修建建筑物，地基土内各点不仅要承受土体本身的自重应力，而且要承担由建筑物通过基础传递给地基的荷载产生的附加应力作用，甚至还会受到反复动力荷载作用，这都将导致地基土体的变形。土体变形可分为体积变形和形状变形。在工程上常遇到的压力范围内，土体中的土粒本身和孔隙水的压缩量可以忽略不计，故通常认为土体的体积变形完全是由于土中孔隙体积减小的结果。对于饱和土体来说，孔隙体积减小就意味着孔隙水向外排出，而孔隙水的排出速率与土的渗透性有关，因此在一定的正应力作用下，土体的体积变形是随着时间推移而增长的。我们把土体在外力作用下体积发生减小的现象称为压缩，而把土体在外力作用下体积随时间变化的过程称为固结。

在附加应力作用下，原已稳定的地基土将产生体积缩小，从而引起建筑物基础在竖直方向的位移（或下沉）称为沉降。在三维应力边界条件下，饱和土地基受荷载作用后产生的总沉降量 S_t 可以看作由三部分组成：瞬时沉降 S_i、主固结沉降 S_c、次固结沉降 S_s，即：

$$S_t = S_i + S_c + S_s \tag{6-1}$$

瞬时沉降是指在加荷后立即发生的沉降。对于饱和黏性土来说，由于在很短的时间内，孔隙中的水来不及排出，加之土体中的水和土粒是不可压缩的，因而瞬时沉降是在没有体积变形的条件下发生的，它主要是由于土体的侧向变形引起的，是形状变形。如果饱和土体处于无侧向变形条件下，则可以认为 $S_i = 0$。由于瞬时沉降量通常不大，一般建筑物不予考虑，对于沉降控制要求较高的建筑物，瞬时沉降通常采用弹性理论来估算。

主固结则是荷载作用下饱和土体中孔隙水的排出导致土体体积随时间逐渐缩小，有效应力逐渐增加，达到稳定的过程，也就是通常所指的固结（以下均简称固结）。固结所需要的时间随着土质渗透系数等条件的变化而变化，特别对黏土而言，是一个相对长期的过程，因此这种变形随时间变化的过程在实际问题中不能被忽视。由土体经历（主）固结过程所产生的沉降称为主固结沉降（或固结沉降），它占了总沉降的主要部分。

此外，土体在主固结沉降完成之后在有效应力不变的情况下还会随着时间的增长进一步产生沉降，这就是次固结沉降（亦有认为是与主固结同步发生）。次固结沉降对某些土如软黏性是比较重要的，对于坚硬土或超固结土，这一分量相对较小。

为了研究土体的最终沉降效果，以及确定达到这一最终值前，沉降随时间的逐渐开展规律，我们必须对土体的压缩以及固结特性进行研究，为此前人设计了室内的一维压缩（固结）试验来进行研究。此类试验的主要装置为压缩（固结）仪，用这种仪器进行试验时，由于盛装试样的刚性护环所限，试样只能在竖向产生压缩，而不能产生侧向变形，故称一维（或单向或侧限）固结试验。

而在动力荷载作用下，常用动剪切（弹性）模量、阻尼比来反映土的变形特性。在小应变幅值下，土对某种动力荷载输入的变形特性主要由动剪切（弹性）模量及阻尼比来表示；当应变超过 10^{-4} 时，土体非线性变形显著，此时用周期加载试验所得的应力应变曲线表示，而这些指标都可以在共振柱试验中得到，从广义上说，这些也是土的变形指标，故共振柱试验也将在本章中予以介绍。

第二节　一维固结（压缩）试验

一、试验目的

土体的压缩是指土体在外力作用下孔隙体积减小的现象。土体固结是指土体在外力作用下，超静孔压不断消散，外界应力逐渐转化为有效应力，体积随时间变小的过程。因此，压缩和固结是两个既有区别又密切联系的概念。在室内，研究者一般通过完整的一维固结（压缩）试验，对侧限条件下的试样施加不同分级的竖向荷载，量测每级荷载作用过程以及最终稳定下的土体变形量，进而确定土体相关固结（压缩）性状指标、以为开展固结和沉降计算服务。

具体而言，该试验压缩部分的试验目的是获得土体体积的变化与所受有效外力的关系，研究土体的压缩性状，即对土体上覆荷载全部转为土体有效应力（孔隙水压力稳定后）终了时刻时产生的土体变形进行研究。在一维压缩试验中，一般根据获取的 e-p 压缩曲线，得到压缩系数 a_v，根据 e-$\lg p$ 曲线可得压缩指数 c_c，在卸荷回弹曲线上得到回弹指数 c_s，判别其压缩性状，并可通过压缩曲线分析得到土体的前期固结应力等应力历史状况，以为工程中土体的沉降分析提供关键的计算参数。

而固结部分的试验目的是获得一定大小的外力作用下，超静孔隙水压力消散，有效应力增加，土体体积随时间变化的关系。在一维固结试验中，根据试验结果，并采用太沙基一维固结理论分析计算得到固结系数 c_v，进而可以用以估算土体实现一定固结度所需要的时间，也可分析在一定工期内，土体实际完成的沉降量和工后沉降。

二、试验原理

1. 压缩试验

土体在外力作用下的体积减小绝大部分是孔隙中的水和气体排出，引起孔隙体积减小所引起的。因此可用孔隙比的变化来表示土体体积的压缩程度。

如图 6-1 所示，在无侧向变形（亦称侧限）的条件下，试样的竖向应变即等于体应变（图中 V_s 表示土颗粒体积），因此试样在 Δp 作用下，孔隙比的变化 Δe 可与竖向压缩量 S 建立如式（6-2）所示关系：

$$S = \frac{e_0 - e_1}{1 + e_0} H = -\frac{\Delta e}{1 + e_0} H \tag{6-2}$$

式中　S——土样在 Δp 作用下压缩量，cm；

　　　H——土样在初始竖向荷载 p_0 作用下压缩稳定后的厚度，cm；

　　　e_0——土样厚为 H 时的孔隙比；

e_1——土样在竖向荷载增量 Δp 作用下压缩稳定后的孔隙比；

Δe——比之初始孔隙比，土样在竖向荷载增量 Δp 作用下压缩稳定后的孔隙比改变量，即 $e_1 - e_0$。

由式（6-2）可得土样在竖向荷载 $p + \Delta p$ 作用压缩稳定后的孔隙比 e_1 的表达式为：

$$e_1 = e_0 - \frac{S}{H}(1 + e_0) \qquad (6\text{-}3)$$

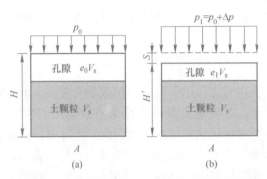

图6-1　无侧向变形条件下土体受竖向荷载作用时的压缩变形示意图

（a）初始竖向荷载 p 作用时；（b）竖向荷载增量 Δp 作用时

由以上公式可知，只要知道土样在初始条件下：$p_0 = 0$ 时的高度 H_0 和孔隙比 e_0，就可以计算出每级荷载 p_i 作用下的孔隙比 e_i。进而由（p_i，e_i）绘出土体的 e-p 压缩曲线（见图6-2）或 e-lgp 压缩曲线（见图6-3）。

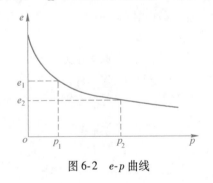

图6-2　e-p 曲线

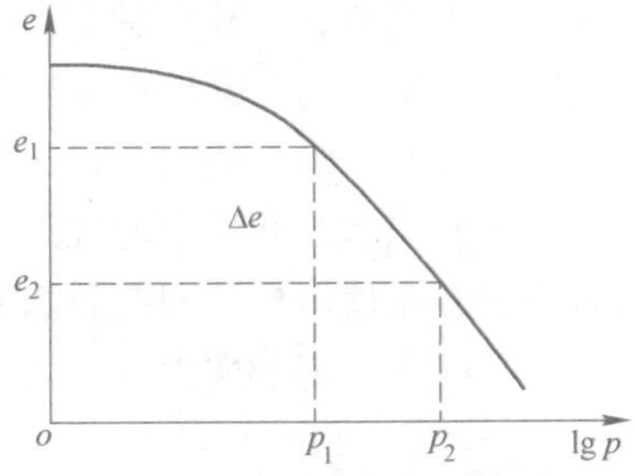

图6-3　e-lgp 曲线

2. 固结试验

一维固结试验是将天然状态下的原状土或人工制备的扰动土制备成一定规格的土样，然后在侧限与轴向排水条件下测定土在各级竖向荷载作用下压缩变形随着时间的变化规律。

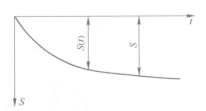

图6-4　试样固结过程
沉降时程曲线

如图6-4所示，试样在竖向荷载 p 作用下，最终沉降量为 S。自 p 加上的瞬间开始至任一时刻 t 试样的沉降量用 $S(t)$ 表示，并定义 $U = S(t)/S$ 为土样的固结度，即主固结沉降完成的程度，该值在一维条件下与孔隙水压力的消散程度一致。因此根据太沙基一维固结理论有：

$$U = f(T_v) = 1 - \frac{8}{\pi^2} \sum_{m=1}^{\infty} \frac{1}{m^2} e^{-\left(\frac{m\pi}{2}\right)^2 T_v} \quad (m = 1,\ 3,\ 5,\ \cdots) \tag{6-4}$$

式中　U——厚度为 H 的试样平均固结度；

T_v——时间因数，$T_v = \dfrac{C_v t}{\overline{H}^2}$；

C_v——固结系数，$\mathrm{cm^2/s}$；

$\overline{H}$——试样最大排水距，单面排水时为 H，双面排水时为 $H/2$，cm；

$S(t)$——t 时刻的试样沉降量，cm；

S——试样的最终沉降量，cm。

在固结试验中，最重要的就是确定土体的固结系数，其主要有两种方法，即时间平方根法和时间对数法，分别介绍其原理如下：

（1）时间平方根法。据太沙基一维固结理论解答，式（6-4）的理论解在 $U\text{-}\sqrt{T_v}$ 坐标系下有图 6-5 所示形状的曲线。

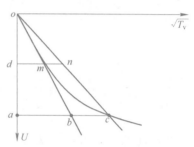

图中，固结度 $U<53\%$ 范围内，$U\text{-}\sqrt{T_v}$ 关系近似为一直线，将直线延长，交 $U=90\%$ 的水平线于 b 点。并将 $U=90\%$ 的水平线 ab 延长与 $U\text{-}\sqrt{T_v}$ 曲线交于 c 点。据 $U\text{-}\sqrt{T_v}$ 关系可证明：

$$\frac{\overline{ac}}{\overline{ab}} = 1.15 \tag{6-5}$$

图 6-5　$U\text{-}\sqrt{T_v}$ 理论关系曲线

过 $U=0$ 的 o 点，连接 oc，作平行于 $\sqrt{T_v}$ 轴的任一水平线 dmn，分别交 ob 和 oc 线于 m、n，根据几何定律必然有以下关系：

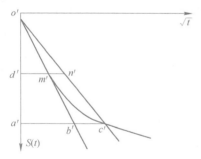

图 6-6　$S(t)\text{-}\sqrt{t}$ 理论关系曲线

$$\frac{\overline{dn}}{\overline{dm}} = \frac{\overline{ac}}{\overline{ab}} = 1.15 \tag{6-6}$$

而在固结试验中，我们测出一系列数据 $(t_i,\ S(t_i))$ 后，可画出如图 6-6 所示的曲线。由固结度基本定义知 $S(t_i)$ 与 U 成正比，由 T_v 的定义知 T_v 与 t 成正比。因此图 6-6 中，$S(t)$ 与 $\sqrt{t}$ 有与图 6-5 中的 U 与 $\sqrt{T_v}$ 相似的关系，即在 $S(t)\text{-}\sqrt{t}$ 坐标系下，任作一水平线 $d'm'n'$，使得 $\dfrac{\overline{d'n'}}{\overline{d'm'}} = 1.15$，连接 $o'n'$ 并延长交

$S(t)\text{-}\sqrt{t}$ 曲线于 c' 点，则 c' 点必为固结度为 90% 的点，其坐标为 $(S_{90},\ \sqrt{t_{90}})$，从而计算出对应 90% 的完成时间 t_{90}。再由式（6-3）得到，$U=90\%$ 时，$T_v = 0.848$，代入时间因数的定义式可得：

$$C_v = \frac{0.848\,\overline{H}^2}{t_{90}} \tag{6-7}$$

式中　C_v——固结系数，cm^2/s；

$\overline{H}$——试样最大排水距，单面排水时为 H，双面排水时为 $H/2$，cm；

t_{90}——固结度为 90% 时所对应的时间，由图 6-6 用作图法得到，s。

（2）时间对数法。对于某一级压力，以试样竖向变形百分表读数 d 为纵坐标，以时间的对数 $\lg t$ 为横坐标，在半对数纸上绘制 d-$\lg t$ 曲线（见图 6-7），该曲线的首段部分近似抛物线，中间段近似一直线，末端部分随着固结时间的增加而趋于一直线。

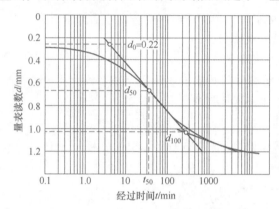

图 6-7　时间对数法确定固结系数示意图

在 d-$\lg t$ 曲线的开始段抛物线上，任选一个时间点 t_1，相对应的百分表读数为 d_1，再取时间 $t_2 = 4t_1$，相对应的百分表读数为 d_2。从时间 t_1 相对应的百分表读数 d_1，向上取时间 t_1 相对应的读数与时间 t_2 相对应的量表读数 d_2 的差值 d_1-d_2，并作一水平线，水平线的纵坐标 $2d_1-d_2$ 即为固结度 $U=0$ 的理论零点 d_{01}；另取其他时间按同样方法求得三次不同的 d_{02}、d_{03}、d_{04}，取四次理论零点的量表读数的平均值作为平均理论零点 d_0。而延长曲线中部的直线段和通过曲线尾切线的交点即为固结度 $U=100\%$ 的理论终点 d_{100}。

根据 d_0 和 d_{100}，即可定出相应于固结度 $U=50\%$ 的纵坐标 $d_{50}=(d_0+d_{100})/2$，根据式（6-3），可得对应的时间因数为 $T_v=0.197$。于是，某级压力下的垂直向固结系数 C_v 可按式（6-8）计算：

$$C_v = \frac{0.197\,\overline{H}^2}{t_{50}} \tag{6-8}$$

式中　t_{50}——固结度达 50% 所需的时间，s。

其余符号意义同式（6-7）。

三、试验设备

（1）固结仪。固结仪整体结构如图 6-8 所示。在杠杆上施加砝码，利用杠杆原理，通过不同的力臂，将压力经过横梁传递到试样顶盖上，进而实现规定的竖向应力作用于试样上。设备主要由固结容器、加压装置、变形量测装置和辅助配件等组成。不同型号仪器最大压力不同，一般分低压固结仪（最大荷载 400kPa）和高压固结仪（最大荷载 3200kPa）两类。

（2）固结容器。如图 6-9 所示。由环刀、护环、透水石、加压上盖和量表架等组成。

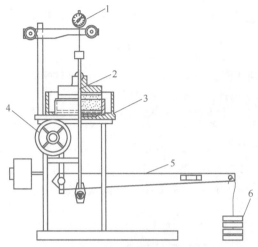

图 6-8　固结仪整体结构示意图

1—竖向位移百分表；2—加压桁架；3—固结容器；

4—平衡转轮；5—杠杆；6—砝码

常用试样为横截面 $30cm^2$（直径 61.8mm）或 $50cm^2$（直径 79.8mm），高均为 20mm 的圆柱体。

（3）加压设备。可采用量程为 5~10kN 的杠杆式、磅秤式或其他加压设备。

（4）变形测量设备。百分表（量程 10mm，分度值为 0.01mm），或准确度为全量程的 0.2% 的位移传感器（建议其量程亦在 10mm 左右）。

（5）其他设备。秒表、切土刀、钢丝锯、环刀、天平、含水率量测设备等。

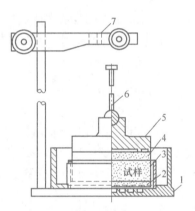

图 6-9　固结容器结构示意图

1—水槽；2—护环；3—环刀；4—透水石；

5—加压上盖；6—量表导杆；7—量表架

四、试验步骤

固结试验是在压缩试验的过程中进行的，即在某级荷载作用下，测度沉降 $S(t_i)$ 和 t_i，因此完整的一维固结压缩试验的主要步骤如下所述。

1. 试样准备

（1）制取环刀试样，根据试验操作一般分两种：环刀切取式和环刀填入式。

1）环刀切取式。此种方法适用于原状土和击实法制备的重塑土样（具体操作见第八章土样制备），取环刀，将环刀内壁涂一薄层凡士林或硅油，刃口向下放于备好的土样上端，用两手将环刀竖直地下压，再用削土刀修削土样外侧，边压边削，直到土样突出环刀上部为止。然后将上、下两端多余的土削至与环刀平齐。当切取原状土样时，应与天然状态时垂直方向一致。

2）环刀填入式。此种方法适用于击样法、压样法制备的重塑样和调成一定含水率要求的吹填土。对击样法、压样法制备环刀样的具体操作见第八章土样制备；而对吹填土，则其含水率不宜超过 1.2~1.3 倍液限，将该土与水拌合均匀，在保湿器内静置 24h。然后把环刀刃口向上，倒置于小玻璃板上用调土刀把土膏填入环刀，排除气泡刮平，完成制备。

> ★　环刀内壁涂凡士林的目的是减小环刀壁与土样间的摩擦，尽量减小切样过程对试样的扰动，同时在压缩过程中减小环刀壁与试样间的摩擦力，使所施加的压力沿试样高度方向不发生变化；切取原状土样时，应使环刀垂直均匀压入土样中，否则试样与环刀壁间会出现空隙，影响试验结果的准确性。

　　（2）擦净粘在环刀外壁上的土屑，测量环刀和试样总质量，扣除环刀质量，得试样质量，根据试样体积计算试样初始密度；并用试验余土测定试样含水率。对扰动土试样，需要饱和时，可采用抽气饱和法饱和（相关操作见第八章土样制备）。

> ★　若试样为不可预先成型的超高含水率吹填土，如按上述填入式法制样，会在环刀的装样过程中引起土体溢出，影响试验操作。因此建议将环刀按照下述试样安装方法就位后，根据饱和土密度计算装入环刀的土量，将土膏直接填入已安置在固结容器的环刀中，进行试验。

2. 试样安装

　　（1）在固结仪的容器内放置好下透水石、滤纸和护环，将带有环刀的试样和环刀一起刃口向下小心放入护环内，再在试样的顶部依次放置滤纸、上透水石和加压盖板。

> ★　试样为饱和土，上、下透水石应事先浸水饱和；对非饱和状态的试样，透水石湿度尽量与试样湿度接近。

　　（2）将压缩容器置于加压框架下，对准加压框架正中。

　　（3）为保证试样与仪器上下各部件之间接触良好，应施加 1kPa 的预压应力，装好量测压缩变形的百分表或位移传感器，并将百分表或传感器调整到零位或测读初读数。

> ★　百分表固定住后，土体沉降可以从反映百分表指针伸长程度的表盘读数上读出。由于百分表指针量程大小有限，在装样时，应充分预计试样变形所导致表针伸长，将百分表表针尽量预收缩。

3. 分级加压

　　（1）确定需要施加的各级压力。按加载比 $\Delta p_i / p_i = 1$（Δp_i 为荷载增量，p_i 为已有荷载）加载，一般荷载等级依次为 12.5kPa、25kPa、50kPa、100kPa、200kPa、400kPa、800kPa、1600kPa、3200kPa。第一级荷载的大小亦可视试样的软硬程度适当增大，一般为 12.5kPa、25kPa 或 50kPa，且不能使试样挤出；最后一级应力应大于自重应力与附加应力之和 100~200kPa。

> ★　需要确定原状土的先期固结压力时，初始段的加载比应小于 1，可采用 0.5 或 0.25。施加的最后一级压力应使测得的曲线 e-lg$p$ 下段出现直线段；对超固结土应进行卸压再加压来评价其再压缩特性，开始卸载时对应的压力应大于前期固结应力。
> ★　对于饱和试样施加第一级压力后应立即向水槽中注水浸没试样，非饱和试样进行压缩试验时须用湿棉纱围住加压板周围，避免水分蒸发。

（2）当需要做回弹试验时，回弹荷载可由超过自重应力或超过先期固结压力的下一级荷载依次卸荷至要求的压力（一般不降到零，可降到初始加载的第一级荷载，如 12.5kPa 或 25kPa），然后再按照前次加载的荷载级数依次加荷，直到最后一级目标荷载为止。卸荷后回弹稳定标准与加压相同，即每次卸压稳定需要 24h，之后记录土体的卸荷变形。而对于再加荷时间，因考虑到固结已完成，稳定较快，因此可采用 12h 或更短的时间。

（3）当需要测定固结系数 C_v 时，应在某一级荷载下测定时间与试样高度变化的关系，并按下列时间顺序记录量测沉降的百分表读数：0.1min、0.25min、1min、2.25min、4min、6.25min、9min、12.25min、16min、20.25min、25min、30.25min、36min、42.25min、49min、64min、100min、200min、400min、23h 和 24h 至稳定为止。

当不需要测定沉降速率时（即进行单独的压缩试验），则施加每级压力后 24h 测定试样高度变化作为稳定标准。测记稳定读数后，再施加下一级压力，依次逐级加压至试验结束。

★　当试样的渗透系数大于 10^{-5} cm/s 时，允许以主固结完成作为相对稳定标准（通常根据 e-$\lg t$ 曲线中起始与终了两近似直线段的交点作为主固结完成点）；对某些高液限土，24h 以后尚有较大的压缩变形时，以试样变形每小时变化不大于 0.005mm 认为稳定。

（4）试验结束，吸去容器中的水，拆除仪器各部件，取出试样，测定含水率。

五、数据整理

1. 压缩试验

（1）将试验中土体的相关变形记录参数填入表 6-1 中。

表 6-1　压缩试验记录表

工程名称：＿＿＿＿＿＿＿＿＿＿＿＿　　　　试验者：＿＿＿＿＿＿＿＿＿＿＿＿

土样编号：＿＿＿＿＿＿＿＿＿＿＿＿　　　　计算者：＿＿＿＿＿＿＿＿＿＿＿＿

试验日期：＿＿＿＿＿＿＿＿＿＿＿＿　　　　校核者：＿＿＿＿＿＿＿＿＿＿＿＿

试样初始高度： 试样密度：		试样初始含水率： 试样初始孔隙比：		试样面积： 土粒比重：		
加荷历时	压力/kPa	仪器 变形量 /mm	百分表 读数 /mm	试样 压缩量 /mm	压缩后 试样高度 /mm	孔隙比

（2）根据式（6-9）计算试样的初始孔隙比 e_0：

$$e_0 = \frac{(1 + w_0)G_s\rho_w}{\rho_0} - 1 \tag{6-9}$$

式中　e_0——试样的初始孔隙比；

　　　ρ_0——试验的密度，g/cm^3；

　　　w_0——试验的初始含水率，%；

　　　G_s——土粒比重；

　　　ρ_w——水的密度，g/cm^3。

（3）根据式（6-10）计算各级压力 p_i 作用稳定后试样的孔隙比 e_i：

$$e_i = e_0 - \frac{S_i}{h_0}(1 + e_0) \tag{6-10}$$

式中　e_i——第 i 级竖向压力作用稳定后的试样孔隙比；

　　　e_0——试样的初始孔隙比；

　　　h_0——试样的初始高度；

　　　S_i——第 i 级压力作用下试样压缩稳定后的总压缩量，为试样的初始高度与第 i 级压力作用下试样压缩稳定后的高度之差。

★　在较高的竖向荷载作用下，仪器本身会产生压缩变形，因此百分表指针表征的沉降实际包括了试样竖向变形和仪器压缩变形两部分。在高压固结试验中，仪器的变形量不能忽略，需根据所加的荷载增量与仪器导杆的弹性模量折算出仪器本身的沉降变形。最终要从百分表表征的沉降量中减去仪器本身沉降量，才能求得土体真实的压缩沉降量。

（4）根据每级 p_i、e_i，绘制如图 6-10 所示的 e-p 压缩曲线，计算相应的压缩性指标。

1）压缩系数 a_v。压缩系数定义为土体在侧限条件下孔隙比减少量与竖向压应力增量的比值，记为 a_v，常用其表征土的压缩性高低。在 e-p 压缩曲线中，a_v 采用两个压缩荷载对应孔隙状态点的连线的斜率（即压缩曲线的割线斜率）来表示。

具体的如图 6-10 所示，设压力由 p_1 增至 p_2，相应的孔隙比由 e_1 减小到 e_2，用压缩系数 a_v（即割线 M_1M_2 的斜率）来表示土在这一段压力范围的压缩性：

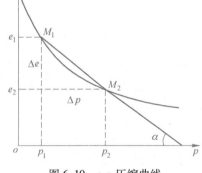

图 6-10　e-p 压缩曲线

$$a_v = \frac{e_1 - e_2}{p_2 - p_1} = -\frac{\Delta e}{\Delta p} \tag{6-11}$$

式中　p_1，p_2——试样所受的两级竖向有效应力，kPa；

　　　e_1，e_2——试样对应 p_1、p_2 竖向荷载下的孔隙比；

　　　Δp——试样所受的两级竖向有效应力之差，kPa；

　　　Δe——试样在竖向荷载增量 Δp 作用下压缩稳定后的孔隙比减少量，即 $e_2 - e_1$。

由图 6-10 可见，压缩系数并非常数，其大小与土所受的荷载大小有关，工程中一般采用 100~200kPa 压力区间对应的压缩系数来评价土的压缩性。

2）压缩模量 E_s。土在完全侧限条件下竖向应力增量 Δp 与相应的应变增量 $\Delta \varepsilon$ 的比值，称为侧限压缩模量，简称压缩模量，用 E_s 表示，单位为 MPa。

根据无侧向变形条件（即试样横截面面积不变），可以推导出压缩模量与压缩系数等参数间的关系式：

$$E_s = -\frac{\Delta p}{\Delta e/(1+e_1)} = \frac{1+e_1}{a_v} \qquad (6\text{-}12)$$

式中符号同式（6-11）。

> ★ 同压缩系数一样，压缩模量也不是常数，而是随着压力大小而变化。因此，在运用到沉降计算中时，应根据实际竖向应力的大小在压缩曲线上取相应的孔隙比计算这些指标。

（5）绘制如图 6-11 所示的 e-lg$p$ 压缩曲线，计算相应的压缩性指标。

1）压缩指数 C_c。压缩指数为 e-lg$p$ 压缩曲线直线段的斜率，为无量纲量，可如式（6-13）所示：

$$C_c = \frac{e_1 - e_2}{\lg p_2 - \lg p_1} = \frac{e_1 - e_2}{\lg \dfrac{p_2}{p_1}} \qquad (6\text{-}13)$$

式中 C_c——土体的压缩指数；

其他符号同式(6-11)。

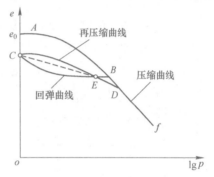

图 6-11 e-lg$p$ 压缩、回弹和再压缩曲线

压缩指数 C_c 与压缩系数 a_v 不同，它在压力较大时为常数，不随压力变化而变化。值越大，土的压缩性越高，低压缩性土的一般 $C_c<0.2$，高压缩性土的值一般 $C_c>0.4$。利用该值，可以方便的预测土体在较高压力下的压缩变形。

2）确定回弹、再压缩曲线和回弹指数 C_s。常规的压缩曲线是在试验中连续递增加压获得的，如果加压到某一级 p_i 后不再加压，而是逐级进行卸载直至预期的压力（按照试验步骤（2）进行回弹试验），并再加载压缩。则可记录各卸载和再压缩荷载等级下土样稳定高度，进而换算得相应孔隙比，并绘制出孔隙比与相应竖向压力之间的回弹曲线和再压缩曲线（如图 6-11 中 BC 和 CD 曲线所示）。

连接卸荷终点 C 与再压缩曲线与回弹曲线交点 E，以割线 CE 的斜率作为回弹指数或再压缩指数 C_s。对一般黏性土，$0.1 \leqslant C_s \leqslant 0.2$。

3）确定土体的先期固结应力 p_c。土层历史上曾经受到的最大固结应力称为先期固结应力，也就是地质历史上土体在固结过程中所受到过的最大有效应力，用 p_c 来表示。先期固结应力是了解土层应力历史，合理预测土体压缩变形的重要指标。

先期固结应力 p_c，常用卡萨格兰德（Casagrande）1936 年提出的经验作图法来确定（见图 6-12），具体操作步骤如下：

①在 e-lg$p$ 曲线拐弯处找出曲率半径最小的点 O，过 O 点作水平线 OA 和切线 OB；

②作 $\angle AOB$ 的平分线 OD，与 e-lg$p$ 曲线直线段的延长线交于 E 点；

③E 点所对应的有效应力即为原状土试样的先期固结压力 p_c。

必须指出，采用这种简易的经验作图法，要求取土质量较高，绘制 e-$\lg p$ 曲线时还应注意选用合适的坐标轴比例，否则很难找到曲率半径最小的点 O。

试样的先期固结应力确定后，就可将它与试样原位现有有效应力 p_0' 和固结应力 p_0 比较，从而判断该土是正常固结土（$p_c = p_0' = p_0$）、超固结土（$p_c > p_0'$ $= p_0$）还是欠固结土（$p_c = p_0' < p_0$）的固结状态，最后根据室内压缩曲线的特征，推求出土体的现场压缩曲线，并进行现实荷载下土体压缩沉降的估算。

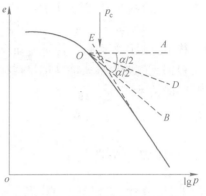

图 6-12　土体先期固结应力的确定

2. 固结试验

（1）将某一级固结压力下，土体的相关变形参数值填入表 6-2 中，并根据表中数据绘制特定竖向压力级下土体的竖向变形、孔隙比随时间的变化曲线。

表 6-2　固结试验记录表

工程名称：＿＿＿＿＿＿＿＿＿＿　　　　试验者：＿＿＿＿＿＿＿＿＿＿

土样编号：＿＿＿＿＿＿＿＿＿＿　　　　计算者：＿＿＿＿＿＿＿＿＿＿

试验日期：＿＿＿＿＿＿＿＿＿＿　　　　校核者：＿＿＿＿＿＿＿＿＿＿

经过时间	各级竖向固结压力					
	（kPa）		（kPa）		（kPa）	
	时间	百分表读数/mm	时间	百分表读数/mm	时间	百分表读数/mm
0.1min						
0.25min						
1min						
2.25min						
4min						
6.25min						
9min						
12.25min						
16min						
20.25min						
25min						
30.25min						
36min						
42.25min						
49min						
64min						
100min						

经过时间	各级竖向固结压力					
	（kPa）		（kPa）		（kPa）	
	时间	百分表读数/mm	时间	百分表读数/mm	时间	百分表读数/mm
200min						
400min						
23h						
24h						
总变形量/mm						
仪器变形量/mm						
试样总变形量/mm						

（2）计算某级固结压力下，土体的固结系数 C_v。

1）时间平方根法。参照本节试验原理中有关时间平方根法确定固结系数的操作步骤，根据某级荷载下的试样竖向变形与时间的曲线关系（见图6-6），确定该级压力下土体的垂直向固结系数：

$$C_v = (0.848 \overline{H}^2)/t_{90} \tag{6-14}$$

式中　C_v——固结系数，cm^2/s；

$\overline{H}$——最大排水距离，cm。单向排水时等于某级压力下试样的初始高度与终了高度的平均值；双向排水时等于单向排水取值的一半；

t_{90}——固结度为90%时所对应的时间，s。

2）时间对数法。参照本节试验原理中有关时间对数法确定固结系数的操作步骤，根据某级荷载下的试样竖向变形与时间的曲线关系（见图6-7），确定该级压力下土体的垂直向固结系数：

$$C_v = (0.197 \overline{H}^2)/t_{50} \tag{6-15}$$

式中　t_{50}——固结度达50%所需的时间，s。

其他符号意义同式（6-7）。

第三节　共振柱试验

一、试验目的

共振柱试验的基本原理是在一定湿度、密度和应力条件下的圆柱或圆筒形土样上，以不同频率的激振力顺次使土样产生扭转振动或纵向振动，测定其共振频率，以确定弹性波在土样中传播的速度，再切断动力，测记出振动衰减曲线，借此推求试样在产生小应变（$10^{-6} \sim 10^{-4}$）时的动剪切模量、动弹性模量和阻尼比等参数。

二、试验原理

共振柱试验原理可简化为如图6-13所示。图6-13中圆柱形试样底端固定，在试样的顶端附加一个集中质量块，并通过该质量块对试样施加垂直轴向振动或水平扭转振动力。试样高 L，当土柱的顶端受到施加的周期荷载而处于受迫振动时，这种振动将由柱体顶端，以波动形式沿柱体向下传播，使整个柱体处于振动状态。振动所引起的位移（u 和 θ）是位置坐标 z 和时间 t 的函数，即 $u = u(z,\ t)$ 和 $\theta = \theta(z,\ t)$，将试样视为弹性体，并忽略试样横向尺寸的影响，引入一维波动方程，可得：

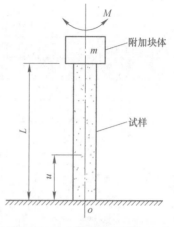

图 6-13　共振柱试验原理图

纵向振动：

$$\frac{\partial^2 u}{\partial t^2} = v_{\mathrm{P}}^2 \frac{\partial^2 u}{\partial z^2} \tag{6-16}$$

扭转振动：

$$\frac{\partial^2 \theta}{\partial t^2} = v_{\mathrm{S}}^2 \frac{\partial^2 \theta}{\partial z^2} \tag{6-17}$$

式中　v_{P}——纵向振动时的纵波波速，cm/s，$v_{\mathrm{P}} = \sqrt{E_{\mathrm{d}}/\rho} \times 10^2$；

　　　v_{S}——扭转振动时的纵波波速，cm/s，$v_{\mathrm{S}} = \sqrt{G_{\mathrm{d}}/\rho} \times 10^2$；

　　　E_{d}——试样的动弹性模量，kPa；

　　　G_{d}——试样的动剪切模量，kPa；

　　　ρ——试样的密度，g/cm³。

以纵向振动为例，求解式（6-16），并联立胡克定律可得纵向振动时的频率方程：

$$\frac{m_0}{m_{\mathrm{t}}} = \beta_{\mathrm{L}} \tan \beta_{\mathrm{L}} \tag{6-18}$$

式中　m_{t}——附加块体的质量，g；

　　　m_0——试样自重，g；

　　　β_{L}——纵向振动无量纲频率因数。

若试样上块体质量很小，可以忽略不计，即 $m_{\mathrm{t}} = 0$，此时将式（6-18）与纵波波速方程联立可得纵向振动时试样的动弹性模量，用式（6-19）表示为：

$$E_{\mathrm{d}} = 16\rho f_{\mathrm{n1}}^2 L^2 \times 10^{-4} \tag{6-19}$$

式中　f_{n1}——试验时实测的纵向振动共振频率，Hz；

　　　L——试样高度，cm。

对于扭转振动，同样可得到与纵向振动相似的频率方程，用式（6-20）表示为：

$$\frac{I_0}{I_{\mathrm{t}}} = \beta_{\mathrm{s}} \tan \beta_{\mathrm{s}} \tag{6-20}$$

式中　I_{t}——试样顶端附加块体转动惯量，g·cm²；

　　　I_0——试样的转动惯量，g·cm²；

　　　β_{s}——扭转振动无量纲频率因数。

若附加块体的质量忽略不计，则同样可得扭转振动时动剪切模量，用式（6-21）表示为：

$$G_{\mathrm{d}} = \rho v_S^2 = 16\rho f_{\mathrm{nt}}^2 L^2 \times 10^{-4} \qquad (6\text{-}21)$$

对于试验的阻尼比，可通过不同频率的强迫振动作出完整的幅频曲线，如图 6-14 所示，再以 0.707 倍共振峰值截取曲线，得出两个频率 f_1 及 f_2，即可按照式（6-22）计算阻尼比：

$$\lambda = \frac{1}{2}\left(\frac{f_2 - f_1}{f_{\mathrm{n}}}\right) \qquad (6\text{-}22)$$

式中 f_{n}——试样纵向振动的固有频率 f_{nz} 或扭转振动的固有频率 f_{nt}，Hz。

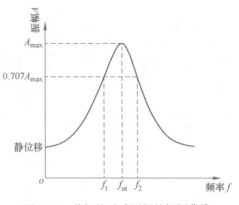

图 6-14 共振柱试验测得的振幅曲线

三、试验设备

1. 共振柱仪

共振柱仪种类较多，其主要区别在于端部约束条件和激振方式的不同。按试样约束条件，可分为一端固定一端自由及一端固定一端用弹簧和阻尼器支撑两类；按激振方式，可分为稳态强迫振动法和自由振动法两类；按振动方式，可分为扭转振动和纵向振动两类。目前新式共振柱仪基本均采用计算机控制，可以按照选定程序进行试验，自动采集并处理试验数据。

共振柱仪虽种类繁多，但各种共振柱仪的基本原理和基本构造相差不大，主要由三部分构成：工作主机、激振系统和量测系统组成。工作主机包括压力室，静、动荷载施加装置，各类传感器及压力控制装置等组成，其中压力室如图 6-15 所示；激振系统基本与振动三轴仪相同，由低频信号发射器和功率放大器组成；量测系统包括静动态传感器、积分器、数字频率计、光线示波器、函数仪和各种压力仪器表等。

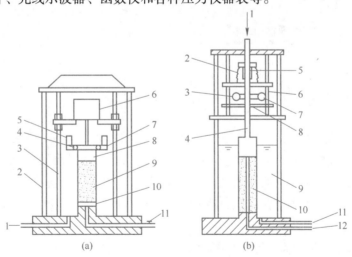

图 6-15 共振柱仪压力室示意图
（a）等压共振柱仪压力室示意图
1—接周围压力系统；2—压力室外罩；3—支架；4—加速度计；5—扭转激振器；6—轴向激振器；
7—驱动板；8—上压盖；9—试样；10—透水板；11—接排水管
（b）轴向和侧向不等压共振柱仪压力室示意图
1—轴向压力；2—弹簧；3—激振器；4—旋转轴；5—压力传感器；6—导向杆；7—加速度计；
8—上下活动框架；9—水；10—试样；11—接压力源；12—接排水管

★　激振器、位移传感器、加速度传感器都放在压力室中，安装在水面以上可以上下移动使之与试样接触但不能扭转的圆盘上。试样用橡皮膜包扎安装在水面以下，周围压力和轴向压力都用压缩空气施加。轴向压力与周围压力可以不相等。如果激振器和传感器都安装在试样顶端，试样的顶端自由，轴向压力和周围压力相等，则只能在各向等压作用力下试验。

2. 其他仪器设备

（1）天平：称量 200g，最小分度值 0.01g；称量 1000g，最小分度值 0.1g。

（2）橡皮膜：应具有弹性的乳胶膜，厚度以 0.1~0.2mm 为宜。

（3）透水石：直径与试样直径相等，其渗透系数宜大于试样的渗透系数，使用前在水中煮沸并泡于水中。

（4）附属设备：击实筒、饱和器、切土盘、切土器和切土架、分样器、承膜筒及制备砂样圆模等。

四、试验步骤

1. 试样制备

共振柱试验一般选用实心试样，但有些共振柱仪也可用空心试样，试样直径一般不超过 150mm，试样高度一般为直径的 2~2.5 倍。共振柱试验试样的制备与饱和同三轴压缩试验相似，故可参考三轴压缩试验试样的制备与饱和（见第七章第三节）。

★　共振柱试验适用于各种类型的土，即可用于原状土试验，也可用于扰动土试验，试样多选用实心样，但近些年国内外也出现了可采用空心样的新型共振柱仪，例如 Wille Geotechnik 共振柱仪。试样直径除支持 38mm、50mm、70mm、100mm、150mm 等标准直径外，也支持各种自定义直径，灵活性较强，可适用各种用途的工程及室内试验。

2. 试样安装

（1）打开量管阀，使试样底座充水，当溢出的水不含气泡时，关量管阀，在底座透水板上放湿滤纸。

（2）黏性土在装样时，应先将黏性土试样放在压力室底座上，并使试样压入底座的凸条中，然后在试样周围贴 7~9 条宽 6mm 的湿滤纸条，再用撑膜筒将乳胶膜套在试样外，并用橡皮圈将乳胶膜下端与底座扎紧，取下撑膜筒，用对开圆模夹紧试样，将乳胶膜上端翻出模外。无黏性土的制样是在压力室底座上完成的，本身就包含了装样过程，因此可直接进行第（3）步。

（3）对扭转振动，将加速度计和激振驱动系统安装在相应位置，翻起乳胶膜并扎紧在上压盖上，按线圈座编号，将对应的线圈套进磁钢外极。

（4）对轴向振动，将加速度计垂直固定于上压盖上，再将上压盖与激振器相连。当上压盖上下活动自如时，可垂直置于试样上端，翻起乳胶膜并扎紧在上压盖上。

（5）用引线将加力线圈与功率放大器相连，并将加速度计与电荷放大器相连。

（6）拆除对开圆模，装上压力室外罩。

3. 试样固结

（1）等压固结。转动调压阀，逐级施加至预定的周围压力。

（2）偏压固结。等压固结变形稳定以后，再逐级施加轴向压力，直至达到预定的轴向压力大小。

（3）打开排水阀，直至试样固结稳定，关排水阀。稳定标准为：对黏土和粉土试样，1h内固结排水量变化不大于0.1cm³，砂土试样等向固结时，关闭排水阀后5min内孔隙压力不上升；不等向固结时，5min内轴向变形不大于0.005mm。

4. 稳态强迫振动法操作步骤

（1）开启信号发生器、示波器、电荷放大器和频率计电源，预热，打开计算机数据采集系统。

（2）将信号发生器输出调至给定值，连续改变激振频率，由低频逐渐增大，直至系统发生共振，此时记录共振频率、动轴向应变或动剪应变。

（3）进行阻尼比测定时，当激振频率达到系统共振频率后，继续增大频率，这时振幅逐渐减小，测记每一激振频率和相应的振幅电压值。如此反复，测记7~10组数据，关仪器电源。以振幅为纵坐标，频率为横坐标绘制振幅与频率关系曲线。

（4）宜逐级施加动应变幅或动应力幅进行测试，后一级的振幅可控制为前一级的2倍。在同一试样上选用允许施加的动应变幅或动应力幅的级数时，应避免使孔隙水压力明显升高。

（5）关闭仪器电源，退去压力，取下压力室罩，拆除试样，清洗仪器设备，需要时测定试样的干密度和含水率。

★　共振柱试验是一种无损试验技术，土样在相对不破坏的情况下，接受来自一端的激振，因此，它的优越性特别表现在试验的可逆性和可重复性，从而可以求得十分稳定且准确的试验结果。

5. 自由振动法操作步骤

（1）开启电荷放大器电源，预热，打开计算机系统电源。

（2）对试样施加瞬时扭矩后立即卸除，使试样自由振动，得到振幅衰减曲线。

（3）宜逐级施加动应变幅或动应力幅进行测试，后一级的振幅可控制为前一级的2倍。在每一级激振力振动完成后，逐次增大激振力，得到在试样应变幅值增大后测得的模量和阻尼比。应变幅值宜控制在10^{-4}以内。

（4）关闭仪器电源，退去压力，取下压力室外罩，拆除试样，清洗仪器设备，需要时测定试样的干密度和含水率。

五、数据整理

（1）试样动应变计算。

1）动剪应变按式（6-23）计算：

$$\gamma = \frac{A_d d_c}{3 d_1 h_c} \times 100 = \frac{U d_c}{3 \beta \omega^2 d_1 h_c} \times 100 = \frac{U d_c}{12 \beta \pi^2 f_{nt}^2 d_1 h_c} \times 100 \tag{6-23}$$

式中　γ——动剪应变，%；

A_d——安装加速度计处的动位移，cm；

U——加速度计经放大后的电压值，mV；

β——加速度计标定系数，mV/981cm/s^2；

ω——共振圆频率，$\omega=2\pi f_n$，rad/s；

f_n——最大振幅值所对应的频率，Hz；

f_{nt}——试验实测扭转共振频率，Hz；

d_1——加速度计到试样轴线的距离，cm；

d_c——试样固结后的直径，cm；

h_c——试样固结后的高度，cm。

2）动轴向应变按式（6-24）计算：

$$\varepsilon_d = \frac{\Delta h_d}{h_c} \times 100 = \frac{U}{\beta\omega^2 h_c} \times 100 \tag{6-24}$$

式中 ε_d——动轴向应变；

Δh_d——动轴向变形，cm。

（2）扭转共振时的动剪切模量按式（6-25）计算：

$$G_d = \left(\frac{2\pi f_{nt} h_c}{\beta_s}\right)^2 \rho_0 \times 10^{-4} \tag{6-25}$$

式中 G_d——动剪切模量，kPa；

ρ_0——试样密度，g/cm^3；

β_s——扭转无量纲频率因数。

（3）扭转无量纲频率因数根据试样的约束条件计算。

1）无弹簧支承时的无量纲频率因数按式（6-26）和式（6-27）计算：

$$\beta_s \tan\beta_s = T_s \tag{6-26}$$

$$T_s = \frac{I_0}{I_t} = \frac{m_0 d^2}{8I_t} \tag{6-27}$$

式中 β_s——扭转无量纲频率因数，可按图6-16确定；

I_0——试样的转动惯量，g·cm^2；

I_t——试样顶端附加物的转动惯量，g·cm^2；

d——试样直径，cm；

m_0——试样质量，g。

2）有弹簧支撑时的无量纲频率因数按式（6-28）和式（6-29）计算：

$$\beta_s \tan\beta_s = T_s \tag{6-28}$$

$$T_s = \frac{I_0}{I_t} \frac{1}{1 - \left(\dfrac{f_{0t}}{f_{nt}}\right)^2} \tag{6-29}$$

式中 β_s——扭转无量纲频率因数，可按图6-16确定；

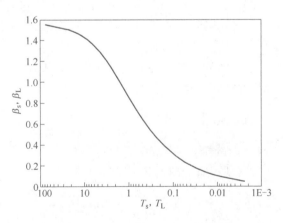

图6-16 β_s与T_s、β_L与T_L关系曲线

f_{0t}——无试样时扭动振动各部分的扭振共振频率，Hz；

f_{nt}——试验时实测的扭转共振频率，Hz。

（4）轴向共振时的动弹性模量按式（6-30）计算：

$$E_d = \left(\frac{2\pi f_{n1} h_c}{\beta_L}\right)^2 \rho_0 \times 10^{-4} \tag{6-30}$$

式中　E_d——动弹性模量，kPa；

f_{n1}——试验时实测的纵向振动共振频率，Hz；

β_L——纵向振动无量纲频率因数。

（5）纵向振动无量纲频率因数根据试样的约束条件计算。

1）无弹簧支撑时的无量纲频率因数按式（6-31）和式（6-32）计算：

$$\beta_L \tan\beta_L = T_L \tag{6-31}$$

$$T_L = \frac{m_0}{m_t} \tag{6-32}$$

式中　β_L——扭转无量纲频率因数，可按图6-16确定；

m_0——试样的质量，g；

m_t——试样顶端附加物的质量，g。

2）有弹簧支撑时的无量纲频率因数按式（6-33）和式（6-34）计算：

$$\beta_L \tan\beta_L = T_L \tag{6-33}$$

$$T_L = \frac{m_0}{m_t} \frac{1}{1 - \left(\frac{f_{01}}{f_{n1}}\right)^2} \tag{6-34}$$

式中　β_L——扭转无量纲频率因数，可按图6-16确定；

f_{01}——无试样时系统各部分的纵向振动共振频率，Hz；

f_{n1}——试验时实测的纵向振动共振频率，Hz。

（6）土的阻尼比计算。

1）无弹簧支撑自由振动时的阻尼比按式（6-35）计算：

$$\lambda = \frac{1}{2\pi} \times \frac{1}{N} \ln\frac{A_1}{A_{N+1}} \tag{6-35}$$

式中　λ——阻尼比；

N——计算所取的振动次数；

A_1——停止激振后第1周振动的振幅，mm；

A_{N+1}——停止激振后第$N+1$周振动的振幅，mm。

2）无弹簧支撑稳态强迫振动时的阻尼比按式（6-36）计算：

$$\lambda = \frac{1}{2}\left(\frac{f_2 - f_1}{f_n}\right) \tag{6-36}$$

式中　f_1，f_2——分别为振幅与频率关系曲线上0.707倍最大振幅值所对应的频率，Hz；

f_n——最大振幅值所对应的频率，Hz。

3）有弹簧支撑自由扭转振动时的阻尼比按式（6-37）和式（6-38）计算：

$$\lambda = \left[\delta_\mathrm{t}(1 + s_\mathrm{t}) - \delta_\mathrm{0t}s_\mathrm{t}\right]/(2\pi) \tag{6-37}$$

$$s_\mathrm{t} = \frac{I_\mathrm{t}}{I_0}\left(\frac{f_\mathrm{0t}\beta_\mathrm{s}}{f_\mathrm{nt}}\right)^2 \tag{6-38}$$

式中　δ_t，δ_0t——有试样和无试样时系统扭转振动时的对数衰减率；

　　　　s_t——扭转振动时的能量比。

有弹簧支撑时用自由振动法测定试样阻尼比时，需要测定有试样和无试样时仪器转动部分扭振或纵向振动时的对数衰减率。以自由扭转振动为例，当仪器扭转部分发生共振时，切断激振器电源停止激振，使转动部分自由振动，记录振幅随时间衰减关系曲线，如图 6-17（a）所示。然后以振幅 A 为纵坐标，振次 N 为横坐标，在双对数坐标上绘制振幅 A 与振次 N 的关系线，如图 6-17（b）所示，直线的斜率即为对数衰减率。

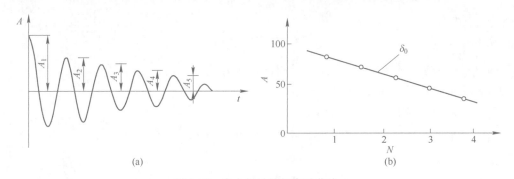

图 6-17　自由振动振幅衰减曲线

（a）振幅随时间的衰减；（b）振幅对数随波峰数的衰减

4）有弹簧支撑自由纵向振动时的阻尼比应按下式计算：

$$\lambda = \left[\delta_1(1 + s_1) - \delta_\mathrm{01}s_1\right]/(2\pi) \tag{6-39}$$

$$s_1 = \frac{m_\mathrm{t}}{m_0}\left(\frac{f_\mathrm{01}\beta_\mathrm{L}}{f_\mathrm{n1}}\right)^2 \tag{6-40}$$

式中　δ_1，δ_01——有试样和无试样时系统纵向振动时的对数衰减率；

　　　　s_1——纵向振动时的能量比。

（7）以动剪应变为横坐标，动剪切模量为纵坐标（或以动轴向应变为横坐标，动弹模量为纵坐标），在半对数坐标上绘制不同周围压力下动剪应变与动剪切模量（或动轴向应变与动弹模量）关系曲线，如图 6-18 所示。曲线在纵轴上的截距即为该级压力下的最大动剪切模量 $G_\mathrm{d,max}$（最大动弹模量 $E_\mathrm{d,max}$）。

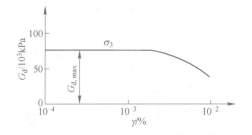

图 6-18　动剪切模量与动应变关系曲线图

（8）以动剪应变为横坐标，动剪切模量比为纵坐标（或以动轴向应变为横坐标，动弹模量比为纵坐标），在半对数坐标上绘制不同周围压力下，动剪应变与动剪切模量比（或动轴向应变与动弹模量比）的归一化曲线，如图 6-19 所示。

（9）以周围压力为横坐标，最大动剪切模量为纵坐标，在双对数坐标上绘制关系曲线，如图 6-20 所示，该直线可用式（6-41）表示：

$$G_{d,max} = Kp_a \left(\frac{\sigma_3}{p_a} \right)^n \qquad (6-41)$$

（10）以动剪应变（或动轴向应变）为横坐标，阻尼比为纵坐标，在半对数坐标上绘制关系曲线，如图 6-21 所示。

（11）共振柱试验记录格式应符合表 6-3~表 6-6 的规定。

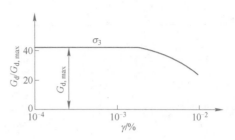

图 6-19　动剪切模量比与动剪应变关系曲线

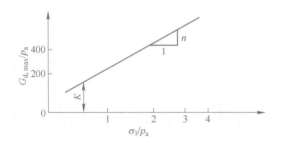

图 6-20　最大动剪切模量与周围压力关系曲线

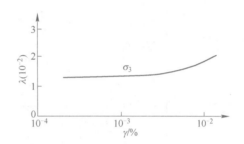

图 6-21　阻尼比与动剪应变关系曲线

表 6-3　共振柱试验记录表（带弹簧和阻尼器支承端扭转共振柱）

工程名称：＿＿＿＿＿＿＿＿＿＿＿　　　　试验者：＿＿＿＿＿＿＿＿＿＿＿

土样编号：＿＿＿＿＿＿＿＿＿＿＿　　　　计算者：＿＿＿＿＿＿＿＿＿＿＿

试验日期：＿＿＿＿＿＿＿＿＿＿＿　　　　校核者：＿＿＿＿＿＿＿＿＿＿＿

仪器名称及编号			
试 样 情 况		计 算 参 数	
试样干质量/g		试样干密度/$g \cdot cm^{-3}$	
固结前高度/cm		试样质量 m_t/g	
固结前直径/cm		试样转动惯量 I_t/$g \cdot cm^2$	
固结后高度/cm		顶端附加物质量 m_0/g	
固结后直径/cm		顶端附加物转动惯量 I_0/$g \cdot cm^2$	
固结后体积/cm^3		加速度计到试样轴线距离 d_1/cm	
试样含水率/%		加速度标定系数 β（mV/981cm/s^2）	

续表 6-3

测定 次数	最大 电压值 U/mV	扭转共 振频率 f_{nt} /Hz	扭转共振 圆频率 ω /rad·s^{-1}	动剪应变 ×10^{-4} /%	无试样时 系统扭转 共振频率 f_{0t}/Hz	扭转 无量纲 频率因数 β_s	动剪切 模量 G_d /kPa	有试样时 系统扭转 振动时 的对数 衰减率 δ_t	无试样时 系统扭转 振动时的 对数衰 减率 δ_{0t}	扭转振动 时的能 量比 s_t	阻尼比 λ

扭 转 共 振 测 试 结 果

表 6-4　共振柱试验记录表（带弹簧和阻尼器支承端纵向振动共振柱）

工程名称：_____　　　　试验者：_____

土样编号：_____　　　　计算者：_____

试验日期：_____　　　　校核者：_____

仪器名称及编号			
试 样 情 况		计 算 参 数	
试样干质量/g		试样干密度/g·cm^{-3}	
固结前高度/cm		试样质量 m_t/g	
固结前直径/cm		试样转动惯量 I_t/g·cm^2	
固结后高度/cm		顶端附加物质量 m_0/g	
固结后直径/cm		顶端附加物转动惯量 I_0/g·cm^2	
固结后体积/cm^3		加速度计到试样轴线距离 d_1/cm	
试样含水率/%		加速度标定系数 β （mV/981cm/s^2）	

测定次数	最大电压值 U /mV	轴向动应变 $\times 10^{-4}$ /%	纵向共振频率 f_{n1} /Hz	无试样时系统纵向共振频率 f_{0t} /Hz	纵向振动无量纲频率因数 β_L	动弹性模量 E_d /kPa	有试样时系统纵向振动时的对数衰减率 δ_1	无试样时系统纵向振动时的对数衰减率 δ_{01}	纵向振动时的能量比 s_1	阻尼比 λ
纵 向 振 动 测 试 结 果										

表 6-5　共振柱试验记录表（自由端扭转共振柱）

工程名称：＿＿＿＿＿＿＿＿＿＿　　　　　　　试验者：＿＿＿＿＿＿＿＿＿＿

土样编号：＿＿＿＿＿＿＿＿＿＿　　　　　　　计算者：＿＿＿＿＿＿＿＿＿＿

试验日期：＿＿＿＿＿＿＿＿＿＿　　　　　　　校核者：＿＿＿＿＿＿＿＿＿＿

仪器名称及编号			
试　样　情　况		计　算　参　数	
试样干质量/g		试样干密度/g·cm^{-3}	
固结前高度/cm		试样质量 m_t/g	
固结前直径/cm		试样转动惯量 I_t/g·cm^2	
固结后高度/cm		顶端附加物质量 m_{ft}/g	
固结后直径/cm		顶端附加物转动惯量 I_0/g·cm^2	
固结后体积/cm^3		加速度计到试样轴线距离 d_1/cm	
试样含水率/%		加速度标定系数 β （mV/981cm/s^2）	

测定次数	电荷输出电压 U /mV	自振周期/s					自振振幅/mm					扭转自由振动频率 f_{nt} /Hz	动剪应变 γ /%	无试样时系统扭转自由振动频率 f_{0t} /Hz	扭转无量纲频率因数 β_s	动剪切模量 G_d /kPa	阻尼比 λ
		T_1	T_2	T_3	T_4	平均	A_1	A_2	A_3	A_4	平均						

扭 转 自 由 振 动 测 试 结 果

表 6-6　共振柱试验记录表（自由端纵向振动共振柱）

工程名称：＿＿＿＿＿＿＿＿＿＿＿　　　　　试验者：＿＿＿＿＿＿＿＿＿＿＿

土样编号：＿＿＿＿＿＿＿＿＿＿＿　　　　　计算者：＿＿＿＿＿＿＿＿＿＿＿

试验日期：＿＿＿＿＿＿＿＿＿＿＿　　　　　校核者：＿＿＿＿＿＿＿＿＿＿＿

仪器名称及编号			
试 样 情 况		计 算 参 数	
试样干质量/g		试样干密度/g·cm^{-3}	
固结前高度/cm		试样质量 m_t/g	
固结前直径/cm		试样转动惯量 I_t/g·cm^2	
固结后高度/cm		顶端附加物质量 m_{ft}/g	
固结后直径/cm		顶端附加物转动惯量 I_0/g·cm^2	
固结后体积/cm^3		加速度计到试样轴线距离 d_1/cm	
试样含水率/%		加速度标定系数 β（mV/981cm/s^2）	

续表 6-6

测定次数	电荷输出电压 U /mV	自振周期/s					自振振幅/mm					纵向自由振动频率 f_{n1} /Hz	轴向动应变 ε_d /%	无试样时系统纵向自由振动频率 f_{01} /Hz	纵向无量纲频率因数 β_L	动弹性模量 E_s /kPa	阻尼比 λ
		T_1	T_2	T_3	T_4	平均	A_1	A_2	A_3	A_4	平均						

（表头：自 由 纵 向 振 动 测 试 结 果）

思 考 题

6-1 如何确定压缩试验中的第一级和最后一级竖向压力的大小？

6-2 如何根据原状土的压缩试验，来确定土体的先期固结压力？

6-3 固结试验中确定土体固结系数有哪些方法，请简述其基本思想。

6-4 简述共振柱试验原理。

6-5 简述共振柱试验所测定参数的意义。

6-6 某粗粒土一维压缩试验数据见表 6-7，试计算出表中所缺数据，并绘制该土体的 e-lg$p$ 压缩曲线。

表 6-7 某粗粒土一维压缩试验数据

干密度 1.33g/cm³		质量 80g	初始孔隙比 e_0 = 1.025		试样原始高度 h_0 = 20.0mm	
加压历时 /h	压力 p/kPa	试样总压缩量 $\sum \Delta h_i$/mm	压缩后试样高度 h_i/mm	孔隙比 e	压缩模量 E_s/MPa	压缩系数 a_v/MPa
0	1	0.000	20.000	1.025		
6	12.5	0.138	19.862			
12	25	0.212	19.788			
18	50	0.335	19.665			
24	100	0.482	19.518			
30	200	0.655	19.345			
36	400	0.922	19.078			
42	800	1.292	18.708			
48	1600	1.730	18.270			

第七章 土的抗剪强度和指标测定试验

第一节 导 言

岩土工程从基本理论到实际应用都贯穿着三个方面的研究：渗流、变形和强度。其中渗流、变形（固结和压缩）两个课题的检测内容已在第五章和第六章说明，本章将对涉及强度的测试技术予以介绍。

在介绍这部分内容之前应先对土的强度理论和强度规律有基本了解。

土是岩石风化后得到的散粒堆积体，其颗粒尺寸较之一般材料，如金属、塑料等的分子颗粒，要明显大得多。由此也导致其强度性状与其他连续材料有显著差异。整体上看，土体是在外力作用下，颗粒之间发生错动产生过大变形而发生破坏。因此在形式上应属剪切破坏，对应的破坏强度被称作抗剪强度。人们对这种强度的研究，经历了很长时间，争议不少，但仍然取得了一定基本共识：土体材料整体服从库仑强度定律，即破坏面上的抗剪强度与剪切前该面上的法向有效应力成正比。然而现实中土体的外部应力组合非常复杂，通常无法精确地确定破坏面的位置，从而也无从直接利用库仑定律。此时，需借助外力组合和真实破坏面上应力组合关系来由表及里地分析土体的破坏性状，为此产生了很多土工测试方法。而本章将围绕其中最为常用的室内检测技术中的直剪试验、三轴试验、无侧限抗压强度试验、动三轴试验，以及室外检测技术中的十字板剪切试验进行重点介绍，并简要列举一些非常规强度试验的原理、思路和适用范围。

第二节 直 剪 试 验

一、试验目的

直剪试验，全称直接剪切试验，其基本原理是通过设定剪破面，确定土体剪破面上法向应力与剪应力间的关系，进而验证库仑强度规律，获取土的抗剪强度指标（黏聚力和内摩擦角），并得到土体在剪切过程中，剪应力与剪切位移之间的关系。从本质上说，直剪试验可以得到因加载速率不同而实现不同排水控制条件的三套强度指标或强度（具体说明见加载步骤）。

二、试验原理

库仑于 1776 年进行试验，得到了如图 7-1（a）所示的砂土在受剪切条件下破坏面上法向应力 σ 和抗剪强度 τ_f 间的关系：

$$\tau_f = \sigma \tan\varphi \tag{7-1}$$

式中 τ_f——土的抗剪强度，kPa；

σ——剪切滑动面上的法向应力，kPa；

φ——土的内摩擦角，(°)。

这个试验实际上揭示了土体强度破坏本质上最根本的两个特征：其一，土体是受剪切破坏，而不是拉伸或压缩形式的破坏；其二，剪应力并非常数（不同于 Tresca 准则对应的金属材料），而是与法向应力近似成线性关系。

以后根据黏性土的试验结果（如图 7-1（b）所示），又提出了更为普遍的土的抗剪强度表达形式：

$$\tau_f = c + \sigma \tan\varphi \tag{7-2}$$

式中 c——土的黏聚力，kPa；

其他符号意义同式（7-1）。

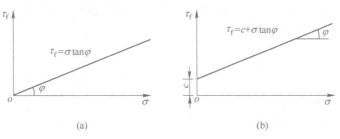

图 7-1 库仑定律所反映的土体抗剪强度与法向应力间的关系
(a) 无黏性土；(b) 黏性土

式（7-1）和式（7-2）就是揭示土体强度规律的数学表达式，被称为库仑定律。

直剪试验，很大程度上就是沿循库仑揭示土体强度规律的思路，进行强度准则的测定。直剪试验在直剪仪中进行，试验大致原理如图 7-2 所示：一个试样，设定分属于上下两个剪切半盒，在试验过程中，推动下半盒，使得上、下半盒产生错动，从而人为设定土体在上、下半盒交界面处破坏，并通过确定这个破坏面上不断开展的相对位移程度，确定土体所受剪应力与剪切位移的关系，并由此确定土体强度，绘制相应强度包线。

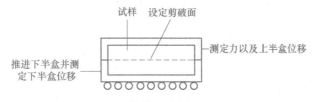

图 7-2 直剪试验实现原理图

另外，由于土体在不排水条件下，会产生超静孔隙水压力，导致总应力与有效应力状态相互转换。而有效应力才是决定土体强度和变形的根本应力状态，因此试验中排水条件的控制，对分析、预测土体的受力和强度特性非常关键。为模拟试验过程中不同排水条件，直剪试验采用慢剪、固结快剪和快剪试验三种分类，其核心差异在于控制固结以及剪切过程中排水条件不同。由于直剪仪属于外敞式设备，无法真正控制排水条件，所谓的控制排水，只能通过加载速率来实现。对黏性土，渗透性差，若加载速率较快，可认为是不排水条件；而对无黏性土，渗透性好，即使加载速率较快，也难以确保究竟是排水还是不排水条件，因此才有无黏性土一般只能进行慢剪（排水）试验的规定，这在国家标准《土工试验方法标准》（SL237-021—1999）中有明确说明。有关三种类型直剪试验的具体步序见本节的试验步骤部分，而其适用的工况条件，如表7-1所示。

表7-1　直剪试验适用土质及实际工况条件一览

试验名称	适　用　工　况
慢剪试验	模拟现场土体经过充分固结，或者在充分排水条件下，缓慢承受荷载，并被剪破的情况。室内试验对土质无明确要求
固结快剪试验	模拟现场土体经过固结后，在不排水情况下，或者施工速度较快，渗透性较小，而承受剪切荷载破坏的情况。建议仅用于渗透系数较小的土（渗透系数小于 10^{-6}cm/s）
快剪试验	一般用以模拟现场土体土层较厚，渗透性较小，施工速率较快，尚来不及固结就被剪坏的情况。室内试验，建议仅用于渗透系数较小的土（渗透系数小于 10^{-6}cm/s）

三、试验设备

（1）主体设备——直剪仪：直剪仪，分为应变控制式和应力控制式直剪仪两类，其中前者使用较多，其结构示意图如图7-3所示，由剪切盒、垂直加压设备、剪切传动装置、测力计、位移量测系统组成。

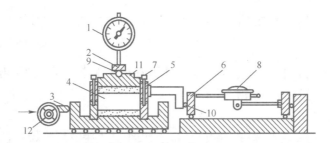

图7-3　应变控制式直剪仪结构示意图

1—垂直变形量百分表；2—垂直加压框架；3—推动座；4—试样；5—剪切盒；6—量力环；7—销钉；
8—量力环百分表；9—传力钢珠；10—前端钢珠；11—试样顶盖；12—手轮

国内各厂家在直剪仪的型号规格上有所不同，但形式构成上并无明显差异，都存在直剪盒上、下间的相对错动。由于剪切过程中上盒也会发生位移，故真正的土体剪切位移是上盒与下盒的相对位移，而国外的有些直剪设备，因上部测力杆的刚度很大，可认为上半盒是固定不变的，位移仅仅发生在下半盒中。如使用不同设备，试验者应学会区分。

（2）制样环刀：内径61.8mm、高20mm。

（3）位移量测设备：量程为5~10mm，分度值为0.01mm的百分表；或准确度为全量程0.2%的传感器。

（4）其他设备：秒表、天平、烘箱、修土刀、饱和器、滤纸等。

四、试验步骤

（1）试样制备。根据工程需要，若制备制样为黏土，则参考第六章中固结试验制样部分进行原状或重塑黏土的制样（固结试验中试样高度一般与直剪试验中的一致），每组试样不得少于 4 个。制备完成后按试验步骤第 3 步的规定方法，将试样放入直剪盒中。而如果是制备重塑无黏性土试样，则按照试验步骤第 3 步规定直接在直剪试样盒中进行制样。

（2）安装试样盒。将试样盒安放入卡槽的滚珠之上，对正上、下剪切盒后，将固定销钉插入，然后在盒中依次放入底部透水石和滤纸（如是快剪试验则改用不透水的等大小塑料膜或有机玻璃圆片）；上、下盒外部各有一个凸起钢珠构造，可保证与量力环和推进杆的结合。

> ★ 注意：透水板和滤纸要预先打湿，湿度接近试样的初始湿度。

（3）制样或安放试样。对原状或重塑试样，放样前，都要先将销钉插入直剪试样剪切盒的对角孔洞中，以固定正位上、下剪切盒。

若试样为采用环刀制备的原状或重塑黏土，则先在剪切盒底部放入透水石和滤纸（对于快剪试验则放置塑料片或有机玻璃圆片，并涂抹一定凡士林阻水）；然后将带有试样的环刀平口向下、刃口向上，对准剪切盒口放入，并在试样上部亦放置滤纸（对于快剪试验则放置塑料片或有机玻璃圆片，并涂抹一定凡士林阻水）和透水石，将试样小心地推压入剪切盒内，移除环刀。

若试样是重塑无黏性土，则先在剪切盒底部放入透水石和滤纸，再根据制备试样所需土量和含水率，换算得制备试样所需加水量，并将土和水均倒入盒中，形成 2cm 高土样，并用毛刷刮平，在上部亦放置透水石，以及顶盖、钢珠（便于施加集中力）。

（4）调节剪切盒的水平位置，使得上半剪切盒的前端钢珠刚好与量力环接触，依次放上传压盖、加压框架，安装垂直位移和水平位移量测装置，对量力环百分表调零或测记初读数。

> ★ 不要使上半剪切盒与测力计接触过多，否则会对剪切盒产生预剪力，导致拔出销钉后，上部剪切容器产生反向位移，造成剪切前的预剪，使得位移和应力记数不准。

（5）施加垂直压力。类似固结仪的操作方式，将直剪仪杠杆挂重一头从挂钩处取下，待加压框架杠杆平衡后，根据施加垂直压力需要，将不同质量的砝码挂在杠杆挂重吊钩上。

根据工程中实际需要或土体的软硬程度施加各级垂直压力，进行不少于四级的竖向加载。可以取垂直压力分别为 100kPa、200kPa、300kPa、400kPa，也可以根据现场条件，施加 1 级大于现场预期最大压力的垂直压力，1 级等于现场预期最大压力的垂直压力，另外 2 级则小于现场预期最大压力的垂直压力。

> ★ 对一般土质，每级垂直压力可以一次轻轻施加，而对松软土，需从小应力开始即分级施加垂直压力，以防土样挤出。

施加压力后，若试样为饱和试样，则向盒内注满水；当试样为非饱和试样时，不必注水，而在加压板周围包以湿棉纱，防止土样水分蒸发。在完成装样工作以后，应根据实际需要，分别采用慢剪、固结快剪和快剪的加载步骤，进行试样剪切。三种试验的基本适用土样类型和简要注意事项如表 7-1 所示。

（6）慢剪试验。该试验适用于无黏性土和黏性土。因其固结压缩和剪切的时间均足够长，孔隙水压力消散充分，不论对于何种土，均可控制排水过程，故而对土质情况要求不高，具体步骤如下：

1）施加竖向压力后，每 1h 测读变形一次。直至试样固结变形稳定后方可进行剪切。变形稳定标准为每小时不大于 0.005mm，也可采用位移的时间平方根法和时间对数法来确定。

2）试推剪切盒，当发现量力环有读数后，拔除销钉。

3）慢剪试样。转动手柄，由推动座对直剪盒下盒施加水平推力，以小于 0.02mm/min 的剪切速度进行剪切（手轮转动一圈，试样下剪切盒的行进距离就是 0.2mm），试样每产生 0.2~0.4mm 的剪切位移，测记一次量力环读数并记录下盒对应的剪切位移转数，当量力环百分表读数出现峰值，应继续剪切至剪切位移为 4mm 时停止剪切并记下百分表峰值作为试样的破坏应力值；而当剪切过程中量力环百分表读数无峰值时，应剪切至剪切位移为 6mm 时停止剪切（若在 4~6mm 位移中出现峰值，则可在出现峰值后，停止剪切）。

> ★   注意：此处停止试验的剪切位移标准 4mm 或 6mm，指的是上下剪切盒的相对位移，而试验过程中，直接测读的是通过手转转数控制的下剪切盒绝对位移，考虑到剪切过程中上剪切盒也会产生位移，因此试验停止时下剪切盒的绝对位移控制值要大于上述试验停止的剪应变控制标准。这在固结快剪和快剪试验中亦同。

由于慢剪试验历时较长，若需要估算试样的剪切破坏时间，可按下式计算：

$$t_f = 50t_{50} \tag{7-3}$$

式中 t_f——达到破坏所经历的时间，min；

  t_{50}——固结度达到 50% 所需的时间，min。

> ★   ① 在记录量力环读数时，剪切位移不能停止，要始终保持下部剪切盒匀速前行。
> ② 上述最大剪切位移的控制，一般和试样直径有关，一般选取 1/15~1/10 的试样直径。

4）剪切结束，吸去盒内积水，退去剪切力和垂直压力，移动加压框架，取出试样，测定试样含水率。

（7）固结快剪试验。该试验适用于渗透系数小于 10^{-6}cm/s 的土，其原因见试验原理分析。

1）、2）步同慢剪试验。

3）快速剪切试样。转动手柄，由推动座对直剪盒下盒施加水平推力，以 0.8~1.2mm/min 的剪切速度进行剪切，试样每产生 0.2~0.4mm 的剪切位移，测记一次量力环读数并记录下盒对应的剪切位移转数，当量力环百分表读数出现峰值，应继续剪切至剪切位移为 4mm 时停止剪切并记下百分表峰值作为试样的破坏应力值；而当剪切过程中量力环百分表读数无峰值时，应剪切至剪切位移为 6mm 时停止剪切（若在 4~6mm 位移中出现峰值，则可在出现峰值后，停止剪切）。一般整个剪切过程持续 3~5min。

4）剪切结束，吸去盒内积水，退去剪切力和垂直压力，移动加压框架，取出试样，测定试样含水率。

（8）快剪试验。该试验一般适用于黏性细粒土，其原因见试验原理分析。也有一些观点认为，如果试样能在30~50s内剪坏，则可用于渗透性较强、含水率高的土。但此时可能存在剪切速率效应，即对黏滞阻力的影响：当剪切速率较高，剪切历时较短时，黏滞阻力较大，此时得到的强度偏大，影响测定的精度，故并不推荐。

1）施加垂直压力后，直接转动手柄，试推下剪切盒，量力环读数表示有接触后，拔除销钉，开始剪切。

2）快速剪切试样的卸样。此步骤同固结快剪试验中的步骤3）和4）。

五、数据处理

1. 剪切过程中的剪应力和位移记录

将相应数据记录在表7-2中。

表7-2 直剪试验数据记录表

工程名称：＿＿＿＿＿＿＿＿＿＿　　　　　试验者：＿＿＿＿＿＿＿＿＿＿

送检单位：＿＿＿＿＿＿＿＿＿＿　　　　　计算者：＿＿＿＿＿＿＿＿＿＿

土样编号：＿＿＿＿＿＿＿＿＿＿　　　　　校核者：＿＿＿＿＿＿＿＿＿＿

试验日期：＿＿＿＿＿＿＿＿＿＿　　　　　试验说明：＿＿＿＿＿＿＿＿＿＿

试验方法：		初始孔隙比：			钢环系数：		
剪切速率：		初始含水率：					
法向应力/kPa							
固结变形量/mm							
剪切前孔隙比							
手轮转数	剪切位移/mm	钢环读数/0.01mm	剪应力/kPa	钢环读数/0.01mm	剪应力/kPa	钢环读数/0.01mm	剪应力/kPa	钢环读数/0.01mm	剪应力/kPa
抗剪强度/kPa								
抗剪强度指标	$c =$		$\varphi =$					

剪切过程中，试样所受剪切力是量力环位移读数与其钢环系数的乘积。若再除以土体的受剪面积，则近似可以看成是土体所受剪应力的大小。

$$\tau = \frac{T}{A} = \frac{RC}{A} \times 10 \tag{7-4}$$

式中 τ——试样所受剪应力，kPa；

T——试样所受剪力，N；

A——试样的受剪面积，cm^2，一般认为就是试样的初始截面积 $60cm^2$，若为精确计，应详细计算任意阶段上的实际受剪切面积；

R——量力环百分表读数，0.01mm；

C——量力环的刚度系数，$N/0.01mm$。

同时按照式（7-5）计算试样相应的剪切位移，即剪切位移应为上、下直剪盒的相对位移 Δl（注意该值不能叫剪应变，而是剪切位移）。

$$\Delta l = \delta - R \tag{7-5}$$

式中　δ——下剪切盒的水平位移，为手轮转动圈数 n 乘以 0.2，mm；

R——量力环百分表读数（亦即上剪切盒的水平位移），0.01mm。

2. 剪切位移和剪应力关系曲线绘制

以剪应力 τ 为纵坐标，剪切位移 Δl 为横坐标，绘制如图7-4所示剪应力与剪切位移关系曲线，取曲线上剪应力的峰值为抗剪强度（箭头所示），无峰值时，取剪切位移为6mm所对应的剪应力为抗剪强度。

3. 强度包线和抗剪强度指标求解

以抗剪强度 τ_f 为纵坐标，竖向压应力 p 为横坐标，绘制两者关系直线（如图7-5所示）。该直线的倾角为摩擦角，直线在纵坐标上的截距为黏聚力。

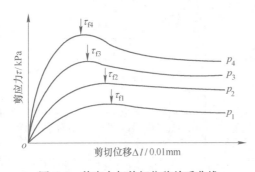

图7-4　剪应力与剪切位移关系曲线

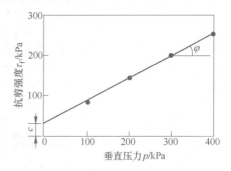

图7-5　抗剪强度与垂直压力关系曲线

需要指出的是，对慢剪和固结快剪试验同组中的各个试样，在剪切前具有不同的有效应力状态，得到的参数即使是不排水剪切的也是强度指标；而对快剪试验，严格说，剪切前几个试样的有效应力状态都相同，竖向应力没有转化到有效应力状态上去，剪切过程中的性状结果近似，因此同组快剪试验只能得到一定竖向有效压应力下的强度而非强度指标。

4. 补充说明

从原理上说，直剪试验较能直观揭示库仑定律所反映的土体强度破坏本质，但由于其装置和试验条件的种种局限，反而使其失去了室内最佳强度试验的地位。这些局限性主要表现在以下方面：

（1）传统直剪试验，明确规定了破坏面，而这个指定面对于非均匀的原状土而言，可能并非薄弱面，这是直剪试验的一个不足之处。

（2）目前在常用直剪试验的剪切过程中，试样的剪切面面积在不断减小，而数学分析中，却假定该面不变来计算应力状态，这将给试验结果带来很大的误差。不过也有研究认为，虽然实际剪切过程中，剪切面面积在不断减小，但因为法向应力和剪应力都是除以同一个面积，因此法向应力和剪应力的计算值较之真实值是等比例减少的，故而虽然在确定强度峰值上，计算值要比真实值偏小，但就确定强度指标而言，带来误差不大。

（3）直剪试验中除了受力面外，试样其他面上应力状态未知和无法控制，而严格上说，这些面上的应力状态都会对土体的破坏面性状产生影响，因此不能全面精确地控制和分析土体所受的受力状态，也成为直剪试验结论成果推广的局限。

尽管直剪试验存在多方面的局限和问题，但因其操作简单，在揭示原理和强度规律方面比较直观，其在设计院、勘察单位和科研院校仍然应用非常广泛。而为克服直剪设备的局限性，国内外也生产了一些改进的仪器，用以测定破坏面上的土体抗剪强度和指标，如图 7-6 和图 7-7 分别所示的单剪仪、环剪仪，就是其中的代表。

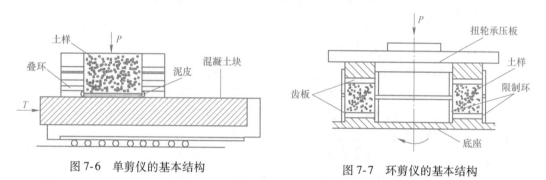

图 7-6　单剪仪的基本结构　　　　图 7-7　环剪仪的基本结构

单剪仪是针对直剪仪中试样在受剪时破坏面固定单一、应力应变不均匀、边界面上存在应力集中等缺点，所改进的设备。按照剪切盒结构，单剪仪又可分为叠环式（试样用橡皮膜套着），绕有钢丝的加筋模式和刚性板模式，用以限制试样受压后侧向膨胀和控制试样排水。试样在单剪仪中的形状通常为圆饼状，环形的结构使得试样在周边不会产生明显的应力应变不均匀，加载过程中竖直应力和水平应力保持常数，剪应力不断增加。与直剪仪中试样的破坏形状不同，单剪仪中试样水平面与竖直面都不一定是破坏面。单剪仪可以进行动、静的不排水、排水或固结不排水试验，测定抗剪强度和剪切模量。可以用来模拟土体受水平剪切的情况。

而环剪仪的试验原理为：将制作好的试样放入环剪盒中，施加法向应力固结使土样固结；固结完成后，向下剪切盒施加剪切应力，下剪切盒以一定的剪切应力或者剪切速率转动，上剪切盒保持不动；在剪切的过程中，剪应力传感器、垂向位移传感器、孔隙水压力传感器分别监测剪应力、垂向位移及孔隙水压力，并由数据采集仪以设定的频率采集这些数据。比之直剪仪，环剪仪的明显优势在于剪切过程中，可以在一个方向进行连续剪切，并且剪切面积固定不变；还可施加较大的荷载，可研究大变形条件下的强度降低问题等。

但由于单剪仪、环剪仪等设备价格较贵，目前主要为一些科研院校和大型设计、勘察单位使用，尚难全面推广。

第三节　三轴压缩试验

一、试验目的

土的三轴剪切试验（包括三轴压缩试验、三轴拉伸试验等）是为了在更严格的应力和排水控制条件下，测定土体的抗剪强度、抗剪强度指标以及应力-应变关系而产生的。该试验还能在一定程度上反映应力路径、应力历史对土体性状的影响，以为解决科研和工程问题所需。三轴试验是室内常规土工试验中最复杂的一种试验，其控制排水条件严格，比之其他一般剪切试验更能模拟土体在不同排水条件和应力路径下的受力性能与破坏特征，因而日益受到重视。试验测得的强度以及强度指标可应用于支挡结构土压力计算、边坡稳定分析、地基承载力计算等岩土工程问题的众多领域。

二、试验原理

1. 三轴剪切试验的基本思想

（1）三轴加载原理释义。三轴剪切试验从本质上说，和直剪试验一样，仍然是以揭示土体抗剪强度的基本规律——莫尔库仑定律为最终目的。然而其在实现方式上，与直剪试验不同。阐明其试验思路，对三轴试验的实际操作，以及试验结果的理解和应用都非常重要。因此首先从三轴剪切试验的定义出发予以说明。

如图 7-8 所示，一立方单元土体，其在三个相互垂直面上作用三个主应力 σ_1、σ_2 和 σ_3，则此三个面的垂线方向即是主应力的三个正交轴，称之为三轴。如不考虑主应力方向旋转，则只要能自如控制三个面上的主应力大小，则土体任意面上，均可以产生期望的应力组合状态，与此相应的宏观力学性状也可被反映出来。然而现实试验条件下，实现三轴上完全独立的加载有较大困难；且一般工程条件中，较多的应力状态是水平向两个主应力值接近，而竖向主应力值差异较大，即图 7-8 所示 $\sigma_2 = \sigma_3 \neq \sigma_1$ 的应力状态。因此经试验者逐步构思，将试样塑造成一圆柱体。此时若在试样的周围施加各

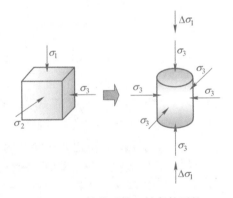

图 7-8　土体单元体三轴条件下的
受力示意图

向相等压力，且在竖向再施加一个轴向压力，即在土体中实现相当于水平向两个主应力相等、竖直方向为另一主应力方向的拟（准）三轴情况。因此严格地说，实验室中以圆柱体为试样的三轴试验，只能算是一种拟（准）三轴试验。

回顾土的库仑强度定律，其揭示的是土体破坏面上法向应力与剪应力之间的关系。而三轴试验的模型，提供的是土体在主应力面上的应力状态，如何将应力状态从主应力面映射到破坏面中去呢？如图 7-9 所示的基于库仑定律得到的土体强度破坏线，其上点 A，代表破坏面上的应力状态。根据材料力学知识，对此点做垂线，交法向应力轴于 O_1 点，并以 O_1 点为圆心，O_1A 的距离为半径画圆，交法向应力轴于 M、N 点。圆 O_1 就是土体在破

坏时刻的临界莫尔圆，点 M、N 分别代表了土体破坏时刻的大主应力和小主应力。反之，如果试验中确定了土体破坏时的大、小主应力，就能够形成一个个破坏莫尔圆，对应的莫尔圆的公切线，便是土体的破坏强度包线，三轴试验实现强度和强度指标测定的实践思想亦源于此。因此，在三轴试验中，试验者只需先控制土体的一个主应力，例如水平围压，而增加竖向应力，就可使土体的应力莫尔圆逐渐变大，

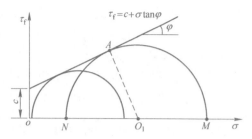

图 7-9 土体极限平衡状态时库仑强度包线与破坏莫尔圆关系示意图

直至破坏。由形成的一个个破坏莫尔圆，便可得强度包线，进而得到抗剪强度指标。

而从材料力学视角分析，三轴试验就是莫尔-库仑强度规律揭示的过程。大量试验表明，在一定围压基础上，于排水或不排水条件下增加竖向应力直至试样破坏，分别得到的一组破坏莫尔圆都可有近似直线的公切强度包线，这个强度包线的内在涵义，要比直剪试验得到的强度包线复杂，将在试验原理的第二部分予以介绍。

三轴剪切试验中"剪切"的得名，是由于最终实现的是土体破坏面上的剪切破坏。而从加载特征而言，当竖直方向的主应力比水平方向大时，力学上可看成在竖直方向施加了一个偏压力，所以这样的三轴剪切试验，又称三轴压缩试验。反之，当竖直方向主应力比水平方向主应力小时，相当于等压条件下，竖直方向上施加了一个偏拉力，故称三轴拉伸试验。于此可知，大量文献中，对三轴压缩、三轴拉伸等试验的表述，都是从应力路径特征来定义的，而三轴剪切试验的"称谓"则是一种笼统揭示土体破坏特征的说明。对应于三轴压缩和三轴拉伸，试验过程中，周围压力和竖向偏应力还可以共同变化，形成更多的组合方式，进而产生更多不同应力路径类型的三轴试验，限于篇幅，本文不再列举。

本节所介绍的三轴试验，是周围压力相等，竖向应力增加直至试样破坏的三轴压缩试验。

（2）排水控制条件说明。在试验目的介绍中，已说明需严格控制三轴试验的排水条件，方能体现该类试验在加载路径控制性能方面的优势。实际上，三轴压缩试验也确实根据其加载过程中排水条件控制步骤的不同，产生了三种基本分类，以下予以简要说明，而具体操作方法将在试验步骤中介绍。

1）不固结不排水剪切试验（UU）。试验过程中，先对试样施加一定固结应力，对原状土可不施加固结应力；之后先后对试样施加等向压力和轴向偏压两个阶段，这两个阶段中，都不允许试样排水（即含水率不变），直至试样剪切破坏。记录试验过程中的孔压、应力-应变关系，得到峰值强度，绘制强度包线，测到相应的总应力抗剪强度指标 c_u 和 φ_u。这样模拟的现实工况一般是不排水，或者渗透性差的地基在瞬时或短时间荷载作用下的受力性状。

2）固结不排水剪切试验（CU）。试验过程中，先对试样施加一定固结应力，对原状土可以不施加固结应力；之后先后对试样施加等向压力和轴向偏压两个阶段，这两个阶段中，施加各向等压的阶段允许试样排水，施加轴向偏压阶段不允许试样排水，直至试样剪切破坏。记录试验过程中的孔压、应力-应变的关系，得到峰值强度，绘制强度包线，测

得相应的总应力抗剪强度指标 c_{cu}、φ_{cu} 和有效应力抗剪强度指标 c'、φ'。

3）固结排水剪切试验（CD）。试验过程中，先对试样施加一定固结应力，对原状土可以不施加固结应力；之后先后对试样施加等向压力和轴向偏压两个阶段，这两个阶段中，都允许试样排水，直至试样剪切破坏。记录试验过程中的应力与应变关系，得到峰值强度，绘制强度包线，测到相应的有效应力抗剪强度指标 c_d 和 φ_d。

> ★　严格地说，上述三类试验中，都应该在最起初对试样施加一定固结应力，因为就工程实际意义而言，这模拟了地基土原始的固结条件（应力状态），对 UU 试验，此点尤其重要。但如《土工试验方法标准》（GB/T 50123—1999）中规定，如进行 UU 试验，初始固结应力 $\sigma_c = 0$，直接进行后两步不排水的围压和轴向偏压力的施加。而这对原状土而言，就意味着不排水剪切都是在超固结状态下进行的，与模拟具有一定地应力场的现场条件下的强度特征就有差异，读者需引起注意。而在 UU 试验前，对土样施加一步等向或不等向的固结过程，完全是可以的。

2. 三轴试验不排水强度线规律性的本质根源

三轴固结不排水试验（CU）在总应力破坏状态下依然可以得到有规律的、近似直线的强度包线，是三轴不排水试验和对应工况具有规律预测性的前提保证。然而从机理上看，三轴固结排水试验，对应有效应力状态，其强度包线就是理论上排水条件的库仑强度包线，合乎道理，也便于理解；但基于三轴固结不排水条件下破坏总应力状态所得的强度包线，并非不排水条件下的库仑强度包线。如图 7-10 所示，由同一状态的 CU 试验有效应力包线可推知，CU 试验总应力强度包线与破坏总应力莫尔圆的切点 P、Q 并不落在破坏面上，而其上的 M、N 点，由于与有效应力破坏圆上切点具有相同的剪应力值，才是真正破坏面上的总应力状态，而其构成的 CU 总应力强度割线 MN 才是不排水条件下的库仑强度包线。因此关于 CU 试验总应力强度切线包线的由来，较难令人理解，但目前很少有文献涉及解释。

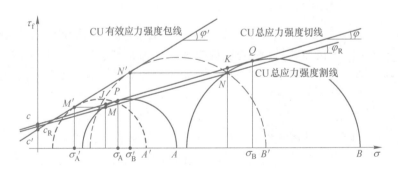

图 7-10　三轴固结不排水剪总应力和有效应力强度包线

笔者通过研究，根据排水和不排水条件下的库仑定律，分析得到了三轴不排水剪切条件下"唯象"的总应力强度切线之所以线性存在的物理解释。简而言之，就是因为土体在破坏面上产生孔压与其剪切前破坏面上的有效法向应力 p_c 成正比，即与 p_c 有关的孔压系数 D_f 为常数；而相应地，三轴压缩试验中，不排水剪切条件下的孔压系数 A_f 能与破坏时莫尔圆的半径 R_f 以及上述孔压系数 D_f 等土体强度参数建立如式（7-6）所示的关系式，进而在数学上确保了三轴总应力强度包线得以线性形式存在。

$$A_f = \frac{\cos\varphi' D_f}{(1 - D_f)\tan\varphi'} + \frac{(1 - D_f)c' - c_R}{2(1 - D_f)\tan\varphi'} \cdot \frac{1}{R_f} \tag{7-6}$$

式中　c_R——不排水条件下的库仑强度规律所反映的黏聚力，kPa；

　　　D_f——与破坏面法向应力 p_c 相关孔压系数，可视作常数；

　　　φ'——CU 有效应力强度包线的倾角，即有效应力强度指标的内摩擦角，（°），也是
　　　　　　排水条件下，库仑强度规律所反映的内摩擦角；

　　　R_f——破坏时莫尔应力圆半径，mm；

　　　c'——排水条件下的库仑强度规律所反映的黏聚力，也是 CU 有效应力强度包线所
　　　　　　对应的黏聚力，kPa。

　　明白上述关系，不仅有助于理解三轴排水和不排水试验所揭示土体强度规律的本质原理，而且对工程实践中强度指标的正确选用也非常有益。有关式（7-6）这部分的具体推导，可参考相关文献，本文不再详述。

　　此外，对三轴不固结不排水试验（UU）而言，同组试样是在不同的围压下进行剪切，但由于围压施加状态均不排水，使得试样在剪切前的孔隙体积并未发生变化。因此理论上后续抗剪强度应基本相同，所以得到的所谓的抗剪强度包线，严格意义并不反映土体的抗剪强度指标，而只能测定不排水下的抗剪强度。

三、试验设备

1. 三轴剪切仪

　　三轴剪切仪型号很多，一般分为应变控制式和应力控制式两种。另外还有应力路径三轴仪、K_o 固结三轴仪、真三轴仪、空心圆柱三轴仪等。本文介绍的是应变控制式三轴仪，其基本构成如图 7-11 所示。

　　应变控制式三轴仪一般分以下几个部分：

　　（1）三轴压力室：压力室为三轴仪主体部分，一般由金属顶盖、底座以及透明的有机玻璃圆罩组成一密封容器。压力室底部有三个孔，分别连通围压加载系统、反压加载和体变量测系统以及孔压传感器。

　　（2）轴向加载系统：采用电动机带动多级变速齿轮箱，并通过传动系统实现压力室从下而上移动，进而使试样受到轴向压力，而其加荷速率需根据土样性质和试验方法确定，具体参见试验步骤。

　　（3）围压加载系统：一般采用周围压力阀控制，通过周围压力阀设定到一定固定压力后，其将对压力室中的水量进行自动调节，以保持在一稳定压力水平。另外，围压测量的精度应为全量程的 1%。

　　（4）轴向压力量测系统：一般在试样顶部安装量力环等测力计进行量测，通过量力环上百分表的变形读数，再乘以量力环的刚度系数，即为试样所受到轴向应力。亦有在三轴仪顶部直接安装荷载传感器，测度受力大小。轴力传感器应保证测定最大轴向压力的准确度偏差不大于 1%。

　　（5）轴向变形量测系统：轴向变形由长距离的百分表（0~30mm）或者位移传感器测得。

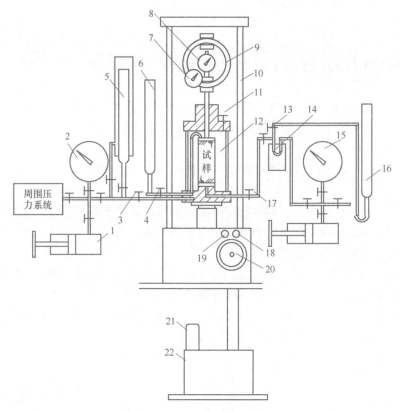

图 7-11 应变控制式三轴仪

1—调压筒；2—围压表；3—周围压力阀；4—排水阀；5—体变管；6—排水管；7—轴向位移百分表；
8—量力百分表；9—量力环；10—轴向加压设备；11—排气孔；12—压力室；13—量管阀；
14—零位指示器；15—孔压表；16—量管；17—孔压压力阀；18—加载离合器粗调、细调调节钮；
19—加载离合器人工、手动调节钮；20—手轮；21—电动机；22—变速箱

（6）孔隙水压力量测系统：安装传感器，由孔压传感器测定。

（7）反压控制系统：通过设定的体变管和反压稳压系统组成，以模拟土体的实际应力状态或者提高试样的饱和度以及量测试样的体积变化。

2. 附属设备

制备三轴试样的系列工具，具体如下：

（1）重塑黏土或砂土试样制备所需。三瓣模、击实筒（见图 7-12）、切土装置、承模筒（见图 7-13）。

（2）原状黏土试样制备所需：切土盘、切土架和原状土分样器等。

（3）饱和黏土试样所需：饱和器、真空饱和抽水缸。

（4）试样装样所需：对开圆模（见图 7-14）、承膜筒等。

（5）其他附属设备：天平（要求有三个类型，分别为称量 200g/最小分度值 0.01g，称量 1000g/最小分度值 0.1g 以及称量 5000g/最小分度值 1g）、游标卡尺、橡皮膜、钢丝锯、透水石、吸水球等。

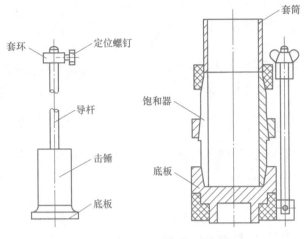

图 7-12 击实筒构造图

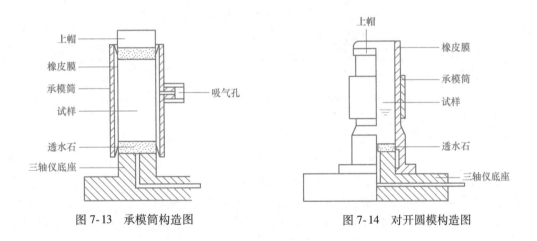

图 7-13 承模筒构造图   图 7-14 对开圆模构造图

★ 有关试样尺寸需要补充说明：只有当试样尺寸远大于土粒大小时，试样才能比较真实地反映出土体整体的受力特性，为此要求颗粒粒径尺寸一般不能大于试样直径的 1/10（最大也不能超过 1/5 的试样直径）。因此室内试验针对粗砂以下粒组土体进行试验的常用三轴试验试样规格为直径 39.1mm、高 80mm 的圆柱型试样。另外，比较常见的三轴试样尺寸还有直径 61.8mm、高 150mm 和直径 101mm、高 200mm 等几种。

四、试验步骤

1. 仪器检查

三轴试验周期较长，操作精度要求高，步骤也较为复杂，需要之前校核设备，以保证试验结果的可靠性。主要包括以下内容：

（1）检测围压、反压等控制系统工作是否完好，调压阀门灵敏度和稳定性是否完好。

（2）精密压力表的精度和误差：周围压力和反压力的测量准确度应为全量程的 1%，根据试样的强度大小，选择不同量程的测力计，应使最大轴向压力的准确度不低于 1%。

（3）检测围压装置是否漏水，管路密封性是否完好。

（4）确定各加压系统和排水管路的通畅性，不能漏水、漏气和堵塞孔道、透水石是否畅通和浸水饱和。

（5）孔压检测排除管路中气泡，例如采用纯水冲出方法，使气泡从试样底座溢出。

（6）橡皮膜在装样前应进行查漏，即向膜内充气后，扎紧两端，放入水中检查，如无气泡溢出，方可使用。

2. 试样制备

三轴试样的规格和固结试样的规格差异较大，需特别的装置来进行制备，具体分为原状土制样和重塑土制样。

（1）原状土制样。一般为黏土试样制备。

1）对于较软土样，先用钢丝锯或切土刀切取一稍大于规定尺寸的土柱，放在切土盘的上、下圆盘之间，然后用钢丝锯紧靠侧板，由上往下细心切削，边切削边转动圆盘，直至土样被削成规定的直径为止。

2）对于较硬的土样，先用切土刀切取一稍大于规定尺寸的土柱，放在切土刀架上，用切土器切削土样，边削边压切土器，直至切削到超出试样高度约 2cm 为止。

3）将土样取下，套入承模筒中，用钢丝锯和刮刀将试样两端削平、称量，并取余土测定试样的含水率。

4）如原始土样的直径大于 10cm，可用分样器切分成 3 个土柱，按上述方法切取直径为 39.1mm 的试样。

（2）重塑土制样。

1）黏土和粉土制备。由于黏土具有最优含水率特征，若直接配合饱和，在击实时反而不能击密，难以实现预期干密度。故应首先根据试样的干密度与含水率关系曲线，测算三轴制样击实筒击实实现预期干密度所需的预期含水率；然后将干土碾碎、风干、过筛，根据风干含水率和前述预期含水率值以及总干土质量，计算干土中所需加水量，将此计算水量均匀撒入干土中，塑料袋密封，静置一天后，经检测含水率达到预期水率目标值后，进行击实。

击实时，根据试样体积，计算需放入击实筒中湿土的总质量，将土分多层装入击样筒进行击实，其中粉质土建议分 3~5 层，黏质土分 5~8 层，并在各层面上用切土刀刮毛，便于层间结合。击实完最后一层，将击样器内试样两端整平，取出试样称量。试样制备完成后，用游标卡尺测定试样直径和高度，其中直径按式（7-7）计算：

$$D_0 = \frac{D_1 + 2D_2 + D_3}{4} \tag{7-7}$$

式中　　D_0——试样计算直径，cm；

D_1，D_2，D_3——分别为试样上、中、下部位的直径，cm。

2）砂土制备。其制样与黏性土不同，直接在压力室底座上进行制备。

具体分两种方法：其一为湿装法。将试样按照体积和干密度换算得到的干土重量，装入烧杯中，然后在干土中加水，放置在酒精灯上煮沸，排气。待冷却后，在试样底座上依次放上透水石（若是不饱和试样，不排水试验可以放置不透水板）、滤纸，用承模筒支撑乳胶膜，套入底座，用橡皮圈包紧橡皮膜与底座，合上对开圆模（见图 7-14）。往橡皮膜中注入三分之一高度的纯水，再将已称量好的水和土分成三等份，依次舀入膜内成型，并保证水面始终高于砂面，直至膜内填满为止，待砂样安装完成，整平砂面，依次放置滤纸和透水板。此法已饱和，主要针对初始密实度不高的试样。

另一种方法是击实成型法，击实前也类似湿装法，在试样底座上依次放上透水石、滤纸。用承模筒支撑乳胶膜，套入底座，用橡皮圈包紧橡皮膜与底座，合上对开圆模。然后将控制预期干密度的干土样倒入对开模筒中，击实，再利用水头使土饱和（见试样饱和步骤），然后整平砂面，放上透水石或不透水板，盖上试样帽，扎紧橡胶膜。

这两种方法完成后，为能保证试样在拆除对开模后依然直立，可施加 5kPa 的负压，或者将量水管降低 50cm 水头，使试样挺立，拆除承膜筒。待排水量管水位稳定后，关闭排水阀，记录排水量管读数，用游标卡尺测定试样上、中、下三个直径。

制样对试样质量非常关键，同一干密度各组试验的试样，建议同批制备，尽量保证干密度、击实过程、饱和时间以及试样静置时间接近。

3. 试样饱和

（1）真空抽气饱和法。此法适用于原状土和重塑黏土，属于压力室外饱和法类型，详细参见第八章的土样饱和内容。

（2）水头饱和法。此法适用于重塑粉砂土，为压力室内饱和法。一般是在试样装入压力室，完成安装后，对其施加 20kPa 的围压，然后提高试样底部量管水位，降低试样顶部量管的水位，使得两管水位差在 1m 左右。打开孔隙水压力阀、量管阀和排水管阀，使无气水从试样底座进入，直待其从试样上部溢出，流入水量和溢出水量相等为止。此外，为提高试样的饱和度和饱和效率，宜在水头饱和前，从试样底部加通二氧化碳气体进入试样，置换孔隙中的空气。这是因为二氧化碳在水中的溶解度要大于空气，通气时二氧化碳压力建议设置在 5~10kPa，完成后再进行水头饱和。

（3）反压饱和法。反压饱和的原理是利用高水压使土体中的气泡变小或者溶解，进而实现饱和。当试样要求完全饱和时，该方法能使试样进一步饱和，适用于各种土质，但针对黏土的饱和时间较长，反压力较大，亦属于压力室内饱和法。该法是用双层体变管代替排水量管，在试样安装完成后，调节孔隙水压力，使之等于大气压力，并关闭孔压阀、反压阀、体变阀门。在不排水条件下，先对试样施加 20kPa 的围压，开孔隙水压力阀，带孔压传感器读数稳定时，记录读数，关闭孔压阀。从试样顶部连通管路施加水压力（反压），同时同步增加周围围压，注意施加过程需分级施加，减少对土样扰动，建议围压、反压同步增加的每级压力为 30kPa。当每级围压和反压作用持续一定时间后，缓慢打开孔压阀，观测试样孔压传感器读数。若孔隙水压力同步上升的数值与围压上升数值的比值>0.98，则认为试样已饱和，否则，需进一步同步增加围压和反压，直至满足试样的饱和判别条件。

4. 试样安装

（1）安装试样。此步主要针对黏性土，而无黏性土在制样过程中实际已经完成。在压力室底座上，依次安放透水石、滤纸和饱和后的原状或重塑黏土试样，并在试样周身贴浸水滤纸条 7~9 条（如进行不固结不排水试验，或针对砂土试样则不用贴），如不测定孔压，对不固结不排水试验也可安放有机玻璃片替代透水石。将橡皮膜套入承膜筒中，翻起橡皮膜上下边沿，用橡皮吸球吸气，使橡皮膜紧贴承膜筒；再将承膜筒套在试样外面，翻下橡皮膜下部边沿，使之紧贴底座；用橡皮圈将橡皮膜下部与底座扎紧，而在试样顶部放入滤纸和透水石，移除承膜筒，更换为对开圆模。打开排水阀，使得试样帽中排气出水，放置在试样顶部，上翻橡皮膜的顶部边沿，使之与帽盖贴紧，并用橡皮圈扎紧，从而使试样与外界隔离。

> ★　在匝紧橡皮膜前，如发现橡皮膜和试样之间存在气泡，则要用手指轻推方法，将气泡赶出。

（2）安放压力室罩，使得试样帽与罩中活塞对准。均匀将底座连接螺母锁紧，对压力室内注水，待水从顶部密封口溢出后，将密封口螺丝旋紧，并将活塞与测力计和试样顶部垂直对齐。

（3）将加载离合器的挡位设置在手动和粗调位，转动手轮，当试样帽与活塞以及测力计接近时，改调速位到手动和细调位，转动手轮，使得试样帽与活塞恰好接触，测力计量力环的百分表刚有读数为止，调整测力计和变形百分表读数到零位。

5. 不固结不排水试验

（1）关闭排水阀。

（2）根据饱和过程中的方法，施加一定围压，在不排水条件下测定试样的孔隙水压力，验证试样饱和度，如试样不饱和，则先要根据饱和过程中的相关反压饱和方法饱和试样。

（3）试样完成饱和后，关闭排水阀门，对试样施加各向相等的围压，逐级升到预定荷载，一般为 100kPa、200kPa、300kPa、400kPa 四级，或者根据实际工程需要施加。

（4）围压施加后，虽然是不排水条件，但是传力杆会在水压作用下向上顶升，与试样帽脱离，因此在进行不排水剪切前须转动基座上升转轮，重新调整位置，使得试样帽与传力杆重新接触，并调节位移百分表读数归零后，方可进行下一步剪切试验。

（5）将加载离合器的挡位设置由手动改为自动，设定变速箱中位移加载离合器的挡位，调节底座抬升的速率，进而控制剪切应变的速率。对不固结不排水试验，轴向应变增加的速率应控制在 0.5%/min~1%/min，开启电机，试样每产生 0.3%~0.4% 的轴向应变时（或 0.2~0.3mm 的位移值），测记一次位移百分表、量力环百分表和孔隙水压力的读数。当轴向应变大于 3% 时，每产生 0.7%~0.8% 的轴向应变时（或 0.5mm 的位移值），测记一次读数。若加载过程中，量力环百分表读数出现峰值，则轴向应变增加到 15% 时停止试验，否则轴向应变需增加到 20% 方能停止试验。

（6）试验结束后，关闭电机，卸除周围压力，用吸管排出压力室内的水，将基座上升调节旋钮调至"粗调"按钮，转动手轮，降低试样底座，移除压力室，拆除试样，记录试样破坏时的形状，称量试样质量，测定含水率。

> ★　如前所述，本节中不固结不排水试验是根据国家标准《土工试验方法标准》（SL237-017—1999）所规定的操作步骤来进行介绍的，然而现场进行不排水剪切的土体，此前一般都存在一个天然固结过程。因此为能准确模拟现场土的初始固结应力水平，应在不固结围压施加以前，先进行一个等压排水的固结过程。其操作方法，可参考固结不排水或固结排水试验中的固结过程，予以施加。

6. 固结不排水试验

（1）固结不排水的第一步要进行固结。因此在试样安装以后，将排水管中的气体排空，放水使得排水管中的水头与试样中部齐高，再将此时孔压读数调整为0，或者记录此时的水头水位读数，作为孔压基准值。

（2）检测试样是否饱和步骤同固结不排水试验第（2）步。

（3）在已施加反压基准上，再对试样施加各向相等的围压，逐级升到预定的荷载，一般净增围压100kPa、200kPa、300kPa、400kPa四级，或根据实际工程需要实施。

（4）打开排水阀，进行排水，直至超静孔隙水压力消散95%以上，记录固结完成后排水管读数，与排水前排水管读数的差值即为排水量（试样体变）。判定固结完成时间标准是24h，固结完成后，关闭排水阀，测记当前孔隙水压力和排水管水面读数。

固结前，如前所述，水压增加以后，活塞传力杆可能与试样顶盖脱离。若试验是不固结不排水试验，此时应将加载离合器的挡位设置在手动和细调位，转动手轮，使基座向上抬升，恢复试样帽与活塞传力杆的接触，并重新设定各百分表读数的零位，开始后续试验。而若进行的是固结不排水或固结排水试验，不仅要在固结前，抬升试样一次，固结结束以后，由于试样发生体变，轴向尺寸变短，还需进一步抬升基座，使试样帽与传力杆再次接触，并使得各百分表有接触变化。且应测记固结结束后抬升试样，到与传力杆接触过程中，位移百分表的读数，以此作为试样在固结过程中的轴向变形。另外，也可以用固结过程中，试样的排水量通过换算公式来校合轴向变形（具体内容见数据分析）。

★ 三轴压缩试验中的固结过程，也可以用来测定土体的固结系数，变形、孔压随时间变化关系，而此时试样上下的两个排水管，只能一路排水，而另一路封闭连接孔压传感器，以测定孔压随时间的变化。

★ 若为不等向固结，则应在等压固结以后，再逐级增加轴向压力固结，以防止试样产生过大变形。偏压固结的稳定标准为5min内试样轴向变形不超过0.005mm。

（5）测记完成后，开动电动机，接通离合器，对试样进行轴向加压，速率一般为黏性土轴向应变0.05%/min~0.1%/min，粉土轴向应变0.1%/min~0.5%/min，试样每产生0.3%~0.4%的轴向应变时（或0.2~0.3mm的位移值），测记一次位移百分表、量力环百分表和孔隙水压力的读数；当轴向应变大于3%时，每产生0.7%~0.8%的轴向应变时（或0.5mm的位移值），测记一次读数；若加载过程中，量力环百分表读数出现峰值，则轴向应变增加到15%时停止试验，否则轴向应变需增加到20%方能停止试验。

（6）完成剪切后，亦按照同不固结不排水试验之第（6）步卸除试样，进行数据分析。

7. 固结排水试验

（1）剪切前的过程与固结不排水试验完全相同，参见固结不排水试验的（1）~（3）步骤。

（2）剪切过程中，由于是排水，因此在剪前，不必关闭排水阀门，同时要改变剪切的速率，控制轴向应变增加的速率为0.003%/min~0.012%/min；另外，必须控制单位时间内超静孔隙水压力的增量，以保证剪切过程为排水，要求即时的孔压增量不超过 0.05 倍的初始围压。试样每产生 0.3% ~ 0.4% 的轴向应变时（或 0.2 ~ 0.3mm 的位移值），测记一次位移百分表、量力环百分表和孔隙水压力的读数。当轴向应变大于 3% 时，0.7% ~ 0.8% 的轴向应变时（或 0.5mm 的位移值），测记一次读数，若加载过程中，量力环百分表读数出现峰值，则轴向应变增加到 15% 时停止试验，否则轴向应变需增加到 20% 方能停止试验。

五、数据分析

1. 不固结不排水试验

试验相关的记录内容如表 7-3 所示，具体还需按以下步骤，分步进行数据处理分析。

（1）需要确定施加围压阶段和进行剪切阶段的孔隙水压力系数：

$$B = \frac{u_1}{\Delta \sigma_3} \tag{7-8}$$

$$A_{\mathrm{f}} = \frac{u_{\mathrm{f}} - u_1}{B(\sigma_1 - \sigma_3)} \tag{7-9}$$

式中 B——围压 σ_3 作用下的孔隙水压力系数，对于饱和土，要求大于 0.95；

A_{f}——土体破坏时的孔隙水压力系数；

u_1——围压 σ_3 作用下的土体孔隙水压力增量，kPa；

$\Delta \sigma_3$——周围压力增量，kPa；

σ_3——周围压力，kPa；

u_{f}——土体破坏时的孔隙水压力增量，kPa；

σ_1——土体破坏时的大主应力，kPa。

（2）根据即时的轴向变形，计算试样的轴向应变，并计算试样剪切过程中的平均横截面面积和直径变化值：

$$\varepsilon_1 = \frac{\sum \Delta h}{h} \tag{7-10}$$

$$A_{\mathrm{a}} = \frac{A_0}{1 - \varepsilon_1} \tag{7-11}$$

式中 ε_1——轴向应变，%；

$\sum \Delta h$——轴向累计变形，mm；

h——试样的初始高度，mm；

A_{a}——试样的校正横截面积，cm^2；

A_0——试样的初始横截面积，cm^2。

因此，亦可得试样即时的直径：

$$d = \frac{1}{\sqrt{1 - \varepsilon_1}} d_0 \tag{7-12}$$

式中 d——试样即时直径，mm；

d_0——试样初始直径，mm；

ε_1——试样轴向应变，%。

表 7-3　三轴剪切试验数据记录表（UU 和 CU）

工程名称：_____
土样编号：_____
试验日期：_____

试验者：_____
计算者：_____
校核者：_____

第一组

初始固结应力 σ_0 /kPa	围压 σ_3 /kPa	围压增量 $\Delta\sigma_3$ /kPa	$\Delta\sigma_3$ 产生孔压 u_1 /kPa	孔压系数 B

轴向变形 $\Sigma\Delta h$ /mm	轴向应变 ε_1 /%	测力计读数 R /0.01mm	即时横截面积 A_a /cm²	轴压增量 $\Delta\sigma_1$ /kPa	孔压 u_2 /kPa

钢环系数 C /(N·(0.01mm)$^{-1}$)	破坏时轴应力增量 q_f /kPa	破坏时孔隙应力 u_f /kPa

第二组

初始固结应力 σ_0 /kPa	围压 σ_3 /kPa	围压增量 $\Delta\sigma_3$ /kPa	$\Delta\sigma_3$ 产生孔压 u_1 /kPa	孔压系数 B

轴向变形 $\Sigma\Delta h$ /mm	轴向应变 ε_1 /%	测力计读数 R /0.01mm	即时横截面积 A_a /cm²	轴压增量 $\Delta\sigma_1$ /kPa	孔压 u_2 /kPa

钢环系数 C /(N·(0.01mm)$^{-1}$)	破坏时轴应力增量 q_f /kPa	破坏时孔隙应力 u_f /kPa

第三组

初始固结应力 σ_0 /kPa	围压 σ_3 /kPa	围压增量 $\Delta\sigma_3$ /kPa	$\Delta\sigma_3$ 产生孔压 u_1 /kPa	孔压系数 B

轴向变形 $\Sigma\Delta h$ /mm	轴向应变 ε_1 /%	测力计读数 R /0.01mm	即时横截面积 A_a /cm²	轴压增量 $\Delta\sigma_1$ /kPa	孔压 u_2 /kPa

钢环系数 C /(N·(0.01mm)$^{-1}$)	破坏时轴应力增量 q_f /kPa	破坏时孔隙应力 u_f /kPa

（3）根据换算得到的校正横截面面积 A_a 计算总主应力值和主应力差值：

$$q = \sigma_1 - \sigma_3 = \Delta\sigma_1 = \frac{CR}{A_a} \times 10 \qquad\qquad (7\text{-}13)$$

式中　q——大小主应力差，kPa；

　　　C——测力计的刚度系数，N/0.01mm；

　　　R——测力计位移百分表的读数，0.01mm；

　　　10——单位换算系数。

（4）绘制大、小主应力之差与轴向应变的关系曲线，如图 7-15 所示，若曲线出现峰值，则将此峰值定为土体破坏点，对应峰值也为破坏莫尔圆的直径大小；若曲线无峰值，则取 15% 轴向应变对应点的大、小主应力之差作为破坏莫尔圆直径。

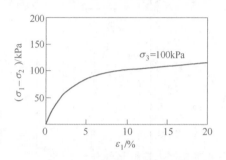

图 7-15　主应力差与轴向应变关系曲线

★　如果是应力控制式三轴仪，因为是按照应力步长加载，是不可能得到强度峰值的，只能取 15% 应变对应的主应力差作为破坏莫尔圆的半径。

（5）以剪应力为纵坐标，法向应力为横坐标，绘制土体在破坏时刻总应力状态的破坏莫尔圆，再根据不同围压级别的几个破坏莫尔圆作出强度包线，并确定相应的总应力强度指标，即内摩擦角 φ_u 和黏聚力 c_u（见图 7-16）。

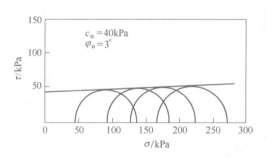

图 7-16　不固结不排水剪强度包线

★　如前所述，对 UU 试验而言，其加载各试样的有效围压并不改变，即剪切前的有效应力状态并没有改变，因此严格说测定的只是总应力强度，而不是强度指标。

---

2. 固结不排水试验

相关的试验记录内容如表 7-2 和表 7-3 所示，具体按照以下步骤，分布进行数据处理分析。

（1）确定固结后试样的变形。

固结后试样高度为：

$$h_c = h_0(1 - \varepsilon_0) \qquad\qquad (7\text{-}14a)$$

或

$$h_c = h_0 \left(1 - \frac{\Delta V}{V_0} \right)^{\frac{1}{3}} \tag{7-14b}$$

式中　h_c——固结后试样高度，mm；

　　　h_0——固结前试样高度，mm；

　　　ε_0——试样固结中的竖向应变值，%；

　　　V_0——试样初始体积，cm^3；

　　　ΔV——固结中产生的体积变形，cm^3。

　　但要注意，式（7-14b）是基于试样的轴向和径向应变在等压固结下相等所得到的，因此不仅只能用于等压固结下的轴向位移计算，而且也只有当土体充分各向同性时才比较符合真实的轴向变形情况。

　　固结后试样面积为：

$$A_c = \frac{\pi}{4} d_0^2 \left(1 - \varepsilon_0 \right)^2 = \frac{\pi}{4} d_0^2 \left(1 - \frac{\Delta V}{V_0} \right)^{\frac{2}{3}} \tag{7-15}$$

式中　A_c——固结后试样面积，cm^2；

　　　d_0——固结前试样直径，mm；

　　　ε_0——试样固结中的竖向应变值，%；

　　　V_0——试样初始体积和，cm^3；

　　　ΔV——固结中产生的体积变形，cm^3。

　　（2）确定需要的孔隙水压力系数 A_f 和 B，参见不固结不排水中的步骤分析，即式（7-8）和式（7-9）。

　　（3）根据剪切过程中即时轴向变形，计算试样的轴向应变，并计算试样剪切过程中的平均横截面面积和直径变化值：

$$\varepsilon_1 = \frac{\sum \Delta h}{h_c} \tag{7-16}$$

$$A_a = \frac{A_c}{1 - \varepsilon_1} \tag{7-17}$$

式中　ε_1——剪切过程中产生的轴向应变，%；

　　$\sum \Delta h$——剪切过程中的累计轴向变形，cm；

　　　h_c——试样固结后的高度，mm；

　　　A_a——试样的校正即时横截面积，cm^2。

　　因此，亦可得试样即时的直径值：

$$d = \frac{1}{\sqrt{1 - \varepsilon_1}} d_c \tag{7-18}$$

$$d_c = 2 \sqrt{\frac{V_0 - \Delta V}{\pi h_0 (1 - \varepsilon_0)}} \tag{7-19}$$

式中　ε_1——剪切过程中产生的轴向应变，%；

　　　d_c——试样固结后的平均直径，mm；

　　　h_0——试样固结前的高度，mm；

V_0——试样固结前的体积，cm^3；

ΔV——试样固结中产生的体积变形，cm^3。

（4）根据换算得到的校正横截面面积 A_a 计算总主应力值和主应力差值：

$$q = \sigma_1 - \sigma_3 = \frac{CR}{A_a} \times 10 \qquad (7\text{-}20)$$

式中　q——大小主应力差，kPa；

　　　C——测力计中刚度系数，N/0.01mm；

　　　R——测力计位移百分表的读数，0.01mm；

　　　10——单位换算系数。

（5）根据即时总主应力和孔隙水压力值，计算有效主应力值：

$$\sigma'_1 = \sigma_1 - u \qquad (7\text{-}21)$$

$$\sigma'_3 = \sigma_3 - u \qquad (7\text{-}22)$$

$$\frac{\sigma'_1}{\sigma'_3} = 1 + \frac{\sigma'_1 - \sigma'_3}{\sigma'_3} \qquad (7\text{-}23)$$

式中　σ'_1——即时有效大主应力，kPa；

　　　σ'_3——即时有效小主应力，kPa；

　　　u——即时孔压，kPa。

（6）绘制主应力差值和轴向应变的关系曲线，如图 7-15 所示，如果曲线有峰值，则将此峰值定为土体破坏点，对应峰值为破坏莫尔圆的直径大小；若无峰值，则取 15% 轴向应变对应点的主应力差值作为破坏莫尔圆直径。

（7）计算有效主应力比，并以之为纵坐标，绘制有效主应力比和轴向应变的关系曲线，如图 7-17 所示。

（8）以孔隙水压力为纵坐标，轴向应变为横坐标，绘制孔隙水压力和轴向应变的关系曲线，如图 7-18 所示。

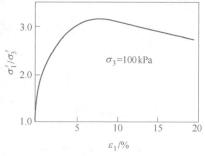

图 7-17　有效主应力比与轴向应变关系曲线

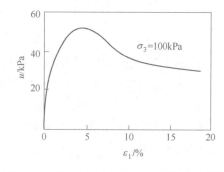

图 7-18　孔隙水压力和轴向应变的关系曲线

（9）以剪应力为纵坐标，法向应力为横坐标，绘制土体在破坏时刻，总应力状态和有效应力状态的破坏莫尔圆，再根据不同围压级别的几个破坏莫尔圆作出总应力和有效应力强度包线，并确定相应的总应力强度指标（内摩擦角 φ_{cu} 和黏聚力 c_{cu}）和有效应力强度指标（内摩擦角 φ' 和黏聚力 c'），如图 7-19 所示。

（10）还可按照应力路径法来确定有效应力强度指标。具体方法如图 7-20 所示，以大、小主应力之差的二分之一为纵坐标，大、小有效主应力之和的二分之一为横坐标，绘制剪切过程中即时有效应力状态，即建立即时大、小主应力之差的半值和大、小有效主应力之和的半值的关系曲线，根据如图 7-20 所示的特征，按下式确定土体的有效应力强度指标：

$$\varphi' = \arcsin(\tan\alpha) \tag{7-24}$$

式中　φ'——有效内摩擦角，(°)；

　　　α——应力路径图中破坏点连线的倾角，(°)。

$$c' = \frac{d}{\cos\varphi'} \tag{7-25}$$

式中　c'——有效黏聚力，kPa；

　　　d——应力路径上破坏点连线在纵轴上的截距，kPa。

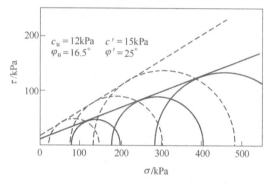

图 7-19　CU 试验总应力和有效应力强度包络图　　　图 7-20　CU 试验机器内过程应力路径图

　　该方法能够反映剪切过程中有效应力路径变化，可以较好的反应试样在剪切过程中的剪胀性，并能看出土体超固结程度。根据应力路径所出现的特征点，有助于分析土体破坏过程和它的物理意义。

　　3. 固结排水试验

　　相关的试验记录内容如表 7-4 和表 7-5 所示，具体按照以下步骤，分步进行数据处理分析。

表 7-4　三轴剪切试验数据记录表（CD 和 CU）

工程名称：＿＿＿＿＿＿＿＿＿　　　　　试验者：＿＿＿＿＿＿＿＿＿

土样编号：＿＿＿＿＿＿＿＿＿　　　　　计算者：＿＿＿＿＿＿＿＿＿

试验日期：＿＿＿＿＿＿＿＿＿　　　　　校核者：＿＿＿＿＿＿＿＿＿

试 样 状 态				固结应力：
参　数	起始	固结后	剪切后	固结沉降量：
直径 D/mm				
高度 H/mm				固结排水量：
面积 S/cm²				
体积 V/cm³				
含水率 w/%				

表7-5　三轴剪切试验数据记录表（CD）

工程名称：_____　　　　试验者：_____
土样编号：_____　　　　计算者：_____
试验日期：_____　　　　校核者：_____

第一组

围压 σ_3 /kPa	固结排水量 /cm³	固结压缩量 /mm	固结后高度 h_c /mm	固结后面积 A_c /mm²

轴向变形 $\sum\Delta h$ /mm	轴向应变 ε /%	测力计读数 R /0.01mm	横截面积 A_a /cm²	轴压增量 q /kPa	排水管读数 /cm³	排水量 /cm³

钢环系数 C /(N·(0.01mm))⁻¹	破坏时轴应力增量 q_f /kPa	破坏时孔隙应力 u_f /kPa

第二组

围压 σ_3 /kPa	固结排水量 /cm³	固结压缩量 /mm	固结后高度 h_c /mm	固结后面积 A_c /mm²

轴向变形 $\sum\Delta h$ /mm	轴向应变 ε /%	测力计读数 R /0.01mm	横截面积 A_a /cm²	轴压增量 q /kPa	排水管读数 /cm³	排水量 /cm³

钢环系数 C /(N·(0.01mm))⁻¹	破坏时轴应力增量 q_f /kPa	破坏时孔隙应力 u_f /kPa

第三组

围压 σ_3 /kPa	固结排水量 /cm³	固结压缩量 /mm	固结后高度 h_c /mm	固结后面积 A_c /cm²

轴向变形 $\sum\Delta h$ /mm	轴向应变 ε /%	测力计读数 R /0.01mm	横截面积 A_a /cm²	轴压增量 q /kPa	排水管读数 /cm³	排水量 /cm³

钢环系数 C /(N·(0.01mm))⁻¹	破坏时轴应力增量 q_f /kPa	破坏时孔隙应力 u_f /kPa

（1）类似固结不排水试验中之方法，确定固结后试样尺寸。

（2）类似不固结不排水试验中之方法，确定孔隙水压力系数 B。

（3）根据剪切过程中即时轴向变形，计算试样的轴向应变：

$$\varepsilon_1 = \frac{\sum \Delta h}{h_c} \tag{7-26}$$

式中　ε_1——剪切过程中产生的轴向应变，%；

$\sum \Delta h$——剪切过程中的轴向变形，mm。

并根据试样的即时排水体积，计算试样剪切过程中的平均横截面面积和直径变化值：

$$A_a = \frac{V_c - \sum \Delta V_i}{h_c - \sum \Delta h_i} \tag{7-27a}$$

$$d_a = \sqrt{\frac{4A_a}{\pi}} \tag{7-27b}$$

式中　A_a——试样固结后的平均横截面面积，cm^2；

d_a——试样固结后的直径，mm；

V_c——试样固结后的体积，cm^3；

$\sum \Delta V_i$——试样剪切中即时的累计体积变化，cm^3；

$\sum \Delta h_i$——试样剪切中即时的累计高度变化，mm。

（4）类似固结不排水试验中之方法，根据即时横截面面积来计算总主应力值和主应力差值：

$$q = \sigma_1 - \sigma_3 = \frac{CR}{A_a} \times 10 \tag{7-28}$$

式中　q——大小主应力差，kPa；

C——测力计中刚度系数，N/0.01mm；

R——测力计位移百分表的读数，0.01mm；

A_a——试样固结后的平均横截面面积，cm^2。

（5）绘制大、小主应力之差和轴向应变的关系曲线，如图 7-15 所示，如果曲线出现峰值，则将此峰值定为土体破坏点，对应峰值也为破坏莫尔圆的直径大小；若曲线无峰值，则取 15%轴向应变对应点的大、小主应力之差作为破坏点。

（6）计算大、小有效主应力比，以之为纵坐标，绘制大、小有效主应力比和轴向应变的关系曲线，如图 7-17 所示。

（7）以剪应力为纵坐标，法向应力为横坐标，绘制土体在破坏时刻，有效应力状态的破坏莫尔圆。再根据不同围压级别的几个破坏莫尔圆作出有效应力强度包线，并确定相应的有效应力强度指标，即内摩擦角 φ' 和黏聚力 c'（见图 7-19）。

（8）如果强度包线没有规律，难以根据破坏应力圆的公切线来确定强度指标，可参考固结不排水方法数据分析第（10）步之法，按照应力路径法来确定有效应力强度指标。

★ 固结排水试验，得到的有效应力指标与总应力下的有效应力指标基本相同，因此可采用固结不排水试验结果替代前者，以节省试验时间。但固结不排水试验若进行有效应力状态评价，孔压测定的精度要求较高，且孔压测点只是在试样的底部，其并不能完全反映试样全局的孔压变化，特别对渗透系数差的软黏土而言，此时利用孔压结果换算得到的有效应力状态可能与真实综合情况还是有一定的偏差，故固结排水得到的有效应力强度指标在有条件情况下，还是应直接测得。

六、非常规三轴试验类型简介

1. 高压三轴试验

随着高层和超高层建筑物、数百米级的大坝、采矿工程中深部岩土体开挖等重大工程的不断出现，对于工况中高压环境下土体性状的评价变得至关重要。而普通三轴设备因不能提供足够的压力而无法模拟上述的高压工况，从而无从评价此时土体的破坏性状，为此在岩土工程测试领域研发了高压三轴仪。高压三轴仪的大体结构与常规三轴仪近似，其主要特点是施加的围压和轴力很大（可达十几甚至几十 MPa），适用的对象也从一般细粒土的模拟衍生到粗粒土甚至堆石料。

因此，比之常规三轴仪，其试样与整体设备的尺寸都要大得多（国内外比较共识的观点是直径 300mm、高度 600~700mm 为宜，同时要考虑试样粒径应在试样中最大颗粒粒径的 5 倍以上，长径比在 2~2.5），而压力室多采用固定式结构。高压三轴仪的压力室承受压力高，多采用优质钢材构造，同时为便于安装试样时轴线对中以及剪切过程中的观察，在压力室侧壁互为 120° 方向的上半部会开设三个观测孔，并嵌入耐压密封性好的透明材料。加压方式上一般采用油压加压和稳压系统控制千斤顶，分级直接施加轴向压力。而围压控制装置，有气水交换压力装置和油水交换压力装置，前者施加压力的范围一般在 3MPa 范围内，后者可以达到 7MPa 以上，且反应灵敏、精度高、稳定效果好。

2. 真三轴试验

当要研究土体三个方向的主应力都发生变化的特性时，常规的三轴试验则显得无能为力。为使三轴试验模拟土体破坏时的强度更接近实际情况，可采用真三轴仪来模拟土体破坏。真三轴仪试验试样为立方体，从三个方向分别施加主应力 σ_1、σ_2 和 σ_3，相应可测得三个方向的主应变。三个主应力可以任意组合，就能得出任意应力状态下的三个方向应力-应变关系。而试验中的主体设备为真三轴仪，按其加荷方式可分为刚性板式、柔性橡皮囊式和混合式的三种。而从设备结构来看可以分为改造的真三轴仪和盒式的真三轴仪。真三轴仪的构造与使用都较复杂，目前多用于研究性试验。

如图 7-21 所示为河海大学研制的真三轴仪，竖向荷载 F_1 由试样和传力块共同承担，但荷载传感器只量测试样上的荷载，从而可算得大主应力 σ_1。中主应力 σ_2 方向的传力块 B 是由多层金属板与橡皮相间复合而成。该传力块在竖向可与试样同步压缩，而在 σ_2 方向依靠金属传力板保持刚性。此外传力块 B 上、下有滚轮，可适应试样在 σ_2 向的变形。使 σ_2 方向的加荷板不用预留空隙，可使 σ_2 作用均匀，且试样自始至终规整。小主应力 σ_3 则用气压施加。

3. 空心圆柱试验

以空心圆柱试样为试验对象的室内土工试验。其主体设备为空心圆柱仪。该设备通过

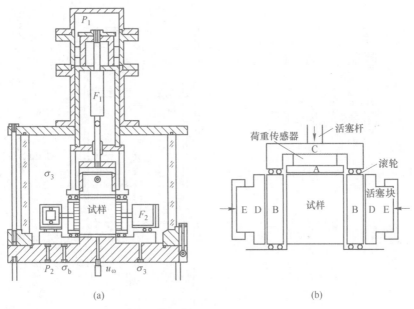

图 7-21　河海大学真三轴仪示意图

（a）整体结构；（b）试样加荷示意图

同时、独立地对空心圆柱试样施加轴力 W 和扭矩 M_T 以及内 p_i、外围压 p_o 变载，如图 7-22（a）所示，从而使得空心圆柱试样薄壁单元体上所受应力状态在主应力幅值改变的同时，还发生大 σ_1（小 σ_3）主应力方向在垂直于中主应力 σ_2 的固定平面中连续旋转的复杂应力路径（见图 7-22（b））。图 7-23 所示为浙江大学空心圆柱仪的结构示意图。空心圆柱仪是目前国际上研究主应力轴旋转应力路径对土体性状影响以及土的各向异性较为理想的试验设备，但目前大多数设备仅能在静力条件下，实现四个加载参数的独立控制，而在中高频的循环变载过程中，内、外围压一般只能固定为恒定值，仅由轴力和扭矩实现耦合或独立的动力加载。该种实验设备价格高昂，试验操作复杂，目前暂难广泛推广。

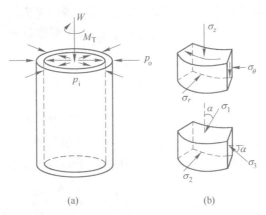

图 7-22　空心圆柱试样及单元体受力示意图

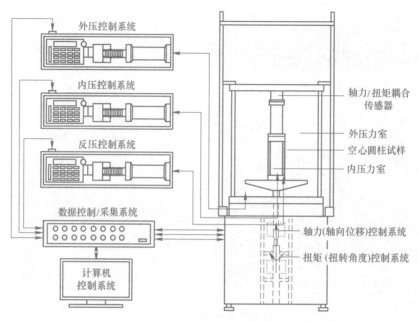

图 7-23　浙江大学空心圆柱仪结构示意图

第四节　无侧限抗压强度试验

一、试验目的

无侧限抗压强度试验，是测定岩土试样在无侧向压力情况下抵抗轴向压力能力的试验。而从本质上说，土体的破坏仍是受剪切破坏，该实验条件下所反映的抗剪强度（名义上的抗压强度）可通过土体破坏时刻莫尔圆半径的大、小来表述。另外，由于土体一般在原位都有初始有效围压应力场，因此该试验并不能模拟土体的原位应力条件，其揭示的强度特征，一定意义上反映了岩土材料的结构强度，更主要的是揭示土的灵敏度特性（所谓灵敏度就是原状土与重塑土的无侧限抗压强度之比）。无侧限抗压强度试验一般只在黏性土中进行。

二、试验原理

无侧限抗压强度试验，从本质上说，是三轴压缩试验中不固结不排水剪切类型中侧向压力为 0 的特例试验。也正因为如此，对于同一种土只能得到一个破坏莫尔圆，只能测定用莫尔圆半径反映的土体强度和灵敏度，而无法揭示土体的强度指标特征。

三、试验设备

（1）应变控制式无侧限抗压强度试验压缩仪（见图 7-24）。此外，该试验也可以在应变控制式的三轴仪上进行。

（2）位移百分表：量程 10mm，最小分度值 0.01mm。

（3）切土器：参见三轴试验制样装置。

（4）重塑对开筒：内径 35～40mm，高 80mm。

（5）天平：称量 1000g、最小分度值 0.1g。

（6）秒表、钢丝锯、铜垫板、直尺、卡尺、切土刀、塑料薄膜及凡士林等。

四、试验步骤

（1）制样。

1）原状黏土制样。参考三轴压缩试验中的制样部分制备成型。

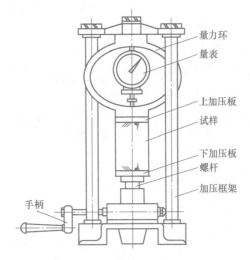

图 7-24　应变控制式无侧限抗压强度试验压缩仪

2）重塑黏土制样。一般为测定灵敏度时所用。将试验破坏后的试样刮除表面凡士林，再添少量余土，放置在塑料袋中充分扰动。然后将土倒入专用重塑筒中进行定型。

（2）称量。将制备好的黏土试样，放置在天平上称重，并测定试样的高度与上、中、下部的直径。并用余土测定试样的含水率。

（3）安装试样。在试样的两端涂抹少量凡士林，将其安置在无侧限压缩仪底座的加压板上，转动手轮，抬升底座，使得土样上下两端加压板恰好与土样接触，使测力计百分表开始有读数为止，设定此时百分表读数为零。

（4）加载。匀速转动手柄，抬升试样底座，使轴向应变的开展控制在 1%/min～3%/min 的速度，一般在 8～10min 内完成试样剪切。

（5）记录读数。剪切过程中，当轴向应变小于 3% 时，每增加 0.5% 轴向应变测记测力百分表和位移百分表读数一次，当轴向应变大于 3% 时，每增加 1% 轴向应变测记测力百分表和位移百分表读数一次，直至轴向应变达到 20%，停止试验。

（6）卸除试样。转动手柄，将试样座降下，取出试样，记录试样破坏后的形状和滑动面倾角。

（7）灵敏度测定。如要测定土体灵敏度，将原状土去除凡士林后，添加少量同批次未试验原状土，放在塑料袋中充分扰动，搅拌。再称量出与原状样相同质量土样，倒入重塑筒中，按照重塑样的制样方法击实，制成和原状样同尺寸的试样，按照上述 3～6 步骤进行试验。

五、数据分析

试验相关记录内容如表 7-6 所示，具体还需按以下步骤，分布进行数据处理分析。

表7-6 无侧限抗压强度试验记录表

工程名称：_____   试验者：_____

土样编号：_____   计算者：_____

试验日期：_____   校核者：_____

试验前试样初始高度 h_0： 试验前试样初始直径 D_0： 试验前试样面积 A_0： 试样质量 m： 试样密度 ρ： 手轮每转一周的抬升高度 ΔL： 量力环刚度系数 C： 原状土无侧限抗压强度 q_u： 重塑土无侧限抗压强度 q'_u： 灵敏度 S_t：	试样破坏情况

手轮转数 n	量力环量表 读数 R/mm	轴向变形 Δh /mm	轴向应变 ε_1 /%	校正后面积 A_a/cm²	轴向压力 P /N	轴向应力 s /kPa
(1)	(2)	(3)	(4)	(5)	(6)	(7)
		$(1) \times \Delta L - (2)$	$\dfrac{(3)}{h_0}$	$\dfrac{A_0}{1-(4)}$	$C \times (2)$	$\dfrac{(6)}{(5)} \times 10$

（1）计算试样在试验前的平均直径 D_0 和初始面积 A_0：

$$D_0 = \frac{D_1 + 2D_2 + D_3}{4} \qquad (7\text{-}29)$$

式中　　D_0——试样平均直径，mm；

D_1，D_2，D_3——试样上、中、下部位的直径，mm。

$$A_0 = \frac{\pi D_0^2}{4} \qquad (7\text{-}30)$$

（2）计算试样的轴向应变 ε_1：

$$\varepsilon_1 = \frac{\Delta h}{h_0} \qquad (7\text{-}31a)$$

$$\Delta h = n\Delta L - R \qquad (7\text{-}31b)$$

式中　　ε_1——轴向应变，%；

h_0——试验前的试样高度，mm；

Δh——试样轴向变形，mm；

n——手轮转数；

ΔL——手轮转一周，对应的下加压板抬升的高度，mm；

R——量力环的百分表读数，0.01mm（或 mV）。

（3）计算试样平均横截面积 A_a：

$$A_a = \frac{A_0}{1 - \varepsilon_1} \qquad (7\text{-}32)$$

式中　　ε_1——轴向应变，%；

A_a——校正后的试样平均横截面积，cm^2；

A_0——试验前试样面积，cm^2。

（4）计算试样即时轴向应力 σ：

$$\sigma = \frac{CR}{A_a} \times 10 \qquad (7\text{-}33)$$

式中　σ——轴向应力，kPa；

C——测力计率定系数，N/0.01mm（或 N/mV）；

R——量力环的百分表读数，0.01mm（或 mV）。

（5）以轴向应力为纵坐标，轴向应变为横坐标，绘制类似如图 7-25 所示应力-应变关系曲线。若曲线出现峰值，取峰值轴向应力为无侧限抗压强度 q_u，若未出现峰值，则可取轴向应变15%处的轴向应力为无侧限抗压强度。

（6）计算灵敏度：

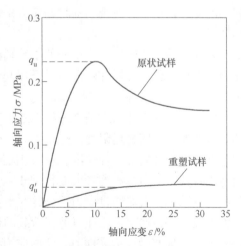

图 7-25　无侧限抗压强度试验轴向应力与轴向应变关系曲线示意图

$$S_t = \frac{q_u}{q_u'} \tag{7-34}$$

式中　S_t——灵敏度；

　　　q_u——原状土无侧限抗压强度值，kPa；

　　　q_u'——重塑土无侧限抗压强度值，kPa。

第五节　动力三轴试验

一、试验目的

　　动力三轴试验（简称动三轴试验）是在静力三轴试验基础上发展起来，通过在一定频率下循环改变一个或者几个主应力方向上的幅值来测定土体动态反应的试验。其内容从适应土体的应变范围而言，分较大（$10^{-2} \sim 10^{-1}$）和较小（$10^{-6} \sim 10^{-2}$）两类应变范围下的强度和变形参数测定。其中，大应变范围内测定的，主要是土体的动强度、动应力-应变之间的关系、孔隙水压力随振动次数变化规律，以及研究土体因固结比、密实度、土粒组成等的差异而呈现的不同破坏形式等。小应变范围内所测定的，一般为土体的动模量、动剪切模量、阻尼比等。因此，从测定内容上而言，动三轴试验较之静三轴试验要更复杂，包括了土体强度和变形等多方面测试内容。为便于与静三轴试验对比，将其归属在土的强度试验章节中予以介绍。

二、试验原理

1. 基本应力路径加载特征

　　土的动力三轴试验在设备构成原理上，与静力三轴相似，轴力可施加偏压。而改良的动力三轴仪器，还可在试样顶部嵌固一个顶盖，从而对试样施加偏拉力。在静力或动力条件下轴力都可实现变载。因此，动三轴试验中，试样在动力剪切前，可处于等压或偏压的固结状态，以模拟土体现场的初始应力条件。而动应力施加阶段所模拟的应力状态特征说明如下：

　　常规的动力三轴仪是将试样的水平轴向应力保持恒定，而通过周期性地改变竖向轴向压力的大小，使得土样在轴向经受循环变化的大主应力，进而在土样内部产生循环变化的正应力和剪应力（见图 7-26（a））。

　　但是，如果以此振动条件来模拟地震等典型振动荷载对土体性状的影响，在应力路径的实现类型上有明显局限性。这是因为，模拟地震的方法，是根据与地震基本烈度相当的加速度或预期地震最大加速度，以及土层自重和建筑物附加质量换算得到的相当动荷载，而特别将其中对地基影响最大的作用于某个剪切面上的往复剪切荷载在试验中模拟出来。传统动三轴试验虽然通过应力组合，在与主应力成 45° 夹角面上实现了类似的往复剪切荷载的加载方式，然而生成往复剪切荷载的代价是在该循环剪切面上会发生法向应力增量方向的突变（即当剪应力变向时，法向应力增量也相应变向），这与实际情况中，土体受剪切平面上法向应力并不变向的情况有较大差别。

　　而目前，在国内外一些科研院校已经开始应用的双向振动仪可以克服上述缺陷。如图

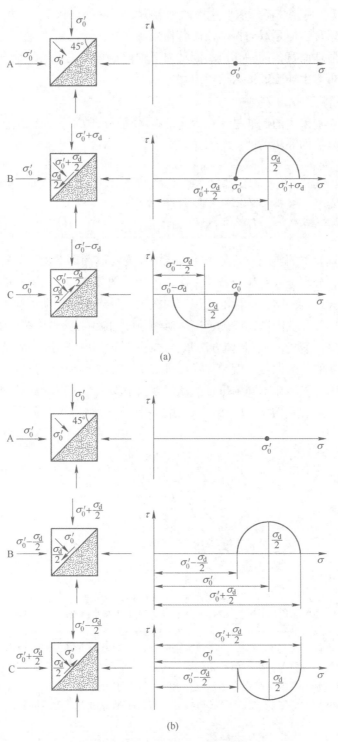

图 7-26 振动时土体内部的应力状态

（a）单向振动应力状态；（b）双向振动应力状态

7-26（b）所示，在动力变载过程中，同时改变轴向和围压的大小，从而保证在与主应力成45°夹角面上既实现往复循环剪切这样的加载方式，又保证该面上的法向应力不变，即不产生法向应力增量。但是双向振动仪设备使用成本高，操作较为复杂，因此未得到广泛推广，但就变载原理而言，读者知道不同动力三轴设备间的差别还是很有必要。此外，通过双向振动仪还可对土体施加更大的应力比。

2. 动强度的测定

传统动强度判别采用的标准是：在规定的振动循环次数下，使得试样产生规定破坏应变或者破坏孔压峰值的等幅动剪应力值。

> ★ 上述动强度确定方法实际上预定了振动次数和应变峰值。如果加载路径并非单调，例如动力条件下同时改变轴力和围压，则由于此时土体应变各分量均可能发生的变化，剪应力构成也不单一，就需要综合考虑破坏应变以及动剪应力幅值的选取。

而动强度计算具体的实现方式是，在规定的应变峰值标准下，进行几个不同动剪应力幅值的破坏试验，分别记录对应的破坏振次，绘制如图7-27（a）所示的振次对数值与动剪应力的关系曲线。再根据强度标准所规定的振次，寻找相应的动剪应力值，作为土体的动强度。此外，还要改变围压，以确定围压对动强度的影响（例如采用动剪应力比的归一化曲线得到动抗剪强度指标）。具体方法是：试样在某一初始围压下固结，绘制该围压下振次对数值与应变的关系曲线（见图7-27（b）），确定土体的动强度。如此改变三次围压，用同样方法确定土体在不同围压下的动强度，根据三个不同的起始固结围压和动强度做三个破坏动莫尔圆（见图7-27（c）），由这三个圆绘制得强度包线，对应的参数即为动三轴强度参数指标。

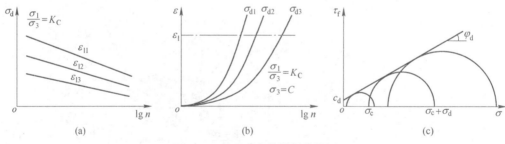

图7-27 动强度参数确定曲线图

（a）同一围压水平下破坏振次与动剪应力；（b）同一围压下振次与应变曲线；（c）不同围压下动破坏莫尔圆

> ★ 动强度与静强度的界定是有差别的。在静力情况下，一般以出现峰值剪切应力，或是应变达到一定值对应的应力作为土体抗剪强度。而动力作用下，影响土体破坏因素很多，例如还包括频率等，同时破坏的性状也有差别，这就对动强度的判定提出了不同要求。工程中对动力条件下土体破坏的评价标准有很多，除了常用的应变标准，还有孔压标准和极限平衡标准等，对不同标准，得到的动强度也是不同的，读者应引起注意。

3. 动弹性模量和剪切模量的测定

土的动模量是土动力学特性的首要参数，是土层地震反应分析中必备的动力参数，也是场地地震安全性评价中必不可少的内容。

动弹性模量 E_d 定义为动应力 σ_d 与动应变 ε_d 的比值，如式（7-35）所示，反映了土体在周期荷载作用下弹性变形阶段动应力-动应变关系：

$$E_d = \frac{\sigma_d}{\varepsilon_d} \tag{7-35}$$

式中　E_d——动弹性模量，MPa；

　　　σ_d——动应力，kPa；

　　　ε_d——动应变，%。

对于具有一定黏滞性和塑性的土体，动弹性模量还受到很多外界因素的影响，例如，主应力幅值、主应力比以及初始的固结条件和固结度等。

为使所测量的动弹性模量具有与其定义相对应的物理条件，试验可采取以下措施：

（1）试验前，先将试样在模拟现场实际应力或设计荷载下固结稳定。根据经验，对于一般黏性土及无黏性土，固结时间不少于12h。

（2）试验应在不排水条件下进行，防止试样产生塑性的固结变形。

（3）试验应从较小的动应力水平开始，然后逐渐加大动应力，以求得不同动应力作用下动应力-动应变关系。

此外，动弹性模量在较高动应力下的非弹性变化，实际上也可以通过测定动弹性模量随动应力水平的变化关系反映出来，同时还可以研究这些特性随着固结比、应力水平等因素条件的变化特征。

而有关动弹性模量具体确定，由于即使在较低应力下，实际的动应力-动应变关系也不是一条单调的曲线，而是一个滞回圈。因此在实际情况中，是直接根据试验曲线，采用拟合方法来确定土体的动应力-动应变关系模型，并由此反算动弹性模量。例如常采用式（7-36）所示的动应力-动应变的双曲线模型来进行动模量的预测分析，并得到如式（7-37）表述的式子：

$$\sigma_d = \frac{\varepsilon_d}{a + b\varepsilon_d} \tag{7-36}$$

$$E_d = \frac{1}{a + b\varepsilon_d} \tag{7-37}$$

式中　σ_d——动应力，kPa；

　　　ε_d——动应变，%；

　　　E_d——动弹性模量，MPa；

　　　a，b——试验常数，MPa^{-1}。

此外，还可将式（7-37）写成如式（7-38）所示形式，这样能建构起动模量和动应力之间的线性关系（见图7-28），以便从图中直接确定参数 a、b 值，并最终确定 E_d 与 s_d 关系：

$$E_d = \frac{1}{a} - \frac{b}{a}\sigma_d \tag{7-38}$$

而动剪切模量的定义为动剪切应力与动剪切应变的比值，该参数的确定，可以通过与动弹性模量相应的关系求得：

$$G_d = \frac{E_d}{2(1 + \mu)} \tag{7-39}$$

式中　G_d——动剪切模量，MPa；

　　　E_d——动弹性模量，MPa；

　　　μ——泊松比。

4. 阻尼比的测定

阻尼比是阻尼系数与临界阻尼系数之比，动三轴试验中测定的阻尼比代表了每一振动周期中能量耗散的程度，又称为土的等效黏滞阻尼比。阻尼比可以用以测定土体的自振频率，在抗震分析等方面都能发挥积极作用。图 7-29 所示为阻尼比的理想化动应力-动应变滞回曲线，该曲线表明土的动应力-动应变关系受黏滞性的影响。其影响程度可用滞回圈的形状来衡量：土的黏滞性越大，环的形状就越宽厚，阻尼比也越大。

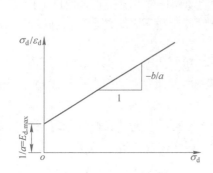

图 7-28　动弹性模量与动应力关系曲线

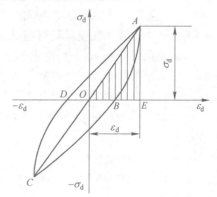

图 7-29　动应力-动应变滞回圈

阻尼比可由式（7-40）计算：

$$D = \frac{1}{4\pi}\frac{A}{A_\text{T}} \tag{7-40}$$

式中　D——阻尼比；

　　　A——滞回圈 $ABCDA$ 所包围的面积，cm^2，一般可分成小面积梯形叠加而得到；

　　　A_T——三角形 AOE 的面积，cm^2。

根据滞回环随着振次增加而变化的情况，可以得到阻尼比随动模量变化的关系，而阻尼比研究中所对应的振动次数，应该使试样不破坏为准，一般强震下是 10~15 次，机械振动，可适当增加，达 50~100 次。当采用动应力-动应变滞回曲线确定阻尼比时，通常采用双曲线模型，即用式（7-41）来表示阻尼比与动弹性模量的关系：

$$D = D_\text{max}\left(1 - \frac{E_\text{d}}{E_\text{d,max}}\right) \tag{7-41}$$

式中　D——阻尼比；

　　D_max——最大阻尼比；

　　　E_d——动弹性模量，MPa；

$E_\text{d,max}$——最大动弹性模量，MPa。

三、仪器设备

1. 振动三轴仪

就目前国内外动三轴设备的主流类型而言，一般为单向振动设备，而双向振动设备亦有一定规模的应用。随着试验设备发展和经济水平提高及解决复杂工程问题的需要，三向甚至四向的振动设备也在少数科研和高校单位使用起来。而由于多向振动设备成本太高，操作较为复杂，尚难广泛推广，限于篇幅，本文主要介绍在试样轴向方向施加振动的单向振动三轴仪和相关试验方法。

单向振动三轴仪，因激振类型的不同，可分为电磁式、电液伺服式、气动式和机械惯性力式四种。前三种的差异在于激振振动力的来源不同，分别是以电磁力，液压力和气压力为动力源产生等幅循环动应力的，出力较大；而机械惯性式是通过振动台的上、下运动，带动试样上的砝码产生惯性力，而对试样施加动应力，但幅值较小，且静动力互相影响，加载不精确。目前国内外使用较多的是电液伺服式、气动式动三轴仪。振动三轴仪基本结构如图7-30所示。

该设备主要分为主机、静力控制系统、动力控制系统、量测系统以及数据采集和处理系统。

（1）动力控制系统用于轴向激振，施加轴向动应力，包括施加动荷载的交流稳压电源、超低频信号发生器、功率放大器等。

（2）量测系统用于量测轴向载荷和轴向位移等，除一般静力三轴仪需要用到的如孔隙水压力传感器外，还有动态电阻应变仪，光线记录示波器等。

（3）橡皮膜：试样最小直径为39.1mm，最大直径为101mm，橡皮膜厚度宜为0.1～0.2mm；对直径101mm的试样，橡皮膜厚度宜为0.2~0.3mm。

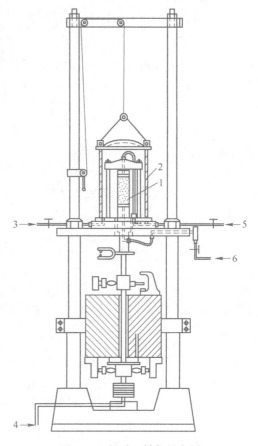

图7-30 振动三轴仪示意图

1—试样；2—压力室；3—接侧压力稳压罐系统；
4—接垂直压力稳压罐系统；5—接反压力饱和及
排水系统；6—接静孔隙压力测量系统

（4）透水石：直径与试样直径相等，其渗透系数宜大于试样的渗透系数，使用前应在水中煮沸并泡于水中。

（5）天平：称量200g，分度值0.01g；称量1000g，分度值0.1g；称量5000g，分度值1g。

2. 附属设备

烘箱、百分表、切土盘、切土器、切土架、饱和器、承膜筒、滤纸等可参照本章第二节静力三轴试验中附属设备相关介绍。

四、试验步骤

1. 试样制备与饱和

基本方法与静三轴试验相同，但其试样尺寸并不完全与静三轴相同，对细砂以下土样，试样直径一般取 39.1mm 和 50mm 两种，对部分粗粒土试样，试样直径一般为 100mm 和 200mm 两种，对粗粒土，试样直径一般取 300mm，不同粒径试样的高度均取直径的 2～2.5 倍为宜。而饱和方法均可参考本章第三节静三轴试验的相关步骤进行。

2. 试样安装

土的装样过程可参考本章第三节静三轴试验试样安装过程进行。

3. 试样固结

如果试样需要施加反压进行饱和，则在固结前，先按静力三轴压缩试验中施加反压力的方法进行饱和；如不需要，则按以下步骤进行固结。

固结基本方法类似静三轴试验相关步骤。但要注意，在某些动三轴仪中（特别是可以施加拉应力的设备），试样的帽盖有时和轴力传感器嵌固在一起，因此压力室中的水压只能施加在试样的侧边，而无法作用于试样轴向。此时，即使是等压固结，也需要单独控制轴向压力的施加，使之与侧向水压力相等来实现。操作过程中，一般先对试样施加 20kPa 侧压力，然后逐级施加均等侧压和轴压，直到侧向压力和轴向压力相等并达到预定压力。

就固结方式而言，动三轴试验中，既可进行等压固结，也可进行偏压固结。等压固结过程参考静三轴试验介绍。偏压固结情况下，需在等压固结变形稳定以后，再逐级施加轴向压力，直到预定的轴向压力。加压时不能产生过大变形，以防止土体破坏。

> ★　分级加载的方式，实际上就是对试样先等压固结后，再偏压固结，这种加载方式相对于一步到位的加载，会对土性产生不同的影响。但是分次逐级叠加，比之一次施加轴力，所造成的稳定性上的负效应会少得多。

施加压力后，打开排水阀或体变阀和反压力阀，使试样排水固结。固结稳定标准：对黏土和粉土试样，1h 内固结排水量变化不大于 $1cm^3$；对于砂土试样，等压固结时，关闭排水阀后 5min 内孔隙水压力不上升；不等压固结时，5min 内试样的轴向变形不大于 0.005mm。固结完成后，关闭排水阀，并计算动力试验前试样干密度。

4. 施加动应力

一般是在不排水条件下进行振动试验。加振动前，调整好动应力、动应变和动孔压传感器的零点读数。

（1）动强度和液化试验。该类试验属于需要破坏的试验，要求应力水平较高，加载比较稳定。具体步骤为：

1）加载前，先调节好应力零点，启动激振力。

2）试样固结并安装完成后，设定试验方案，包括荷载大小，振动频率等，动强度试验宜采用正弦波激振，抗液化强度测定可参照动强度测定方案执行，振动频率宜根据实际工程动荷载条件确定，海相土可根据所处海域及所受动荷载特征取激振频率值。

3）启动激振器，打开记录仪器，记录应力应变和孔压的变化过程曲线，达到破坏标准后再振 5～10 周可停止试验，取激振停止时对应振次即为破坏振次 N_f。当应变达到一定水平（等压固结：一般是试样双幅轴向动应变极大值与极小值之差达到 5% 或单幅轴向动应变峰值达到 5%；偏压固结：取总应变达到 10%，即从试验开始到停止的累积应变达到 10%）或者孔压达到加载标准（对于等压固结试样可能设定为达到初始围压，对于等压固结黏土试样或者偏压固结试样往往孔压不能达到围压，需要慎重选择孔压液化标准）时。

4）对同一类型的试样，可选择1~3个固结比，在同一固结比下，宜选择4个以上的不同动剪应力水平下进行试验，分别绘制动剪应力σ_d与振次对数值$\lg N_f$的关系曲线（见图7-31），试验点宜沿着振次分布均匀。

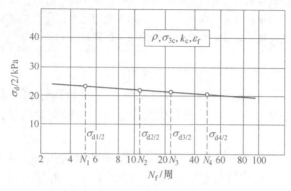

图7-31 抗液化强度线

为能较好绘制$\sigma_d/2$-$\lg N_f$曲线，试验点应沿着振次分布均匀，按照传统的设置方法是动应力对应的4个破坏振次能在4~6周、10~15周、20~30周以及50~70周以及100周等不同的振次破坏范围内，得到不同的破坏振次N_f。但是，随着经济的飞速发展，海洋平台、海底管线以及高速铁路、公路的兴建，使得波浪、交通等长期荷载作用下地基土体的动力性状也逐渐引起了人们的重视。低应力长期振动下土体性状的研究，不仅对试验设备提出了新的要求，同时也在试验操作和数据分析方面，产生了新的标准和注意事项，例如上文所述的破坏试验选定振次标准也将大大增加，特此提请读者注意。

★ 传统的动三轴试验加载中还存在两个明显缺陷：①动力加载设定的动应力值，一般是根据试样初始横截面积和轴力换算得到。加载过程中，试样面积可能发生变化，而设备加载并非应力控制，不具有面积补偿功能，因此实际作用于试样顶部的轴应力会随试样横截面积的变化而波动。②在较高频率、较高动剪应力的振动破坏试验中，当试样临近破坏时，动应力幅值会无法控制地出现降低。一般认为是孔压增加，有效应力下降，土体结构刚度骤减，而作为加载的激振力反应能力不足所造成。因此对常规的动三轴试验，其动应力水平不能过大，否则无法实现稳定控制。

（2）动弹性模量和阻尼比试验。此类试验为土体不破坏的小应力水平试验，进行这样试验，对加载精度控制要求较高。具体步骤为：

1）加振动前，动应力、动应变和动孔隙水压力传感器读数调零，对同一个试样进行动应力由小到大的逐级增加，振动时候记录动应力-应变关系和孔压开展特征。要求每级振动次数都不超过10次，只要能够测定试验结果，振次尽量少，以减少对试样的孔压和刚度测定的影响。

2）动应力由小到大逐级增加，后一级动应力可设定比前一级大1倍。如果试样的应变波形出现明显不对称或者孔压值较大时，应停止试验。记录动应力和动应变滞回环，直到预定振次的时候停机，拆样。

3）同一干密度的试样，在同一固结应力比下，应在1~3个不同侧压力下试验，每一侧压力，宜用5~6个试样，每个试样宜分为5~6级逐级施加动应力，重复步骤1）~2）进行试验。

> ★　对动力试验而言，选择不同的试验加载方式，最基本的要求是能反映实际工程问题中土体所经受的初始应力、动力变化以及排水条件。动力试验多数在不排水条件下进行，一定因素上是为了排除固结产生塑性变形的影响，但随着研究的深入，以及实际工程问题中，动力加载不可避免的伴随排水过程，因此实际上也可以进行排水，或者半排水试验的动三轴试验。

（3）动力残余变形特性试验具体试验步骤为：

1）动力残余变形特性试验为饱和固结排水试验。可根据振动试验过程中的排水量计算其残余体积应变的变化过程；可根据振动试验过程中的轴向变形量计算其残余轴应变及残余剪应变。

2）试样固结完成后，设定的动荷载、激振频率、振动次数、振动波形等进行试验。可采用正弦波激振，激振频率宜根据实际工程动荷载确定，海相土可根据海域及所受动荷载特征确定。

3）试验中保持排水阀开启。

4）对同一密度的试样，可选择1~3个固结比。在同一固结比下，可选择1~3个不同的围压。每一围压下用3~5个试样，宜采用逐级施加应力幅的方法，每个试样采用4~5级轴向动应力。

5）整个试验过程中的动荷载、侧压力、残余体积应变和残余轴向应变由控制软件自动采集。

6）试验结束，卸掉压力，关闭压力源。

7）完成后拆除试样，在需要时可测定拆除后试样干密度。

8）根据所采集的应力-应变（包括体应变）时程记录，对每个试样可分别整理，以振次对数值为横坐标，残余体积应变为纵坐标，绘制残余体积应变和振次对数值的关系曲线；以振次对数值为横坐标，残余轴向应变为纵坐标，绘制残余轴向应变与振次对数值的关系曲线。

五、数据分析

1. 动强度计算

（1）加载前后，应力状态指标的计算。

1）振前试样45°斜面上静应力，即：

$$\sigma'_0 = \frac{1}{2}(\sigma_{1c} + \sigma_{3c}) - u_0 \qquad (7\text{-}42a)$$

$$\tau_0 = \frac{1}{2}(\sigma_{1c} - \sigma_{3c}) \qquad (7\text{-}42b)$$

式中　σ'_0——振前试样45°斜面上法向有效应力，kPa；

τ_0——振前试样45°斜面上剪应力，kPa；

σ_{1c}——轴向固结应力，kPa；

σ_{3c}——侧向固结应力，kPa；

u_0——初始孔压力，kPa。

2）初始剪应力比，即：

$$\alpha = \frac{\tau_0}{\sigma_0'}$$

(7-43)

式中 α——初始剪应力比；

σ_0'——振前试样45°斜面上法向有效应力，kPa；

τ_0——振前试样45°斜面上剪应力，kPa。

3）固结应力比，即：

$$K = \frac{\sigma_{1c}'}{\sigma_{3c}'} = \frac{\sigma_{1c} - u_0}{\sigma_{3c} - u_0}$$

(7-44)

式中 K_c——固结应力比；

σ_{1c}'——有效轴向固结应力，kPa；

σ_{3c}'——有效侧向固结应力，kPa；

u_0——初始孔隙水应力，kPa。

4）轴向动应力，即：

$$\sigma_d = \frac{W_d}{A_c} \times 10$$

(7-45)

式中 σ_d——轴向动应力，kPa；

W_d——轴向动荷载，kN；

A_c——试样固结后横截面积，cm^2。

5）轴向动应变，即：

$$\varepsilon_d = \frac{\Delta h_d}{h_c}$$

(7-46)

$$\Delta h_d = K_\varepsilon L_\varepsilon$$

(7-47)

式中 ε_d——轴向动应变，%；

Δh_d——轴向动变形，mm；

h_c——试样固结后振前高度，mm；

K_ε——轴向动变形传感器标定系数，mm/mm；

L_ε——轴向动变形光线示波器光点位移，mm。

6）动孔隙水压力，即：

$$u_d = K_u L_u$$

(7-48)

式中 u_d——动孔隙水压力，kPa；

K_u——动孔隙水压力传感器标定系数，kPa/mm；

L_u——孔隙水压力光线示波器光点位移，mm。

7）试样45°斜面上的动剪应力，即：

$$\tau_d = \frac{1}{2}\sigma_d$$

(7-49)

式中 τ_d——试样45°斜面上的动剪应力，kPa；

σ_d——轴向动应力，kPa。

8）试样45°斜面上的总剪应力，即：

$$\tau_{sd} = \frac{\sigma_{1c} - \sigma_{3c} + \sigma_d}{2} = \tau_0 + \tau_d \qquad (7-50)$$

式中　τ_{sd}——总剪应力，kPa；

σ_{1c}——轴向固结应力，kPa；

σ_{3c}——侧向固结应力，kPa；

σ_d——轴向动应力，kPa；

τ_d——试样 45°斜面上的动剪应力，kPa；

τ_0——振前试样 45°斜面上剪应力，kPa。

9）当饱和砂土或粉土液化时，液化应力比为：

$$\frac{\tau_d}{\sigma'_0} = \frac{\sigma_d}{2\sigma'_0} \qquad (7-51)$$

式中　τ_d——试样 45°斜面上的动剪应力，kPa；

σ'_0——振前试样 45°斜面上法向有效应力，kPa；

σ_d——轴向动应力，kPa。

（2）以破坏振次 N_f 对数值为横坐标，动剪应力 σ_d 为纵坐标，绘制如图 7-32 所示的不同围压力下的动剪应力 σ_d 和破坏振次 N_f 关系曲线，用来确定标准破坏振次下对应动剪应力，以确定动强度值为后文比较做准备。

（3）当饱和砂土或粉土液化时，以振次 N_f 对数值为横坐标，液化应力比 $\frac{\sigma_d}{2\sigma'_0}$ 为纵坐标，绘制如图 7-33 所示的不同固结应力比下的液化应力比 $\frac{\sigma_d}{2\sigma'_0}$ 与振次对数值 N_f 的关系曲线。

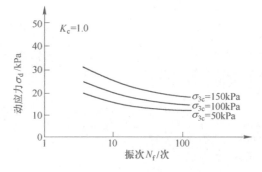

图 7-32　动剪应力和破坏振次关系曲线

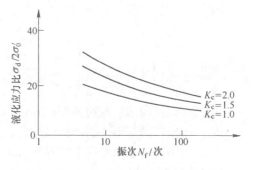

图 7-33　液化应力比与振次关系曲线

（4）以振次 N_f 对数值为横坐标，动孔隙水压力 u_d 为纵坐标，绘制如图 7-34 所示的动孔隙水压力 u_d 与振次 N_f 对数值关系曲线，用以评价有效应力状态，判别液化势等。图中，纵坐标为动孔隙水压力 u_d 与两倍初始固结压力 σ'_0 之比，是归一化表示方法，当有多条不同围压下得到的孔压振次关系曲线时，可以此归一化方法，分析围压对孔压开展的影响。

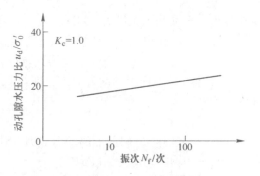

图 7-34　孔压与振次关系曲线

★　总体而言，孔压对于黏土而言，其耗散传递需要时间，一般并不真正反映试样内部的孔压变化，有关孔压参数整理，可能对无黏性土的整理更有借鉴意义。

（5）绘制给定破坏振次下，不同初始剪应力比时与主应力方向成45°面上的总剪应力 τ_{sd} 和振前有效法向应力 σ_0' 关系曲线（见图7-35）。该曲线可用于研究规定振次下破坏时的有效法向应力对动抗剪强度的影响，体现了动荷载作用下的库仑强度定律。

（6）动强度指标 c_d、φ_d 的确定。根据某一振次下的不同围压和动强度可作图得到一系列的破坏莫尔圆，并依据所得破坏动莫尔圆绘得强度包线，从而确定该振次下动强度

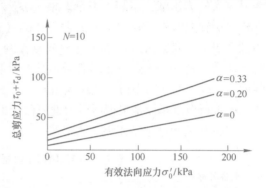

图7-35　总剪应力和有效法向应力关系曲线

抗剪强度指标 c_d、φ_d。用同样的方法可绘得其他振次下动强度抗剪指标。具体过程如下：

对等压固结的试样，如图7-36（a）所示，根据初始的围压水平确定 σ_3。然后以动剪应力强度线中动剪应力值 σ_d 为直径，分别在 σ_3 左、右作出两个应力圆（σ_3 左侧为拉应力圆2，σ_3 右侧为压应力圆1），称为振动应力圆。依次类推，把同一振次下不同围压下的振

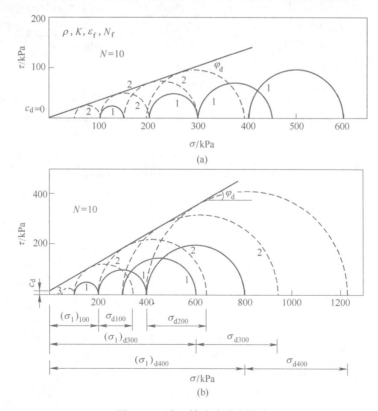

图7-36　动三轴试验强度包线

（a）：1—压半周动应力圆；2—拉半周动应力圆；（b）：1—固结应力圆；2—压半周动应力圆；3—拉半周动应力圆

动应力圆均绘制出来，并作出强度包络线。而从图中可见，拉应力圆公切的包络线位于压应力圆的公切包线上方，所以实际的抗剪强度指标是根据拉应力圆所作出的破坏应力圆包线而得。

对不等压固结的试样，如图 7-36（b）所示，应先根据初始的固结应力水平绘制直径为 $\sigma_1-\sigma_3$ 的莫尔圆，用圆 1 表示。根据 $\sigma_d/2-\lg N_f$ 曲线查得某一振次下的轴向动应力 σ_d，在横坐标轴上取坐标 σ_3 和 $\sigma_1+\sigma_d$ 两点作圆（直径为 $\sigma_1+\sigma_d-\sigma_3$），该圆即为振动压应力圆，用圆 2 表示；取坐标为 σ_3 和 $\sigma_1-\sigma_d$ 两点作圆（直径为 $\sigma_1-\sigma_d-\sigma_3$），该圆即为振动拉应力圆，用圆 3 表示。依次类推，把同一振次下不同围压下的振动应力圆均绘制出来，并作出强度包络线。而从图中可见，压应力圆公切的包络线位于拉应力圆的公切包线上方，所以实际的抗剪强度指标是根据压应力圆所作出的破坏应力圆包线而得。

（7）相关数据记录于表 7-7 中。

表 7-7 动三轴试验数据记录表（动强度与液化）

工程名称：＿＿＿＿＿＿＿＿＿＿　　　　试验者：＿＿＿＿＿＿＿＿＿＿

送检单位：＿＿＿＿＿＿＿＿＿＿　　　　计算者：＿＿＿＿＿＿＿＿＿＿

土样编号：＿＿＿＿＿＿＿＿＿＿　　　　校核者：＿＿＿＿＿＿＿＿＿＿

固 结 前		固 结 后		固 结 条 件		试 验 及 破 坏 条 件	
试样直径 d：	（mm）	试样直径 d：	（mm）	固结应力比 K_c：		振动频率：	（Hz）
试样高度 h：	（mm）	试样高度 h：	（mm）	轴向固结应力 σ_{1c}：	（kPa）	给定破坏振次：	（次）
试样面积 A：	（cm²）	试样面积 A：	（cm²）	侧向固结应力 σ_{3c}：	（kPa）	均压时候孔压破坏标准：	（kPa）
体量管读数 V_1：	（cm³）	体量管读数 V_2：	（cm³）	固结排水量 ΔV：	（mL）	均压时候应变破坏标准：	（%）
试样体积 V：	（cm³）	试样体积 V：	（cm³）	固结变形量 ΔL：	（mm）	侧压时应变破坏标准：	（%）
试样干密度 ρ_d：	（g/cm³）	试样干密度 ρ_{dc}：	（g/cm³）	振后排水量：	（mL）	振后高度：	（mm）

振次/次	动剪应变 $\varepsilon_d/\%$	动剪应力 τ_d/kPa	动孔隙水压力 u_d/kPa	动孔压比 $\dfrac{u_d}{\sigma'_{3c}}$

2. 动弹性模量和阻尼比计算

（1）相关数据记录于表 7-8 中。

表 7-8 动三轴试验记录表（动弹性模量与阻尼比）

工程名称：＿＿＿＿＿＿＿＿＿＿ 　　试验者：＿＿＿＿＿＿＿＿＿

送检单位：＿＿＿＿＿＿＿＿＿＿ 　　计算者：＿＿＿＿＿＿＿＿＿

土样编号：＿＿＿＿＿＿＿＿＿＿ 　　校核者：＿＿＿＿＿＿＿＿＿

固结前	固结后	固结条件	
试样直径 d：　　　（mm）	试样直径 d：　　　（mm）	固结应力比 K_c：	
试样高度 h：　　　（mm）	试样高度 h：　　　（mm）	轴向固结应力 σ_{1c}：	（kPa）
试样面积 A：　　　（cm²）	试样面积 A：　　　（cm²）	侧向固结应力 σ_{3c}：	（kPa）
体量管读数 V_1：　　（cm³）	体量管读数 V_2：　　（cm³）	振动频率 f：	（Hz）
试样体积 V：　　　（cm³）	试样体积 V：　　　（cm³）	固结排水量 ΔV：	（mm）
试样干密度 ρ_d：（g/cm³）	试样干密度 ρ_{dc}：（g/cm³）	固结变形量 ΔL：	（mm）

振次/次	动应力 σ_d/kPa	动应变 ε_d/mm	动孔隙水压力 u_d/kPa	动弹性模量 E_d/kPa	阻尼比 λ/%

（2）绘制动应力和动应变的关系曲线，以确定动弹性模量。主要绘制的是三条曲线，即：

1）以轴向动应变 ε_d 为横坐标，轴向动应力 σ_d 为纵坐标，绘制轴向动应力 σ_d 和轴向动应变 ε_d 的关系曲线（见图 7-37（a））。

2）以轴向动应变 ε_d 为横坐标，动弹性模量 E_d 为纵坐标，绘制动弹性模量 E_d 和轴向动

应变 ε_d 的关系曲线，可分析动弹性模量随轴向动应变的变化趋势，可取变化曲线的稳定峰值为最大动弹性模量（见图 7-37 (b)）。

3）以轴向动应力 σ_d 为横坐标，动弹性模量 σ_d/ε_d 为纵坐标，绘制动弹性模量 σ_d/ε_d 和轴向动应力 σ_d 的关系曲线，可将曲线切线在纵轴上的截距取值为最大动弹性模量（见图 7-37 (c)）。

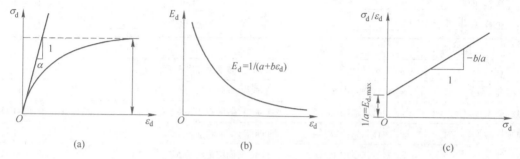

图 7-37 动应力-应变记录曲线

（a）动应力-应变双曲线模型；（b）动应力-动弹模关系曲线；（c）动弹模-动应变关系曲线

（3）根据某一循环中动应力与同一循环的动应变之比来求得动模量。

1）动弹性模量，即：

$$E_d = \frac{\sigma_d}{\varepsilon_d} \times 0.1 \qquad (7-52)$$

式中　E_d——动弹性模量，MPa；

　　　σ_d——动应力，kPa；

　　　ε_d——动应变，%。

2）动剪切模量，即：

$$G_d = \frac{E_d}{2(1+\mu)} \qquad (7-53)$$

式中　G_d——动剪切模量，MPa；

　　　μ——泊松比，饱和土可取 0.5。

（4）阻尼比 D 的计算。先作出动应力 σ_d 和动应变 ε_d 关系曲线（见图 7-29），也就是作出每级动应力下的滞回圈。再按照式（7-54）计算阻尼比 D：

$$D = \frac{1}{4\pi} \frac{A}{A_T} \qquad (7-54)$$

式中　A——滞回圈 $ABCDA$ 面积，cm^2；

　　　A_T——三角形 OAE 面积，cm^2。

（5）阻尼比和动应变的关系曲线。以轴向动应变 ε_d 为横坐标，阻尼比 λ 为纵坐标，绘制阻尼比和动应变的关系曲线，如图 7-38 所示。

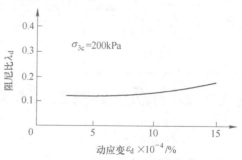

图 7-38 阻尼比与动应变关系曲线

3. 饱和砂土和粉土液化势判定

液化是任何物质由固态转化为液态的力学过程。饱和砂土、粉土液化是指在动荷载作用下，饱和砂土产生急剧的状态改变并丧失强度，变成流动状态的现象。室内液化试验主要目的就是依据类似如图 7-39 所示的动三轴液化试验记录曲线，研究液化机理以及各种因素对砂土液化性能的影响，测定抗液化强度，估计砂土和粉土层液化可能性。

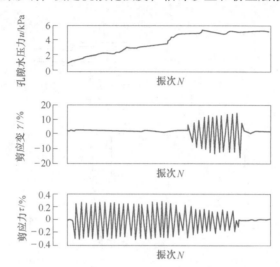

图 7-39　动三轴液化试验中液化前后剪应力、剪应变和孔隙水压力的变化特征

无黏性土液化流动受到很多因素的影响，一般情况下在等压固结下，试样孔隙水压力达到初始有效周围压力（通常称为初始液化状态）可作为饱和砂土和粉土的液化破坏标准；在偏压固结条件下，试样即使液化，其孔隙水压力也不会达到初始有效周围压力水平，但试样的轴向应变曲线会近似线性地快速增大累积，最终产生使土试样失效的轴向应变，称之为累积轴向应变，建议可采用双幅轴向动应变极大值与极小值之差达到 5% 或单幅轴向动应变峰值达到 5% 作为土样液化失效标准。外荷载作用导致砂土液化，包括波浪荷载以及地震荷载，其中判断地震荷载使砂土液化可根据振动循环次数 n 达到预估地震的相应限值。表 7-9 列出了不同地震震级 M 对应的极限 n 值。

表 7-9　振动次数参考表格

震级数 M	6	6.5	7.0	7.5	8.0
等效循环次数 n	5	8	10	20	30

第六节　现场十字板剪切试验

一、试验目的

十字板剪切试验（vane shear test，简称 VST），是为了能够在现场不扰动的环境下，测定钻孔内黏土的抗剪强度。其测定的抗剪强度，类似于室内三轴试验中的不排水抗剪强度。十字板剪切试验是一种常用的原位测定土体抗剪强度的试验。

二、试验原理

十字板剪切仪的试验示意图如图 7-40 所示。其原理是利用十字板旋转，在上、下两面和周围侧面上形成剪切带，使得土体剪破，测出其相应的极限扭力矩。然后，根据力矩的平衡条件，推算出圆柱形剪破面上土的抗剪强度。

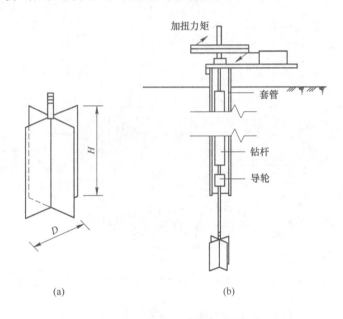

图 7-40　十字板剪切仪试验示意图
（a）板头；（b）试验情况

具体而言，测试时，先将十字板插到要进行试验的深度，再在十字板剪切仪上端的加力架上以一定的转速施加扭力矩，使板头内的土体与其周围土体产生相对扭剪。十字板试验中土体受力示意图如图 7-41 所示，其包括侧面所受扭矩和两个端面所受扭矩。其中十字板侧表面对土体的侧面产生的极限扭矩为：

$$M_1 = (\pi DH) \times \tau_f \times \frac{D}{2} = \tau_f \times \frac{\pi D^2 H}{2} \tag{7-55}$$

式中　M_1——十字板侧表面产生的极限扭矩，N·m；

　　　D——十字板板头直径，mm；

　　　H——十字板板头高度，mm；

　　　τ_f——十字板周侧土的抗剪强度，kPa。

而假设土体上、下两端面产生的极限扭矩相同，且端面上的剪应力在等半径处均匀分布，在轴心处为零，边界上最大。则上、下两端面极限扭矩之和为：

$$M_2 = 2 \times \int_0^{\frac{D}{2}} r \times \tau(r) 2\pi r \mathrm{d}r \tag{7-56}$$

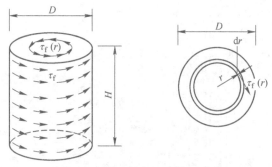

图 7-41　十字板试验中土体受力示意图

假设剪应力在横截面上沿半径是指数关系分布，则

$$M_2 = 2 \times \int_0^{\frac{D}{2}} r \times \tau_f \left(\frac{r}{D/2}\right)^a 2\pi r \mathrm{d}r = \frac{\pi \tau_f D^3}{2(a+3)} \tag{7-57}$$

式中　M_2——上、下两端面极限扭矩之和，N·m；

　　　r——上、下端面任意小于 $D/2$ 的土层半径，mm；

　　　D——十字板板头直径，mm；

　　　τ_f——上、下端面的抗剪强度，kPa；

　　　a——与圆柱顶、底面剪应力的分布有关的系数。当两端剪应力在横截面上为均匀分布时，取 $a=0$；若是沿半径呈线性三角形分布，则取 $a=1$；若是沿半径呈二次曲线分布，则取 $a=2$。

因此设备读出的总极限扭矩值为

$$M_{max} = M_1 + M_2 \tag{7-58}$$

故可得破坏时刻的极限剪应力值为：

$$\tau_f = \frac{2M_{max}}{\pi D^3 \left(\dfrac{H}{D} + \dfrac{1}{a+3}\right)} \tag{7-59}$$

此外，对于黏土，如同三轴试验或直剪试验中的应力-应变曲线，在十字板剪切过程中也可能会出现强度峰值和残余强度，因此读数时 M_{max} 的值也会有两个。

另外，上述推导是基于圆柱两端面上的极限强度与侧面强度相等，如果考虑各项异性，则要取平均值。

三、试验设备

十字板剪切仪的基本构造包括十字板头、试验用探杆、贯入主机和测力与记录等试验仪器。从驱动形式上分为机械式和电测式十字板剪切仪两种。前者是通过钻机或其他成孔装置预先成孔，再放入十字板头并压入孔底以下一定深度进行剪切；后者则利用静力触探的贯入主机携带十字板头压入指定深度试验，无须钻孔。相对而言，电测十字板剪切仪轻便灵活、操作简单、试验成果也较为稳定，目前应用较为广泛。图 7-42 所示为电测十字板剪切仪的大致结构构成。

十字板剪切仪的十字板头尺寸规格上也有区分。国内常见的十字板剪切仪的尺寸规格如表 7-10 所示。

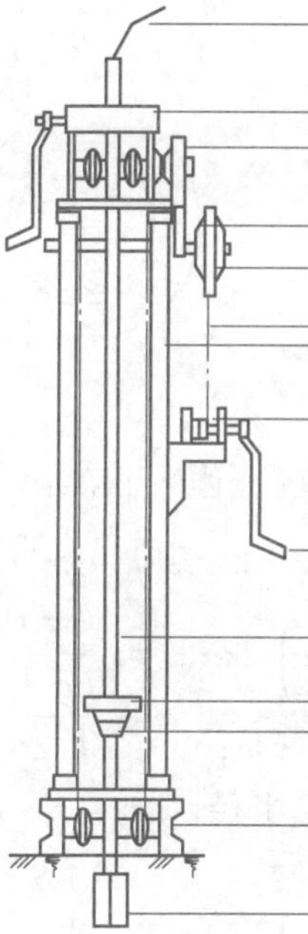
电缆
施加扭力装置
大齿轮
小齿轮
大链条
链条
小链条
摇把
探杆
山形板
垫压板
槽钢
十字板头

图 7-42 电测式十字板剪切仪示意图

表 7-10 国内常见十字板剪切仪规格

板宽 D /mm	板高 H /mm	板厚 /mm	刃角 /(°)	钢环率定时的力臂 /mm	轴杆直径 d /mm
50	100	2	60	200	13
50	100	2	60	250	13
50	100	2	60	210	13
75	150	3	60	200	16
75	150	3	60	250	16
75	150	3	60	210	16

而测力装置通常分两种：用于一般机械式十字板剪切仪的开口刚环测力装置和用于电测十字板的电阻应变式测力装置。

普通的十字板剪切仪采用开口钢环测力装置，利用涡轮旋转插入土层中的十字板头，并通过钢环的拉伸变形换算刚度，求得施加扭矩的大小，使用方便，但转动时易产生晃动，影响精度。而且需要配备钻孔设备，成孔后再放下十字板头进行试验，深度一般不超过 30m。

而电测十字板采用电阻应变式测力装置以及相应的读数设备。以贴在十字板头上连接处的电阻片为传感器，不需要进行钻杆和轴杆的校正，也不需要配备钻孔设备，节省工序，提高效率，且精度较高。两种测力装置构成图如图 7-43 所示。

四、试验步骤

（1）根据土层性质选择合适的十字板尺寸，对浅层软黏土选用 75×150mm 十字板，对

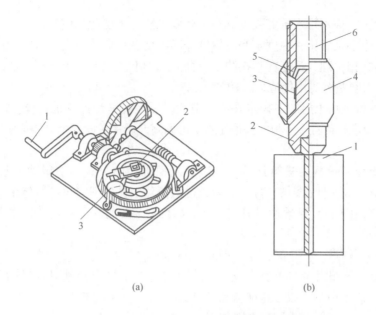

图 7-43 十字板剪切仪两种测力装置构成图

（a）开口钢环测力装置：1—摇把；2—开口刚环；3—百分表；

（b）电阻应变式测力装置：1—十字板头；2—扭力柱；3—应变片；4—护套；5—出线孔；6—轴杆

稍硬土层，采用 50×100mm。

（2）将十字板安装在电阻应变式板头上，接通电缆，连接电阻应变仪与应变片。

（3）按照类似静力触探的方法（参见第十二章），把十字板贯入到预定深度。

（4）顺时针方向匀速转动探杆，当量测仪表读数开始增大时，即开动秒表，以每秒 0.1°的速率旋转钻杆。每转 1°测记读数 1 次，应在 2min 内测得峰值。当读数出现峰值或稳定值后，再继续旋转 1min，测记峰值或稳定值作为原状土剪切破坏时的读数。

（5）连续将探杆转动 6 周，以使得土体产生扰动，再重复步骤（4），测记重塑土剪切破坏时的读数。

（6）完成一次试验后，如需继续进行试验，可松开钻杆夹具，将十字板头压至下一个试验深度，重复上述步骤 3~5 次。

（7）试验完毕后，逐节提取钻杆和十字板头，清洗干净，检查各部件完好程度。

五、数据分析

（1）计算土体的十字板不排水抗剪强度 τ_f 和灵敏度 S_t，灵敏度为原状土的十字板不排水抗剪强度与重塑土十字板不排水抗剪强度之比。

$$S_t = \frac{\tau_f}{\tau_f'} \tag{7-60}$$

式中　S_t——灵敏度；

　　　τ_f——原状土十字板不排水抗剪强度值，kPa；

　　　τ_f'——重塑土十字板不排水抗剪强度值，kPa。

（2）绘制十字板不排水抗剪强度 τ_f 与灵敏度 S_t 随深度变化的曲线。

（3）根据十字板不排水强度 τ_f 和灵敏度 S_t 随深度变化曲线对土质进行分层。

（4）上述数据整理，都是在直接测定数据的基础上。此外，十字板剪切试验所得参数还能对工程应用问题有实用价值，举例如下：

1）用于评价现场土层的不排水强度。但此时需注意剪切速率的影响，一般剪切速率较快时，强度较高，而且十字板实验值比真实值偏高，通常在设计中只能取实验值的60%～70%。

2）对软土地基承载力进行评价。一般是先根据经验公式，求得地基承载力特征值（测定的实际值是没有埋深影响的），然后通过该值对土体的埋深再进行修正。中国建筑科学研究院和华东电力设计院曾通过研究，针对黏聚力为0的软土地基，建立了如下的地基承载力修正公式：

$$f_k = 2\tau_f + \gamma h \tag{7-61}$$

式中 f_k——地基承载力标准值，kPa，目前国家规范中已取消地基承载力标准值概念，
　　　　而改用地基承载力特征值和设计值，因此读者在借鉴早期经验公式时，还要
　　　　注意引用这些不同概念可能引起的数量评估上的差异；

　　τ_f——十字板抗剪强度，kPa；

　　γ——基础底面以上土的加权平均重度（地下水位以下取浮重度），kN/m^3；

　　h——基础埋置深度，m。

3）对桩基工程中，单桩极限承载力可按式（7-62a）和式（7-62b）进行估计：

$$R_a = Q_u/K \tag{7-62a}$$

$$Q_u = u_p \sum c_{ai} l_i + \tau_f N_c A_b \tag{7-62b}$$

式中 R_a——单桩极限承载力，kPa；

　　Q_u——单桩净极限承载力，kPa；

　　K——安全系数；

　　u_p——桩身周边长度，m；

　　c_{ai}——第 i 层土与桩之间的附着力，kPa；

　　l_i——第 i 层土厚度，m；

　　τ_f——十字板抗剪强度，kPa；

　　N_c——地基承载力系数，当长径比 $l/d > 5$ 时，$N_c = 9$；

　　A_b——桩的横截面面积，cm^2。

现场测定土体强度的方法还有很多，除了十字板剪切试验外，还有例如现场直剪试验、现场单剪试验等。本书不再一一列举，读者可以参阅有关文献。

思 考 题

7-1 请简述直剪试验和三轴压缩试验在试验原理上的差异与联系。

7-2 请简述直剪试验和三轴压缩试验的各种类型以及适用的工程条件。

7-3 请简述测定土的灵敏度的试验方法与操作步骤。

7-4 请简述采用土的动三轴试验测定土体动强度的基本原理和方法。

7-5 请简述十字板剪切试验的原理以及该试验的适用条件。

7-6 已知某黏土的固结快剪直剪试验结果如下：在法向力 50kPa、100kPa、150kPa、200kPa 的作用下，测得土的峰值抗剪强度为 $\tau_f = 53kPa$、75kPa、103kPa、130kPa。试用作图法求该土的峰值抗剪强度指标。

（答案提示：$c_R = 25kPa$，$\varphi_R = 26.6°$）

7-7 以同种饱和原状黏土作一组 4 个三轴固结不排水剪试验，测得破坏时的总应力及孔压状态如表 7-11 所示，试求土的 c_{cu}、φ_{cu} 和 c'、φ' 值。

（答案提示：$c_{cu} = 19.1kPa$，$\varphi_{cu} = 23°$；$c' = 4kPa$，$\varphi' = 33.5°$）

表 7-11　总应力及孔压状态表

应力类型	第 1 个样	第 2 个样	第 3 个样	第 4 个样
σ_1/kPa	172	284	512	785
σ_3/kPa	50	100	200	300
u/kPa	6	31	78	108

7-8 某工程地基土，利用十字板进行不同深度的剪切试验，十字板高度为 15cm，宽度为 7.5cm，测得最大扭矩如表 7-12 所示。假设十字板圆柱上、下端面剪应力沿端面半径呈线性三角形分布，求不同深度上的十字板极限不排水抗剪强度。

（答案提示：67.1kPa，87.2kPa，107.4kPa）

表 7-12　最大扭矩表

深度/m	最大扭矩/N・m	十字板不排水抗剪强度/kPa
3	100	
6	130	
9	160	

第八章 室内试验土样制备

第一节 导 言

在进行所有室内试验之前，都应对试样进行准备。严格说，这也是岩土工程测试的一个环节，试样的质量很大程度上决定了试验结果的成败。更为特殊的原状土应特别注意，在采集和运输过程中尽量保持原土样温度和土样结构以及含水率不变等。如果试样不符合要求，没有代表性，那么试验则毫无意义。因此，除了在前述各章中已对各类试验特有的制样和装样的过程有所介绍外，本章还单独就土质试样在成形前的一些基本共同制备过程予以讲述。

在介绍土质试样的制备前有几个专用名词需要了解：

（1）土样。现场土层特性的样品叫做土样。用于试验用的土样，是经过各种处理后得到适合于进行试验用的样品，称其为试样。

（2）空心圆柱土样。相对于常规实心圆柱土样而言，内部空心且呈圆柱状的土样。通过空心圆柱扭剪仪能够对试样提供独立控制的轴力、扭矩、内压与外压，从而实现主应力轴在应力空间的旋转。

（3）原状土。在天然状态下的土，具有天然的应力状态，同时土的结构、密度及含水率也都保持天然状态，其物理力学性质是该土天然状态下的具体真实反应，称为原状土。

（4）扰动土。指重塑土或受到过扰动的原状土，实验室要改变原状土的一些物理性质指标，如含水率、干密度、颗粒级配等就需要把从现场取回来的整块的土打碎后烘干，再加水配成所要的含水率后，再进行试验，这时候与原状土比，扰动土自身的固有结构和状态已经被人为的破坏。

（5）饱和。土的孔隙逐渐被水填充的过程称为饱和。而孔隙被水充满时的土，称为饱和土。

第二节 常规实心土样制备

室内试验用土样，在进行正式试验前需要经过一套制备程序：

对原状土样，小心搬运到实验室，在不扰动、不改变土体含水率的条件下保存试样，相对湿度需在85%以上。

而扰动土样，则包括土样风干、碾散、过筛、匀土、分样和储存等程序。具体还会根据后续试验类型的不同，而有所区别。

本节涉及的常规实心土样制备，为粒径在5mm以下的扰动或原状土样。制备成的试样，主要适用于各种常规室内试验，如渗透、一维固结、直剪、静（动）三轴、共振柱、无侧限抗压强度试验等。

一、扰动实心土试样制备

1. 制备实心样的装置

（1）分土细筛：孔径分别为 0.075mm、0.25mm、0.5mm、1mm、2mm、5mm。

（2）台秤：称量 10~40kg，最小分度为 5g。

（3）天平：称量 5kg，最小分度 1g 或称量 200g，最小分度 0.01g。

（4）不锈钢环刀（与试验装置配套，例如固结仪、渗透仪等装置），常用的尺寸有内直径 61.8mm，高度 20mm；内径 79.8mm，高度 20mm 或内径 61.8mm，高度 40mm。

（5）击样器械。

（6）压样器械。

（7）抽气设备：真空泵和真空缸。

（8）其他配件：切土刀、刮刀、钢丝锯、木锤、木碾、橡皮板、玻璃瓶、研钵、盛土器、土样标签、凡士林、烘箱、保湿缸设备等。

2. 制备步骤

（1）土样描述。对土体颜色、土类、气味及夹杂物等特征描述。如有需要，则在土样拌匀后测定其含水率。拌匀土样时，可以采用将土放于橡皮板上用木头碾散（但是不能压碎或改变级配）的方法。如果土中确定不含砂粒径以上土，可以用碾碎机进行碾散。对于需要配置一定含水率的试样，可以将其风干或者烘干后碾散。

> ★ 对均质和含有机质的土样，宜采用天然含水率状态下代表性土样，供颗粒分析、界限含水率测定试验。对非均质土应根据试验项目取足够数量的土样，置于通风处晾干至可碾散为止。对砂土和进行比重试验的土样宜在 105~110℃ 温度下烘干，对有机质含量超过 5% 的土、含石膏和硫酸盐的土，应在 65~70℃ 温度下烘干。

（2）土样过筛。根据试验需要试样的数量，将土碾散后过筛。用于物理性试验（液塑限试验）的土样过 0.5mm 筛，用于力学性质试验（固结，渗透，剪切试验）过 2mm 筛，对于击实试验土样过 5mm 筛。

> ★ 如果是包含细粒的砾质土，要先将其浸泡在水中，搅拌充分，使得粗细颗粒分离，再按照不同试验项目的要求过筛。

过筛后的土样，采用四分对角取样法或者分砂器取出根据试验需要的、足够数量的代表性试验用土，分别装入玻璃缸并贴标签。标签内容应包括任务单号、土样编号、过筛孔径、用途、制备日期和试验人员，以备各项试验之用。对风干土，需测定风干含水率。

> ★ 四分法就是将原始样品做成平均样品。即将原始样品充分混合均匀后堆集在清洁的玻璃板上，压平成一定厚度的形状，并划成对角线或"十"字线，将样品分成四份，取对角线的两份混合，再分为四份，取对角线的两份。反复操作直至取得所需数量为止，此即为试验所需的样品。

（3）配制一定含水率的土样。取过筛后的风干土 $1\sim5kg$，测定土的风干含水率 w'，设需配制成含水率为 w_0 的土样备用，则需要加水质量为：

$$m_w = \frac{m_0}{1 + w_0} \times (w' - w_0) \qquad (8\text{-}1)$$

式中　m_w——需要加水的质量，g；

　　　m_0——湿土（或天然风干土）的质量，g；

　　　w'——湿土（或天然风干土）的含水率,%；

　　　w_0——制样要求的含水率,%。

> ★　加水前要将土样平铺在不吸水的盘内，由式（8-1）计算出的需加水量，静置一段时间，然后密封装入玻璃缸内盖紧，浸润一昼夜后备用。

（4）对制备试样进行含水率测定，测点不少于两个，要求实测含水率与制备期望含水率差值不超过±1%。

（5）当用不同土层的土制备混合土样时，需要先按照预定比例计算规定配合比时各种土的质量，然后按上述制备扰动土样的方法制备混合土样。

（6）扰动土的制备方法，通常分为如下三种方式：

1）击实法。对黏性土，根据试样所需干密度、含水率，按照击实试验的方法，换算得需要填入击实器的土体质量。将按此质量称量的土样击实成目标干密度的试样，再将试样用推土器从击实筒中推出（详见第四章黏性土的最优含水率试验）。然后采用第六章压缩实验中所示的切样方法用环刀切取试样，擦净环刀外壁，称环刀、土总量，准确至 $0.1g$，并测定环刀两端削下土样的含水率。计算土体密度是否符合试验要求。

2）击样法。根据环刀或者击样器的容积和要求的干密度，以式（8-1）计算加水量，并按式（8-2）计算所需要的土量 m_0。

$$m_0 = (1 + w_0)\rho_d V \qquad (8\text{-}2)$$

将根据式（8-2）称量出来的土，倒入装有环刀的击样器中，用击锤击实到预定体积，取出环刀，称量总质量，确定试样的实际密度，成样备用。

> ★　击样法和击实法最大的区别是，击样法直接将土体灌注在试验容器中击实，再把容器装到施加荷载的仪器上；而击实法把土样击实后，再用环刀切取，最后装到仪器上进行试验。

3）压样法。采用与击样法相同方法计算土的质量，倒入装有环刀的压样容器中，采用静力恒压将土压实到预定的体积，取出环刀，计算试样的实际密度是否符合要求，成样备用。

（7）关于制样数量和样本差异程度的基本要求。根据各种类型试验制备试样，试样的数量在实际需要的基础上，应有 $1\sim2$ 个备用试样。制备试样密度、含水率与制备标准之差应分别在 $\pm0.02g/cm^3$ 和±1%的范围内，平行试验或者一组内各试样间的差值分别要求在 $0.02g/cm^3$ 和1%范围以内。

二、原状实心土试样制备

（1）原状土一般从装样筒中取出，剥除蜡封和胶带，需要整平土样两端。按照前面各章的不同要求切取试样，切样时环刀与土样需要闭合。因原状土的离散性要比重塑土大很多，故而同一组试样必须从同一筒土中取出，试样间的密度差异不能超过 $0.03g/cm^3$，含水率相差不超过 2%。

（2）在切样时，应细心观察土样情况，并描述土体的层次、颜色、气味、杂物，特别是均匀性，是否有显著的裂缝和杂质等。如果存在明显的差异，需要将其剔除，而如果试样发生扰动，则不能进行试验。

（3）用环刀切割制备原状样，参考第六章压缩固结试验的制样内容，同组试验的试样密度差不超过 $0.03g/cm^3$。

（4）用钢丝锯和刮刀将试样两端整平，如果是三轴试验，就采用第七章中所述三轴试验的制样方法进行。

（5）将剩余土用蜡纸或保鲜膜包裹，安置于保湿器中，以备试验之用。

（6）切余的土进行物理性质试验，例如比重、颗粒分析、界限含水率等。平行试验或同一组试件密度差值不大于 $\pm0.1g/cm^3$，余土含水率测定与原状土的含水率差异不得超过 2%。

（7）试样是否进行饱和，视试样本身及工程要求决定。

三、化学试验的实心土试样制备

前面所述的土样制备都是为了对土体物理性状进行研究，而有时必须开展化学试验以对土体成分及含量进行鉴别，这是因为土中某些物质，如有机质、酸碱、易溶盐等在某些条件下会明显影响土体的工程性状。作为化学试验的土样制备，根据《公路土工试验规程》（JTG E40—2007）的规定，需按以下步骤进行：

（1）把土样铺在木板或厚纸上，摊成薄层，放于室内阴凉通风处风干，不时翻拌，并将大块捏碎，促使均匀风干。风干处力求干燥清洁，防止酸碱蒸汽的侵蚀或尘埃落入等。

（2）风干土样用木棍压碎，仔细检查砂砾，过 2mm 孔径的筛，筛出土块重新压碎，使其全部通过为止。过筛后的土样经四分法缩减至 200g 左右，放在瓷研钵中研细，使其全部通过 1mm 的筛子，取其中 3/4 供一般化学试验之用。其余 1/4 继续研细，使其通过 0.5mm 筛子，再由四分法分出 1/2，置于 105~110℃烘箱中烘至恒温，储于干燥器中，供分析碳酸盐等之用。

（3）剩余 1/2 土样压成扁平薄层，划成小格子，用角匙按规律均匀挑 10g 左右样品，放入研钵中仔细研碎，使其通过 0.1mm 筛子，最后在 105~110℃烘箱中烘 8h，放在干燥器内，供矿质成分全量分析之用。

第三节 常规实心土样饱和

一、概述

由于饱和土和非饱和土在工程性状上的差异很大，故土样需要根据试验要求或者工程需要进行饱和。而具体方法根据土体性质，尤其针对不同渗透系数的土体，采用如下几类方式：

（1）对于渗透系数小于 10^{-4} cm/s 的低渗透性的粉土和黏土，宜采用抽气真空饱和法（当土的结构性较弱时，抽气可能发生扰动者，不宜采用真空饱和法）。

（2）渗透系数大于 10^{-4} cm/s 的粉土，可以采用毛细饱和法。

（3）砂土可采用水头饱和方法，即将试样底部接通进水管，试样顶部接通排水管，水流自下而上，可以排气，而水则借助水头作用，向上渗流。

（4）因为 CO_2 的溶解度很高，砂土还可以采用 CO_2 饱和法，即从试样底部向试样中充 CO_2，设置气压在 50~100kPa，使得 CO_2 替代土孔隙中的空气，然后用水头饱和法，使得 CO_2 溶解在水中，实现土样的饱和。

（5）另外，若试样是在三轴试验装置中进行的，还可以进行反压饱和法。反压饱和的基本思路是通过施加一定水平的水压力将气体溶解在孔隙水中，从而实现饱和。

> ★　实际饱和度稍低于目标饱和度时，可使用反压饱和法。但当实际与目标饱和度差异较大时，并不适用此法。因为一旦饱和度差异较大，则需要溶解在水中的空气量明显增多，而即使在高压力下，水对空气的溶解能力十分有限，仅依靠反压饱亦无法完全达到预期饱和目的。

二、饱和设备

（1）框式饱和器，如图 8-1 所示。

（2）重叠式饱和器，如图 8-2 所示。

（3）三轴试样有专用的饱和器。

（4）带有真空表的抽气机。

（5）带有金属或者玻璃真空缸的饱和装置。

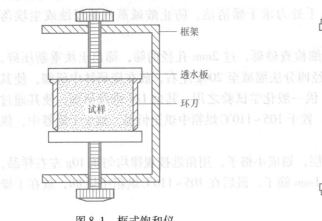

图 8-1　框式饱和仪

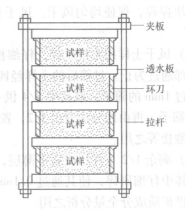

图 8-2　重叠式饱和仪

三、饱和步骤

1. 抽气真空饱和法

（1）进行试样饱和时，选择框式饱和器（见图 8-1）和重叠式饱和器（见图 8-2）均可。如果是重叠式饱和器，放置稍大于环刀直径的透水板和滤纸，将装有试样的环刀放在滤纸上，试样上再放一张滤纸和一块透水板，以这样的顺序重复，由下向上重叠至拉杆的长度，将饱和器上夹板放在最上部透水板上，旋紧拉杆上的螺丝，将各个环刀在上下夹板间夹紧。

（2）饱和器放入真空缸中（见图8-3），盖上缸盖，盖口涂一层凡士林，以防漏气。

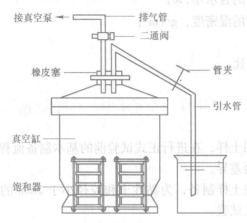

图8-3　抽气真空饱和法示意图

（3）关闭管夹，打开阀门，开动抽气机，当压力表达到一个负大气压后，保持不少于1h的抽气；稍微开启管夹，注入清水。在注水过程中，应调节管夹，使真空表上的数值基本不变。

（4）水淹没饱和器后，停止抽气；将引水管自水缸中提出，打开管夹让空气进入，静置一定时间（细粒土应该在10h以上），借助大气压力，使试样充分饱和。

（5）取出环刀试样，根据环刀体积、称量的土样质量，依据饱和后土样湿密度或含水率，计算饱和度，当饱和度在95%以上满足试验要求；若饱和度在95%以下，应继续抽气饱和，直到满足要求为止。

2. 毛细饱和法

（1）选择框式饱和器。将试件装入饱和器固定，放置透水石和滤纸，旋紧夹紧。

（2）将饱和器直接放在水箱中，注入清水，水面不宜将试样淹没（使得试样底部浸入水中5mm即可），可以使土体中的气体排出。而水箱装置和饱和器应放在密封玻璃缸内，防止蒸发。

（3）关闭密封玻璃缸盖，防止水分蒸发，浸泡试样，时间一般需要3昼夜，使之充分饱和。

（4）取出饱和器，松螺丝，取样，称重准确至0.1g，计算饱和度，如果饱和度小于0.95，继续饱和，直至满足饱和度大于0.95的要求，进行下一步相关的试验。

饱和度的计算方法有两种：

$$S_r = \frac{(\rho_{sr} - \rho_d) G_s}{\rho_d e} \times 100 \tag{8-3}$$

或

$$S_r = \frac{w_{sr}G_s}{e} \times 100 \qquad (8\text{-}4)$$

式中 S_r——试样饱和度,%;

w_{sr}——试样饱和后的含水率,%;

ρ_{sr}——试样饱和后的湿密度, g/cm^3;

G_s——土体比重;

e——试样的孔隙比。

第四节 空心圆柱土样制备

室内空心圆柱试验用土样,在进行正式试验前的基本制备流程与常规实心试样整体相同,但操作方法存在显著差异。

本节涉及的空心圆柱土样制备,为黏性土和粒径小于 2mm 的无黏性土。空心圆柱土样目前只适用于空心圆柱试验。

一、黏性土空心圆柱试样制备

1. 制备样的装置

(1)重塑黏性土空心圆柱试样真空预压制备装置,如图 8-4 所示。

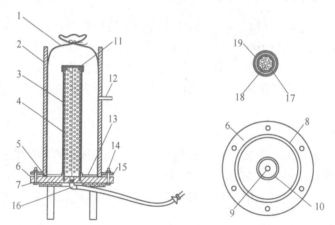

图 8-4 重塑黏性土空心圆柱试样真空预压制备装置
1—乳胶膜;2—装样固结筒;3—滤纸;4—三瓣排水体;5—橡胶密封垫圈;
6—排水底座;7—三脚支架;8—凹槽;9—排水孔;10—插槽圆环;11—配套顶盖;
12—抽气孔;13—土工布;14—螺栓;15—法兰盘;16—气动阀门;
17—内环;18—透水圆孔;19—外环

(2)黏性土空心圆柱试样削样台,如图 8-5 所示。

(3)黏性土空心圆柱试样内壁切削器,如图 8-6 所示。

(4)其他附属材料包括橡皮膜(内橡皮膜厚度宜为 0.1~0.2mm;试样外橡皮膜厚度约为 0.2~0.3mm)、滤纸、承膜筒、外壁对开模、密封袋、橡皮 O 形圈(橡皮 O 形圈尺寸应与试样内径、外径相符）、保鲜膜（保鲜膜长度略大于黏性土试样周长，宽度应略大于试样高度）、凡士林。

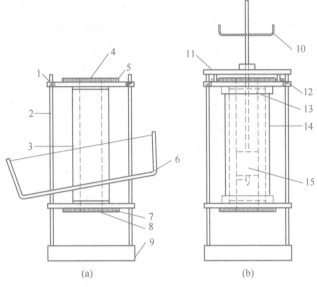 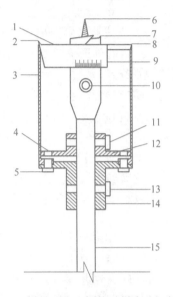

图 8-5 黏性土空心圆柱试样削样台

（a）切削外壁；（b）切削内壁

1—固定螺栓；2—定位钢柱；3—空心圆柱试样；

4—上定位孔；5—上圆盘；6—钢丝锯；7—下圆盘；

8—下定位孔；9—底座；10—旋转扳手；11—内壁切削器对准器；

12—圆盘固定螺栓；13—卡位护环；14—对开圆模；

15—黏性土空心圆柱试样内壁切削器

图 8-6 黏性土空心圆柱试样内壁切削器

1—水平刀锋；2—外缘刀锋；3—护筒；

4—释压孔；5—底托固定螺栓；6—螺旋钻头；

7—内缘刀锋；8—护筒刃口；9—拆卸式刀锋片；

10—刀锋定位螺栓；11—盛土托-钻杆定位螺栓；

12—拆卸式盛土托；13—底托-钻杆定位螺栓；

14—拆卸式护筒底托；15—钻杆

（5）其他附属设备包括搅拌机、天平、真空饱和设备（包括真空饱和缸、真空度调节阀、真空泵、过气留水缸、无气水缸）。

> ★ 本试验所采用的制样装置均以河海大学黏性土和无黏性土制样装置为例，与其他很多科研单位所采用的装置或方法在原理上相似。

2. 原状黏性土空心圆柱试样制备步骤

（1）外壁切削。原状黏性土空心圆柱试样切削外壁和内芯前先将土样置于黏性土空心圆柱试样削样台（见图 8-5），并使试样固定，可用钢丝锯对试样进行外壁切削，待外壁成形后，再用刮刀对外壁进行修光处理。

> ★ 原状土样初步切削时应控制内外径及高度要适度，因为在进行初步饱和过程后还需精削。

（2）内壁切削。内壁切削前需要在成形的试样外壁周身包裹一层保鲜膜和外壁对开模，完成试样的整体保护后切削内壁。内壁切削可采用黏性土空心圆柱试样内壁切削器（见图 8-6），切削器与土接触处应先均匀涂抹凡士林。内壁切削过程中避免对内壁损坏。

（3）真空初步饱和。将试样放入饱和装置进行初步抽气饱和。

★　对于原状黏性土的空心圆柱试样的制备，由于所取实心土样体积较大，对其直接进行初步抽气饱和难以达到试验所需的饱和要求，需要先将实心土样切削成空心圆柱试样，再进行抽气饱和。

（4）完成制备。取出初步饱和完成的空心圆柱试样，将其放入与试样外径和高度标准尺寸相一致的外壁承膜筒中，用钢丝锯将试样上下端部削平，即完成原状黏性土空心圆柱试样的制备。

3. 重塑黏性土空心圆柱试样制备步骤

（1）现场取土后，经过风干、碾碎、过筛，获得较为干燥的均质土，测定风干土含水率 w_1。

（2）配置土样，各装样固结筒内土的质量应保持一致，至少浸泡 24h。配置一定含水率的土所需加水质量按式（8-1）计算，土的初始含水率宜为液限的 1.5～1.7 倍，含水率过小泥浆难以饱和，含水率过大则需设计高度较大的固结筒以保证真空制备的土样达到足够高度。

（3）重塑黏性土空心圆柱试样，可采用重塑黏性土空心圆柱试样真空预压制备装置（图 8-4）制样。为保证重塑样的均衡性，每批试样制作过程中配置参数应保持一致，制样可按下列步骤进行：

1）取过筛后土样，根据式（8-1）计算的加水量配制设计含水率的泥浆，用小型搅拌机均匀搅拌，不宜少于 10min。

2）将搅拌好的泥浆缓慢倒入装样固结筒内，并同时震荡乳胶膜，保证泥浆中无气泡。

3）装好泥浆后将试样密封。

4）连接排水、抽气管路和真空泵，接通电源，采用分级加载的方式施加小于试样试验固结压力的真空负压，否则会形成超固结土性状。

5）根据量测水气分离装置中的排水量 m'_w，实时监测与控制最终重塑黏性土空心圆柱试样的含水率 w，应按下式计算：

$$w = w_0 - \frac{m'_w}{m}(1 + w_0)$$ （8-5）

式中　w_0——目标含水率，%。

6）当含水率达到目标含水率时，关闭真空泵，缓慢降低装置内真空负压，避免卸荷对试样造成扰动，卸荷至 0kPa 之后，整个制备装置静置至少 30min，以便后期取样。

7）试样静置完毕可拆样，过程中不可扰动试样。

（4）重塑黏性土空心圆柱试样内、外壁精削应参照原状黏性土空心试样内、外壁切削过程进行。

★　重塑空心圆柱黏性土试样制备方法是以河海大学重塑空心圆柱黏性土试样真空预压制备方法为示例。重塑空心圆柱黏性土真空预压制备装置装样固结筒尺寸应根据试验所用空心圆柱扭剪仪标准试样尺寸来设计，制得的重塑空心圆柱黏性土试样是初步成型待精削的空心试样，其外径、内径应分别大于、小于试验所用空心圆柱扭剪仪标准试样外径、内径 3～5mm，制得的重塑空心圆柱黏性土试样高度应不小于试验所用空心圆柱扭剪仪标准试样高度 2cm，以保证初步成型待精削的空心试样在保存及加工过程中出现局部受损或偏差时可修复。

二、无黏性土空心圆柱试样制备

1. 制备样的装置

（1）重塑无黏性土空心圆柱试样成样装置，如图 8-7 所示。

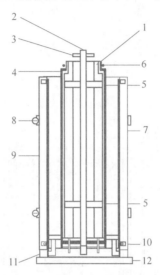

图 8-7 重塑无黏性土空心圆柱试样成样装置

1—制样内钢模；2—中心定位杆；3—手杆；4—内膜；5—内膜内撑；6—内钢模定位内撑；7—制样外钢模；
8—外钢模外箍；9—外膜；10—外橡皮膜用橡皮 O 形圈；11—内膜固定器；12—基座

（2）重塑无黏性土空心圆柱试样击实器，如图 8-8 所示。

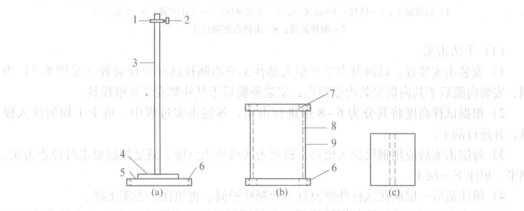

图 8-8 重塑无黏性土空心圆柱试样击实器

（a）击实导座；（b）击实筒；（c）击实锤

1—导座定位片；2—定位片螺栓；3—击实导座导杆；4—击实导座击实锤连接片；5—击实导座击实筒连接片；
6—螺孔；7—击实筒上下边缘内壁；8—击实筒筒内壁；9—击实筒筒外壁

（3）承膜筒和对开圆模。

（4）其他附属材料包括橡皮膜、橡皮 O 形圈。

（5）其他附属设备包括天平、长颈漏斗。

2. 重塑无黏性土空心圆柱试样制备步骤（填样击实过程见图8-9）

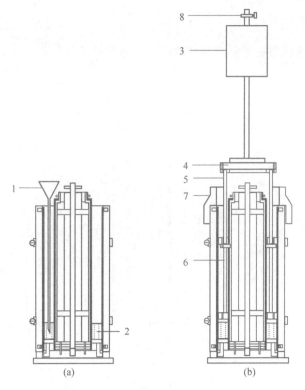

图 8-9　填样击实过程示意图

（a）填样；（b）击实

1—长颈漏斗；2—试样；3—击实锤；4—击实导座；5—上击实筒；6—下击实筒；

7—制样护筒；8—击锤高度限位片

（1）干法击实。

1）安装击实装置，以河海大学重塑无黏性土空心圆柱试样成样装置（见图8-7）为例，安装内膜后于其内侧安装内壁模具，安装外膜后于其外侧安装外壁模具。

2）根据试样高度将其分为6~8层进行击实，各层击实过程中，将干土均匀注入模具，并进行刮平。

3）每层击实后应用钢尺深入模具，检测击实后填土高度，满足控制要求时停止击实，刮平，填注下一层土。

4）填注最后一层前在试样外壁模具上套制样护筒，再填注、击实土样。

5）完成击实后拆除护筒、内壁模具，安装试样盖帽，并向内腔中注入无气水进行压力室外初步饱和。

（2）湿法击实。

1）测定风干土的含水率。

2）根据式（8-1）的计算方法算出配置目标含水率的土所需加水量，将水喷洒到土料上，搅拌均匀并静置。

3）将土样置于密闭容器内至少24h，之后取出土料复测含水率，最大允许差值应为±1%。

4）击实时参照干法击实的方式进行。

★　重塑空心圆柱无黏性土试样制样还可用砂雨干法装样和砂雨湿法装样。砂雨干法装样是将干土从固定高度，通过一定直径的漏斗，洒入成样装置的内外膜之间，通过调整漏斗的直径和洒入高度，可以得到不同密实度的无黏性土样，这种制样方法得到的无黏性土样，其初始状态和天然无黏性土的性质比较类似；砂雨湿法装样和砂雨干法装样类似，区别在于其预先在成样装置内外膜之间内注入一定高度的脱气水，在洒土过程中，保证液面连续上升，覆盖土的高度，这种方法得到的试样饱和度更大。但较之于干法击实和湿法击实，砂雨干法装样和砂雨湿法装样所得的试样密实度较低。

第五节　空心圆柱土样安装与饱和

一、黏性土空心圆柱试样安装

1. 压力室外安装步骤

（1）内膜底座安装。将内膜一端牢固嵌入底座，注入无气水，通过挤压检查内膜表面是否渗水，若有渗水应卸下重新安装。

（2）试样安装。将透水石穿过内膜固定在基座上，并贴上环形滤纸，再将试样穿过内膜置于透水石上，在试样周围贴上 6 条浸湿的滤纸条，滤纸条宽度应为试样直径的 1/5~1/6。

（3）外膜安装。将外膜浸水用承膜筒套在试样外，保证外膜底部紧扎在试样底座。

（4）顶盖安装。避免对试样产生竖向扰动。

★　顶盖的安装需配合顶盖定位器，以河海大学顶盖定位器安装法为示例：将试样顶盖定位器（顶盖定位器所需结构请参见图 8-10）的下部卡位器夹住试样基座，用螺丝定位合拢，同时旋紧下定位螺钉。将透水石固定在顶盖上，在透水石表面贴上浸润的环形滤纸，将试样顶盖穿过橡皮内膜，避免与试样顶部接触，同时沿着定位杆，旋动定位卡片，使试样顶盖定位器的上部卡位器移动到试样顶盖处，旋动上定位螺丝，将上部卡位器与试样顶盖连接。将试样橡皮内膜翻出，用橡皮 O 形圈固定在试样的帽盖上。将滤纸条与上透水石连接，使外膜套在顶盖上，并用橡皮圈固定。

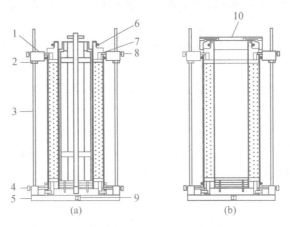

图 8-10　安装顶盖定位器所需结构细部示意图

1—试样顶盖定位器的上部卡位器；2—定位卡片；3—定位杆；4—下定位螺丝；5—试样顶盖定位器的下部卡位器；
6—橡皮 O 形圈；7—试样顶盖；8—上定位螺丝；9—螺丝；10—试样帽盖

（5）内膜顶部安装。向试样内腔中注满无气水，将内膜穿过顶盖并向外翻出并扎紧。

（6）帽盖安装。盖上帽盖，并用螺栓固定。

2. 压力室内安装步骤

压力室细部构造如图 8-11 所示，室内安装步骤如下：

（1）向控制器充水并排空气，应充入无气水；当控制器管道匀速排水、无气泡出现时停止排水，连接控制器与压力室。

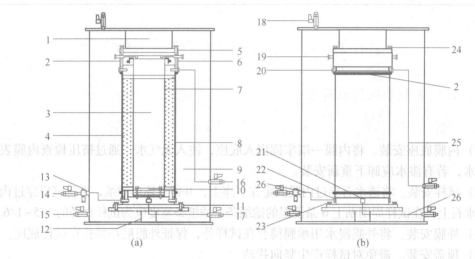

图 8-11　空心圆柱扭剪仪压力室细部构造

（a）剖面示意图；（b）立面示意图

1—轴力传感器；2—橡皮圈；3—内压室；4—试样；5—帽盖；6—顶盖；7—内膜；8—外膜；9—透水石；
10—内膜固定器；11—基座；12—压力室底座；13—孔压控制阀；14—反压连通阀；15—围压连通阀；
16—孔压传感器；17—内压控制阀；18—外压力室排水阀；19—内压上排水口；20—反压上排水口；
21—内压下排水口；22—反压下排水口；23—基座-压力室底座连接螺丝；
24—帽盖-轴力传感器连接螺丝；25—排水管路；26—内压控制管路

（2）将试样移入压力室内，置于压力室基座之上，并通过螺栓将试样底座与压力室基座连接固定。

（3）顶部螺栓固定，利用轴力控制，使试样顶盖与上部传感器缓缓接近直至刚好接触，利用螺栓将其固定。

（4）对试样施加适当拉力，力的大小应与试样顶盖重力相等，然后应将轴力、轴向位移、扭矩、旋转位移转角、孔压初始读数设置为零。

（5）连接压力室内部管线，宜按照由上至下的顺序连接。

（6）放下压力室外罩并固定，压力室充水，待注满水后，应同时关闭压力室排水口、压力室进水口，停止压力室内供水。

（7）控制器读数校零。

★　试验以河海大学 GDS 空心圆柱扭剪仪为示例，与其他科研单位所采用的空心圆柱扭剪仪在原理上相同，局部构造略有差异。

二、无黏性土空心圆柱试样安装

1. 压力室外安装

（1）压力室外安装前首先进行重塑无黏性土干法击实制样，然后进行顶盖定位器的安装，可参考黏性土顶盖安装法进行。

（2）对于干法击实的试样，应向试样内注水直至饱和。

（3）拆除外壁模具。

★　对干法击实制样的无黏性土，以河海大学的通路法为例向试样注水，如图 8-9 所示。先将反压排气口（下）与无汽水水缸相连，反压排气口（上）与装有无汽水的过气留水缸连通，过气留水缸再与真空泵连通，开启真空泵，在负压传递作用下，试样中的气体被吸出，无汽水缸中的无汽水则从反压排气口（下）进入试样，该过程持续 2~3 个小时，当过气留水缸中无气泡逸出，停止真空抽气。真空泵抽气进水时，如果气泡速度一直在降低，而一段时间后几乎不出现气泡，则表明气密性良好；如果发现气密性不合格，则应各处检查一遍，确保气密良好；如果漏气严重且无法解决，应拆样重装。

2. 压力室内安装步骤

无黏性土试样压力室内安装可以参照黏性土试样压力室内安装步骤进行。

三、空心圆柱土样反压力饱和

1. 反压力饱和前排出仪器内残留气体

在试样安装结束后，试样内腔、压力室内部管线、接口等处还存在气体须排出，之后方可进行反压饱和，分别用内压、反压控制器加压排气，设置适当的压强使气体缓慢排出，当气体排净且排水速度恒定表示排气完成。

以河海大学反压饱和前仪器内残留气体排气方法为例，步骤如下：

（1）打开与压力室连接的进水口或排水口，设置适当大小的压力（如 5kPa）进行排水，当气体排净且排水口处排水速度恒定后，同时关闭排水阀与停止排水指令。

（2）缓慢打开与反压连接的排水口控制阀，缓慢打开围压控制阀，此时孔压传感器、反压进水口、反压排水口、内压进水口、围压控制阀是出处于打开状态。

（3）排出试样与内膜、外膜间的多余气体：打开软件控制界面，分两级进行加载，围压、反压、内压级差为 30kPa；设置初始围压、初始反压、初始内压均设置为 20kPa，加载模式为线性，加载时间设定为 2~4min，轴向力、扭矩设置为 0；当第一级加载曲线较为稳定后进入下一级进行加载，当第二级加载曲线较为稳定时，认为已将气排完。

2. 黏性土样的反压力饱和

同时施加内外围压和反压力，施加过程中，始终保持内外围压比反压力大 50kPa，每级增量宜为 50kPa，每增加一级内外围压和反压力后，测记稳定后的孔隙压力、反压力、内外围压读数，直至孔隙压力增量与内外围压增加之比不小于 0.95 为止。

3. 无黏性土样的反压力饱和

无黏性土空心圆柱试样的实际饱和度与目标饱和度差异较大时，可先采用图 8-12 中无黏性土击实制样过程中的真空抽水法进行压力室外初步饱和。当空心圆柱试样的实际饱和度稍低于目标饱和度时，参照黏性土样反压力饱和法进行反压力饱和。

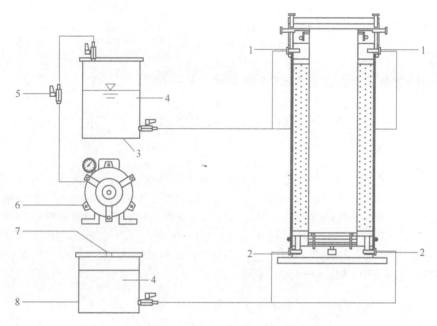

图 8-12   重塑无粘性土试样真空吸水初步饱和示意图

1—反压排气口（上）；2—反压排气口（下）；3—过气留水缸；4—无汽水；5—真空度调节阀；
6—真空泵；7—无汽水缸通气孔；8—无汽水缸

★   本小节所进行的反压力饱和过程是在进行了各种初步饱和后难以达到试验所需饱和度的情况下采取的饱和措施。

思 考 题

8-1   扰动实心土制样有哪几种常见的方法？并说明其中的差别。

8-2   扰动土制样中，关于制样数量和样本差异程度的基本要求是怎样的？

8-3   抽真空饱和反压饱和的原理是什么，对于不同的土样采取不同的饱和方式，其基本依据是什么？

8-4   简述扰动黏性土空心圆柱试样制备步骤。

第九章 室内岩石强度和变形试验

第一节 导 言

在外荷载作用下，当荷载达到或超过某一极限时，岩块就会产生破坏。我们把岩石抵抗外力破坏的能力称为岩石的强度。从广义而言，岩石包括岩块和岩体，所以在研究岩石的强度时，应当分清岩块的强度和岩体的强度，或者说分清完整岩石的强度和节理岩体的强度。本章介绍的室内强度试验主要针对完整岩块的强度。

岩石工程稳定性问题与岩石的强度密切相关。如水电工程的岩石高边坡，当大坝建成水库蓄水后，高边坡是否能保持稳定不会坍滑（见图9-1）；在岩体内开挖硐室后，如开挖引水隧洞或修建地下厂房，硐室围岩是否能保持稳定不会坍塌（见图9-2）；当大坝修建在岩基上，由于大坝重力的作用，岩基承受很大的荷载，在大坝蓄水以后岩基是否仍然保持稳定不会滑动。以上一系列问题都与岩石（体）的强度密切相关。室内试验是研究岩石的强度最主要的手段。因此，从室内试验出发，研究岩石（体）的强度具有重要的意义。

图9-1 锦屏一级电站左岸高边坡

图9-2 锦屏二级电站引水隧洞

根据破坏时的应力类型，岩块破坏有拉破坏、剪切破坏和流动三种类型。由于受力状态不同，岩块强度也不同，如单轴抗压强度、单轴抗拉强度、剪切强度、三轴抗压强度等。

表9-1列举了各种岩石的单轴抗压强度。

表 9-1　岩石的单轴抗压强度（恒温恒湿条件下）

岩石名称	抗压强度 σ_c/MPa	岩石名称	抗压强度 σ_c/MPa	岩石名称	抗压强度 σ_c/MPa
花岗岩	100~250	石灰岩	30~250	泥 岩	12~20
闪长岩	180~300	白云岩	80~250	砾 石	2~60
粗玄岩	200~350	煤	0.2~50	粉砂岩	25~40
玄武岩	150~300	片麻岩	50~200	细砂岩	8.6~29
砂 岩	20~170	大理岩	100~250	中砂岩	60~115
页 岩	10~100	板 岩	100~200	粗砂岩	20~80

通过简单的强度试验可确定岩石在简单加载应力条件下的强度，从而为建立描述岩石复杂应力状态下的强度破坏准则（强度理论）奠定基础。本章的第二节至第五节分别介绍了岩石在单轴抗压、三轴抗压、抗拉、抗剪等条件下的测定强度和强度参数的试验方法。

岩石的变形是指岩石在外力或其他物理因素（如温度、湿度）作用下发生形状或体积的变化。反映岩石变形性质的常用参数有：变形模量 E 和泊松比 μ。当这两个参数已知时，就可计算岩石在给定应力状态下的变形。

岩石变形模量是试样在单向压缩条件下，压应力与纵向应变之比，可分为以下几种：

（1）初始模量：应力应变曲线原点处的切线斜率。

（2）切线模量：对应力应变曲线上某一点处的切线斜率。

（3）割线模量：应力应变曲线某一点与原点 O 连线的斜率。一般取单轴抗压强度50%对应的点与原点连线的斜率代表该岩石的变形模量。

泊松比是指单向压缩条件下横向应变与纵向应变之比，一般可用应力应变曲线线性段的横向与纵向应变之比，或应力-应变曲线上对应50%单轴抗压强度的横向与纵向应变之比作为岩石的泊松比。

在线弹性材料中，变形模量等于弹性模量。可假定岩石的应力-应变关系适用于三维条件下的各向同性广义胡克定律，此时的变形模量可简化为杨氏弹性模量。其他常用的弹性参数如体积弹性模量，剪切弹性模量可表示为弹性模量和泊松比的函数。相关理论请参考弹性力学文献，这里不再赘述。

岩石变形试验是将岩石试样置于压力机上加压同时用应变计或位移计测量不同压力下的岩石变形值，从而得到应力-应变曲线。然后通过该曲线求岩石的变形模量和泊松比。目前，测量变形（或应变）的仪表很多，如电阻应变片、千分表、线性可变差动变换器（LVDT）、环向应变计等，其中以电阻应变片使用最广。常规的变形试验如单轴压缩变形试验同单轴压缩试验一样是在较短的时间内完成的，可认为是与时间无关的瞬时试验，见本章第六节。另一类变形试验是非常规变形试验，通常在自伺服的全自动压力机上进行，通过分析岩石在一定荷载下变形随时间的变化曲线得到岩石的蠕变规律和长期变形特征，这种试验是与时间有关的变形试验，典型的单轴蠕变试验介绍见本章第七节。

第二节　岩石单轴抗压强度试验

一、试验目的

岩石单轴抗压强度试验用于测定岩石的单轴抗压强度 σ_c。当无侧限试样在纵向压力作用下出现压缩破坏时，单位面积上所承受的荷载称为岩石的单轴抗压强度，即试样破坏时的最大荷载与垂直于加载方向的截面积之比。该试验在原理和方式上相似于土的无侧限抗压强度试验。

二、试验原理

无侧限岩石试样在单向压缩条件下，岩块能承受的最大压应力，称为单轴抗压强度（uniaxial compressive strength），简称抗压强度。抗压强度是反映岩块基本力学性质的重要参数，它在岩体工程分类、建立岩体破坏判据中都必不可少。抗压强度测试方法简单，且与抗拉强度和剪切强度间有一定的比例关系，如抗拉强度为它的 3%~30%，抗弯强度为它的 7%~15%，从而可借助抗压强度大致估算其他强度。

岩石的抗压强度一般在室内压力机上进行加压试验测定。试件通常用圆柱形（钻探岩芯）或立方柱状（用岩块加工磨成）。圆柱形试件采用直径 $D=50\text{mm}$，也有采用 $D=70\text{mm}$ 的；立方柱状件，采用 50mm×50mm×100mm 或 70mm×70mm×140mm。试件的高度 h 应当满足下列条件：

圆柱形试件	$h=(2~2.5)D$	(9-1)
立方柱形试件	$h=(2~2.5)\sqrt{A}$	(9-2)

式中　D——试件的横截面直径，mm；
　　　A——试件的横断面积，mm^2。

> ★　当试件高度不足时，其两端与加载之间的摩擦力将影响到测定强度的结果。

试件在破坏时的应力值称为样品的抗压强度，其关系式为：

$$\sigma_c = \frac{P}{A} \tag{9-3}$$

式中　σ_c——岩块的单轴抗压强度，MPa；
　　　P——试件破坏时的荷载（即最大破坏载荷），N；
　　　A——垂直于加载方向的横断面面积，mm^2。

三、试验设备

岩石的单轴抗压强度试验设备包括：
（1）制样设备：钻石机、切石机和磨石机。
（2）测量平台、游标卡尺、电子秤等。
（3）烘箱、干燥箱。
（4）水槽、煮沸设备或真空抽气设备。

（5）压力机（普通压力机或另外其他岩石力学系统，如刚性试验机 RMT、MTS 系统、法国 TOP 公司 TRIAXIAL 系统、TYS-500 岩石三轴试验机）。

压力机应满足下列要求：

（1）有足够的吨位，即能在总吨位的 10%～90% 之间进行试验，并能连续加载且无冲击。

（2）承压板面平整光滑且有足够的刚度，必须采用球形座。承压板直径不小于试样直径，且不宜大于试样直径的两倍。如大于两倍以上时需在试样上下端加辅助承压板，辅助承压板的刚度和平整光滑度应满足压力机承压板的要求。

（3）压力机的校正与检验符合国家计量标准的规定。

四、试验步骤

岩石的单轴抗压强度试验操作步骤包括以下六个方面：试样制备；试样描述；测量试样尺寸；安装试样、加载荷；描述试样破坏后的形态，并记录有关情况；计算岩石的单轴抗压强度。

（1）试样制备。

1）试样尺寸规格。一般采用直径 50mm、高 100mm 的圆柱体，以及断面边长 50mm、高 100mm 的方柱体，每组试样必须制备 3 块。

2）试样制备精度控制。

①试样可用钻孔岩芯或坑、槽探中采取的岩块，试件制备中不允许有人为裂隙出现，按最新的《工程岩体试验方法标准》（GB/T 50266—2013）规程要求：标准试件采用圆柱体，直径为 50mm，允许范围为 48～54mm，高度为 100mm，允许变化范围为 95～105mm；对于非均质的粗粒结构岩石，或取样尺寸小于标准尺寸者，允许采用非标准试样，但高径比必须保持 $H:D=2:1～2.5:1$；含大颗粒岩石的试件直径应大于最大颗粒尺寸的 10 倍。

②试样数量，视所要求的受力方向或含水状态而定，一般情况下制备 3 个。

③试样制备的精度：在试样整个高度上，直径误差不得超过 0.3mm；两端面的不平行度不超过 0.05mm；断面应垂直于试样轴线，最大偏差不超过 0.25°。

3）试样烘干或饱和处理。根据试验要求需对试样进行烘干或饱和处理，步骤如下：

① 烘干试样：在 105～110℃温度下烘干 24h。

②自由浸水法饱和试样：将试样放入水槽，先注水至试样高度的 1/4 处，以后每隔 2h 分别注水至试样高度的 1/2 和 3/4 处，6h 后全部浸没试样，试样在水中自由吸水 48h。

③煮沸法饱和试样：煮沸容器内的水面始终高于试样，煮沸时间不少于 6h。

④ 真空抽气法饱和试样：饱和容器内的水面始终高于试样，真空压力表读数宜为 100kPa，直至无气泡逸出为止，但总抽气时间不应少于 4h。

（2）试样描述。试验前应对试样进行描述，试验前的描述，应包括如下内容：

1）岩石名称、颜色、结构、矿物成分、颗粒大小，胶结物性质等特征。

2）节理裂隙的发育程度及其分布，并记录受载方向与层理、片理及节理裂隙之间的关系。

3）测量试样尺寸，求其断面面积 A，并记录试样加工过程中出现的现象。

4）含水状态及所使用的方法。

（3）安装试样、加载。将试样置于试验机承压板中心，调整其位置，使之均匀受载，然后以每秒 0.5~1.0MPa 的加载速度加荷，直至试样破坏，记下破坏（最大）荷载 P。

（4）描述试样破坏后的形态，并记录有关情况。

（5）计算岩石的单轴抗压强度。

根据公式计算单轴抗压强度，计算值取 3 位有效数字。

> ★　① 当试样侧向变形迅速增大，岩石扩容明显，试样临近破坏时，如果试样不在封闭压力室内应事先设防护罩（玻璃钢），以防止脆性坚硬岩石突然破坏时岩屑飞射。对于脆性较强的岩石或强度较低的软岩，不宜设置过大的加载速度，可在规范规定的基础上（0.5~1.0MPa/s）适当降低，如可设置 0.05~0.5MPa/s 的加载速度。
>
> 　② 在对试样加荷前，应检查试样是否放正，防止不均匀受压。
>
> 　③ 一般采用应力加载的方式，如果要得到峰后岩石的应力应变特性，必须采用位移加载方式。

五、数据整理

按式（9-4）计算岩石单轴抗压强度，计算结果保留 3 位有效数字。试验结果按表 9-2 记录。

$$\sigma_c = \frac{P}{A} \tag{9-4}$$

式中　σ_c——岩块的单轴抗压强度，MPa；

　　　P——试件破坏时的荷载（即最大破坏载荷），N；

　　　A——垂直于加载方向的横断面面积，mm^2。

表 9-2　岩石单轴抗压强度试验记录表

工程名称：＿＿＿＿＿＿＿＿＿＿　　　　试验者：＿＿＿＿＿＿＿＿＿＿

岩样编号：＿＿＿＿＿＿＿＿＿＿　　　　计算者：＿＿＿＿＿＿＿＿＿＿

试验日期：＿＿＿＿＿＿＿＿＿＿　　　　校核者：＿＿＿＿＿＿＿＿＿＿

岩石名称	含水状态	受力方向	试样编号	试样直径/mm		破坏荷载/N	抗压强度/MPa	备注
				测定值	平均值			
试样描述								

第三节 岩石常规（假）三轴抗压强度试验

一、试验目的

岩石常规（假）三轴抗压强度试验用于测定岩石在三轴受压应力状态下的强度。当岩石试样在三轴压力作用下出现压缩破坏时，单位面积上所承受的轴向荷载称为岩石的三轴抗压强度，即试样破坏时的最大轴向荷载与垂直于加载方向的截面积之比。此外，试验中所测定的强度与变形参数还有：三轴压缩强度、岩石的黏聚力、内摩擦角，以及弹性模量和泊松比等。

二、试验原理

岩石三轴试验是针对岩石材料采用的较为成熟的力学试验方法。其与土体三轴试验在实践方式原理上基本相同，有关岩石三轴试验的基本实现思想和数据获得思路可参见本书第七章第三节，本节不再赘述。而岩石三轴试验的一个主要目的，是为了揭示岩石力学中使用最广泛的强度理论——莫尔库仑理论的规律特征。该理论假设材料内某一点的破坏主要取决于它的大、小主应力，即 σ_1 和 σ_3，而与中间主应力无关。根据采用不同的大、小主应力比例求得的材料强度试验资料，例如单轴压缩、单轴拉伸、纯剪、各种不同大小主应力比的三轴压缩试验等，在 σ-τ 的平面上，绘制一系列对应材料极限破坏时应力状态的莫尔应力圆（见图 9-3）。然后作出这一系列极限应力圆的包络线（莫尔强度包络线）。该包络线代表材料的破坏条件或强度条件。在包络线上的所有各点都反映材料破坏时的剪应力（即抗剪强度）τ_f 与正应力 σ 的关系，通常可采用线性形式（见式（9-7））。该直线的倾角和截距则分别对应着强度理论的两个参数内摩擦角 φ 和黏聚力 c。

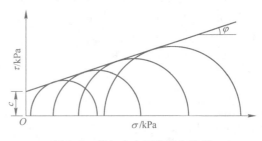

图 9-3 莫尔应力圆强度包络线

三、试验设备

常规岩石三轴试验设备与岩石单轴压缩试验设备类似，除了附属的制样设备外，主要包括三轴压力室、加压系统、应变测试系统（应变片或位移传感器 LVDT）以及橡胶套、垫片等一些附属元件。单轴压缩试验也可在三轴试验系统上进行。岩石三轴压力系统如图 9-4 所示。

四、试验步骤

（1）试样制备和试样描述。试样采用圆柱形样，制备试样的方法和要求及试样描述同前岩石单轴抗压试验。同一含水状态和同一加载方向下，每组试验试样的数量应为 5 个。

（2）在试样表面涂上薄层胶液（如聚乙烯醇缩醛胶等），待胶液凝固后，将圆柱体试件两端放好上、下封油塞（或金属垫片），再在试样上套上耐油耐高压的橡皮保护套，两端用钢箍扎紧，确保试样不与油接触及试样破坏后碎石屑落入压力室。图9-5展示了法国TOP Industrie 公司的三轴压力室及试件安装示意图。

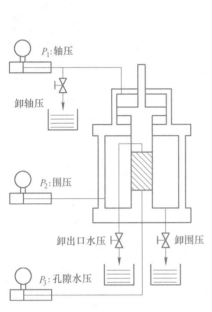

图 9-4　岩石三轴压力系统示意图

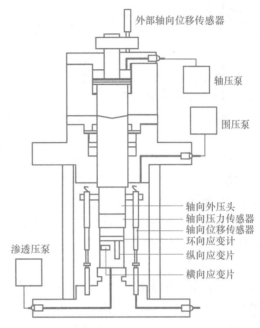

图 9-5　岩石三轴压力室及试件安装示意图[51]

（3）将试件放入三轴压力室内，并保证试件轴心线与三轴压力室轴心线对准。

（4）开动围压油泵，向三轴室内注油，至液面充满压力室后关闭油泵，放好密封塞，施加围压，使密封塞与试件端面严密接触。

（5）开动围压泵，以 0.05MPa/s 的加载速率施加围压，当侧向压力达到预定围压时，开动轴压泵施加轴向压力，以 0.5~1MPa/s 的应力速率施加轴向载荷，直至试件完全破坏，记录破坏荷载值。

> ★　① 试验过程中，应认真观察各部件变化情况，严格按照操作规程操作，当操作平台压力表呈突然停顿现象或侧向应变值快速变大时，说明试样即将破坏。
> ② 在安装试件中应打开排气阀，以排除压力室内的空气，向压力室注油应适量，不宜过多，以防止溢油过多。
> ③ 注意压力表的变化，特别是围压的变化，如果围压加不上去或者突然降低，则很可能是试样进油，试验需重做。

五、数据整理

（1）分析方法。根据《水利水电工程岩石试验规程》（SL264—2001）（水利行业标准）和《水电水利工程岩石试验规程》（DL/T 5368—2007）（电力行业标准），三轴试验数据分析方法有如下四类：

1）作图法。作图法是根据强度理论莫尔库伦准则，该准则认为所有三轴试验破坏的应力圆都近似地和某一直线相切，切点的应力值就是破裂面的正应力 σ 和剪应力 τ，即

$$\left.\begin{array}{l}\sigma = (\sigma_1 + \sigma_3)/2 - \sin\varphi(\sigma_1 - \sigma_3)/2 \\ \tau = \cos\varphi(\sigma_1 - \sigma_3)/2\end{array}\right\} \tag{9-5}$$

两者近似满足线性关系，即

$$\tau = c + \sigma\tan\varphi \tag{9-6}$$

式中　c——黏聚力，MPa；

　　　φ——内摩擦角，(°)。

用试样破坏时的侧向应力 σ_3（小主应力）作横坐标，轴向应力 σ_1（大主应力）作纵坐标，绘制 σ_1-σ_3 关系曲线（见图9-6）。

在剪应力 τ 与正应力 σ 坐标图上以 $(\sigma_1+\sigma_3)/2$ 为圆心，以 $(\sigma_1-\sigma_3)/2$ 为半径绘制莫尔圆（见图9-1），绘制各莫尔圆的包络线，求出包络线直线段的斜率和在轴上的截距，分别对应于材料的摩擦系数（内摩擦角 φ 的正切值）和黏聚力。

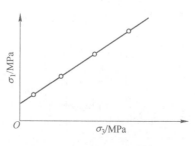

图9-6　σ_1 和 σ_3 关系曲线

需要注意的是，作图法在原理上是可靠的，但实际上破坏的摩尔应力圆无法都和该直线相切，同样的三轴试验数据，不同的人用作图法得到的直线都不相同。因此作图法只适用于定性，即给出 c、φ 的大概值，准确定量是困难的。

2）τ_{max}-σ_m 法。用最小二乘法得回归方程：

$$\tau_{max} = (\sigma_1 - \sigma_3)/2 = A + B\sigma_m = A + B(\sigma_1 + \sigma_3)/2 \tag{9-7}$$

式中　τ_{max}——最大剪应力，MPa；

　　　σ_m——平面平均应力，MPa。

常数 A、B 和 c、φ 的关系为

$$\left.\begin{array}{l}\sin\varphi = B \\ c = A/\cos\varphi\end{array}\right\} \tag{9-8}$$

3）σ_1-σ_3 法。以 σ_3 为自变量 x、σ_1 为应变量 y，用最小二乘法确定回归方程 $\sigma_1 = a + b\sigma_3$，常数 a、b 和 c、φ 的关系为

$$\left.\begin{array}{l}\varphi = \arcsin\left(\dfrac{b-1}{b+1}\right) \\ c = a(1 - \sin\varphi)/2\cos\varphi\end{array}\right\} \tag{9-9}$$

式中　φ——岩石内摩擦角，(°)；

　　　c——岩石黏聚力，MPa。

低围压下可将强度曲线简化为直线，即直线型强度曲线，符合莫尔库仑强度准则。将对应于强度试验破坏状态应力的散点 (σ_3, σ_1) 进行线性回归，得到回归系数按下式计算：

$$b = \frac{\sum\limits_{i=1}^{n}(\sigma_{3i} - \overline{\sigma}_3)(\sigma_{1i} - \overline{\sigma}_1)}{\sum\limits_{i=1}^{n}(\sigma_{3i} - \overline{\sigma}_3)^2} \qquad a = \overline{\sigma}_1 - b\overline{\sigma}_3 \tag{9-10}$$

相关系数为：

$$r = \frac{\sum_{i=1}^{n}(\sigma_{3i} - \overline{\sigma_3})(\sigma_{1i} - \overline{\sigma_1})}{\sqrt{\sum_{i=1}^{n}(\sigma_{3i} - \overline{\sigma_3})^2 \sum_{i=1}^{n}(\sigma_{1i} - \overline{\sigma_1})^2}} \qquad (9-11)$$

式中　σ_{3i}——第 i 块试件的破坏侧向应力，MPa；

　　　σ_{1i}——第 i 块试件的破坏轴向应力，MPa；

　　　$\overline{\sigma_3}$——平均的破坏侧向应力，MPa；

　　　$\overline{\sigma_1}$——平均的破坏轴向应力，MPa。

内摩擦角 φ 和黏聚力 c 分别按式（9-9）计算，计算结果精确到小数点后一位。

4）应力-应变曲线分析。以上是岩石三轴压缩试验中有关强度分析部分的内容。为研究岩石在实际加载过程中的应力-应变关系，需要对三轴试验的应力-应变曲线亦进行深入分析。

① 试件的应变计算。用测微表测定变形时，按下式计算轴向应变

$$\varepsilon_a = \frac{\Delta L_1 - \Delta L_2}{L} \qquad (9-12)$$

式中　ε_a——轴向应变值；

　　　L——试件高度，mm；

　　　ΔL_1——测微表测定的总变形值，mm；

　　　ΔL_2——压力机系统的变形值，mm。

用电阻应变仪测应变时，按下式计算试件的体积应变值。

$$\varepsilon_v = \varepsilon_a + 2\varepsilon_1 \qquad (9-13)$$

式中　ε_v——某一应力下的体积应变值；

　　　ε_a——同一应力下的纵向应变值；

　　　ε_1——同一应力下的横向应变值。

②绘制应力 $\sigma_1 - \sigma_3$ 应变关系曲线，并根据 $\sigma_1 - \sigma_3$ 应变关系曲线确定岩石的弹性模量和泊松比，如图9-7所示。

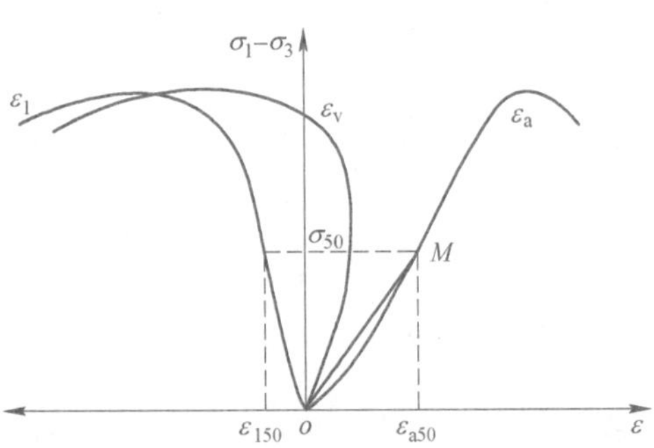

根据应力-应变关系曲线，分别计算弹性模量、泊松比：

$$E_{50} = \frac{(\sigma_1 - \sigma_3)_{50}}{\varepsilon_{a50}} \qquad (9-14)$$

图9-7　三轴压缩试验典型应力-应变曲线图

式中　　　E_{50}——弹性模量，MPa；

$(\sigma_1 - \sigma_3)_{50}$——相对于主应力差（偏应力）峰值50%的应力值，MPa；

　　　ε_{a50}——应力为主应力差峰值50%对应的纵向应变值（精确到小数点后三位）。

取应力为抗压强度50%的横向应变值和纵向应变值计算泊松比 μ。

$$\mu = \frac{\varepsilon_{l50}}{\varepsilon_{a50}} \qquad (9-15)$$

式中 μ——泊松比；

ε_{l50}——应力为主应力差峰值50%对应的横向应变值；

ε_{a50}——应力为主应力差峰值50%对应的纵向应变值（精确到小数点后三位）。

（2）整理记录表格，如表9-3所示。

（3）绘制侧向应力 σ_3-轴向应力 σ_1 曲线，并根据曲线求岩石的内摩擦角 φ 和黏聚力 c。

（4）绘制轴向偏应力 $(\sigma_1-\sigma_3)$ 应变关系曲线，并根据曲线求岩石的弹性模量 E 和泊松比 μ。

表9-3 岩石常规三轴抗压强度试验记录表

工程名称：_____ 试验者：_____

岩样编号：_____ 计算者：_____

试验日期：_____ 校核者：_____

岩石名称	含水状态	围压	试样编号	试样直径/mm		破坏荷载/N	轴向抗压强度/MPa	备注
				测定值	平均值			
试 样 描 述								

第四节 岩石抗拉强度（劈裂法）试验

一、试验目的

岩石抗拉强度试验用于测定岩石的单轴抗拉强度。试样在纵向力作用下出现拉伸破坏时，单位面积上所承受的载荷称为岩石的单轴抗拉强度，即试样破坏时的最大载荷与垂直于加载方向的截面积之比。劈裂法试验是测定岩石的单轴抗拉强度的方法之一。该法是在圆柱体试样的直径方向上施加相对的线形荷载，使之沿试样直径方向破坏，进而测定相应强度。

二、试验原理

在测定岩石抗拉强度的直接试验中，最大的困难是试件的夹持问题，为使拉应力均匀分布并便于夹持，需要专门制备符合一定标准尺寸的试件，而由于岩石的易脆断性制备岩石抗拉试件是很不容易的。因此，为了测定岩石的抗拉强度需采用其他的间接方法，其中最常用的是劈裂法（巴西试验）。劈裂法是在圆柱体试样的直径方向上，施加相对的线性载荷使之沿试样直径方向破坏的试验（见图9-8）。

各类岩石常见的单轴抗拉强度范围见表9-4。

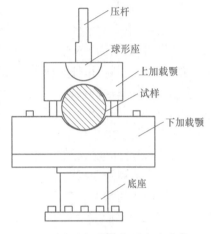

图9-8 岩石间接抗拉强度试验装置示意图（劈裂法）

压杆
球形座
上加载颚
试样
下加载颚
底座

表9-4 岩石常见单轴抗拉强度范围

岩石名称	抗拉强度 σ_t/MPa	岩石名称	抗拉强度 σ_t/MPa
花岗岩	7~25	石灰岩	5~25
闪长岩	15~30	白云岩	15~25
粗玄岩	15~35	煤	2~5
辉长岩	15~30	石英岩	10~30
玄武岩	10~30	片麻岩	5~20
砂 岩	4~25	大理岩	7~20
页 岩	2~10	板 岩	7~20

三、试验设备

（1）加载设备。压力试验机应符合本章第二节的规定，因岩石的抗拉强度远低于抗压强度，为了提高试验精度，所以压力试验机的吨位（量程）不宜过大。

（2）垫条。在岩石劈裂试验中，目前国内外规程中，有加垫条、劈裂压模、不加垫条三种，《水利水电工程岩石试验规程》（SL264—2001）建议采用电工用的胶木板或硬纸板，其宽度与试样直径之比0.08~0.1，或者是直径为1mm的钢丝；国际岩石力学学会实验室和现场试验标准化委员会建议采用压模，压模圆弧直径为试样直径的 1.5 倍；日本、美国等矿业规程建议采用不加垫条，使试样与承压板直接接触。

（3）劈裂法试验夹具。另外，量测工具、试样加工等有关设备见本章第二节。

四、试验步骤

（1）试样制备。

1）试样可用钻孔岩芯或岩块，在取样、试样运输和制备过程中应避免扰动，更不允许人为裂隙出现。制备试件时应采用纯净水作冷却液。

2）标准试件采用圆柱体，直径宜为 48～54mm，高度为直径的 0.5～1.0 倍；也可采用 50mm×50mm×50mm 的方形试件。试样尺寸的允许变化范围不宜超过 5%。

3）对于非均质的粗粒结构岩石，或取样尺寸小于标准尺寸者，允许使用非标准试样，但高径比必须满足标准试样的要求。

4）试样个数视所要求的受力方向或含水状态而定，一般情况下至少制备 3 个。

5）试样制备的精度，整个厚度上，直径最大误差不应超过 0.3mm，两端不平行度不宜超过 0.05mm。端面应垂直于试样轴线，最大偏差不应超过 0.25°。

6）对于遇水崩解、溶解和干缩湿胀的岩石，除应采用干法制备试件的规定外，还应符合下列规定：试件的劈裂面的受拉方向应与岩石单轴抗压试验的受力方向一致；试件应采用圆柱体，直径宜为 48～54mm，高度与直径之比宜为 0.5～1.0，试件高度应大于岩石最大颗粒粒径的 10 倍。

（2）通过试件直径的两端，在试件的侧面沿轴线方向画两条加载基线，将两根垫条沿加载基线固定，将两根垫条沿加载基线固定。对于坚硬和较坚硬岩石应选用直径为 1mm 钢丝为垫条，对于软弱和较软弱的岩石应选用宽度与试件直径之比为 0.08～0.1 的硬纸板或胶木板为垫条。

（3）将试件置于试验机承压板中心，调整球形座，使试件均匀受力，作用力通过两垫条所确定的平面。

（4）以 0.3～0.5MPa/s 的速率加载直至试件破坏，软岩和较软岩应适当降低加载速率，记录破坏时的最大荷载。

（5）试件最终破坏应通过两垫条决定的平面，否则应视为无效试验。

（6）观察试样在受载过程中的破坏发展过程，并记录试样的破坏形态。

五、数据整理

（1）岩石的抗拉强度计算。具体根据下式进行计算，计算值取三位有效数字。

$$\sigma_t = \frac{2P}{\pi DH} \tag{9-16}$$

式中　σ_t——岩石的抗拉强度，MPa；

　　　P——试样破坏时的最大荷载，N；

　　　D——试样直径，mm；

　　　H——试样厚度，mm。

（2）计算后，将试验数据及计算结果添置在间接抗拉试验记录表（见表9-5）中。

表 9-5　岩石单轴抗拉强度试验（劈裂法）记录表

工程名称：＿＿＿＿＿＿＿＿＿＿　　　　　试验者：＿＿＿＿＿＿＿＿＿

岩样编号：＿＿＿＿＿＿＿＿＿＿　　　　　计算者：＿＿＿＿＿＿＿＿＿

试验日期：＿＿＿＿＿＿＿＿＿＿　　　　　校核者：＿＿＿＿＿＿＿＿＿

岩石名称	含水状态	受力方向	试样编号	试样直径/mm		试样厚度/mm		破坏荷载/N	抗拉强度/MPa	备注
				测定值	平均值	测定值	平均值			
试 样 描 述										

第五节　岩石抗剪强度试验

一、试验目的

岩石抗剪强度试验用于测定岩石的抗剪强度。标准岩石试样在有正应力的条件下，剪切面受剪力作用而使试样剪断破坏时的剪力与剪断面积之比，称为岩石试样的抗剪强度。

二、试验原理

岩石的抗剪强度是岩石对剪切破坏的极限抵抗能力。本节介绍的是直剪试验。此试验一般可测定：

（1）混凝土与岩石胶结面的抗剪强度。

（2）岩石软弱结构面（包括夹泥和不夹泥的层面，节理裂缝面和断层带等）的抗剪强度。

（3）岩石本身抗剪强度。试验时岩石含水状态可根据需要采用天然含水状态、饱和状态或其他含水状态，本节试验测定天然含水状态下岩石的抗剪强度。该法是利用压力机施加垂直荷载，并在预定的剪切面水平方向施加剪切荷载，从而绘制法向压应力 σ 与剪应力

τ 之关系曲线，按照莫尔库仑强度准则求得岩石黏聚力 c 和内摩擦角 φ。

其他常用的抗剪强度试验方法有变角板法，利用压力机施加垂直荷载，通过一套特制的夹具使试样沿某一剪切面破坏，然后通过静力平衡条件求解剪切面上的法向压应力和剪应力，然后再利用莫尔库仑强度准则求抗剪强度参数。

三、试验设备

（1）制样设备：钻石机、切石机、磨石机。

（2）试件测量设备：如游标卡尺及位移测表等。

（3）直剪试验仪：如采用长春试验机厂生产的 CSS-3940YJ 型岩石剪切流变伺服仪。

四、试验步骤

1. 试样制备

（1）岩石直剪试验试件的直径或边长应大于或等于 50mm，试件高度应与直径或边长相等。一般可采用 50mm×50mm×50mm、70mm×70mm×70mm、100mm×100mm×100mm 或 150mm×150mm×150mm 的立方体，试样各端面严格平行，不平行度小于边长的 1%。

（2）岩石结构面直剪试验试件的直径或边长不得小于 50mm，试件高度与直径或边长相等。结构面应位于试件中部。

（3）混凝土与岩石胶结面直剪试验试件应为方块体，其边长不宜小于 150mm。胶结面应位于试件中部，岩石起伏差应为边长的 1%～2%。混凝土骨粒的最大粒径不得大于边长的 1/6。

（4）每组试验试件的数量不应少于 5 个。

2. 试件安装

（1）将试件置于金属剪切盒内，试件与剪切盒内壁之间的间隙以填料填实，使试件与剪切盒成为一个整体，预定剪切面应位于剪切缝中部。

（2）安装试件时，法向荷载和剪切荷载（或两者的合力）应通过预定剪切面的几何中心。若测剪切位移，法向位移测表和水平位移测表应对称布置，各测表数量不宜少于 2 只。

3. 施加法向荷载

（1）对每个试件，首先应分别施加不同的法向应力，所施加的最大法向应力，不宜小于预定的法向应力（预定的应力或预定的压力，一般是指工程设计应力或工程设计压力。在确定试验应力或试验压力时，还应考虑岩石或岩体的强度，岩体的应力状态以及设备精度和出力）。

（2）对于岩石结构面中具有充填物的试件，最大法向应力应以不挤出充填物为宜。

（3）不需要固结的试件，法向荷载一次施加完毕，即测读法向位移，5min 后再测读一次，即可施加剪切荷载。

（4）需固结的试件，在法向荷载施加完毕后的第一小时内，每隔 15min 读数 1 次，然后每半小时读数 1 次，当每小时法向位移不超过 0.05mm 时，即认为固结稳定，可施加剪切荷载。

（5）在剪切过程中，应使法向荷载始终保持为常数。

4. 剪切荷载的施加

每个试验首先应分别施加不同的法向应力，待其稳定后再施加剪切荷载。施加剪切荷载应根据直剪仪的结构选择采用平推式或斜推式。两者均要求法向荷载和剪切荷载（或两者的合力）通过预定剪切面的几何中心。加荷速度应控制在 $0.5\sim0.8$ MPa/s，如果剪切面强度较低，可适当降低剪切速度。

5. 对剪坏的试件剪切面进行描述

（1）准确量测剪切面面积。

（2）详细描述剪切面的破坏情况，擦痕的分布、方向和长度。

（3）测定剪切面的起伏差，绘制沿剪切方向断面高度的变化曲线。

（4）当结构面内有充填物时，应准确判断剪切面的位置，并记述其组成成分、性质、厚度、构造。根据需要测定充填物的物理性质。

★ ① 使用金属剪切盒测试软岩剪切强度时，计算法向应力时不能忽略剪切盒的重量。

② 先以较大速度使压头和试样接触，再以一定的加载速度施加法向和剪切荷载。

③ 在法向荷载加载稳定后，才能施加剪切荷载，注意在剪切过程中避免由于剪切力过大或剪切方向的误差产生的弯矩。

五、数据整理

（1）试验记录填于表 9-5 中。

（2）试验成果整理应符合下列要求：

1）按下列公式计算各法向荷载下的法向应力和剪应力。

① 平推法：

$$\sigma = P/A \tag{9-17}$$

$$\tau = Q \tag{9-18}$$

② 斜推法：

$$\sigma = P/A + Q\sin\alpha \tag{9-19}$$

$$\tau = Q\cos\alpha/A \tag{9-20}$$

式中 σ——作用于剪切面上的法向应力，MPa；

τ——作用于剪切面上的剪应力，MPa；

P——作用于剪切面上的法向荷载，N；

Q——作用于剪切面上的剪切荷载，N；

A——有效剪切面面积，mm^2；

α——斜推剪切荷载与剪切面的夹角，（°）。

2）计算后，把试验数据及计算结果添置在岩石剪切试验记录表（表 9-6）中。

3）根据各剪切阶段特征点的剪应力和法向应力绘制关系曲线（见图 9-9），按库伦表达式确定相应的岩石抗剪强度参数，图中纵坐标轴上的截距为岩石黏聚力，拟合直线的倾角为岩石的内摩擦角。

表 9-6　岩石剪切强度试验记录表

工程名称：＿＿＿＿＿＿＿＿＿＿　　　　　　试验者：＿＿＿＿＿＿＿＿＿＿

岩样编号：＿＿＿＿＿＿＿＿＿＿　　　　　　计算者：＿＿＿＿＿＿＿＿＿＿

试验日期：＿＿＿＿＿＿＿＿＿＿　　　　　　校核者：＿＿＿＿＿＿＿＿＿＿

岩石名称	含水状态	试样编号	试样直径/cm		法向荷载/kN	法向应力/MPa	剪切荷载/kN	剪切应力/MPa	备注
			测定值	平均值					
试 件 描 述									

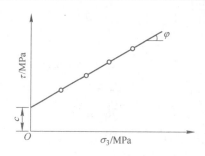

图 9-9　岩石直剪试验抗剪强度曲线图

第六节　岩石单轴（静态）压缩变形试验

一、试验目的

岩石单轴（静态）压缩变形试验主要为了测定岩石的基本变形参数：变形模量和泊松比。

二、试验原理

岩石的静态压缩变形参数反映岩石在静态载荷作用下的变形性质的参数。无侧限岩石试样在单向压缩条件下，静态压缩变形是反映岩块基本力学性质的重要参数，它在岩体工程分类、建立岩体破坏判据中都是必不可少的。静态压缩变形测试方法简单，可与单轴抗压强度试验、三轴抗压强度试验同时进行。

三、试验设备

试验设备如下：

（1）制样设备：钻石机、切石机、磨石机等。

（2）测量平台。

（3）压力试验机。

（4）静态电阻应变仪、千（百）分表。

（5）其他设备：惠斯顿电桥、万用表、兆欧表；电阻应变片以及贴片设备；电线及焊接设备等。

四、试验步骤

（1）试样制备。岩石单轴（静态）压缩条件下的变形试验的试样制备要求同单轴抗压强度试验或三轴抗压强度试验，一般也采用圆柱体试样，请参考本章第二节。

（2）试样描述。描述内容包括：岩石名称、颜色、矿物成分、结构、风化程度、胶结物性质等；岩石试样内层理、节理、裂隙及其与加荷方向的关系；试样加工中出现的问题；贴应变片位置或测表触点部位；含水状态。

（3）电阻应变片的粘贴及防潮处理。电阻应变片仪测量岩石应变的基本原理是将电阻应变片粘贴在试样的表面，当岩石受压变形时，电阻应变片与岩石一起变形，并使其电阻值产生变化，通过电阻应变仪的电桥装置，测出该变化的电阻值并自动转换为应变值，此值即为岩石的应变值。

1）选择合适的电阻片。要求电阻丝平直，间距均匀电阻片阻栅长度大于试样中最大颗粒尺寸的 10 倍，并小于试样的半径；作为同一试样的工作片和补偿片的规格，灵敏系数等应相同，电阻值相差不超过 0.2Ω。

2）用细砂布打磨试件需要粘贴应变片部位的表面。打磨方向与贴片方向成交叉 45°，面积约为 5mm×10mm。

3）贴片防潮处理。贴片位置用清洗液清洗干净，用棉球蘸少量丙酮（酒精）擦洗贴片位置，棉球脏了再换一个，只到棉球不变色为止。用铅笔画出贴片位置的方位线，然后再用棉球擦一次。此后，被清洗的表面不能与其他不清洁的物体接触。

4）左手捏住应变片的引出线，右手拿 501（或 502）黏结剂瓶，在应变片上涂上一薄层黏结剂。迅速将应变片平放于粘贴位置，稍稍移动应变片，让黏结剂均匀分布在整个粘贴面上，并使应变片的轴线对准试件的定位线，将一小片塑料布盖在应变片上，用大拇指挤压应变片 1min，压时不能使应变片错动。轻轻揭开薄膜，检查应变片的颜色，如发现小块白色，说明有气泡存在，应用划针占少量胶水沿应变片边缘涂抹，胶水很快就渗进气泡中。再次垫上薄膜用拇指剂压，直到应变片全部颜色均匀。

5）用万用表检查应变片的电阻值应与粘贴前一致。如有电阻变大或变小者，应检查应变片有无断路或短路，若应变片已损坏，应将应变片铲去重贴，步骤同前。

6）把接线端子用胶水粘贴在应变片引出线附近，用塑料套或绝缘带把应变片引出线进行绝缘处理，用胶带把上好锡的塑料导线固定于试件上。先将引线上锡，再将导线与应变片引出线的两对焊点分别熔接在接线端子上。焊接时间要尽量短，焊点要求光滑小巧，成球状。

7）在应变片的表面涂上一层防潮剂，涂料应将整个应变片罩住，最好在试件尚未冷却时涂防潮剂，厚约 2mm。系统绝缘电阻值不应小于 200MΩ。在整个操作过程中不要损坏应变片及应变片的引出线。

操作中应注意以下两点：

①粘贴应变片的胶水，对于烘干、风干试样可采用胶合剂，对天然含水状态及饱和试样，需采用防潮胶液，厚度不应大于 0.1mm，范围需大于应变片。

②电阻应变片应牢固贴在试样中部表面，并尽量避开裂隙和个别较大的晶体、斑晶及砾石等；纵向和横向应变片的数量不少于两片，可采用 2 片或 4 片，其绝缘电阻值不应小于 200MΩ。

（4）施加荷载。

1）开动试验机，使承压板和试样接触。

2）以 0.5~1MPa/s 的速度施加荷载，直至试样破坏，在加压过程中，逐级测读载荷与纵向及横向应变值。

3）加载时应变仪指示不为零时需调整读数盘各挡，使读数指零，各读数即为微应变值，正值代表压缩，负值代表拉伸，为求得完整的应力-应变曲线，测值不宜少于 10 组。

★　① 采用 LVDT 和应变环测轴向（纵向）和径向（横向）应变时注意初始值的设置，一般取在测量精度线性段的区域，不能过大也不能过小，防止试验过程中应变值超过量程。

② 贴应变片时胶要涂得薄而均匀，贴后需细心检查，不能有气泡存在，且注意检查应变片接线的正确性。在拿取和摆放应变片时，注意不要用手接触应变片的底座，也不要与其他未经清洗的物体接触，以免造成污染。禁止用镊子或其他坚硬的器具夹持敏感栅部分，防止人为损伤应变片。

③ 在试样加压之前，应检查试样是否均匀受压。其方法是给试样加上少许压力，观察两纵向应变值是否接近。如相差较大，应重新调整试样。

五、数据整理

（1）按下式计算各级应力值：

$$\sigma = \frac{P}{A} \tag{9-21}$$

式中　σ——压应力值，MPa；

P——垂直荷载，N；

A——试样横断面面积，mm^2。

（2）绘制应力–轴向应变曲线，应力–横向应变及应力–体积应变曲线（见图 9-10）。

体积应变按下式计算

$$\varepsilon_v = \varepsilon_a + 2\varepsilon_l \qquad (9\text{-}22)$$

式中　ε_v——某一级应力下的体积应变；

ε_a——同一级应力下的纵向应变；

ε_l——同一级应力下的横向应变。

（3）求弹性模量（变形模量）及泊松比。

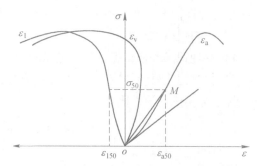

图 9-10　应力–轴向应变、横向应变及体积应变曲线

1）初始弹性模量（E_i）。由应力–应变曲线坐标原点引该曲线的切线，其斜率即为初始弹性模量：

$$E_i = \frac{\sigma_i}{\varepsilon_{ai}} \qquad (9\text{-}23)$$

式中　E_i——初始弹性模量，MPa；

σ_i——切线上任意一点的压应力，MPa；

ε_{ai}——同一级应力下的纵向应变。

2）割线弹性模量（E_{50}），即变形模量。在应力应变曲线上，作原点 O 与抗压强度 50%点 M 的割线，变形模量按式（9-24）计算：

$$E_{50} = \frac{\sigma_{50}}{\varepsilon_{a50}} \qquad (9\text{-}24)$$

式中　E_{50}——岩石割线弹性模量，MPa；

σ_{50}——相当于抗压强度 50%的应力，MPa；

ε_{a50}——应力为 σ_{50} 时的纵向应变。

3）切线弹性模量（E_t）：

$$E_t = \frac{\sigma_{Z2} - \sigma_{Z1}}{\varepsilon_{Z2} - \varepsilon_{Z1}} \qquad (9\text{-}25)$$

式中　E_t——切线弹性模量，MPa；

σ_{Z1}——应力–纵向应变曲线上直线段始点的应力，MPa；

σ_{Z2}——应力–纵向应变曲线上直线段终点的应力，MPa；

ε_{Z1}——应力为 σ_{Z1} 时的纵向应变；

ε_{Z2}——应力为 σ_{Z2} 时的纵向应变。

4）泊松比。一般可取应力为抗压强度 50%时的纵向应变和横向应变值计算泊松比：

$$\mu_{50} = \frac{\varepsilon_{l50}}{\varepsilon_{a50}} \qquad (9\text{-}26)$$

式中　μ_{50}——岩石泊松比；

ε_{l50}——应力为 σ_{50} 时的横向应变；

ε_{a50}——应力为 σ_{50} 时的纵向应变。

岩石弹性模量、变形模量取 3 位有效数字，泊松比计算值精确至 0.01。

（4）整理试验报告。

1）整理记录表格，把计算后的试验数据记录在岩石单轴压缩变形试验记录表 9-7 中。

2）根据记录资料作应力-纵向应变曲线，应力-横向应变曲线及应力-体积应变曲线，并计算变形模量及泊松比。

表 9-7 岩石单轴压缩变形试验记录表

工程名称：_____   试验者：_____

岩样编号：_____   计算者：_____

试验日期：_____   校核者：_____

项目编号：	试件编号：	试件直径： mm	试件高度： mm
仪器编号：	岩石名称：	$E_{av} =$	$\mu_{av} =$
试验日期：	含水状态：	$E_{50} =$	$\mu_{50} =$

序号	加载		纵向应变（$\times 10^{-6}$）			横向应变（$\times 10^{-6}$）			备注
	荷载 /N	应力 /MPa	测量值 1	2	平均	测量值 1	2	平均	
1									
2									
3									
4									
5									
6									
7									
8									
9									
10									
11									
12									
13									
14									

试 样 描 述

第七节　岩石蠕变试验

一、试验目的

岩石蠕变试验用以测量岩石的黏性参数，获得岩石的蠕变变形规律，计算得到岩石的长期强度和长期强度参数。

二、试验原理

流变是岩石的基本力学性质，包括蠕变、应力松弛、与时间有关的扩容，以及强度的时间效应等特性。通过对岩石流变特性的研究，可以建立岩石的应力-应变-时间关系，即本构关系，计算岩石的应力、应变随时间的变化，而岩石的扩容是岩石破坏的前兆，因而这一现象在工程上可用来预测岩石的破坏，这对岩石工程的长期稳定性有重要意义。

岩土工程实践表明，许多岩土工程结构物在经历不同时间后发生破坏。实践经验可知，岩土具有流变性质，岩土在荷载长期作用下与荷载短时作用下的抵抗破坏能力不同，岩土的强度，与作用时间有关。试验资料也表明，岩土的强度是时间的函数。岩土的非衰减蠕变的发展引起具有加速特征的急剧性流动，以脆性或黏滞性破坏结束。因此岩土的长期抵抗破坏能力往往小于短时荷载作用下的强度值。所施加的应力越小，则要发生破坏的时间越长。

长期强度极限 σ_∞，即岩土在长期荷载作用下的阻抗能力的临界强度值。也就是岩土强度随着作用时间延长而降低的最低值。在小于临界的荷载作用下，在任意实际观测时间内，应变速率逐渐减小，最后趋于稳定，岩土只呈衰减蠕变，试样不会破坏。当作用于岩土的应力大于岩土的临界强度时，则将呈现非衰减蠕变，最后随着时间发展而导致破坏。临界强度值 σ_∞ 可用长期强度曲线的渐近线来确定。

岩石流变试验是研究岩石流变力学特性的主要手段，也是构建岩石流变本构模型的基础。岩石流变试验包括现场原位试验和室内试验两种方式。由于室内试验具有能够长期观察、可严格控制试验条件、排除次要因素、重复次数多和耗资少等优点，一直受到广泛重视。室内流变试验方法主要有常应力下的蠕变试验和常应变下的松弛试验等，松弛试验由于技术上难度较大，国内外这方面的研究较少，常应力条件下的蠕变试验有单轴压缩、扭转、弯曲、三轴压缩和剪切等形式，其中以单轴压缩蠕变试验和常规三轴压缩蠕变试验最为常见。

通过岩石的室内蠕变试验得到的典型蠕变曲线可分为3个阶段（见图9-11）：衰减蠕变阶段（或初期蠕变）、稳态蠕变阶段、加速蠕变阶段。在衰减蠕变阶段，曲线向下弯曲，蠕变速率随时间的增长而降低，最后趋于一

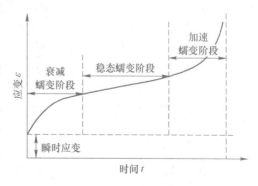

图 9-11　典型蠕变曲线的三阶段

个稳定的数值；在稳态蠕变阶段，蠕变速率基本保持不变；在加速蠕变阶段，蠕变速率随时间而迅速增加，直至试样蠕变破坏。蠕变与所加应力的大小有很大关系，一般来说，应力越大，蠕变速率愈大。在低应力时，岩石蠕变渐渐趋于稳定，蠕变曲线只分为衰减蠕变和稳态蠕变阶段，且第二阶段蠕变速率为零；在高应力时，岩石一般经历衰减蠕变，稳态蠕变最后蠕变加速乃至破坏，蠕变曲线可分为三阶段。

本节以单轴压缩蠕变试验为例，介绍岩石流变力学试验的基本方法。

三、试验设备

流变试验要求应力或应变在长时间内保持恒定，因此对试验设备的稳定系统、压力和变形测量及系统的长期稳定性与精度等有很高的要求。加载系统可采取重力加载和液-气压容器，避免停电所带来影响；同时，采取储能器或跟进液压装置进行稳定。当变形增加引起压力下降时，储能器或跟进液压装置可起到自动补压作用。测量软岩流变时，可采用砝码加载系统，以观测在很小载荷增量时的软岩变形。实验室应该保持恒温恒湿，以保证试验精确。目前常见的岩石流变试验设备有：RYJ-15 型软岩剪切流变仪、美国 MTS 系统、长春试验机厂生产的岩石剪切流变伺服仪 CSS-3940YJ、法国 TOP 公司研制的全自动岩石三轴流变伺服仪等。

四、试验步骤

（1）试样制备和试样描述。岩石单轴蠕变试验试样制备的要求及试样描述同单轴抗压强度试验或三轴抗压强度试验，一般也采用标准圆柱体试样，请参考本章第二节或第三节。

（2）加载方式。蠕变试验的加载方式通常有单级加载、分级增量加载两种，为了减少试验时间，多数研究采取了后一种的加载方式。为了便于模型识别和确定蠕变参数，部分试件还需要进行卸载试验。

（3）具体步骤。蠕变试验可取每组 3~5 块试件，共 5~10 组。在蠕变试验之前，先进行取自于同一块岩样的岩石单轴抗压强度试验，获取岩石的瞬时抗压强度；并以此作为估算施加分级荷载大小的依据。试验的装样过程同单轴强度试验。多数试件在试验过程中采取了低压力预压的方式，即首先对试件施加较小的压力，一般为瞬时抗压强度的30%~40%，然后逐步增加轴向荷载，并观测其轴向位移，一般每级荷载加载时间控制在至少24h，当应变保持稳定不变或以一个较小的恒定的速率增长时，即可进入下一步加载。当仪器不能自动记录轴向位移时，每增加一级压力立即测读瞬时位移以后按 5min、10min、15min、30min、1h、4h、8h、12h、16h、24h 测读一次位移值，之后每隔 24h 测读 2 次，观测该级压力下变形随时间的变化。对于不同的岩样，蠕变试验时间不一样，通常为 7~14d，直至试件发生压缩蠕变破坏试验停止。

五、数据整理

（1）在试验过程中记录每级荷载水平对应的轴向应力下纵向应变、横向应变及体积应变（为纵向应变和横向应变 2 倍之和）随时间的变化过程。试验数据记录表如表 9-8 所示。

表 9-8　岩石单轴蠕变试验记录表

工程名称：＿＿＿＿＿＿＿＿＿　　　　　　　　试验者：＿＿＿＿＿＿＿＿＿

岩样编号：＿＿＿＿＿＿＿＿＿　　　　　　　　计算者：＿＿＿＿＿＿＿＿＿

试验日期：＿＿＿＿＿＿＿＿＿　　　　　　　　校核者：＿＿＿＿＿＿＿＿＿

项目编号：		仪器编号：			长期强度 σ_∞：		
岩石名称：		含水状态：					
试件直径：	mm	试件高度：	mm				
时间 /h	加载		纵向应变（×10⁻⁶）		横向应变（×10⁻⁶）		备注
	荷载 /N	应力 /MPa	测量值	平均	测量值	平均	
			1	2		1	2	
试 样 描 述							

（2）岩石长期力学参数的确定。通过岩石单轴蠕变试验曲线，可确定岩石的长期强度。一般确定长期强度的方法有定义法、等时应力应变曲线拐点法、稳态蠕变速率-应力关系曲线拐点法。定义法是根据岩石的各应力水平下蠕变破坏的曲线绘制应力（纵轴）和破坏历时（横轴）的关系曲线即长期强度曲线，它的渐近线在纵轴的交点为长期强度。

下面具体介绍应力应变等时曲线拐点法。该方法通过不同应力水平下的纵向应变-时间、横向应变-时间及体积应变-时间蠕变曲线，绘制相应的等时应力应变曲线，从而求出岩石的长期强度，如图 9-12 所示。

具体步骤如下：

1）根据不同应力水平下的岩石蠕变试验，以加载时间为横坐标，应变为纵坐标（可采用纵向应变、横向应变或体积应

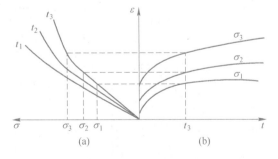

图 9-12　长期强度确定的等时应力应变曲线法

（a）等时曲线；（b）蠕变曲线

变数据）绘制不同应力水平（σ_1，σ_2，σ_3，…）下的蠕变曲线在同一坐标系中（如果是分级加载，在绘制蠕变曲线时，把各级加载开始时刻设置为 0）。

2）把加载时间分成 n 等分，分别绘制 t_1，t_2，t_3，…，t_n 时刻与纵轴相平行的直线，与蠕变曲线相交。

3）把相同时刻对应的各交点的应力应变绘制在横坐标为应力，纵坐标为应变的坐标系中，得到对应该时刻的等时应力应变曲线。不同时刻下的等时应力应变曲线构成了等时应力应变曲线簇。

4）把等时应力应变曲线簇偏离直线的拐点确定为长期强度 σ_∞。

5）进行不同围压下的三轴蠕变试验，根据上述的方法确定不同围压下岩石的长期强度。同样，采用与本章第三节相同的方法确定长期强度黏聚力 c_∞ 和内摩擦角 φ_∞。

（3）岩石黏性参数的确定。基于岩石各级荷载水平下的单轴蠕变试验结果，提出适合的岩石蠕变模型，并根据对试验曲线的拟合辨识相应的蠕变参数，包括反映时间效应的黏性参数。由于该部分内容较复杂，这里不具体阐述，读者可参阅相关岩石流变力学方面的文献。

思　考　题

9-1　岩石室内强度试验有哪些？哪些试验可计算得到岩石的强度参数 c、φ 值？

9-2　影响岩石单轴抗压强度的试验条件有哪些？

9-3　为什么不用直接拉伸试验测量岩石的抗拉强度？

9-4　岩石的常规变形试验可得到什么参数，如何计算？

9-5　研究岩石时效力学特性的室内试验有哪些？如何确定岩石的长期强度和长期强度参数？

9-6　在岩石常规三轴试验中，当侧向压力 σ_3 分别为 5MPa、20MPa，对应的破坏轴向应力分别是 170.2MPa、300.5MPa，且单轴抗压强度为 150.0MPa。假设岩石破坏强度符合莫尔-库仑强度准则，试求岩石的强度参数 c、φ 值。

（答案提示：$c=24.4$MPa，$\varphi=51.0°$）

第十章 土工织物试验

第一节 导 言

一、土工织物及其分类

土工织物（geotextiles）属于土工合成材料的一种，是指用合成纤维纺织或经胶结、热压针刺等无纺工艺制成的土木工程用卷材。土工织物按制造方法可分为织造型土工织物和非织造型土工织物两类。

织造型土工织物又称有纺土工织物，是由两组平行的细丝或纱按一定方式交织而成的平面织物。它的制造分两道工序：先将聚合物原料加工成丝或纱或带，再借织机制成平面结构的布状产品。织造时常包括相互垂直的两组平行丝，沿织机（长）方向的称经丝，横过织机（宽）方向的称纬丝。

非织造型土工织物又称无纺土工织物，是由细丝或短纤维按定向排列或任意排列并结合在一起的平面织物。根据粘合方式的不同，非织造型土工织物分为热粘合、化学粘合和机械粘合等三种。热粘合非织造型土工织物是将纤维在传送带上成网，让其通过两个反向转动的热辊之间热压，在热作用下部分纤维软化熔融，互相粘连，冷却后得到固化。化学粘合法土工织物，是将粘合剂均匀地施加到纤维网中，待粘合剂固化，纤维之间便互相粘连，使网得以加固。机械粘合法是以不同的机械工具将纤维网加固，应用最广的是针刺法，此外还有水刺法。

二、土工织物的功能和工程应用

土工织物的工程应用与其功能相关，土工织物主要有反滤、排水、防护、加筋、隔离、防渗等六大功能，分述如下：

（1）反滤功能。所谓反滤是指允许液体（水流）顺畅通过而固体颗粒不随水流流失。反滤材料应满足渗透水通畅排除、防止土粒流失以及反滤材料本身不因细粒土淤堵导致反滤失效等要求。

土工织物具有良好的透水性能（渗透系数约为 $10^{-1} \sim 10^{-3}\,\mathrm{cm/s}$），且其孔隙比较小，故其既可满足水流通过的要求，又可防止土颗粒过量流失而造成的渗透变形。利用土工织物的反滤功能，在实际工程中可以用它来代替传统的砂砾反滤层。

（2）排水功能。排水功能是指材料能让水流沿其表面排走的能力。土工织物中的孔隙是相互连通的，使其具有良好的排水能力，因此，工程中可用土工织物作为排水设施把土中的水分汇集起来排出。例如，挡土墙后的排水、坝体内垂直和水平排水以及加速土体固结的排水等。

（3）防护功能。防护功能是指利用土工合成材料良好的力学性质与透水性，防止土坡或土工结构物的面层或界面破坏而受到侵蚀的功能。例如堤坝护坡垫层、江河湖海岸坡护坡等。

（4）加筋功能。加筋功能是指利用土工合成材料的抗拉性能，将土工织物埋入土中借织物与土界面的摩阻力限制土体侧向变形，从而改善土的力学性能的功能。例如，各种结构物下的软土地基加固，修筑加筋土挡墙等。

（5）隔离功能。土工织物的隔离作用是把两种不同材料分隔开，以防止相互混杂，或为某种目的将同一材料分隔开。例如，土石坝、堤防、路堤等不同材料的各界面之间的分隔层、铁路轨道下道碴碎石和地基细粒土的分隔等。

（6）防渗功能。土工织物可用防水材料如乙烯树脂、合成橡胶、聚胺酯或塑料等浸渍或涂刷后成为不透水的织物，这样，它就和土工膜一样可用于各种防渗结构中。不透水织物已广泛应用于堤坝、水库、水池、渠道、屋面和地下洞室等防渗工程。

上述功能的划分是以土工织物在实际应用中所起的主要作用而言，实际工程应用中土工织物往往同时起两种或两种以上的作用，如排水反滤及隔离作用、防冲与反滤作用等经常是联系在一起的。

三、土工织物的性能指标

土工织物已广泛应用于岩土工程的各个领域，如边坡防护与加固、地基处理等。不同的应用领域对土工织物有不同的功能要求，而土工织物的各个功能可以通过一定的性能指标来实现。土工织物的性能指标一般可分为物理性能指标、力学性能指标、水力性能指标、土工织物与土相互作用指标及耐久性指标等。

1. 物理性能指标

物理性能指标主要有材料密度、厚度（及其与法向压力的关系）、单位面积质量、等效孔径（或称表观孔径）等。

（1）单位面积质量。单位面积质量是指 $1m^2$ 土工织物的质量，也称为土工织物的基本质量，单位为 g/m^2。

（2）厚度。土工织物的厚度是指土工织物在承受一定压力时，其顶面与底面之间的距离，单位为 mm。土工织物厚度随所受的法向压力而变，一般所谓的厚度都是指 2kPa 压力下的厚度。

（3）等效孔径。以土工织物为筛布，用某一平均粒径的玻璃珠或石英砂进行振筛，取过筛率（通过织物的颗粒质量与颗粒总投放量之比）为 5% 所对应的粒径为土工织物的等效孔径 O_{95}，表示该土工织物的最大有效孔径，单位为 mm。

2. 力学性能指标

土工织物的力学性能指标有强度和延伸率。强度指标根据土工织物所受荷载性质不同可分为：抗拉强度、握持强度、撕裂强度、胀破强度、顶破强度等。前 3 个强度指标在试验时试样为单向受力，故其纵向和横向强度需分别测定；而后 2 个强度指标在试验时采用圆形试样，试样承受的是轴对称荷载，故没有纵、横向强度之分。

（1）抗拉强度。抗拉强度也称为条带法抗拉强度，是土工织物单向受拉时的强度。纵向和横向抗拉强度表示土工织物在纵向和横向单位宽度范围能承受的外部拉力，单位为 kN/m。

> ★ 在受拉过程中，土工织物的厚度是变化的，故其抗拉强度不是以习惯上所用的单位面积上的力（即应力）来表示，而是以单位宽度所承受的力来表示。

（2）握持强度。工程实际中，土工织物经常会因承受集中荷载而破坏，如在现场铺设土工织物时，施工人员抓住土工织物局部进行铺设及拖拉。握持强度表示土工织物抵抗外来集中荷载的能力，或者说握持强度是反映土工织物对集中力的分散能力，单位为 N。

（3）撕裂强度。在铺设和使用过程中，土工织物常会有不同程度的破损，在荷载作用下破损会进一步扩大。撕裂强度反映土工织物抵抗扩大破损裂口的能力，是将土工织物沿某一裂口逐步扩大过程中的最大拉力，单位为 N。

（4）胀破强度。胀破强度反映的是土工织物抵抗土体挤压的能力，模拟凹凸不平地基上的土工织物受土粒的顶挤作用，单位为 kPa。

（5）顶破强度。工程应用中，土工织物常被埋设在土体中，受到土颗粒的挤压和顶破作用。土粒粒径大小和颗粒形状不同，土工织物的受力特征和破坏形式也不同，据此可分为顶破和刺破两种。顶破强度反映土工织物抵抗垂直织物平面的法向压力（如粗粒料挤顶土工织物）的能力，单位为 N，顶破强度随试验时顶杆端部形状不同，分为圆球顶破试验和 CBR 顶破试验。刺破强度反映土工织物抵抗小面积集中荷载（如有棱角的石子或树枝等）的能力，单位为 N。

（6）伸长率

对应抗拉强度（或握持强度）的应变为土工织物的伸长率，用百分数（％）表示。

3. 水力学性能指标

土工织物的水力学性能指标主要为渗透系数、梯度比等。

（1）渗透系数。渗透系数为水力梯度等于 1 时，水流通过土工织物的渗透速率，单位为 cm/s。根据渗透水流的流向又可分为垂直渗透系数和水平渗透系数。

（2）梯度比。梯度比为土工织物和其上方特定距离处土样间的水力梯度与土工织物上方两个特定土样点间的水力梯度的比值。例如，由美国材料与试验协会 ASTM D-35 标准所定义的梯度比为：土工织物及其上方 25mm 土样间的水力梯度与土工织物上方 25～75mm 间土样的水力梯度的比值。

4. 土工织物与土相互作用指标

外荷通过土-土工织物界面摩擦力传递至土工织物，使土工织物承受拉力，形成加筋土。工程实例有加筋土挡墙、堤基加筋垫层等。而土工织物与土相互作用的指标按目前的试验方法可分为直剪摩擦系数和拉拔摩擦系数两类。

5. 耐久性能指标

耐久性能指标主要有抗老化、抗生物侵蚀和抗化侵蚀等多种指标。目前在最新规范《土工合成材料测试规程》（SL/T 235—2012）中增添了关于土工织物抗老化能力的相关试验，而其他耐久性指标大多仍没有可遵循的规范、规程。一般按工程要求进行专门研究或参考已有工程经验来选取。

本章主要介绍土工织物的物理性能指标、力学性能指标、水力性能指标，而关于土工织物与土相互作用指标以及耐久性指标的相关试验，读者可参阅相关文献。

第二节 试样制备与数据处理

一、制样原则

（1）试样剪取距样品边缘应不小于100mm。

（2）试验使用试样不能有灰尘、折痕、孔洞、损伤部分和可见疵点，特殊情况应与委托方沟通确认。

（3）试样应有代表性，不同试样应避免位于同一纵向和横向位置上，即采用梯形取样法（见图10-1）。

（4）剪取试样时应满足精度要求。

（5）剪取试样前，应先有剪裁计划，然后再剪。

（6）同一试验所用全部试样应统一编号。

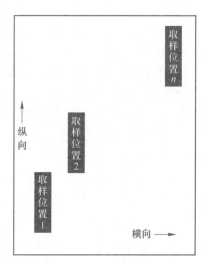

二、试样状态调节与仪器仪表

1. 试样调湿

环境要求：温度（20±2）℃，相对湿度为（65±5）%，标准大气压（根据《公路工程土工合成材料试验规程》（JTG E50—2006））。

图10-1 梯形取样示意图

时间要求：试样置于符合要求的环境中24h。

★ 有些材料对环境温度和湿度的变化比较敏感，导致试验结果受环境温度和湿度的影响较大，试样调湿的目的在于测试结果标准化。如果确认试样不受环境影响，则可省去调湿处理，但应在记录中注明试验时的温度和湿度。

2. 试样饱和

土工织物试样在需要饱和时，宜采用真空抽气法饱和，也可将试样浸泡在水中并用手捏挤赶出试样中的气泡。

3. 仪器仪表

在使用仪器仪表时应检查是否工作正常、进行零点调整、量程范围选择。量程选择宜使试样最大测试值在满量程的10%~90%范围内。

三、试验数据整理

考虑到土工织物的不均匀性，各指标试验资料整理时都应计算算数平均值、标准差和变异系数。

其中指标的算数平均值 $\bar{x}$ 按下式计算：

$$\bar{x} = \frac{\sum\limits_{i=1}^{n} x_i}{n} \tag{10-1}$$

式中 $\bar{x}$——算数平均值；

x_i——第 i 个试样的试验值；

n——试样个数。

标准差 σ 按下式计算：

$$\sigma = \sqrt{\frac{\sum\limits_{i=1}^{n} (x_i - \bar{x})^2}{n-1}} \tag{10-2}$$

变异系数 C_v 按下式计算：

$$C_v = \pm \frac{\sigma}{\bar{x}} \times 100\% \tag{10-3}$$

试验资料整理时，按照 K 倍标准差作为可疑数据的舍弃标准，即舍弃那些在范围以外的测定值。在《公路工程土工合成材料试验规程》（JTG E50—2006）中，针对不同的试件数量给出了 K 值，如表 10-1 所示。

表 10-1 统计量的临界值

试件数量	3	4	5	6	7	8	9	10	11	12	13	14
K	1.15	1.46	1.67	1.82	1.94	2.03	2.11	2.18	2.23	2.28	2.33	2.37

第三节 物理性能指标试验

一、单位面积质量

1. 试验目的

测定土工织物的单位面积质量。

单位面积质量是土工合成材料物理性能指标之一，直观反映了产品单位面积内原材料的用量，以及生产的均匀性和质量的稳定性，是选择产品时必须考虑的基本技术与经济指标。

2. 试验设备

（1）钢尺：最小分度值为 1mm，精度 0.5mm。

（2）天平：感量 0.01g，并应满足称量值 1% 准确度要求。

（3）裁刀或剪刀。

3. 试验步骤

（1）试样准备。试样面积不小于 100cm²，长度和宽度的裁剪和测量精确到 1mm。试样数量不少于 10 块。

★　对于局部非均匀材料，过小的尺寸并不能代表材料的实际结构，应按实际情况采取能代表材料完整结构的试样。

（2）称量。将裁剪好的试样按编号顺序逐一在天平上称量，读数精确到 0.01g。试验记录如表 10-2 所示。

表 10-2　单位面积质量试验记录表

工程名称：＿＿＿＿＿＿＿＿＿＿＿　　　　试验者：＿＿＿＿＿＿＿＿＿＿＿

产品名称规格：＿＿＿＿＿＿＿＿＿＿　　　　计算者：＿＿＿＿＿＿＿＿＿＿＿

试验温度：＿＿＿＿＿＿＿＿＿＿＿　　　　校核者：＿＿＿＿＿＿＿＿＿＿＿

试验湿度：＿＿＿＿＿＿＿＿＿＿＿　　　　试验日期：＿＿＿＿＿＿＿＿＿＿

序　号	试样面积/m^2	质量/g	单位面积质量/$g \cdot m^{-2}$
1			
2			
⋮			
平均值			
标准差			
变异系数			

4. 数据处理

（1）按下式计算每块试样的单位面积质量 G：

$$G = \frac{M}{A} \times 10^4 \tag{10-4}$$

式中　G——试样单位面积质量，g/m^2；

　　　M——试样质量，g；

　　　A——试样面积，cm^2。

（2）计算单位面积质量的平均值、标准差及变异系数，可参考本章第二节相关内容进行计算。

二、厚度

1. 试验目的

测定土工织物在不同压力下的厚度，常用土工织物的厚度在 0.5~5mm 之间。

2. 试验设备

厚度测定仪（见图 10-2），可对试样施加 2kPa、20kPa 和 200kPa 的压力。

仪器各关键部分要求为：

（1）基准板：面积应大于 2 倍的压块面积。

（2）圆形压块：表面光滑平整，底面积为 $25cm^2$，重量为 5N、50N、500N 不

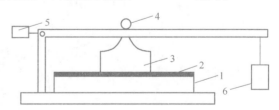

图 10-2　厚度测定仪示意图

1—基准版；2—试样；3—压块；

4—百分表；5—平衡锤；6—砝码

等；其中常规厚度的压块为 5N，对试样施加（2±0.01）kPa 的压力。

（3）百分表（或千分表）。试样厚度大于 0.5mm 时，用最小分度值为 0.01mm 的百分表；厚度等于或小于 0.5mm 时，用最小分度值为 0.001mm 的千分表。

（4）秒表：最小分度值 0.1s。

3. 试验步骤

（1）试样准备。每组试样数量不少于 10 块，且试样尺寸应不小于基准板面积。

（2）测定厚度。

1）擦净基准板和 5N 压块，将压块放在基准板上，调整百分表零点（或将百分表调至一个较小的整读数）。

> ★　百分表读数位于零点时，其与仪器间的接触要靠肉眼观察判断，易导致接触不可靠，故建议将百分表调至一个较小的整读数，以保证百分表和仪器间完全接触。

2）提起 5N 压块，将试样自然平放在基准板上，然后将压块轻放到试样上，此时试样受力为（2±0.01）kPa。压力加上后开始记时，30s 后记录百分表读数，试验记录如表 10-3 所示。提起压块，取出试样。

表 10-3　厚度试验记录表

工程名称：_____　　　试验者：_____

产品名称规格：_____　　计算者：_____

试验温度：_____　　　　校核者：_____

试验湿度：_____　　　　试验日期：_____

序　号	厚度/mm		
	2kPa	20kPa	200kPa
1			
2			
⋮			
平均值			
标准差			
变异系数			

3）重复上述步骤，完成其余试样的测试。

4）根据需要选用不同的压块，分别使压力为（20±0.1）kPa 和（200±1）kPa，重复前面的步骤，依次测定 20kPa 与 200kPa 压力下的试样厚度。

4. 数据处理

（1）按下式计算土工织物的厚度 δ：

$$\delta = R_1 - R_0 \tag{10-5}$$

式中　R_1——加压 30s 后百分表的读数，mm；

　　　R_0——百分表的初读数，mm。

（2）计算 10 块试样厚度的平均值、标准差及变异系数。

（3）以压力为横坐标（对数坐标）、厚度平均值为纵坐标，绘制厚度与压力关系曲线，如图 10-3 所示。

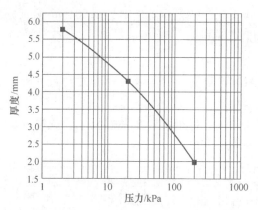

图 10-3　土工织物厚度与压力关系曲线

第四节　力学性能指标试验

一、条带拉伸试验

1. 试验目的

测定土工织物的试样拉伸强度及相应伸长率。

2. 试验设备

（1）拉力机：要求拉力机有等速拉伸功能，拉伸速率可调，并能测读试样拉伸过程中的拉力和伸长量。

（2）夹具：夹具的钳口面应能防止试样在钳口内打滑和损伤。两个夹具中的一个支点应能自由转动（一般采用万向接头）以保证试样拉伸时两夹具在一个平面内。宽条试样夹具的实际宽度不小于 210mm；窄条试样夹具的实际宽度不小于 60mm。

（3）量测设备：荷载指示值或记录值的误差应不大于相应实际荷载的 1%。对伸长率超过 10% 的试样，测量伸长量可用有刻度的钢尺，精度为 1mm。对伸长率小于 10% 的试样，应采用精度不小于 0.1mm 的位移测量装置。应能自动记录拉力-伸长量曲线。

3. 试验步骤

（1）试样准备。条带拉伸试验测土工织物纵向和横向的抗拉强度和伸长率，纵向和横向试样均不少于 5 块。

宽条试样：裁剪试样宽度 200mm，长度至少 200mm，保证试样有足够的长度伸出夹具，试样计量长度为 100mm。对于编织型土工织物，裁剪试样宽度 210mm，在两边抽去大约相同数量的边纱，使试样宽度达到 200mm。

窄条试样：裁剪试样宽度 50mm，长度至少 200mm，保证试样有足够的长度伸出夹具，试样计量长度为 100mm。对编织型土工织物，裁剪试样宽度 60mm，在两边抽去大约相同数量的，使试样宽度达到 50mm。

★ 宽条试样适用于大多数土工织物,包括无纺土工织物、有纺土工织物、复合型土工织物及用来制造土工织物的毡、毯等材料;窄条试样不适用于有明显"颈缩"现象的无纺土工织物。

除测干态抗拉强度外,还需测湿态强度时,应裁剪两倍的长度,然后一剪为二,一块测干强度;另一块测湿强度(湿态试样从水中取出至上机拉伸的时间间隔应不大于10min)。

(2)测试步骤。

1)设定拉力机的拉伸速率为20mm/min,把上下夹具的初始间距调至100mm。

2)将试样放入夹具内,为方便对中,事先在试样上画垂直于拉伸方向的两条相距100mm的平行线,使两条线尽可能贴近上下夹具的边缘,夹牢试样。

3)启动拉力机,记录拉力和伸长量,直至试样破坏,停机。试验记录见表10-4。

表10-4 拉伸试验记录表

工程名称:＿＿＿＿＿＿＿＿＿＿＿ 试验温度:＿＿＿＿＿＿＿＿＿＿＿

产品名称规格:＿＿＿＿＿＿＿＿＿ 试验湿度:＿＿＿＿＿＿＿＿＿＿＿

试样状态:＿＿＿＿＿＿＿＿＿＿＿ 试验者:＿＿＿＿＿＿＿＿＿＿＿

试样尺寸:＿＿＿＿＿＿＿＿＿＿＿ 计算者:＿＿＿＿＿＿＿＿＿＿＿

试验日期:＿＿＿＿＿＿＿＿＿＿＿ 校核者:＿＿＿＿＿＿＿＿＿＿＿

序号	纵 向				横 向			
	拉力 /N	抗拉强度 /kN·m^{-1}	伸长量 /mm	伸长率 /%	拉力 /N	抗拉强度 /kN·m^{-1}	伸长量 /mm	伸长率 /%
1								
2								
⋮								
平均值								
标准差								
变异系数								

★ 若试样在夹具钳口边缘拉断,或在钳口内被夹坏,该试验结果应剔除,并增补试样。为防止试样在钳口边缘拉断或在钳口内夹坏,可采取下列改进措施:① 在钳口内增加衬垫;② 钳口内的试样用涂料加强;③ 改进钳口面。

4)重复步骤2)~3),对其余试样进行试验。图10-4给出了窄条和宽条试样尺寸以及拉伸试验的示意图。

4. 数据整理

(1)按下式计算抗拉强度 T_s:

$$T_s = \frac{P_f}{B} \tag{10-6}$$

式中 P_f——实测最大拉力,kN;

B——试样宽度,m。

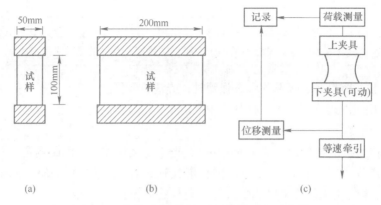

图 10-4　拉伸试验试样尺寸及拉伸试验示意图

（a）窄条；（b）宽条；（c）拉伸试验示意图

（2）按下式计算伸长率 ε_p：

$$\varepsilon_p = \frac{L_f - L_0}{L_0} \times 100\% \tag{10-7}$$

式中　L_0——试样计量长度，mm；

　　　L_f——最大拉力时的试样长度，mm。

（3）计算拉伸强度及伸长率的平均值、标准差及变异系数。

（4）由试样的拉力~伸长量曲线计算拉伸模量。

拉伸过程中的拉力~伸长量可转化成应力~应变曲线，并可计算拉伸模量。由于土工织物的应力-应变曲线是非线性的，因此拉伸模量通常指在某一应力（或应变）范围内的模量，单位为 N/m 或 kN/m。

初始拉伸模量 E_1：如果应力-应变曲线在初始阶段是线性的，取初始切线斜率为初始拉伸模量，如图 10-5（a）所示。

偏移拉伸模量 E_0：应力-应变曲线开始段坡度小，中间部分接近线性，取中间直线段的斜率为偏移模量，如图 10-5（b）所示。

割线拉伸模量 E_s：当应力-应变曲线始终呈非线性时，计算割线拉伸模量。计算方法为从原点到曲线上某一点连一直线，该线斜率即为割线模量，如图 10-5（c）所示。

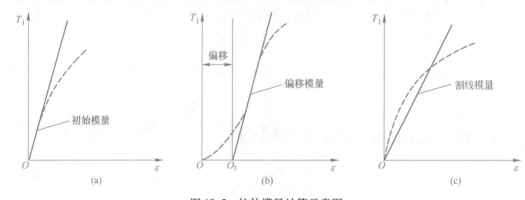

图 10-5　拉伸模量计算示意图

（a）Ⅰ型；（b）Ⅱ型；（c）Ⅲ型

二、握持拉伸试验

1. 试验目的

握持强度主要是测试土工织物能提供的有效强力，它包括了被拉伸织物的邻近织物所提供的额外拉伸力。握持强度与土工织物的拉伸强度没有直接的关联性和等效性，但是土工织物最基本的性能指标之一。

2. 试验设备

拉力机、夹具和量测设备与条带拉伸试验设备要求一致。此外，夹具还要求钳口面宽25mm，沿拉力方向钳口面长50mm。

3. 试验步骤

（1）试样准备。握持拉伸试验测土工织物纵向和横向的握持强度和伸长率，纵向和横向试样均不少于5块。

试样宽100mm，长度200mm，长边平行于荷载作用方向，试样计量长度为75mm，长度方向上试样两端伸出夹具至少10mm，如图10-6所示。

（2）测试步骤。

1）设定拉力机的拉伸速率为300mm/min，把两夹具的初始间距调至75mm。

2）试样对中放入夹具内，并使试样两端伸出的长度大致相等，锁紧夹具。为方便试样在夹具宽度方向上对中，在离试样宽度方向边缘37.5mm处画一条线，此线刚好是上下夹具边缘线。

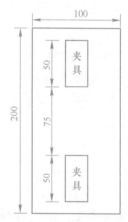

图10-6　握持试样示意图
（尺寸单位：mm）

3）启动拉力机，连续运转直至试样破坏，记录最大拉伸力及最大拉伸力时的伸长率（试样在钳口打滑或损伤的处理方法同条带拉伸试验）。试验记录如表10-5所示。

表10-5　握持拉伸试验记录表

工程名称：_____　　　　　试验温度：_____

产品名称规格：_____　　　试验湿度：_____

试样状态：_____　　　　　试 验 者：_____

试样尺寸：_____　　　　　计 算 者：_____

试验日期：_____　　　　　校核者：_____

序　号	纵　　向			横　　向		
	拉力 /N	伸长量 /mm	伸长率 /%	拉力 /N	伸长量 /mm	伸长率 /%
1						
2						
⋮						
平均值						
标准差						
变异系数						

4) 重复步骤 2) ~3)，对其余试样进行试验。

4. 数据处理

(1) 计算全部试样最大拉力的平均值即为握持强度 T_g。

(2) 按式（10-7）计算试样的伸长率 ε_p。

(3) 计算握持强度的标准差和变异系数；计算伸长率的平均值、标准差和变异系数。

三、梯形撕裂试验

1. 试验目的

测定土体织物的梯形撕裂强度。

2. 试验设备

(1) 拉力机、夹具：与条带拉伸试验设备要求一致，此外夹具宽度要求不小于 85mm，宽度方向垂直于拉力的作用方向。

(2) 梯形模板：用于剪样，如图 10-7 (a) 所示。

3. 试验步骤

(1) 试样准备。

1) 撕裂试验应测土工织物纵向和横向的撕裂强度，纵向和横向试样均不少于 5 块。

2) 试样宽 75mm、长 150mm，根据模板尺寸，在试样上画两条梯形边，在梯形短边中点处剪一条垂直于该边的长 15mm 的切口。测试纵向撕裂力时，试样切口应剪断纵向纱线；测度横向撕裂力时，切口应剪断横向纱线。

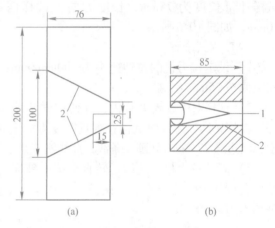

图 10-7　梯形撕裂试样

（尺寸单位：mm）

(a) 试样尺寸；(b) 夹持形状

1—切缝；2—夹持线

(2) 测试步骤。

1) 把上下夹具的初始间距调至 25mm，设定拉力机的拉伸速率为（100±5）mm/min。

2) 将试样放入夹具内，使试样梯形的两腰与夹具边缘齐平。梯形的短边平整绷紧，其余部分呈折皱叠合状，如图 10-7 (b) 所示。

3) 启动拉力机，记录拉力，直至试样破坏（试样被钳口夹坏的处理方法同条带拉伸试验），取最大值作为撕裂强度，试验记录见表 10-6。

4) 重复步骤 2) ~3)，对其余试样进行试验。

4. 数据处理

(1) 计算全部试样撕裂强度的平均值作为撕裂强度 T_t。

(2) 计算撕裂强度标准差和变异系数。

表 10-6　撕裂试验记录表

工程名称：_____　　　试验者：_____

产品名称规格：_____　　　计算者：_____

试验温度：_____　　　校核者：_____

试验湿度：_____　　　试验日期：_____

序　号	撕裂力/N	
	纵　　向	横　　向
1		
2		
⋮		
平均值		
标准差		
变异系数		

四、胀破试验

1. 试验目的

测定土工织物的胀破强度。

2. 试验设备

胀破试验设备主要部件（见图 10-8）由以下部分构成：

（1）环形夹具：内径为 30.5mm 的环形夹具，夹具的钳口面一般为波浪形咬合，以防试样在钳口内打滑和被夹坏。

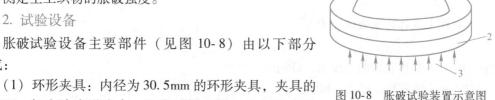

图 10-8　胀破试验装置示意图
1—试样；2—环形夹具；3—液压

（2）薄膜：厚约 1.8mm 的高弹性人造橡胶薄膜。

（3）压力表。

（4）液压系统：应密封不渗漏，压力量程不应小于 2.5MPa，液体压入速率应达 100mL/min，胀破时应立即停止加压。

（5）试验前应检查仪器各部分是否正常，需要时应用标准弹性膜片对胀破仪做综合性能校验，弹性膜片发生明显变形时必须更换。

3. 试验步骤

（1）试样准备。每组试验不少于 10 块试样，每块试样直径应不小于 55mm。

（2）测试步骤。

1）将试样呈平坦无张力状态覆盖在膜片上，用环形夹具将试样夹紧。

2）设定液体压入速率为 100mL/min，开动机器，使膜片与试样同时鼓胀变形，直至试样破裂，并记录试验时间。

3）记录试样破裂瞬间的最大压力，此即试样破裂所需的总压力值 P_{bt}。试验记录见表 10-7。

4）松开夹具取下试样。测定用同样的试验时间使薄膜扩张到与试样破裂时相同形状所需的压力，此即校正压力 P_{bm}。

表 10-7　胀破试验记录表

工程名称：＿＿＿＿＿＿＿＿＿＿　　　　试验者：＿＿＿＿＿＿＿＿＿＿

产品名称规格：＿＿＿＿＿＿＿＿＿　　计算者：＿＿＿＿＿＿＿＿＿＿

试验温度：＿＿＿＿＿＿＿＿＿＿　　　校核者：＿＿＿＿＿＿＿＿＿＿

试验湿度：＿＿＿＿＿＿＿＿＿＿　　　试验日期：＿＿＿＿＿＿＿＿＿

序　号	总压力/kPa	校正压力/kPa	胀破强度/kPa
1			
2			
⋮			
平均值			
标准差			
变异系数			

5）重复以上步骤对其余试样进行试验。

4. 数据处理

（1）按下式计算胀破强度 P_b：

$$P_b = P_{bt} - P_{bm} \tag{10-8}$$

式中　　P_{bt}——制样胀破的总压力，kPa；

P_{bm}——薄膜校正压力，kPa。

（2）计算胀破强度的平均值、标准差和变异系数。

五、圆球顶破试验

1. 试验目的

测定土工织物的圆球顶破强度。

2. 试验设备

（1）配有反向器的拉力机。反向器（见图 10-9）由套在一起的上下两个框架组成，上框架连至拉力机的固定夹具，下框架连至拉力机的可移动夹具，当下框架向下拉伸时，固定在上下框架上的圆球顶破装置产生顶压。

（2）圆球顶破装置。由两部分组成，即一个端部带有钢球的顶杆和一个安装试样的环形夹具。钢球直径为 25mm，环形夹具内径为 45mm，其中心必须在顶压杆的轴线上。底座高度大于顶杆长度，有足够的支撑力和稳定性（环形夹具表面应有同心沟槽，以防止试样滑移）。

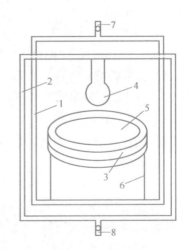

图 10-9　反向器示意图

1—内框架；2—外框架；3—环形夹具；
4—圆球；5—土工织物；6—支架；
7—接拉力机上夹具；8—接拉力机下夹具

3. 试验步骤

（1）试样准备。试样直径在 100mm 左右，视夹具而定。每组试验不少于 5 块试样。

（2）测试步骤。

1）试样呈自然平直状态下放入环形夹具内，将试样夹紧。

2）将夹具放在拉力机上，调整高度，应使试样与圆球顶杆刚好接触。

3）设定拉力机的拉伸速率为 300mm/min。开动拉力机，直至试样被顶破，记录最大拉力，该拉力即为试样的圆球顶破强度。试验记录见表 10-8。

4）停机并拆除试样。

5）重复步骤 1）~4）对其余试样进行试验。

表 10-8　圆球顶破试验记录表

工程名称：_____　　　　　试验者：_____

产品名称规格：_____　　　计算者：_____

试验温度：_____　　　　　校核者：_____

试验湿度：_____　　　　　试验日期：_____

序号	1	2	3	4	5	6	7	8	9	10
顶破力/N										
平均值										
标准差										
变异系数										

4. 资料整理

计算所有试样圆球顶破强度的算术平均值、标准差和变异系数。

六、CBR 顶破试验

CBR 顶破试验与圆球顶破试验基本相同。所不同的是 CBR 顶破试验环形夹具内径为 150mm，顶压速率为（60±5）mm/min，顶压杆是直径 50mm、高度为 100cm 左右的光滑圆柱，顶端边缘倒成 2.5mm 半径的圆弧。

七、刺破试验

刺破试验与圆球顶破试验基本相同。所不同的是刺破试验的顶压杆是直径 8mm 的平头圆柱，顶端边缘倒成 45°、深 0.5mm 的倒角。

第五节　水力性能指标试验

一、孔径试验

孔径是土工织物水力学特性中的一项重要指标，它反映了土工织物的过滤性能，既可评价土工织物阻止土颗粒通过的能力，又反映土工织物的透水性。孔径试验的目的是确定土工织物的孔径分布，并确定等效孔径 O_{95}。

孔径试验的方法有干筛法、湿筛法、显微镜测读法和水银压入法等，国内外使用最广泛的是干筛法。

1. 试验设备

（1）试验筛：筛孔径为 2mm，筛直径为 200mm。

（2）振筛机：具有水平摇动和垂直振动（或拍击）装置，应符合 DZ/T 0118—94 标准的规定。

（3）天平：称量 200g，感量 0.01g。

（4）振筛用颗粒材料：通常可选用玻璃珠或球形砂粒。将洗净烘干的颗粒材料用筛析法进行分级制备，按标准试验筛孔径分级如下：0.063～0.075mm，0.075～0.090mm，0.090～0.106mm，0.106～0.125mm，0.125～0～0.150mm，0.150～0.180mm，0.180～0.250mm，0.250～0.350mm 等。

（5）其他：秒表、剪刀、毛刷等。

2. 试验步骤

（1）试样准备。裁剪 5 块直径大于筛子外径的试样。对于振筛后颗粒材料嵌入织物不易清出而不能重复使用的针刺土工织物，试样数为 5×n（n 为选取的颗粒材料粒径级数）。此外，试样应进行去静电，可采用湿毛巾轻擦试样，并且晾干。

（2）试验步骤。

1）将试样放在筛网上，并固定好。

2）称量颗粒材料 50g，均匀撒布在试样表面。

3）将装好试样的筛子、接收盘与筛盖夹紧装入振筛机上，开动机器，振筛 10min。

4）停机后，称量通过试样的颗粒材料质量，然后轻轻振拍筛框或用刷子轻轻拭拂清除表面及嵌入试样的颗粒。如此对同一级颗粒进行 5 次平行试验。试验记录见表 10-9。

5）用另一级颗粒材料在同一块试样上重复步骤 1）～4）。测定孔径分布曲线，应取得不少于 3～4 级连续分级颗粒的过筛率，并要求试验点均匀分布。若仅测定等效孔径 O_{95}，则有两组的筛余率在 95% 左右即可。

3. 数据处理

（1）按下式计算某级颗粒的筛余率 R_i：

$$R_i = \frac{M_t - M_i}{M_t} \tag{10-9}$$

式中 M_t——筛析时颗粒投放量，g；

       M_i——筛析后底盘中颗粒投放质量（过筛量），g。

（2）计算 5 次平行试验筛余率的平均值 $\overline{R}$。

（3）用平均筛余率为纵坐标、平均粒径为横坐标（对数坐标）绘孔径分布曲线（与土的级配曲线类似），并确定 O_{95}（95% 筛余率对应的孔径即为 O_{95}）。

表 10-9　孔径试验（筛分法）记录表

工程名称：＿＿＿＿＿＿＿＿＿＿＿＿　　　　试验者：＿＿＿＿＿＿＿＿＿＿＿

产品名称规格：＿＿＿＿＿＿＿＿＿＿　　　计算者：＿＿＿＿＿＿＿＿＿＿＿

试验温度：＿＿＿＿＿＿＿＿＿＿＿＿　　　校核者：＿＿＿＿＿＿＿＿＿＿＿

试验湿度：＿＿＿＿＿＿＿＿＿＿＿＿　　　试验日期：＿＿＿＿＿＿＿＿＿＿

序　号	过筛量	粒径/mm				
1	过筛量/g					
	筛余率/%					
2	过筛量/g					
	筛余率/%					
⋮	过筛量/g					
	筛余率/%					
平均值						
标准差						
变异系数						

二、垂直渗透试验

1. 试验目的

土工织物用作反滤材料时，流水的方向垂直于土工织物的平面，此时要求土工织物既能阻止土颗粒随水流失，又要求它有一定的透水性。垂直渗透试验用于反滤设计，以确定土工织物的渗透性能。

2. 试验设备

垂直渗透试验仪包括安装试样装置、供水装置、恒水位装置与水位测量装置。垂直渗透试验原理如图 10-10 所示。

（1）安装试样装置：试样有效过水面积不应小于 $20cm^2$，应能装单片和多片土工织物试样；试样密封良好，不应有渗漏。

（2）供水装置：管路宜短而粗，减小水头损失。

（3）恒水位装置：容器宜有溢流装置，在试验过程中保持常水头；并且容器应能调节水位，水头变化范围为 $1\sim150mm$。

（4）水位测量装置：水位测量应精确至 0.2mm。

（5）其他：计时器、量筒、水桶、温度计等。计时器准确至 0.1s，量筒准确至 1%，温度计准确至 0.5℃。

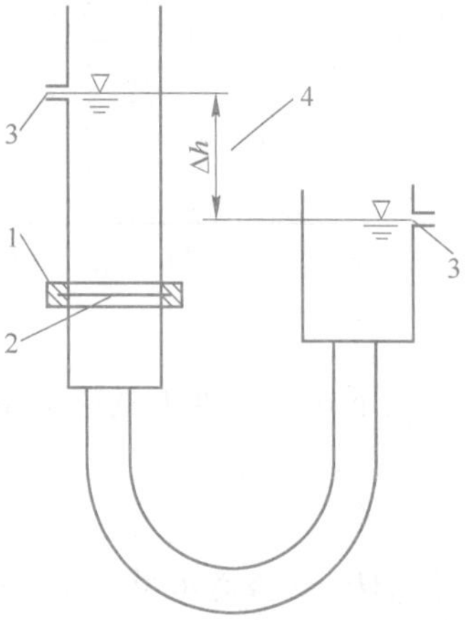

图 10-10　垂直渗透试验原理图

1—安装试样装置；2—试样；

3—溢水口；4—水位差

3. 试验步骤

（1）试样准备。单片试样与多片试样均不少于 5 组。试验前将试样浸泡在无杂质脱气水或蒸馏水中并赶出气泡。

（2）测试步骤。

1）将饱和试样装入渗透容器，试样安装时应防止空气进入，有条件时在水下装样。

2）调节上游水位，应使其高出下游水位，水从上游流向下游，并溢出。

3）待上下游水位差 Δh 入稳定后，测读 Δh，开动计时器，用量筒接取一定时段内的渗透水量，并测量水量与时间，量测时间不应少于 10s，量测水量不应少于 100mL。试验记录见表 10-10。

4）调节上下游水位，改变水力梯度，重复步骤 2）~3），做渗透速度与水力梯度关系曲线，取其线性范围内的试验结果，计算平均渗透系数。

5）重复步骤 1）~4），完成剩余试样的试验。

表 10-10　渗透试验记录表

工程名称：＿＿＿＿＿＿＿＿＿＿　　　　　试验温度：＿＿＿＿＿＿＿＿＿＿

产品名称规格：＿＿＿＿＿＿＿＿　　　　　试验湿度：＿＿＿＿＿＿＿＿＿＿

试样水温：＿＿＿＿＿＿＿＿＿＿　　　　　试验者：＿＿＿＿＿＿＿＿＿＿

试样尺寸：＿＿＿＿＿＿＿＿＿＿　　　　　计算者：＿＿＿＿＿＿＿＿＿＿

试验日期：＿＿＿＿＿＿＿＿＿＿　　　　　校核者：＿＿＿＿＿＿＿＿＿＿

压力 /kPa	试样厚度 /cm	序号	试验次数	历时 /s	水位/cm 上游	水位/cm 下游	渗透水量 /cm³	渗透系数 /cm·s⁻¹	20℃渗透系数 /cm·s⁻¹	20℃平均渗透系数 /cm·s⁻¹
		1	1							
			2							
			3							
		2	1							
			2							
			3							
		3	1							
			2							
			3							

注：垂直和水平渗透试验均可用表 10-10 记录。

4. 数据处理

按下式计算 20℃的渗透系数：

$$k_{20} = \frac{Q\delta}{A \cdot \Delta h \cdot t} \cdot \frac{\eta_T}{\eta_{20}} \qquad (10\text{-}10)$$

式中　Q——渗透水量，cm³/s；

　　　δ——试样厚度，cm；

　　　A——试样过水面积，cm²；

　　　Δh——水位差，cm；

　　　t——渗透水量 Q 对应的渗透历时，s；

　　　η_T——试验水温 T℃时水的动力黏滞系数，kPa·s，取值参见第五章表 5-2；

　　　η_{20}——20℃时水的动力黏滞系数，kPa·s，取值参见第五章表 5-2。

三、水平渗透试验

1. 试验目的

测定土工织物在一定法向压力作用下的水平渗透系数和导水率。

2. 试验设备

（1）常水头渗透试验仪。常水头渗透试验仪包括安装试样装置、供水装置、恒水位装置、加荷装置与水位测量装置。水平渗透试验原理如图 10-11 所示。

1）安装试样装置：应密封不漏水。

2）恒水位装置：应能调节水位，满足水力梯度 1.0 时试验过程中水位差保持不变。

3）加荷装置：施加于试样的法向压力范围宜为 10~250kPa，并在试验过程中保持恒压，对于直接加荷型，在试验上下面应放置橡胶垫层，使荷载均匀施加于整个宽度与长度上，且橡胶垫层应无水流通道。

4）水位测量装置：水位测量应精确至 1mm。

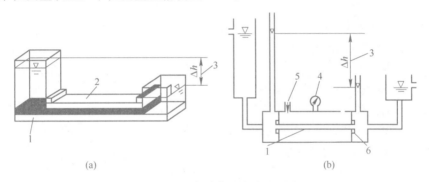

图 10-11 水平渗透试验原理图

（a）直接加荷；（b）气压加荷

1—试样；2—加荷板；3—水位差；4—压力表；5—压力进口；6—试样密封

（2）其他：计时器、量筒、水桶、温度计、压力表水桶等。计时器准确至 0.1s，量筒准确至 1%，温度计准确至 0.5℃，压力表宜准确至满量程的 0.4%。

3. 试验步骤

（1）试样准备。试样数量应不少于 2 个，试样宽度应大于 100mm，长度应大于 2 倍宽度；如果试样宽度不小于 200mm，长度应不小于 1 倍宽度。

（2）测试步骤。

1）将试样包封在乳胶膜套内，保证试样平整无折皱，试样侧边与膜套间应无渗漏。对于直接加荷型，应仔细安装试样上下垫层，使试样承受均匀法向压力。

2）对试样施加 2~5kPa 的法向压力，使试样与乳胶膜套紧密贴合，随即向水位容器内注入试验用水，排出试样内的气泡。试验过程中试样应饱和。

3）按现场条件选用水力梯度，当情况不明时，选用水力梯度不大于 1.0。

4）按现场条件或设计要求对试样施加法向压力。如果需要确定一定压力范围内的渗透系数，则应至少进行三种压力的试验，分布在所需要范围内。

5）对试样施加最小一级法向压力，持续 15min。

6）抬高上游水位，使其达到设计要求的水力梯度。

7）测量初始读数，测量通过水量应不小于 $100cm^3$，或记录 5min 内通过的水量。初始读数后，应每隔 2h 测量一次，试验记录见表 10-10。

8）前后两次测量的误差小于 2% 时应作为水流稳定的标准，以最后一次测量值作为测试值。

9）如需进行另一种水力梯度下试验，应在调整好水力梯度后，待稳定 15min 后进行测量。

10）调整法向压力，重复步骤 5）~9），进行其余法向压力下的试验。

4. 数据处理

1）按下式计算 20℃ 的水平渗透系数：

$$k_{h20} = \frac{QL}{\delta \cdot B \cdot \Delta h \cdot t} \cdot \frac{\eta_T}{\eta_{20}} \tag{10-11}$$

式中　k_{h20}——20℃ 的水平渗透系数，cm/s；

Q——渗透水量，cm^3/s；

L——试样长度，cm；

B——试样宽度，cm；

δ——试样厚度，cm；

Δh——水位差，cm；

t——渗透水量 Q 对应的渗透历时，s；

η_T——试验水温 T℃ 时水的动力黏滞系数，kPa·s；

η_{20}——20℃ 时水的动力黏滞系数，kPa·s。

2）按下式计算 20℃ 的导水率 θ_{20}：

$$\theta_{20} = k_{h20} \cdot \delta \tag{10-12}$$

式中　θ_{20}——20℃ 时试样的导水率，cm^2/s。

思 考 题

10-1　简述土工织物的六大基本功能。

10-2　简述土工织物在试验前进行试样状态调节的原因。

10-3　简述土工织物最基本的几类力学性能指标及相应的测试方法。

10-4　对某土工布进行垂直渗透试验，试验结果记录于表 10-11。已知水温为 16℃，过水面积为 $20cm^2$，试分析计算 20℃ 渗透系数。（答案见表 10-11 括号中数据）

表 10-11　某土工布垂直渗透试验结果

试样厚度/cm	试验次数	历时/s	水位差/cm	渗透水量/cm³	渗透系数/cm·s⁻¹	20℃渗透系数/cm·s⁻¹	20℃平均渗透系数/cm·s⁻¹
0.3	1	60	10	102	0.00255	(0.00282)	(0.00278)
	2	60	15	151	0.00252	(0.00278)	
	3	60	20	198	0.00247	(0.00273)	

第十一章 载荷试验

第一节 导　言

载荷试验是通过承压板施力给地基土，来模拟建筑物地基在受垂直荷载条件下工程性能的一种现场模型试验。该方法对地基土不产生扰动，确定地基承载力最可靠、最有代表性，可直接用于工程设计，是目前世界各国用以确定地基承载力的最主要方法，也是比较其他地基原位测试成果的基础。

载荷试验的分类有多种形式，按照试验对象划分为天然地基土的一般载荷试验、复合地基载荷试验和桩基载荷试验；按照加荷性质划分为静力载荷试验和动力载荷试验；根据承压板的设置深度及特点，又可分为浅层、深层平板载荷试验和螺旋板载荷试验。其中，浅层平板载荷试验适用于浅层地基，深层平板载荷试验适用于埋深等于或大于 3m 和地下水位以下的土层，螺旋板载荷试验适用于深层地基或地下水位以下的土层。本章以试验对象不同进行了载荷试验的分类介绍，其中对于一般载荷试验的浅层平板载荷试验在本章第二节重点介绍，而在第三节中则简述了一般载荷试验中的螺旋板载荷试验以及复合地基载荷试验和桩基载荷试验的原理及特点。

第二节　浅层平板载荷试验

一、试验目的

浅层平板载荷试验（plate load test，简称 PLT）是在一定面积的刚性承压板上向地基土逐级加荷，测定天然浅层地基沉降随荷载的变化情况，借以确定地基承载力和变形特征的现场试验。它所反映的是承压板以下大约 1.5~2.0 倍承压板直径（或宽度）的深度范围内土层的应力-应变-时间关系的综合性状。

载荷试验可用于以下目的：

（1）确定地基土的比例界限压力和极限压力，为评定地基土的承载力提供依据。

（2）确定地基土的变形模量。

（3）估算地基土的不排水抗剪强度。

（4）估算地基土的基床系数。

（5）测定湿陷性黄土地基的湿陷起始压力。

浅层平板静载荷试验适用于各类地表浅层地基土，特别适用于各种填土和碎石土。

二、试验原理

根据地基土的应力状态，平板载荷试验得到的压力-沉降曲线（p-s 曲线）可以分为三个阶段，如图 11-1 所示。

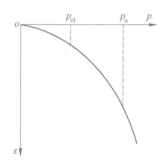

图 11-1　平板载荷试验
$p\text{-}s$ 曲线

1. 直线变形阶段

当压力小于比例极限压力（又称临塑荷载）p_{cr} 时，$p\text{-}s$ 呈直线关系，地基土处于弹性变形阶段。受荷土体中任意点产生的剪应力小于土体的抗剪强度，土的变形主要由土中孔隙的减少而引起，土体变形主要是竖向压缩，并随时间的增长逐渐趋于稳定。

2. 剪切变形阶段

当压力大于 p_{cr} 而小于极限压力 p_u 时，$p\text{-}s$ 关系由直线变为曲线关系，此时地基土处于弹塑性变形阶段。曲线的斜率随压力 p 的增大而增大，土体除了竖向压缩之外，在承压板的边缘已有小范围内土体承受的剪应力达到了或超过了土的抗剪强度，并开始向周围土体发展，处于该阶段土体的变形由土体的竖向压缩和土粒的剪切变位同时引起。

3. 破坏阶段

当压力大于极限压力 p_u 后，即使压力不再增加，承压板仍不断下沉，土体内部形成连续的滑动面，在承压板周围土体发生隆起及环状或放射状裂隙，此时，在滑动土体内各点的剪应力均达到或超过土体的抗剪强度。

对于载荷试验的直线变形阶段，可以用弹性理论分析压力与变形之间的关系。

（1）对于各向同性弹性半无限空间，由弹性理论可知，刚性压板作用在半无限空间表面或近地表时，土的变形模量为

$$E_0 = I_0 I_1 K (1 - \mu^2) d \tag{11-1}$$

式中　E_0——土体变形模量，MPa；

　　　d——承压板直径（或方形承压板边长）；

　　　I_0——承压板位于表面的影响系数。圆形承压板 $I_0 = \pi/4 = 0.785$，方形承压板 $I_0 = 0.886$；

　　　I_1——承压板埋深 z 时的修正系数。表面的影响系数，当 $z<d$ 时，$I_1 \approx 1-(0.27d/z)$；当 $z>d$ 时，$I_1 \approx 0.5+(0.223d/z)$；

　　　K——$p\text{-}s$ 关系曲线直线段的斜率的倒数；

　　　μ——土的泊松比。

（2）对非均质各向异性弹性半无限空间，本书只考虑地基土模量随深度线性增加的情况。通过采用不同直径的圆形承压板载荷试验，由于其试验影响深度的不同，可以测得地基土不同深度范围内的综合变形模量，然后评价地基土模量随深度的变化规律。假设地基土模量随深度的变化规律表示为 $E_{0z} = E_0 + n_v/z$，其中，承压板放置深度 $z = \alpha d$（d 为承压板直径），E_0 和 n_v 分别为地基土模量常数项和深度修正系数，由下式计算：

$$E_0 = (1 - \mu^2) \left(\frac{K_1 - K_2}{d_1 - d_2} \right) d_1 d_2 \tag{11-2}$$

$$n_v = \frac{I_0 (1 - \mu^2)}{\alpha} \left(\frac{K_1 d_1 - K_2 d_2}{d_1 - d_2} \right) \tag{11-3}$$

式中　K_1，K_2——分别为采用直径 d_1 和 d_2 的承压板进行载荷试验得到的 $p\text{-}s$ 曲线的斜率。

三、试验设备

浅层平板载荷试验的仪器设备主要包括：承压板、加荷系统、反力系统、量测系统四部分。

1. 承压板

承压板是将上部荷载转化成均布基底压力的刚性平板，用于模拟建筑物的基础。承压板常用加肋钢板、铸铁板、混凝土和钢筋混凝土板制成，要求压板具有足够的刚度，板底平整光滑，尺寸和传力重心一致，搬运和安置方便。承压板形状一般为正方形或圆形，有时根据试验的要求采用矩形承压板。

承压板的面积越大越接近工程实际，但面积越大需要加载量越大，试验难度和成本越高。在工程实践中。可根据试验岩土层状况选用适合的尺寸，一般情况下可参照下面的经验值选取：对于一般黏性土地基，常用面积为 $0.5m^2$ 的承压板；对于碎石类土，承压板直径（或宽度）应为最大碎石直径的 $10 \sim 20$ 倍；对于岩石类或均质密实土，承压板的面积以 $0.1m^2$ 为宜。

2. 加荷系统

加荷系统是通过承压板对地基土施加定额荷载的装置，总体上可分为重物加荷装置和千斤顶加荷装置。重物加荷装置是将具有已知质量的标准钢锭、钢轨或混凝土块等重物按试验加载计划依次地放置在加载台上，达到对地基土施加分级荷载的目的。千斤顶加荷装置在反力装置的配合下对承压板施加荷载，根据使用的千斤顶类型分为机械式或油压式。常见的载荷试验加载与反力布置方式如图 11-2 所示。

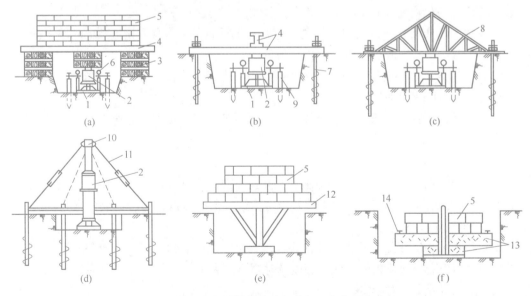

图 11-2 常见的载荷试验加载与反力布置方式
1—承压板；2—千斤顶；3—木垛；4—钢梁；5—钢锭；6—百分表；7—地锚；8—桁架；9—立柱；
10—分力帽；11—拉杆；12—载荷台；13—混凝土；14—测点

3. 反力系统

反力系统可以由重物、地锚单独或地锚与重物共同提供，与梁架共同组合成稳定的反力系统。

4. 量测系统

量测设备包括力和位移量测设备两部分。

（1）力量测设备。承压板上受到的竖向力需要准确量测，规范规定竖向力量测精度要高于95%。常用量测方法有：

1）力传感器法：在千斤顶与受力梁间加入力传感器，由传感器量测竖向力，传感器的精度可使力的量测误差小于千分之五。

2）压力表量测：通过与液压千斤顶的油腔相连的液压表量测油压大小，由率定曲线上压力表读数与千斤顶出力的关系曲线查得轴向力大小，这种量测方法受到液压表精度的限制，量测精度较低。

（2）位移量测设备。位移量测包括基准梁和位移测量元件。基准梁的支撑柱应离承压板和地锚（如果采用地锚提供反力）一定的距离，以避免地表变形对基准梁的影响。位移量测元件可以采用百分表或位移传感器。

四、试验步骤

1. 试验前准备

在有代表性的地点，整平场地，开挖试坑。试坑底面宽度不小于承压板直径或宽度的3倍。试坑底部的岩土应尽量避免扰动，保持其原状结构和天然湿度。在开挖试坑及安装设备中，应将坑内地下水位降至坑底以下，并防止因降低地下水位而可能产生破坏土体的现象。试验前应在试坑边取原状土样2个，以测定土的含水率和密度。

（1）放置承压板。在试坑中心位置，根据承压板的大小铺设不超过20mm厚度的砂垫层并找平。然后小心平放承压板，防止斜角着地。

（2）安装载荷台架或千斤顶反力构架。其中心应与承压板中心一致，当调整反力构架时，应避免对承压板施加压力。

（3）安装沉降测量系统。打设支撑桩，安装基准梁，固定百分表或位移传感器，形成完整的沉降量测系统。

2. 试验操作步骤

（1）分级加荷。荷载按等量分级施加，并保持静力条件和沿承压板中心传递。加荷等级不小于8级，最大加载量不应小于地基承载力设计值的2倍，每级荷载的增量应为预估极限荷载的1/10~1/8。

（2）稳压操作。每级荷重下必须保持稳压，由于加压后地基沉降、设备变形和地锚受力拔起等原因都会引起荷重的降低，必须及时观察测力计读数的变动，并通过千斤顶不断地补压，使荷重保持相对稳定。

（3）沉降观测。根据《岩土工程勘察规范》（GB 50021—2001），当采用慢速法时，每级加荷后，按间隔5min、5min、10min、10min、15min、15min，以后每隔30min测读一次沉降，当连续2h，每1h沉降量不大于0.1mm时，认为沉降已达到相对稳定标准，可施加下一级荷载；当试验对象是岩体时，间隔 1min、2min、2min、5min 测读一次沉降，以后每隔 10min 测读一次，当连续三次读数之差不大于 0.01mm 时，认为沉降已达到相对稳定标准，可施加下一级荷载。

采用快速法时，每加一级荷载按间隔 15min 观测一次沉降。每级荷载维持 2h，即可施加下一级荷载。

当采用等沉降速率法时，控制承压板以一定的沉降速率沉降，测读与沉降相应的所施加的荷载，直至土体达破坏状态。

（4）试验结束条件。一般应尽可能进行到试验土层达到破坏阶段，然后终止试验。当出现下列情况之一时，可认为已达破坏阶段，并可终止试验。

1）承压板周边土出现明显侧向挤出，周边岩土出现明显隆起或径向裂缝持续发展。

2）本级荷载沉降量大于前级荷载沉降量的 5 倍，荷载与沉降曲线出现明显陡降段。

3）某级荷载增量下，24h 内沉降速率不能达到稳定标准。

4）总沉降量与承压板直径（或宽度）之比超过 0.06。

（5）回弹观测。当需要卸载观测回弹时，每级卸载量为加载增量的 2 倍，历时 1h，每隔 15min 观测一次，荷载安全卸除后继续观测 3h。

（6）试验观测与记录。在试验过程中，必须始终按规定将观测数据记录在载荷试验记录表中，如表 11-1 所示。试验记录是载荷试验中最重要的第一手资料，必须正确记录，并严格校对。

表 11-1　平板载荷试验记录表

工程名称：_____　　　试验者：_____

土样编号：_____　　　计算者：_____

试验日期：_____　　　校核者：_____

序号	荷载		点				点			
			沉降/mm		历时/min		沉降/mm		历时/min	
	kPa	kN	本级	累计	本级	累计	本级	累计	本级	累计
1										
2										
3										
4										
5										
6										
7										
8										
9										
10										

五、数据整理

载荷试验原始资料包括沉降观测、荷载等级和其他与载荷试验相关的信息，如承压板形状、尺寸、载荷点的试验深度、试验深度处的土性特征，以及沉降观测百分表或传感器在承压板上的位置等。

对原始数据检查校对无误后，对平板载荷试验的数据进行如下整理：

（1）绘制 p-s 曲线。根据载荷试验原始记录，将（p，s）点绘于坐标纸上，如图 11-3 所示。

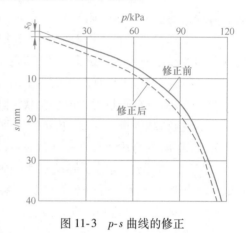

（2）p-s 曲线的修正。载荷试验过程中，由于一些因素的干扰，使得测记的沉降值与真实沉降量存在一定差异。如设备荷载引起的沉降未量测、试验区土面未整平、电测传感器的温漂等。这些因素引起的误差使得 p-s 曲线不通过坐标原点。

如果原始 p-s 曲线的直线段延长线不通过原点（0，0），则需对 p-s 曲线进行修正。可采用两种方法进行修正。

图 11-3　p-s 曲线的修正

1）图解法。先以一般坐标纸绘制 p-s 曲线，如果开始的一些观测点（p，s）基本上在一条直线上，则可直接用图解法进行修正。即将曲线上的各点同时沿 s 坐标平移，使 p-s 曲线的直线段通过原点，如图 11-3 所示。

2）最小二乘修正法。对于已知 p-s 曲线开始一段近似为一直线（即 p-s 曲线具有明显的直线段和拐点），可用最小二乘法求出最佳回归直线。假设 p-s 曲线的直线段可以用下式来表示：

$$s = s_0 + c_0 p \qquad\qquad (11\text{-}4)$$

需要确定两个系数 s_0 和 c_0。如果 $s_0=0$，则表明该直线通过原点，否则不通过原点。求得 s_0 后，$s' = s-s_0$，即为修正后的沉降数据。

对于圆滑型或不规则型的 p-s 曲线（即不具有明显的直线段和拐点），可假设其为抛物线或高阶多项式表示的曲线，通过拟合求得 s_0 后，按 $s' = s-s_0$ 来进行沉降修正。

（3）绘制 s-$\lg t$ 曲线。在半对数坐标上绘制沉降 s 和时间 t 关系的 s-$\lg t$ 曲线，同时需要标明每根曲线的荷载等级，荷载单位为 kPa。

六、工程应用

1. 确定地基的承载力

在资料整理的基础上，根据曲线 p-s 拐点，必要时结合曲线 s-$\lg t$ 的特征，定比例界限压力 p_{cr} 和极限压力 p_u。但曲线 p-s 呈缓变曲线时，可取对应于某一相对沉降值（即 s/b，b 为承压板直径或边长）的压力评定地基承载力。

（1）拐点法。如果拐点明显，直接从曲线 $p\text{-}s$ 上确定拐点作为比例界限，并取该比例界限所对应的荷载值作为地基承载力特征值。

（2）极限荷载法。先确定极限荷载，当极限荷载小于对应的比例界限的荷载值的 2 倍时，取极限荷载的一半作为地基承载力特征值。

（3）相对沉降法。当按上述两种方法不能或不易确定地基承载力时，在 $p\text{-}s$ 曲线上取 s/b（相对沉降）为一定值所对应的荷载为地基承载力特征值。按《岩土工程勘察规范》（GB 50021—2001），当承压板面积为 $0.25\sim0.50\mathrm{m}^2$ 时，可取 $s/b=0.01\sim0.015$ 所对应的荷载作为地基承载力特征值，但其值不应大于最大加载量的一半。

同一层土参加统计的试验点不应少于 3 点，试验实测值的极差不超过平均值的 30% 时，取此平均值为该土层的地基承载力特征。

2. 确定地基的变形模量

（1）对于各向同性地基，当地表无超载时（相当于承压板置于地表），按下式计算：

$$E_0 = I_0 K(1 - \mu^2) d \tag{11-5}$$

式中符号意义同公式（11-1）。

（2）对于各向同性地基，当地表有超载时（相当于靠近地表、在地表以下一定深度处进行试验），可按式（11-1）计算。

> ★　如果地表以下不远处还含有软弱下卧层，把表层荷载试验所得的 E_0 用于全压缩层的总沉降计算，其结果必然较地基的实际沉降为低，这是偏危险的。因此，在进行地基沉降计算前务必要将地层情况搞清。如在基底压缩层范围内发现软弱下卧土层，必须对软土层进行荷载试验，以掌握压缩层的全部变形参数，才能既安全又准确地估算地基沉降。

3. 确定地基的基准基床系数

载荷试验 $p\text{-}s$ 曲线前部直线段的坡度，即压力与变形比值 p/s，称为地基基床系数 $K_v(\mathrm{kN/m}^3)$，这是一个反映地基弹性性质的重要指标，在遇到基础的沉降和变形问题特别是考虑地基与基础的共同作用时，经常需要用到这一参数。

按照《岩土工程勘察规范》（GB 50021—2001）规定，当采用边长为 30cm 的平板载荷试验时，可根据式（11-6）确定地基的基准基床系数 K_v：

$$K_v = \frac{p}{s} \tag{11-6}$$

式中　p——载荷试验上部荷载，若 $p\text{-}s$ 曲线无直线段，p 可取极限压力的一半；

　　　s——对应荷载 p 时，地基产生的沉降量，mm。

4. 其他应用

平板载荷试验的测试成果还可用于评价地基不排水抗剪强度，预估地基最终沉降量和检验地基处理效果，判断黄土湿陷性及湿陷起始压力等，读者可参阅相关文献，本书不再赘述。

第三节　其他类型载荷试验简介

一、螺旋板载荷试验

针对天然地基土的一般载荷试验中，除了平板载荷试验，还有其他的几种类型，螺旋板载荷试验即是其中一类。该试验是将一螺旋形的承压板借助于人力或机械力旋入地下试验深度，通过传力杆对螺旋板施加荷载，观测承压板的沉降，以获得的压力-位移-时间关系，借助于理论或经验关系可以推求地基土参数的一种现场测试技术。

试验的设备同样包括承压板、加载系统、反力系统和量测系统，如图 11-4 所示。

螺旋板载荷试验的技术要求主要有：

（1）螺旋承压板应有足够的刚度，加工应准确，板头面积根据地基土的性质可选 $100cm^2$、$200cm^2$ 和 $500cm^2$ 等。

（2）螺旋板入土时，应适当保持螺旋板板头的旋入进尺与螺距一致，以及保持螺旋板与土接触面光滑，可使对土体的扰动大大减小。

（3）加载方式与平板载荷试验一样，有常规慢速法、快速法和等速率法。

（4）同一试验孔在垂直方向上的试验点间距一般应 ≥1m，实测中一般在用静力触探了解了土层剖面后，结合土层变化和均匀性布置试验点。

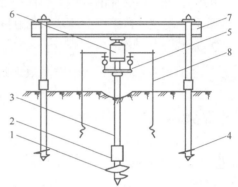

图 11-4　螺旋板载荷试验装置示意图
1—螺旋承载板；2—测力传感器；3—传力杆；
4—反力地锚；5—位移计；6—油压千斤顶；
7—反力钢梁；8—位移固定锚

（5）试验加载等级、稳定标准和终止加载条件等同平板载荷试验。

该试验由于不需挖掘试坑，可以较好保持试验土层的原始应力状态；并可不做大的设备搬动就能测得同一点不同深度处的地基特征。

螺旋板载荷试验主要适用于地下水位以下一定深度处的砂土和软、硬黏性土，通过试验可以获得地基的变形参数（变形模量、固结系数）、饱和软黏土的不排水抗剪强度和地基土承载力等相关参数。

二、复合地基载荷试验

复合地基载荷试验用于测定承压板下应力主要影响范围内复合地基土层的承载力和变形参数。测试方法主要有两种：单桩复合地基测试法和桩土分离式测试法。单桩复合地基测试时压板覆盖的区域与一根桩承担的加固面积相适应，当桩的布置很密时，也可采用多桩复合地基测试法。而桩土分离式测试法是分别对桩和土进行测试，然后按公式换算出相应的地基参数。

在用载荷试验测定桩土应力比时，应在承压板下桩顶及桩间土上与压板接触面处分别设土压力盒；土压力盒平面位置应考虑桩及桩间土各部位应力位移的变化。当桩径较大时，可在桩中心、边缘、桩间土临桩侧及远桩侧处同时安设，并布成一直线或垂直交叉或呈 45°两个方向。

桩土分离式测试法的试验要点与浅层平板载荷试验基本相同；单桩或多桩复合地基载荷试验要点详见《建筑地基处理技术规范》（JGJ 79—2002）中的相应规定，主要有如下几点：

（1）压板底标高应与桩顶设计标高相同，压板下宜设中粗砂找平层。

（2）每加一级荷载前后应各读记承压板沉降量 s 一次，以后每 0.5h 读记一次。当 1h 内沉降增量小于 0.1mm 时，即可加下一级荷载。

（3）当出现下列现象之一时，可终止试验：

1）沉降急骤增大、土被挤出或承压板周围出现明显的隆起。

2）承压板的累计沉降量已大于其宽度或直径的 6%。

3）当达不到极限荷载，而最大加载压力已大于设计要求压力值的 2 倍。

（4）卸载级数可为加载级数的一半，等量进行，每卸一级，间隔 0.5h，读记回弹量，待卸完全部荷载后间隔 3h 读记总回弹量。

（5）复合地基承载力特征值的确定。

1）当压力-沉降曲线上极限荷载能确定，而其值不小于对应比例界限的 2 倍时，可取比例界限；当其值小于对应比例界限的 2 倍时，可取极限荷载的一半。

2）当压力-沉降曲线是平缓的光滑曲线时，可按相对变形值确定：

①对沉管砂石桩、振冲碎石桩和柱锤冲扩桩复合地基，可取 s/b 或 s/d 等于 0.01 所对应的压力（b 或 d 分别为承压板宽度和直径）。

②对灰土挤密桩、土挤密桩复合地基，可取 s/b 或 s/d 等于 0.008 所对应的应力。

③对水泥粉煤灰碎石桩或夯实水泥土桩复合地基，对以卵石、圆砾、密实粗中砂为主的地基，可取 s/b 或 s/d 等于 0.008 所对应的压力，对以黏性土、粉土为主的地基，可取 s/b 或 s/d 等于 0.01 所对应的压力。

④对水泥土搅拌桩或旋喷桩复合地基，可取 s/b 或 s/d 等于 0.006~0.008 所对应的压力，桩身强度大于 1.0MPa 且桩身质量均匀时可取高值。

⑤对有经验的地区，可按当地经验确定相对变形值，但原地基土为高压缩性土层时，相对变形值的最大值不应大于 0.015。

⑥复合地基荷载试验，当采用边长或直径大于 2m 的承压板进行试验时，b 或 d 按 2m 计。

⑦按相对变形值确定的承载力特征值不应大于最大加载压力的一半。

三、桩基自平衡法载荷试验

桩基自平衡法载荷试验是对传统静载荷试验的补充，能有效地进行大直径、高承载力以及受场地限制的桩基检测，它最初是由美国学者 Osterberg 于 20 世纪 80 年代首先提出，并成功应用于工程实践。近 10 年欧洲及日本、加拿大、新加坡等国也广泛使用该法，且都已有相应的测试规则。我国东南大学在理论研究的基础上，于 1996 年就该方法的关键设备荷载箱和位移量测、数据采集处理系统进行了成功研发。目前该方法已在全国范围内推广，并出版了相关行业标准《基桩静载试验自平衡法》（JT/T 738—2009）。

桩基自平衡检测法的主要装置（见图 11-5）是荷载箱，由活塞、顶盖、底盖、箱壁 4 部分组成，主要功能用于加载实验，在设计时，桩的外径要略大于荷载箱顶盖、底盖的外径，荷载箱的顶盖、底盖上布置有位移杆。

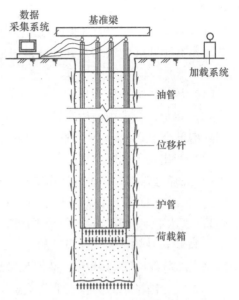

桩基自平衡检测法的技术检测原理是：第一步在桩身选择好荷载箱安装位置；第二步沿垂直方向安装荷载箱；第三步进行加载试验，同时取得记录荷载箱上、下部沉降过程中的相关参数。

桩基自平衡检测法的关键环节是第三步，其即进行加载实验以取得荷载箱上、下部各自的承载力，具体操作如下：首先，将钢筋笼同荷载箱焊接后放入桩体，浇筑混凝土成桩；其次，地面试验人员通过油泵向桩体加压，荷载箱随着压力的递增同时向上、向下发生变位，桩侧阻力及与桩端阻力得到发挥。这样获得的

图 11-5　桩基自平衡法载荷试验
装置示意图[48]

技术参数通过处理，能够有效进行桩体承载力、沉降、弹性压缩与塑性变形的评价。

桩基自平衡检测法与传统静载荷法相比有如下特点：

（1）针对各特定地层的特性有效进行大吨位静载试验，满足高层建筑和特大公路桥梁工程桩基单桩承载力很高的要求。

（2）可以有效解决水下、边坡、地下等特殊环境下的静载试验难题。

（3）可以安全地进行静载试验，并且可以同时进行单桩和群桩静载试验，这为大量地、高效地实现静载试验提供了可能。

思 考 题

11-1　载荷试验的压力沉降曲线可分为哪几个阶段，各有什么特征，与土体的应力应变状态有什么联系？

11-2　简述浅层平板静载荷试验的技术要点。

11-3　为什么会出现原始 $p\text{-}s$ 曲线的直线段不通过原点的情况，在整理资料过程中如何进行修正？

11-4　载荷试验确定地基承载力的常用方法有哪几种？

11-5　利用平板载荷试验对某地基进行试验，已知圆形承压板直径为 80cm，地基土泊松比为 0.35，$p\text{-}s$ 曲线的直线段 K 值为 20.6MPa/m，试计算在地表无超载情况下的地基土的变形模量 E_0。

（答案提示：$E_0 = I_0 K(1 - \mu^2)d = 0.785 \times 20.6 \times (1 - 0.35^2) \times 0.8 = 11.4\text{MPa}$）

第十二章 触探试验

第一节 导　言

土体如果从室外取到室内，必然经受一定程度的扰动，而且有些土体也难以取得原状土进行室内的分析试验；此外，现场土的整体特性要比室内局部土体性状复杂许多，因此如能就近在原位进行相关试验，对土体性状准确性的评估是非常有益的。本章所涉及的触探试验，就是目前在岩土工程界应用最为广泛的原位试验类型之一，其在地基土类划分、土层剖面确定、土体强度指标评价以及地基承载力的综合评估等方面均具有显著优势。本章将对触探试验的三种类型予以分别介绍。

触探试验主要分为静力触探试验、动力触探试验和标准贯入度试验。其中静力触探试验具有连续、快速、精确，可以在现场通过贯入阻力变化了解地层变化及其物理力学性质等特点，主要适用于软土、一般黏性土、粉土、砂土和含少量碎石的地基，但测试含较多碎石、砾石的土层与密实的砂层时，则需进行圆锥动力触探试验。圆锥动力触探设备简单，操作方便，适用性广，并有连续贯入的特性，对于难以取样的砂土、粉土、碎石土等和对静力触探难以贯入的含砾石土层，是非常有效的勘测手段。其缺点是不能取样进行直接描述，试验误差较大，再现性较差。而标准贯入度试验（以下简称标贯试验），设备整体构型与动力触探试验相同，但是标贯试验的探头为圆筒状，动力触探试验的探头为圆锥状。因此动力触探是在动能作用下，通过测定实心锥尖所受反力推测被测试土的工程性质；而标贯试验是通过测定进入探头圆筒土体所受阻力的方式来测求被测土的工程性质。且从试验对象而言，标贯试验也主要适用于砂土与黏性土，而不能用于碎石类土和岩层的探测，此外，标贯试验可从贯入器中取得试验深度处的散状土样，对土层进行直接观察。

而本章将对这三种类型的触探试验分别予以介绍。

第二节　静力触探试验

一、试验目的

静力触探试验（cone penetration test，简称 CPT）是在拟静力条件下（没有或很少冲击荷载），将内部装有传感器的探头以匀速压入土中，并将传感器所受阻力变成电信号输入到记录仪中，再通过贯入阻力和土的工程性质之间的相关关系以及统计关系来判别土层工程性质。其作为岩土工程中的一项重要原位测试方法，可用于划分土层并判定土层类别，测定地基土的工程特性（包括地基承载力、变形模量、砂土密度和液化可能性等）以及单桩竖向承载力等很多方面。

相比于常规的钻探-取样-室内试验，静力触探法具有快速、准确、经济，节省人力、勘查与测试双重功能的特点。特别对地层变化较大的复杂场地以及较难取得原状土的地层及桩基工程勘查，更具优越性。静力触探试验主要适用于软土、一般黏性土、粉土、砂土和含少量碎石的地基。其贯入深度不仅与土层工程性质有关，还受触探设备的推力和拔力的限制。一般 200kN 的静力触探设备，在软土中的贯入深度可以超过 70m，而在中密砂层中的深度可以超过 30m。

二、试验设备

静力触探设备根据量测方式，分为机械式和电测式两类。机械式采用压力表测量贯入阻力，电测式采用传感器电子测试仪表测量贯入阻力。前者目前在国内已基本不再使用，故本书着重介绍电测式的静力触探设备。

静力触探设备总体上分为五个部分，即探头和探杆装置、加压装置、反力装置、量测记录系统和深度控制系统。下面依次予以分别说明。

1. 探头和探杆装置

（1）基本构型。探头在压入土中时，将受到压力和剪力，土层强度越高，探头所受阻力越大，探头中的传感器将这种阻力以电信号形式记录到仪表中。

探头质量取决于三个方面：

1）传感器材料的线弹性好，形变的范围宽；

2）传感器中应变片受温度影响小，组成全桥电路时稳定性好；

3）探头外形准确，不容易磨损。

根据触探探头的结构与传感器功能的不同，主要分为单桥触探头和双桥触探头。这也是在中国常用的两种探头。单桥探头中是一个全桥电路，由带外套筒的锥头、顶柱、传感器以及电阻应变片组成，量测的是比贯入阻力 p_s，如图 12-1 所示。

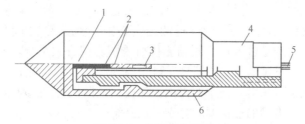

图 12-1　单桥探头结构

1—顶柱；2—电阻应变片；3—传感器；4—密封垫圈套；5—四芯电缆；6—外套筒

而双桥探头中，除了锥头传感器外，还有侧壁摩擦传感器和摩擦套筒。探头上有两个全桥电路，分别用以量测锥尖和锥壁的摩阻力。如图 12-2 所示。

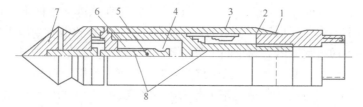

图 12-2　双桥探头结构

1—传力杆；2—摩擦传感器；3—摩擦筒；4—锥尖传感器；5—钢珠；6—顶柱；7—锥尖头；8—电阻应变片

常用的单桥和双桥探头型号和规格分别见表12-1和表12-2。

表 12-1 单桥探头的型号和规格

型　号	锥底直径/mm	锥底面积/cm²	有效侧壁长度/mm	锥角/(°)
Ⅰ-1	35.7	10	57	60
Ⅰ-2	43.7	15	70	60
Ⅰ-3	50.4	20	81	60

表 12-2 双桥探头的型号和规格

型　号	锥底直径/mm	锥底面积/cm²	摩擦筒表面积/cm²	摩擦筒有效长度/mm	锥角/(°)
Ⅱ-1	35.7	10	200	179	60
Ⅱ-2	43.7	15	300	219	60
Ⅱ-3	50.4	20	300	189	60

除了单桥和双桥探头外，还有一种孔压探头，它是在双桥探头的基础上增加了由过滤片做成的透水滤器和孔压传感器，在测定锥尖阻力、侧壁摩擦力及孔隙水压力的同时，还能测定周围土中孔隙水压力的消散过程。此外，携带测定温度、测斜、测振、测电阻率、测波速等的多功能探头也逐渐在国内外被开发应用，限于篇幅，本书不再介绍。

探杆是触探贯入力的传递媒介。常用的探杆由直径32~35mm，壁厚5mm以上的高强度无缝钢管制成，每根钢管长1m，探头杆宜采用平接，以减少压入过程中探杆与土的摩擦力。

（2）探头率定。密封好的探头要进行率定，找出贯入阻力和探头内传感器应变值间的关系后才能使用。探头率定使用30~50kN的标准测力计进行。每个传感器需要定期率定，一般三个月率定一次，率定用的测力计或传感器必须计量检验合格，且在有效期内精度不低于3级。率定加荷分级，根据额定贯入力大小决定，一般当额定贯入力较大时，可取额定贯入力1/10，额定贯入力较小时，可取额定贯入力1/20，率定所用电缆和记录仪，需是现场试验实际采用的电缆和记录仪。标定试验至少重复3次，以平均值作图。一般以加压荷载为纵坐标，应变量（或电压）为横坐标，采用端点连接法，即以零载和满载时输出值连成直线，正常情况下各率定点应在该直线上。

探头率定系数k可以按照下式计算：

$$k = \frac{P}{Ae} \tag{12-1}$$

式中　　k——探头的率定系数（对电阻式和电压式单位分别为 kPa/με 和 kPa/mV）；

　　　　P——率定直线上一点的荷载；

　　　　A——率定锥尖阻力传感器时为锥头底面积，率定侧壁摩阻力传感器时为摩擦筒侧面积，m^2；

　　　　e——与荷载P对应的输出电压值，mV 或应变量，με。

（3）传感器质量标准。根据《岩土工程勘察规范》（GB 50021—2001）规定，探头及其传感器应该满足以下要求：

1）绝缘电阻≥500MΩ；

2）探头环境使用温度 10~55℃；

3）过载能力超出额定荷载的 20%；

4）探头有良好防水、密封性能；

5）探头归零误差、重复性误差、迟滞误差、非线性误差，温漂在室内标定时均不大于满量程的 1%，现场测试时的归零误差不得大于 3%满量程。

2. 加力装置

该装置是为了能将探头以一定的速率压入土中。按照加压方式可以分为以下几种：

（1）手摇式静力触探。利用摇柄、链条、齿轮等机械装置，用人力将探头压入土中。此类设备能提供的贯入力小，一般为 20kN 和 30kN 两种。适用于狭小场地的浅层软弱地基测试。

（2）齿轮机械式静力触探。是在手摇式静力触探装置基础上改装而成，主要由变速马达、伞形齿轮、导向滑块、支架、底板、导向轮和探杆构成，结构较为简单，加工方便，可车载或组装为落地式、拖车式，但贯入压力也不大，一般为 50kN 左右，适用于深度要求不大、土层较软的地基。

（3）全液压传动静力触探。分为单缸和双缸两种，主要部件有油缸、油泵、固定底座、分压阀、压杆器和导向轮等，动力可用柴油机或者电动机，常用的贯入力有 100kN、150kN 和 200kN 三种。

3. 反力装置

该装置是为了防止探头贯入过程中由于地层阻力的作用使触探架被抬起而设置的，一般有三种形式：

（1）利用地锚作为反力。当地表有较硬黏性土的覆盖层时，一般采用 2~4 个可拆卸式的单叶片地锚（锚杆长度约 1.5m，叶片直径可分成多种，如 25cm、30cm、35cm、40cm，以适应各种情况）。工作时，由液压锚机将地锚旋压入土中，利用地锚为静力触探设备均衡提供反力，锚长与入土深度可在一定范围内根据所需反力大小调节。

（2）利用重物作为反力。适用于表层为砂砾、碎石土等地锚下不去的情况，反力通过施加于触探架上的钢锭、铁块来提供。重物的质量宜由所需反力大小，以及触探反力架的额定承受能力以及一定安全储备确定。

（3）利用车辆重量作为反力。适用于现场不便下锚，且所需反力低于静力触探车辆的自重时，就采用静力触探车自重提供反力。

此外，若现场条件仅采用一种方法不足以提供反力时，考虑多种方法组合予以实施。

4. 量测记录系统

常用量测装置有数字式电阻应变仪、电子电位差自动记录仪和微电脑数据采集仪三种。

电阻应变仪大多为 YJ 系列。通过电桥平衡原理进行测量。触探头工作时，传感器发生变形，引起电阻应变片的电阻值变化，桥路平衡发生变化。电阻应变仪通过手动调整电桥，使之达到新平衡，确定应变量大小，从读数盘上读取应变值。

自动记录仪是由电子电位差计改装而成。由探头输入的信号，到达测量电桥后产生一个不平衡电压，电压信号放大后，推动可逆电机转动，后者带动与其相连的指示机构，沿着有分度按信号大小比例刻制的标尺滑行，直接绘制被测信号的数值曲线。

微电脑数据采集仪，是采用模数转换技术，将被测信号模拟量的变化在测试过程中直接转换成 q_c、f_s、p_s 数字值打印出来，同时在检测显示屏上，将这些参数随深度变化曲线亦显示出来。所有记录数据储存磁盘，并可传输入电脑，以做进一步数据处理。

5. 深度控制系统

采用一对自整角机。发信机固定在底板上，与摩擦轮相连，摩擦轮随钻杆下压而转动，带动发信机轮转动、送出深度信号，利用导线带动收信机的转轮旋转，驱动由齿轮连接的同步走纸设备实时记录钻进的深度，一般的贯入速度为（1.2±0.3）m/min，贯入深度记录的精度为 0.25cm/m。

三、试验原理

静力触探试验的贯入机理较为复杂，目前土力学还未能完善的解决探头与周围土体间的接触应力分布及土体变形问题。近似贯入机理理论分为三类，即承载力理论、圆孔扩张理论以及稳定贯入流体理论。

不同的贯入理论有不同的简化假设，承载力理论借助单桩承载力的半经验分析，认为探头以下土体受圆锥头的贯入产生整体剪切破坏，其中滑动面处的抗剪强度提供贯入阻力，滑动面的形状则是根据实验模拟或经验假设，承载力理论适用于临界深度以上的贯入情况。球穴扩张理论假定圆锥探头在各向同性无限土体中的贯入机理与圆球及圆柱体空穴扩张问题相似，并将土体作为可压缩的塑性体，所以其理论分析适用于压缩性土。而稳定贯入流体理论中，土是不可压缩流动介质，圆锥探头贯入时，受应变控制，根据其相应的应变路径得偏应力，并推导得出土体中的八面体应力，主要适用于饱和软黏土。

四、试验步骤

1. 试验前准备

（1）设备进场测试前，检测设备性能是否良好。

（2）根据钻探资料或区域地质资料估算现场贯入力的大致范围，选择合适的探头和加力装置。

（3）进场后选定探孔的位置，测量孔口的高程。

一般地，测点离已有钻孔距离不小于已有钻孔直径 20 倍，且不小于 2m。一般原则为先触探、后钻探。平行试验的孔距不宜大于 3m。

（4）安装反力装置，下锚或者压载，或者并用。

（5）安装加力装置和连接量测设备，采用水准尺将底板调平。检查自整角机深度转换器、导轮、卷纸结构。

（6）检查探头外套筒与锥头活动情况，穿好电缆，检查探杆，保证探杆平直，丝扣无裂纹。

（7）进入试验工作状态，检查电源、仪表、线间、对地绝缘是否正常。

2. 试验测试

（1）确定试验初始读数，将探头压入地表以下 0.5~1m，经过 10min 左右，向上提升

5~10cm，使得探头传感器处于不受力的状态，待探头温度与地温平衡后，此时仪器上的稳定读数即为初读数，将仪器调零或记录该初始读数后，进行正常贯入试验。

（2）以（1.2±0.3）m/min 的速度均匀贯入，每间隔 10~20cm 测记一次读数（根据设备实际情况选择自动记录或者人工读数）。

（3）钻杆长度不够时，需要接钻杆，注意在接卸钻杆的时候，不能转动电缆，防止拉断。每次连接探杆的时候，丝扣必须上满，卸除探杆时，保证下部探杆不能转动，防止接头处电缆被扭断；同时防止电缆受拉，以免电缆拉断。

（4）触探过程中的探头归零检查。由于初读数并非固定不变，每贯入一定深度后，大约 2~5m，都要上提探头 5~10cm，测读一次初始读数，以校核贯入过程中的初读数变化情况。在深度 6m 内，一般每贯入 1~2m，应提升探头检查温漂并调零；6m 以下每贯入 5~10m 应提升探头检查回零情况，当出现异常时，应检查原因及时处理。

（5）钻孔达到预定深度以及探头拔出地面时，分别测读一次初始读数，提升钻杆，卸除探头的锥头部分，将泥沙擦洗干净，保持顶柱及外套筒能自由活动。试验结束后应立即给探头清洗上油，妥善保管，防止探头被暴晒或受冻。

（6）出现下列情况之一时，应中止贯入，并立即起拔：

1）孔深已达到任务书的要求；

2）反力装置失效或触探主机已超额定负荷；

3）探杆出现明显的弯曲，有折断的危险。

五、数据处理

1. 原始数据修正

（1）深度修正。当记录深度与实际深度有出入时，应沿深度线性修正深度误差。出现此类问题的主要原因有地锚松动、探杆夹具打滑、触探孔偏斜、走纸机构失灵、导轮磨损等，除了进行深度修正外，还应针对不同的原因，提出修正处理对策。此外，当触探杆出现相对于铅垂线的偏斜角 θ 时，应进行的深度修正，若倾斜在 8° 以内，则不做修正。

一般每隔 1m 测定一次偏斜角，得到每次的深度修正值为：

$$\Delta h_i = 1 - \cos\left(\frac{\theta_i + \theta_{i-1}}{2}\right) \tag{12-2}$$

式中　Δh_i——第 i 段的深度修正值；

　　θ_i，θ_{i-1}——第 i 次和 $i-1$ 次的实测偏斜角。

而在深度 h_n 处，总深度修正值为 $\sum_{i=1}^{n} \Delta h_i$，因此实际深度为 $h_n - \sum_{i=1}^{n} \Delta h_i$。

（2）零漂修正。所谓零漂是零点漂移的简称，是指在直接耦合放大电路中，当输入端无信号时，输出端的电压偏离初始值而上下漂动的现象，是因为地温、探头与土摩擦产生的热传导而引起的，故并非常数。一般有两种修正方法：一是测零读数时，发现漂移时即刻将仪器调零，而如此整理后的原始数据就不再做归零修正；另一种方法是将测定的零读数记录下来，仪器在操作过程中并不调零，而在最终数据整理时，对原始数据进行修正，一般按归零检查的深度间隔按线性插值法对测试值加以修正。

2. 单孔资料整理

（1）计算实际应变：

$$\varepsilon = \varepsilon_1 - \varepsilon_0 \tag{12-3}$$

式中　ε——实际应变值；

　　ε_1——应变观测值；

　　ε_0——应变初始值。

（2）计算贯入阻力。根据电阻应变仪测定的应变，换算成为贯入阻力，具体如下：

单桥探头比贯入阻力

$$p_s = \alpha\varepsilon \tag{12-4}$$

双桥探头锥尖阻力

$$q_c = \alpha_1\varepsilon_q \tag{12-5}$$

侧壁摩阻力

$$f_s = \alpha_2\varepsilon_f \tag{12-6}$$

式中　p_s——单桥探头的比贯入阻力；

　　α——单桥探头的锥头传感器系数。

　　ε——单桥探头的实际贯入应变值；

　　q_c——双桥探头的锥尖阻力；

　　f_s——双桥探头的侧壁阻力；

　　ε_q——双桥探头中针对锥尖阻力的实际贯入应变值；

　　ε_f——双桥探头中针对侧壁摩阻力的实际贯入应变值；

α_1，α_2——双桥探头的锥头和侧壁的传感器系数。

贯入阻力计算的原则，对单孔各分层的贯入阻力计算时，可采用算术平均法或按照触探曲线采用面积法。计算时应剔除个别异常数值，并剔除超前和滞后值。计算整个场地分层贯入阻力时，可以按各孔穿越该层厚度加权平均法计算；或各孔触探曲线叠加后，绘制谷值与峰值包络线和平均值线，以便确定场地分层的贯入阻力在深度上的变化规律和变化范围。

（3）绘制触探曲线。包括单桥下的比贯入阻力与深度曲线 p_s-h；双桥下的锥头阻力 q_c-h，侧壁摩阻力 f_s-h，摩阻比 R_f-h（$f_s/q_c \times 100\%$）曲线。

对自动记录的曲线，由于贯入停顿间歇，曲线会出现喇叭口或者尖锋，在绘制静力触探曲线时，应加以圆滑修正。

建议常用的纵横坐标比例尺如下：

1）纵坐标深度比例如 1∶100，深孔可用 1∶200。

2）横坐标代表触探参数，对单桥下的比贯入阻力 p_s 和双桥下的锥头阻力 q_c，可以采用 1cm 代表 1000kPa 或 2000kPa。

3）侧壁摩阻力 f_s 比较小，比例尺取 1cm 代表 10kPa 或者 20kPa。

4）摩阻比 R_f，一般可用 1cm 代表 1%。

3. 划分土层以及绘制剖面图

（1）利用静力触探资料进行土层划分时，按照表 12-3 给出的范围作为土层划分界限。

即当 p_s 值不超过表中所列的变动幅度时，可合并为一层。如果有钻孔对比资料，则可进行对比分层，分层准确性较之单纯静力触探资料分层高得多。

表 12-3　p_s 并层容许变动幅度

实测范围值/MPa	变动幅度/MPa	实测范围值/MPa	变动幅度/MPa
$p_s \leq 1$	$\pm(0.1 \sim 0.3)$	$3 \leq p_s \leq 6$	$\pm(0.5 \sim 1.0)$
$1 \leq p_s \leq 3$	$\pm(0.3 \sim 0.5)$		

（2）对薄夹层，不能受表 12-3 限制，应以 $p_{smax} \leq 2$ 为分层标准，并结合记录曲线的线性与土的类别予以综合考虑。

（3）在分层时需要考虑触探曲线中的超前和滞后问题。下卧土层对上覆土层击数的影响，称为"超前反映"，而上覆土层对下卧层击数的影响称为"滞后反映"。界面处的超前与滞后反映段的总厚度，称为土层界面对击数的影响范围。在密实土层和软弱土层交界处，往往出现这种现象，幅值一般为 10～20cm。其原因除了交界处土层本身的渐变性外，还有触探机理和仪器性能反应迟缓等方面的问题，应视具体情况加以分析。

另外还有一些经验分层方法列举如下：

（1）上下层贯入阻力相差不大时，取超前深度和滞后深度中点，或中点偏向小阻力值 5～10cm 处作为分层界面。

（2）上下层贯入阻力相差一倍以上时，当由软层进入硬层或由硬层进入软层时，取软层最后一个（或第一个）贯入阻力小值偏向硬层 10cm 处作为分层层面。

（3）如果贯入阻力 p_s 变化不大时，可结合 f_s 或 R_f 变化确定分层层面。

4. 成果应用

（1）应用范围。静力触探操作简便，其测定的结果，综合性较强，在实际工程中其应用面要比一些常规室内试验更为广阔，主要使用于：

1）查明地基土在水平方向和垂直方向的变化，划分土层，确定土的类别。

2）确定建筑物地基土的承载力和变形模量以及其他物理力学指标。

3）选择桩基持力层，预估单桩承载力，判别桩基沉入的可能性。

4）检查填土及其他人工加固地基的密实度和均匀性，判别砂土的密度及其在地震作用下的液化可能性。

5）湿陷性黄土地区用来查找浸水事故的范围和界限。

（2）按照贯入阻力进行土层分类的方法。针对不同类型土可能具有相同 p_s、q_c 或 f_s 值的问题，仅仅依靠某一指标对土层分类的准确性得不到保证。使用双桥探头时候，由于不同土的 q_c、f_s 不可能都相同，因此采用双桥测定的 q_c 和 f_s/q_c 两个指标进行土的分类，能够取得比较好的效果。

使用双桥探头，可按图 12-3 对土质进行分类。

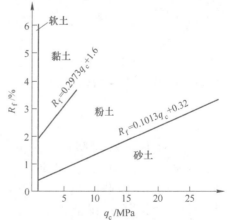

图 12-3　土的分类（双桥探头法 TBJ 37—93）

从图 12-3 可见，单纯用静力触探资料进行土层划分较为粗糙，而且重叠范围大，准确性较低，一般都要与钻探资料对比，才能得到合适结论。

（3）确定砂土密实度。静力触探参数可以用作砂土相对密实度评价的指标，表 12-4 列出了国内采用静力触探参数评定砂土密实度的大致界限范围。

表 12-4　国内采用静力触探参数评定砂土密实度界限值

单　位	极松	疏松	稍密	中密	密实	极密
辽宁煤矿设计院		$p_s<2.5$	2.5~4.5	>11		
北京市勘察院	$p_s<2$	2~4.5	4~7	7~14	14~22	$p_s>22$
南京地基基础设计规范		$p_s<3.5$		3.5~6.0	6.0~12.0	>12.0	3.5~6.0

注：p_s 单位为 MPa。

（4）确定砂土内摩擦角。砂土的内摩擦角可根据比贯入阻力参照表 12-5 取值。

表 12-5　按照比贯入阻力 p_s 确定砂土内摩擦角 φ

p_s/MPa	1	2	3	4	6	11	15	30
φ/(°)	29	31	32	33	34	36	37	39

（5）变形参数计算。静力触探试验亦可用于估算土的变形参数。如原铁道部《静力触探技术规则》（TBJ 38—93）就提出过采用比贯入阻力估算砂土压缩模量的经验关系，如表 12-6 所示。

表 12-6　按照比贯入阻力 p_s 确定砂土压缩模量 E_s

p_s/kPa	E_s/MPa	p_s/kPa	E_s/MPa
500	2.6~5.0	2000	6.0~9.2
800	3.5~5.6	3000	9.0~11.5
1000	4.5~6.0	4000	11.5~13.0
1500	5.5~7.5	5000	13.0~15.0

（6）按照贯入阻力确定地基土的承载力。用静力触探试验资料确定地基承载力，国内外都有相关的经验公式问世。总体的思路是以静力触探试验成果与载荷试验成果比较，进行相关分析得到特定地区或者特定土性的经验公式。如表 12-7 所示是《岩土工程试验监测手册》（2005 年）所列出的不同单位得到的不同地区黏性土的地基承载力经验公式。对于砂性土则采用表 12-8 所列经验公式。

表 12-7　黏性土静力触探与地基承载力经验公式

序号	公　式	适用范围	公式来源
1	$f_0 = 104p_s + 26.9$	$0.3<p_s<6$	工业与民用建筑工程地质勘察规范（TJ 21—77）
2	$f_0 = 183.4\sqrt{p_s} - 46$	$0<p_s<5$	铁三院
3	$f_0 + 17.3p_s + 159$	北京地区老黏性土	原北京市勘察处
	$f_0 = 114.8\lg p_s + 124.6$	北京地区新近代土	
4	$f_{0.026} = 91.4p_s + 44$	$1<p_s<3.5$	武汉联合小组

序号	公 式	适用范围	公式来源
5	$f_0 = 249 \lg p_s + 157.8$	$0.6 < p_s < 4$	四川省综合勘察院
6	$f_0 = 86 p_s + 45.3$	无锡地区 $p_s = 0.3 \sim 0.5$	无锡市建筑设计院
7	$f_0 = 1167 p_s^{0.387}$	$0.24 < p_s < 2.53$	天津市建筑设计院
8	$f_0 = 87.8 p_s + 24.36$	湿陷性黄土	陕西省综合勘察院
9	$f_0 = 98 q_c + 19.24$	黄土地基	机械工业勘察设计研究院
10	$f_0 = 44 p_s + 44.7$	平川型新近堆积黄土	机械工业勘察设计研究院
11	$f_0 = 90 p_s + 90$	贵州地区红黏土	贵州省建筑设计院
12	$f_0 = 112 p_s + 5$	软土，$0.085 < p_s < 0.9$	铁道部（1988）

表 12-8 砂土静力触探承载力经验公式

序 号	公 式	适用范围	公式来源
1	$f_0 = 20 p_s + 59.5$	粉细砂 $1 < p_s < 15$	用静探测定砂土承载力
2	$f_0 = 36 p_s + 76.6$	中粗砂 $1 < p_s < 10$	联合试验小组报告
3	$f_0 = 91.7 \sqrt{p_s} - 23$	水下砂土	铁三院
4	$f_0 = (25 - 33) q_c$	砂土	国外

此外，静力触探还有判别单桩承载力、液化势、检测水泥土桩成桩质量等应用。限于篇幅，不再一一列举，读者可参阅有关著作和规范。

第三节 动力触探试验

一、试验目的

动力触探（dynamic penetration test，简称 DPT）是利用一定的落锤能量，将一定尺寸和形状的探头打入土中，根据探头打入的难易程度（可用贯入度，锤击数，或者探头单位面积动力贯入阻力来表示）判定土层性质的一种原位测试方法。

圆锥动力触探设备简单，操作方便，适用性广，并有连续贯入的特性，对于难以取样的砂土、粉土、碎石土等和对静力触探难以贯入的含砾石土层，动力触探是非常有效的勘测手段。其缺点是不能取样进行直接描述，试验误差较大，再现性较差。

圆锥动力触探可以用来划分土层，定性评价地基土的均匀性与物理力学性质，检测地基加固和改良的质量效果等。

二、试验设备

圆锥动力触探试验的类型，根据落锤能量以及探头规格可分为轻型、重型和超重型三种（早期还有中型触探试验，目前已经取消），其规格和适用土类见表 12-9 及表 12-10。不同类型的圆锥动力触探试验设备有一定的差别，但其基本组成基本相同，主要由触探头、触探杆以及穿心锤三部分组成。目前应用较多的是轻型和重型动力触探。图 12-4 列出了常用的动力触探设备的探头构成。

表 12-9　我国常用动力触探仪的规格

类　型		轻型	重型	超重型
落锤	锤质量/kg	10±0.2	63.5±0.5	120±1
	落距/cm	50±2	76±3	100±2
探头	直径/cm	40	74	74
	锥角/(°)	60	60	60
贯入标准		贯入 30cm 锤击数 N_{10}	贯入 10cm 锤击数 $N_{63.5}$	贯入 10cm 锤击数 N_{120}

表 12-10　各类动力触探的适用范围

土类	黏性土		粉土	砂　土					碎石土（无胶结）			风化岩石	
	黏土	粉质黏土		粉砂	细砂	中砂	粗砂	砾砂	圆/角砾	卵/碎石	漂/块石	极软岩	软岩
轻型													
重型													
超重型													

三、试验原理

动力触探是通过落锤能量来实现贯入的目的，因此能量的核准甚为重要。一般动力触探的落锤理想能量 E 可按式（12-7）计算：

$$E = \frac{1}{2}\frac{W}{g}v^2 = \frac{1}{2}Mv^2 \qquad (12\text{-}7)$$

式中　W——锤的重量，N；

　　　M——锤的质量，kg；

　　　v——锤自由下落与探杆发生碰撞前的速度，cm/s。

由于实际中的锤击能比理论落锤能要小，其受落锤方式、导杆摩擦和锤击偏心等因素影响，需要折减计算，具体方法为：

$$E_1 = e_1 E \qquad (12\text{-}8)$$

式中　E_1——实际锤击能量，J；

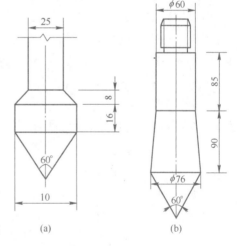

图 12-4　常用动力触探探头构成示意图
（尺寸单位：mm）
（a）轻型动力触探探头；（b）重型动力触探探头

　　　e_1——落锤的效率系数，自由落锤时，可取 0.92。

而落锤碰撞探杆输入探杆的能量 E_2，还进一步受打头材料、形状和大小控制，可用下式计算：

$$E_2 = e_2 E_1 \qquad (12\text{-}9)$$

式中　E_2——落锤碰撞探杆输入探杆的能量，J；

　　　e_2——输入效率系数（一般国内通用的大钢打头 $e_2 = 0.65$；小钢打头 $e_2 = 0.85 \sim 0.90$）。

而当能量从探杆输入到探头，还有进一步损失，探头实际得到能量的表述为：

$$E_3 = e_3 E_2 \tag{12-10}$$

式中　E_3——探头获得的能量，J；

　　　e_3——杆长传输能量的效率系数，其取值可参考表 12-11。总体而言，e_3 随杆长的增加而增大，当杆长超过 10m 时，$e_3 = 1.0$。

表 12-11　e_3 随杆长的经验取值

杆长/m	Seed（1985）	Skempton（1986）
	e_3 值	
<3	0.75	0.55
3~4	1.0	0.75
4~6	1.0	0.85
6~10	1.0	0.95
>10	1.0	1.0

实际中，将组合所有的效率系数，计算得到最终的探头获得能，即用以克服上覆土对探头贯入阻力的有效能量 E_3。

$$E_3 = eE \tag{12-11}$$

式中　E_3——探头获得的能量，J；

　　　e——综合传输能量比，$e = e_1 \times e_2 \times e_3$。

相应地，有如下能量守恒公式：

$$1000NE_3 = 1000NeE = R_d Ah \tag{12-12}$$

式中　N——贯入深度为 h 时的锤击数；

　　　R_d——探头单位面积上的动贯入阻力，kPa；

　　　A——探头面积，cm^2；

　　　h——探头贯入深度，cm。

由此得到，动贯入阻力：

$$R_d = \frac{1000NeE}{Ah} = \frac{1000eE}{As} \tag{12-13}$$

式中　s——平均每击的贯入度，$s = h/N$。

综上可见，作为动力触探试验，锤击数很重要，反映了土层的动贯入阻力大小，而动贯入阻力与土层的种类、密实程度、力学性质有关。因此，实践中常采用贯入土层一定深度的锤击数作为动力触探的试验指标。

四、试验步骤

部分步骤根据触探装置类型不同而有所不同，具体如下所述。

1. 轻型动力触探（N_{10}）

（1）先采用钻具钻孔到试验土层标高以上 0.3m 处，再对试验土层进行连续触探。

（2）试验中，穿心距的落距位（50±2）cm，使其自由下落，将探头竖直打入土层中，每打入 30cm 的锤击数即为 N_{10}。

（3）针对有描述土层需要时，可将触探杆拔出，换上轻便钻头或专用勺钻进行取样。如需对下卧土层进行试验时，可用钻具穿透坚实土层后再贯入。

（4）试验贯入深度一般限制在 4m 以内，若要更深，可清孔后继续贯入至多 2m。

（5）当 N_{10}>100 或贯入 15cm 超过 50 击时，可停止试验。

2. 重型动力触探（$N_{63.5}$）

（1）试验前，触探架应安装平稳，保持触探孔垂直，垂直度偏差不超过 2%。

（2）试验时，使得穿心锤自由下落，落距为（76±2）cm。

（3）锤击速度控制在 15~30 击/min，尽量使得打入过程连续，所有超过 5min 的间断都应在记录中予以注明。

（4）及时记录每贯入 10cm 的锤击数（一般是 5 击贯入量小于 10cm），亦可如下式所示，记录每一阵击贯入度 K，然后再换算为每贯入 10cm 所需的锤击数 $N_{63.5}$。

$$N_{63.5} = \frac{10K}{S} \tag{12-14}$$

式中　K——一阵击的锤击数，一般以 5 击为一阵击，土质较为松软时应少于 5 击；

　　　　S——一阵击的贯入量，cm。

（5）对于一般砂、圆砾、角砾和卵石、碎石土、触探深度不超过 12~15m，超过该深度时，需考虑触探杆的侧壁摩阻影响。

（6）当连续 3 次 $N_{63.5}$>50 击时，即停止试验。若要继续触探，可考虑使用超重型动力触探。

（7）本试验也可与钻探交互进行，减少侧壁摩擦影响。

3. 超重型静力触探（N_{120}）

（1）贯入时应使得穿心锤自由下落，地面上触探杆高度不宜过高，以免倾斜和摆动过大。

（2）贯入过程应尽量连续，锤击速度宜 15~25 击/min。

（3）贯入深度一般不宜超过 20m。

（4）超重型静力触探的正常击数在 3~40 击，击数超过这个范围，如遇软黏土，可记录每击的贯入度，如遇硬土层可记录一定击数下的贯入度。

五、数据整理

1. 对各种影响因素进行击数的修正，计算锤击数 N

轻型动力触探以探头在土中贯入 30cm 的锤击数确定 N_{10} 值，中型和重型超重型都是以贯入 10cm 的锤击数来确定贯入击数 N 值的。现场试验记录的可能是一阵击贯入度和相应锤击数，此时需要进行贯入度的换算以及影响因素的修正。其中一些主要的影响因素修正方法如下：

（1）杆长校正。轻型触探深度浅，杆长较短，不作杆长修正。

重型动力触探杆长超过 2m，超重型动力触探杆长超过 1m 时，按照下式进行杆长修正

$$N = \alpha N' \tag{12-15}$$

式中　N——经杆长修正后的锤击数；

　　　N'——实测动力触探锤击数；

　　　α——杆长校正系数，参见文献［24］。

（2）侧壁影响校正。

1）轻型动力触探试验：可不考虑侧壁影响的修正。

2）重型动力触探试验：对于砂土和松散至中密程度的圆砾、卵石以及触探深度在 1~15m 范围内时，一般可不考虑侧壁摩阻影响，不作修正。

（3）地下水位影响的校正。对于地下水位以下的中、粗、砾砂以及圆砾、卵石，重型动力触探的锤击数应按照下式进行修正：

$$N_{63.5} = 1.1 N'_{63.5} + 1.0 \tag{12-16}$$

式中　$N'_{63.5}$——考虑地下水位影响校正后的锤击数；

　　　$N_{63.5}$——经杆长校正后的锤击数。

（4）上覆压力的影响。对一定相对密实度的砂土，锤击数在一定深度范围内，随着贯入深度的增加而增大，超过这一深度后趋于稳定值。对一定颗粒组成的砂土，锤击数，相对密实度和上覆压力之间存在如下关系：

$$\frac{N}{D_r^2} = a + b\sigma'_v \tag{12-17}$$

式中　N——标准贯入击数；

　　　σ'_v——有效上覆压力，kPa；

　　　D_r——砂土的相对密实度；

　　　a，b——经验系数，随着砂土的颗粒组成而变化。

2. 计算动贯入阻力

由于锤击数是不同触探参数得到的，并不利于相互比较，而其量纲也无法与其他物理力学指标共同计算，故近年来也多用动贯入阻力来替代锤击数作为动力触探的指标。

常见的动贯入阻力的计算公式有荷兰公式、前苏联的格尔谢万诺夫公式、海利公式等。其中荷兰公式是目前国内外应用最广的，并为我国《岩土工程勘察规范》（GB 50021—2001）和水利部《土工试验规程》（SL237—1999）等规范所推荐。

该公式建立在古典牛顿碰撞理论基础上，其基本假定为：绝对的非弹性碰撞，即碰撞后杆与锤完全不能分开；完全不考虑弹性变形能量的消耗，因此应用时有以下限制：

（1）每击贯入度在 2~50mm 之间；

（2）触探深度一般不超过 12m；

（3）触探器质量与落锤质量之比不大于 2。

荷兰公式具体表述如下：

$$R_d = \frac{Q}{Q + q} \cdot \frac{QgH}{As} \tag{12-18}$$

式中　R_d——动力触探动贯入阻力，N/m^2；

　　　Q——锤质量，kg；

q——触探器总质量（含探头、触探杆和锤座等），kg；

H——落锤高度，m；

g——重力加速度，N/kg；

A——探头截面面积，m^2；

s——每击贯入度，而用以计算该值的总击数 N 要根据前述方法，考虑各种因素予以修正后得到，m。

★　需要说明的是，上文第三部分试验原理中，有关贯入阻力分析式（12-13），是综合考虑了多个方面能量折减因素所列出的理论公式，其能量折减系数 e 全面但并不便于应用；而在实际应用中，例如公式（12-18）（荷兰公式），则是对计算贯入阻力做了很多假设，仅考虑主要的能量折减因素，而忽略一些次要因素的影响所建立的。读者在阅读本书及相关著作时，要对原理和实际应用方法予以区别。

3. 绘制动力触探曲线划分土层界限

将经过校正后的锤击数 N 或动贯入阻力 R_d 建立与贯入深度 h 的联系，绘制相关关系曲线，如图 12-5 所示，触探曲线可绘成直方图形式。根据触探曲线的形态，结合钻探资料，进行地基土的力学分层。

分层时应考虑触探的界面效应，即下卧层的影响。一般由软层进入硬层时，分层界线可选在软层最后一个小值点以下 $0.1 \sim 0.2\text{m}$ 处；由硬层进入软层时，分界线在定在软层第一个小值点以下 $0.1 \sim 0.2\text{m}$ 处。

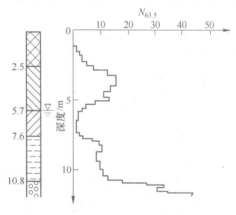

图 12-5　N-h 曲线

4. 计算每个土层的贯入指标平均值

首先按单孔统计各层动贯入指标平均值，统计时应剔除超前和滞后影响范围以及个别指标异常值。然后根据各孔分层贯入指标平均值，用厚度加权平均法计算场地分层平均贯入指标。

5. 成果应用

（1）评价无黏性地基土的相对密实度。

1）原机械工业部第二勘察院（现中机工程勘察设计研究院）根据探井中实测的密实度和孔隙比得到与 $N_{63.5}$ 的对应关系，如表 12-12 所示。

表 12-12　$N_{63.5}$ 与砂土密实度的关系

土的分类	$N_{63.5}$	砂土密实度	孔隙比
砾　砂	<5	松散	>0.65
	5~8	稍密	0.65~0.50
	8~10	中密	0.50~0.45
	>10	密实	<0.45

土的分类	$N_{63.5}$	砂土密实度	孔隙比
粗　砂	<5	松散	>0.80
	5~6.5	稍密	0.80~0.70
	6.5~9.5	中密	0.70~0.60
	>9.5	密实	<0.60
中　砂	<5	松散	>0.90
	5~6	稍密	0.90~0.80
	6~9	中密	0.80~0.70
	>9	密实	<0.70

2）根据我国《建筑地基基础设计规范》（GB 50007—2011），可以采用重型圆锥动力触探的锤击数 $N_{63.5}$，评定碎石土的密实度（见表 12-13）。

表 12-13　碎石土密实度

锤击数 $N_{63.5}$	密实度	锤击数 $N_{63.5}$	密实度
$N_{63.5} \leq 5$	松散	$10 < N_{63.5} \leq 20$	中密
$5 < N_{63.5} \leq 10$	稍密	$N_{63.5} \geq 20$	密实

注：1. 本表适用于平均粒径不大于 50mm 且最大粒径不超过 100mm 的卵石、碎石、圆砾、角砾。
　　2. 表内 $N_{63.5}$ 为综合修正后的平均值。

（2）确定地基土的承载力。我国《建筑地基基础设计规范》（GBJ 7—89）是以附表形式给出利用动力触探击数来确定地基土承载力标准值的方法，但《建筑地基基础设计规范》（GB 50007—2011）已将此表删除，主要原因是我国幅员辽阔，土质情况复杂，局部地区的经验难以适应我国各个地区的实际情况。因此表 12-14~表 12-17 所列出的《建筑地基基础设计规范》（GBJ 7—89）中的一些触探击数与地基承载力的经验关系仅作为实际应用时的一种参考。

表 12-14　N_{10} 与黏性土承载力标准值 f_k 的关系

N_{10}	15	30	25	30
f_k/kPa	105	145	190	230

表 12-15　N_{10} 与素填土承载力标准值 f_k 的关系

N_{10}	10	20	30	40
f_k/kPa	85	115	135	160

表 12-16　$N_{63.5}$ 与砾、粗、中砂承载力标准值 f_k 的关系

$N_{63.5}$	3	4	5	6	8	10
f_k/kPa	120	150	200	240	320	400

表 12-17 $N_{63.5}$ 与碎石土承载力标准值 f_k 的关系

$N_{63.5}$	3	4	5	6	8	10	12
f_k/kPa	140	170	200	240	320	400	480

★ 需要说明的是,《建筑地基基础设计规范》从 2002 版起便引进了地基承载力特征值 (f_{ak}) 以取代旧规范中的地基承载力标准值 (f_k)。虽然两者在数值上比较接近,但概念上地基承载力特征值 (f_{ak}) 是指由载荷试验测定的地基土压力变形曲线线性变形段内规定的变形对应的压力值,其还可由其他原位测试、公式计算,并结合工程实践经验等方法综合确定。而地基承载力标准值 (f_k) 的外延要大于特征值,是各种方法确定承载力基本值以后,再在一定可靠度指标下,经过概率统计方法确定的值。读者在借鉴旧规范对现有工程问题承载力进行分析时应注意对不同参数类别加以区别。

（3）确定抗剪强度和变形模量。

1）动力触探 N_{10} 与砂土的内摩擦角的关系,可参考表 12-18 所示数据。

表 12-18 N_{10} 与砂土的内摩擦角 φ 的关系（前苏联 PCH 32—70）

N_{10}	5	6	8	10	13	16	20	25
$\varphi/(°)$	30	31	32	33	34	35	36	37

2）亦有一些有关变形模量 E_0 与重型动力触探的动贯入阻力 R_d 的经验关系,如下式所示。此方法为原冶金部建筑科学研究院和武汉冶金勘查公司共同提出的。

对黏性土和粉土 $\qquad E_0 = 5.488R_d^{1.468}$ (12-19a)

对填土 $\qquad E_0 = 10(R_d - 0.56)$ (12-19b)

式中 E_0——变形模量,MPa;

R_d——动贯入阻力,MPa。

（4）确定桩尖持力层和单桩承载力。

1）确定单桩持力层。在层位分布规律比较清楚地区,尤其是上硬下软的土层,采用动力触探能很快确定端承桩的桩尖持力层。但是在地层变化复杂和无建筑经验的地区,则不宜单独采用动力触探资料来确定桩尖持力层。

2）确定单桩承载力。动力触探无法实测地基土极限侧壁摩阻力,在桩基勘察时主要用于桩端承力为主的短桩。我国沈阳、成都和广州等地区通过动力触探和桩静载荷试验的对比,利用数理统计得出了用动力触探指标来估算单桩承载力的经验公式,应用范围都具有地区性。

沈阳市桩基试验研究小组在沈阳地区用 $N_{63.5}$ 与桩载荷试验的统计分析,得到如下的经验关系:

$$p_a = 24.3\overline{N}_{63.5} + 365.4 \qquad (12-20)$$

式中 p_a——单桩竖向承载力特征值,kN;

$\overline{N}_{63.5}$——由地面至桩尖范围内平均每 10cm 修正后的锤击数。

广东省建筑设计研究院在广州地区通过现场打桩资料和动力触探的对比,找出桩尖持力层桩的击数和动力触探击数的关系和桩的总击数与动力触探的总击数的关系,推算出单桩竖向承载力的估算公式如下：

对大桩机

$$p_a = \frac{QH}{9(0.15 + e)} + \frac{QH(2N_{63.5})}{1200} \qquad (12\text{-}21a)$$

对中桩机

$$p_a = \frac{QH}{8(0.15 + e)} + \frac{QH(2N_{63.5})}{4500} \qquad (12\text{-}21b)$$

式中　　p_a——单桩竖向承载力特征值，kN；

　　　　Q——打桩机的锤重，kN；

　　　　H——打桩机锤的落距，cm；

　　　　e——打桩机最后 30 锤平均每一锤的贯入度，$e = 10/(3.5N'_{63.5})$，cm；

$N'_{63.5}$，$N_{63.5}$——重型圆锥动力触探在持力层的锤击数和总锤击数。

第四节　标准贯入度试验

一、试验目的

标准贯入试验（standard penetration test，简称 SPT）自 1902 年创立，并于 20 世纪 40~50 年代被推广以来，是在国内外应用最为广泛的一种地基现场原位测试技术。

从原理上而言，标准贯入试验也是动力触探试验的一种，只是其探头不是圆锥探头，而是标准规格的圆筒形探头（由两个半圆筒合成的取土器），称之为贯入器。其是利用 63.5kg 的穿心锤，以 76cm 的自由落距，将贯入器打入土中，用贯入 30cm 的击数 N 判定土体的物理力学性质。

标准贯入试验主要适用于砂土和黏性土，不能用于碎石类土和岩层。其可以用来判定砂土的密实度或黏土的稠度，以确定地基土的容许承载力；评定砂土的振动液化势和估计单桩承载力；并可确定土层剖面和取扰动土样进行一般物理性试验，用于岩土工程地基加固处理设计及效果检验。

二、试验原理

标准贯入试验（以下简称标贯试验）采用的击锤是（63.5±0.5）kg 的穿心锤，以（76±2）cm 的落距，将一定规格的标准贯入器打入土中 15cm，再打入 30cm，最后以此打入 30cm 的锤击数作为标准贯入试验的指标，即标准贯入击数 N。一般情况，承载力与 $N_{63.5}$ 成正比，因此通过 N，就能结合相关经验，对工程指标做出评价。

标贯试验与动力触探试验在原理上十分相似，主要区别一般在于评价土性的方法、探头形式及结构上的差异。标准贯入试验的探头部分称为贯入器，是由取土器转化来的开口管桩空心探头。在贯入过程中，由整个贯入器对端部和周围土体产生挤压和剪切作用，同时由于贯入器中间是空心的，部分土要挤入，加之试验是在冲击力作用下，工作条件和边界条件就变得非常复杂。故而，对标贯的研究成果，至今尚未有严格理论解。

三、试验设备

标贯试验设备装置主要由贯入探杆、穿心锤（（63.5±0.5）kg）、贯入器（长 810mm、内径 35mm、外直径 51mm）、锤垫、导向杆及其自动落锤装置等几部分组成。其基本构型如图 12-6 所示，目前我国国内的标贯设备与国际标准一致，其实验设备规格见表 12-19。

四、试验步骤

1. 钻探成孔

钻孔时，为了防止扰动底土，宜采用回转钻进法，并保持孔内水位略高于地下水位。钻孔至试验土层高程以上 15cm 处停钻，清除孔底虚土和残土，同时为防止孔中发生流沙或塌孔，必要时可采用泥浆或套管护壁。而如果是水冲钻进，应采用侧向水冲钻头，而不能用底端向下水冲钻头，以使孔底土尽可能少扰动，一般的钻孔直径在 63.5~150mm 之间。

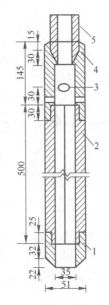

图 12-6 标准贯入实验设备
1—贯入器靴；2—贯入器身；
3—出水孔；4—贯入器头；5—触探杆

表 12-19 标准贯入试验设备规格

试验设备		规　格		试验设备		规　　格	
落　锤		锤的质量/kg	63.5	贯入器	管靴	长度/cm	50~76
		落距/cm	76			刃口角度/(°)	18~20
贯入器	对开管	长度/mm	>500			刃口单刃厚度/mm	2.5
		外径/mm	51	钻　杆		直径/mm	42
		内径/mm	35			相对弯曲	<1/1000

2. 贯入准备

贯入贯入器前，要检查探杆与贯入器的接头是否已经连接稳妥，再将贯入器和探杆放入孔内，并量得其深度尺寸。注意保持导向杆、探杆和贯入器的轴线在同一铅垂线上，保证穿心锤垂直施打。

3. 贯入操作

开始标贯试验时，先将整个杆件系统连同静置于钻杆顶端的锤击系统共同下落到孔底部。穿心锤落距为 76cm，一般采用自动落锤装置，贯入速率为 15~30 击/min，并记录锤击数。

具体分两步进行贯入：先打入 15cm，不计打击数，再打入土中 30cm，记录此过程中，每打入 10cm 的击数以及打入 30cm 的累计击数。此 30cm 的累计击数即为标准贯入击数 N。

但如果土层为密实土层，累计击数超过 50 击时，贯入深度仍未达到 30cm，则不必强行打入，记录下实际贯入深度 ΔS 和累计击数 n 即可，并按照下式计算贯入 30cm 的标准贯入击数 N：

$$N = 30n/\Delta S \qquad (12\text{-}22)$$

4. 土样描述

钻动探杆，提出贯入器并取出贯入器中的土样进行鉴别、描述、记录，必要时送实验室分析。

5. 重复试验

如果需要进行下一深度的试验，可间隔 1~2m，重复上述步骤。对于土质不均匀的土层进行标准贯入试验时，应增加试验点的密度。

五、数据分析

1. 影响因素校正

标贯试验中，影响其标贯击数的因素很多，例如钻孔孔底土的应力状态、锤击能量的传递，贯入器的规格以及标贯击数本身根据土质等的修正等。在进行标贯成果的应用前，需要根据各种因素对标贯击数进行修正，其中最为常见的包括探杆长度和地下水影响的校正。

（1）探杆长度校正。杆长修正是类似于动力触探试验原理中所述，考虑到传递能量在杆长中的变化而变化，一般根据传统牛顿碰撞理论，能量随着杆长增加，杆件系统受锤击后作用于贯入土中的有效能量逐渐减少；但亦有一维杆件中应力波传播的弹性理论，认为标贯试验中，杆长若小于 10m，则杆长增加时，有效能量也在同步增加，而当杆长超过 10m 时，能量将趋向于定值。因此早期一些规范中，曾对探杆长度做出修正要求。如《建筑地基基础设计规范》（GBJ 7—89）规定当杆长大于 3m 时，锤击数应按照式（12-23）校正：

$$N = \alpha N' \qquad (12\text{-}23)$$

式中　N'——实测的锤击数；

　　　α——探杆长度校正系数（见表 12-20）。

表 12-20　探杆长度校正系数 α

探杆长度/m	≤3	6	9	12	15	18	21
α	1.00	0.92	0.86	0.81	0.77	0.73	0.70

目前国内很多规范，并未明确要求对探杆长度进行修正（如《建筑地基基础设计规范》（GB 50007—2011）），而《岩土工程勘察规范》（GB 50021—2001）规定，N 值是否修正和如何修正，应根据建立统计关系时的具体情况而定。《港口岩土工程勘察规范》（JGS 133-1—2010）在条文说明中指出：在实际应用标准贯入试验击数时，应按具体岩土工程问题，参照有关规范考虑是否作杆长修正或其他修正，勘察报告中只提供不作修正的标准贯入试验击数。

（2）地下水影响的校正。交通部《港口工程地质勘察规范》（JTJ 240—97）规定（后来修订的《港口岩土工程勘察规范》（JGS 133-1—2010）无此规定），当采用 N 确定相对密实度 D_r，以及内摩擦角 φ 时，对地下水位以下的中、粗砂层的 N 值可按下式进行校正：

$$N = N' + 5 \qquad (12\text{-}24)$$

式中　N'——实测的锤击数；

N ——修正后的锤击数。

而 Terzaghi 和 Peck 在 1953 年提出的针对 d_{10} 介于 0.05mm 和 0.1mm 之间的饱和粉细砂，当密度大于临界孔隙比时（或 $N' > 15$），可按下式对击数进行修正：

$$N = 15 + (N' - 15)/2 \qquad (12-25)$$

2. 基本成果整理

（1）标贯试验成果整理时，试验资料应齐全，包括钻孔孔径、钻进方式、护孔方式、落锤方式、地下水位以及孔内水位（或泥浆高程）、初始贯入度、预打击数、试验标贯击数以及记录深度、贯入器取得的扰动土样鉴别描述。对于已进行锤击能量标定试验的，应有 $F(t)$ -t 曲线。

（2）绘制标准贯入锤击数 N 与土层深度的关系曲线。可在工程地质剖面图上，在进行标贯试验的试验点深度处标出标贯锤击数 N 值，也可单独绘制标准贯入锤击数 N 与试验点深度的关系曲线。作为勘察资料提供时，对 N 无需进行前述的杆长修正、上覆压力或地下水修正等。

（3）结合钻探资料以及其他原位试验结果，根据 N 值在深度上的变化，对地基土进行分层，对各土层 N 值进行统计，统计时，需要剔除个别异常数值。

六、工程应用

标贯试验参数在实际工程设计中应用很多，例如：查明场地的地层剖面和各地层在垂直和水平方向的均匀程度以及软弱夹层；确定地基土的承载力、变形模量、物理力学指标以及建筑物设计时所需的参数；预估单桩承载力和选择桩尖持力层；进行地基加固处理效果的检验和施工监测；判定砂土的密实度、黏性土的稠度、判别砂土和粉土地震液化的可能性等，下面就介绍一些比较常用的应用。

1. 砂土的密实度和内摩擦角的确定

砂土的强度指标一般与密实度有关，因此通过标准贯入度试验，可以对砂土密实度和内摩擦角进行确定，对于不含碎石和卵石的砂土，其密实度和内摩擦角，可参考表 12-21 和表 12-22 确定。

表 12-21　N 值推算砂土的密实度

N	$N \leqslant 10$	$10 < N \leqslant 15$	$15 < N \leqslant 30$	$N > 30$
密实度	松散	稍密	中密	密实

表 12-22　N 值推算砂土的内摩擦角

研究者	N				
	<4	4~10	10~30	30~50	>50
Peck	<28.5°	28.5°~30°	30°~36°	36°~41°	>41°
Meyerhof	<30°	30°~35°	35°~40°	40°~45°	>45°

2. 黏性土的强度确定

《港口岩土工程勘察规范》（JGS 133-1—2010）建议由美国太沙基教授提出的标准贯

入试验击数与一般黏性土的无侧限抗压强度的关系，如表 12-23 所示。

表 12-23　标准贯入试验击数与一般黏性土的无侧限抗压强度的关系

标准贯入试验击数 N	$N<2$	$2 \leqslant N<4$	$4 \leqslant N<8$	$8 \leqslant N<15$	$15 \leqslant N<30$
无侧限抗压强度 q_u/kPa	$q_u<25$	$25 \leqslant q_u<50$	$50 \leqslant q_u<100$	$100 \leqslant q_u<200$	$200 \leqslant q_u<400$

3. 地基承载力确定

根据标贯试验与载荷试验资料对比以及回归统计分析，可得到地基承载力与标贯击数的关系。我国原《建筑地基基础设计规范》（GBJ 7—89）曾给出黏性土和砂土地基的承载力标准值与标贯击数的经验关系，见表 12-24 和表 12-25。由于这些经验关系具有明显的地区特性，在全国范围内不具普遍意义，因此并未纳入《建筑地基基础设计规范》（GB 50007—2011）中，读者在参考这些表格时，应结合当地实际工程经验进行综合分析。

表 12-24　黏性土地基承载力标准值 f_k 与标贯击数 N 的关系

N	3	5	7	9	11	13	15	17	19	21	23
f_k/kPa	105	145	190	235	280	325	370	430	515	600	680

表 12-25　砂土地基承载力标准值 f_k 与标贯击数 N 的关系

土类　＼　N	10	15	30	50
中、粗砂	180kPa	250kPa	340kPa	500kPa
粉、细砂	140kPa	180kPa	250kPa	340kPa

此外，由于标贯试验数据的离散性较大，仅凭单孔资料是不能评价承载力的，一般承载力确定时，用于计算的标贯击数，将通过下式，由多孔平均标贯击数值进行修正。

$$N = \overline{N} - 1.645\sigma \tag{12-26}$$

式中　$\overline{N}$——实测平均贯入击数；

　　　σ——实测击数的标准差。

4. 土体变形参数的确定

采用标准贯入试验估算土的变形参数通常有两种方法：其一是与平板载荷试验对比得到；其二是与室内压缩试验对比，将对比结果经过回归分析，从而得到如表 12-26 所示的变形参数（E_0 为变形模量，E_s 为压缩模量）与标贯击数的经验关系。

表 12-26　N 与 E_0、E_s（MPa）的经验关系

单　　位	关系式	适用土类
原冶金部武汉勘察公司	$E_s = 1.04N + 4.89$	中南、华东地区黏性土
湖北省水利电力勘察设计院	$E_0 = 1.066N + 7.431$	黏性土、粉土
武汉城市规划设计院	$E_0 = 1.41N + 2.62$	武汉地区黏性土、粉土
西南综合勘察设计院	$E_s = 0.276N + 10.22$	唐山粉细土

5. 估算单桩承载力和选择桩尖持力层

早期的规范，对于标贯击数与应用参数间都给出了较多的数量联系，而现在一般认为由于中国地区过广，依靠单一地区的土层经验资料来全面预测，有失偏颇，因此现有规范中对上述关系都有所取消。例如对单桩承载力而言，《岩土工程勘察规范》（GB 50021—2001）和《建筑地基基础设计规范》（GB 50007—2011）都没有列出采用标贯击数来确定单桩承载力的关系表，但在某些特定的区域，土质的标贯参数与单桩承载力间是可以建立一定的关系的。

例如，北京市勘察设计研究院提出的单桩承载力经验公式：

$$Q_u = p_b A_p + (\sum p_{fc} L_c + \sum p_{fs} L_s) U + C_1 - C_2 x \tag{12-27}$$

式中 Q_u——单桩承载力，kPa；

    p_b——桩尖以上和以下 4 倍桩径范围内 N 平均值换算的桩极限承载力，kPa，见表 12-27；

    p_{fc}，p_{fs}——桩身范围内黏性土、砂土 N 值换算的极限桩侧侧阻力，kPa，见表 12-27；

    L_c，L_s——黏性土层、砂土层的桩段长度，m；

    U——桩截面周长，m；

    A_p——桩截面积，m²；

    C_1——经验参数，kN，见表 12-28；

    C_2——孔底虚土折减系数，kN/m，取 18.1；

    x——孔底虚土厚度，预制桩取 $x=0$；当虚土厚度大于 0.5m 时，取 $x=0.5$，而端承力取 0。

表 12-27　N 与 p_{fc}、p_{fs} 和 p_b 的关系表　　　　　（kPa）

	N	1	2	4	8	12	14	20	24	26	28	30	35
预制桩	p_{fc}	7	13	26	52	78	104	130	—	—	—	—	—
	p_{fs}	—	—	18	36	53	71	89	107	115	124	133	155
	p_b	—	—	440	880	1320	1760	2200	2640	2860	3080	3300	3850
钻孔灌注桩	p_{fc}	3	6	10	25	37	50	62	—	—	—	—	—
	p_{fs}	—	7	13	26	40	53	66	79	86	92	99	116
	p_b	—	—	110	220	330	450	560	670	720	780	830	970

表 12-28　经验参数 C_1 取值

桩　型	预　制　桩		钻孔灌注桩
土层条件	桩周有新近堆积土	桩周无新近堆积土	桩周无新近堆积土
C_1/kN	340	150	180

6. 对于地基土液化可能性的判别

采用标贯试验对饱和砂土、粉土的液化进行判别基本原理相同，但不同规范对此描述，有所差异。

《建筑抗震设计规范》（GB 50011—2010）提出当饱和砂土、粉土的初步判别认为需要进一步进行液化判别时，应采用标准贯入试验判别地面以下 20m 深度范围内土的液化。

在地面以下 20m 深度范围内，液化判别标贯锤击数临界值 N_{cr} 可按下式计算：

$$N_{cr} = N_0\beta\big[\ln(0.6d_s + 1.5) - 0.1d_w\big]\sqrt{\frac{3}{\rho_c}} \tag{12-28}$$

式中　N_{cr}——液化判别标贯击数临界值；

$\quad\quad N_0$——液化判别标贯击数基准值，按表 12-29 取用；

$\quad\quad d_s$——标贯试验深度，m；

$\quad\quad d_w$——地下水最高水位，即地下水的水平面离地表的最近距离，m；

$\quad\quad \rho_c$——黏粒含量百分率，当 ρ_c 小于 3 或者为砂土时，取 $\rho_c = 3$；

$\quad\quad \beta$——调整系数，设计地震第一组取 0.80，第二组取 0.95，第三组取 1.05。

当未经杆长修正的标贯锤击数实测值 N 小于 N_{cr} 时，判别为液化土。

表 12-29　对应地震烈度的标贯击数基准值 N_0

近远震	烈　度			近远震	烈　度		
	7	8	9		7	8	9
近震	6	10	16	远震	8	12	—

而对存在液化可能的地基，需要进一步探明各液化土层深度和厚度，并按照式（12-29）进行液化指数计算：

$$I_L = \sum_{i=1}^{n}\left(1 - \frac{N_i}{N_{cri}}\right)d_i w_i \tag{12-29}$$

式中　I_L——液化指数，计算后的该值，根据表 12-30 对土体的液化等级进行判别；

$\quad\quad N$——15m 深度范围内标贯试验点总数；

$N_i, N_{cr,i}$——第 i 点标贯击数的实测值和临界值，当实测值大于临界值时，应取临界值击数值；

$\quad\quad d_i$——第 i 点代表土层的厚度，m。一般可采用与该标贯试验点相邻的上下两试验点深度差的一半，但上界不小于地下水位深度，下界不大于液化深度；

$\quad\quad w_i$——第 i 土层考虑单位土层厚度的层位影响权函数值，m^{-1}。当该层中点深度不大于 5m 时，取 10；等于 15m 时，取 0；在 $1\sim15m$ 之间用线性插值。

表 12-30　液化等级判别

液化指数	液化程度	液化指数	液化程度
$0 < I_L \leqslant 15$	轻微	$I_L > 15$	严重
$5 < I_L \leqslant 15$	中等		

思　考　题

12-1　请简述静力触探试验的适用范围，并简述其在工程中的应用。

12-2　请简述动力触探试验的基本分类和适用范围。

12-3　请简述动力触探与标准贯入度试验的差异与联系。

12-4 请简述标准贯入度试验的基本操作步骤。

12-5 某住宅地基进行勘察和标准贯入度试验，测得表层为素填土，层厚 $h_1 = 1.5$m；第②层为粉土，深 3.50m 处，$N = 8$，层厚 $h_2 = 4.5$m；第③层为粉砂，深 8.00m 处，$N = 9$，层厚 $h_3 = 3.2$m；第④层为细砂，深 11.00m 处，$N = 15$，层厚 $h_4 = 5.4$m；第⑤层为卵石，层厚 $h_5 = 4.80$m。地下水位深度 2.20m。判别地震烈度为 8 度区，地基是否会发生液化？（按照近震、设计地震第二组进行分析）

（答案提示：各层标贯处 N_{cr} 由浅到深依次为 10、15、18，各处实际击数都小于临界击数，故会发生液化，且整个液化地层的液化指数 $I_L = 18.5$，属于潜在的严重液化程度地层）

12-6 某场地采用动力触探对地基土进行测试，其中某点位经杆长修正后的测试曲线如图 12-7 所示，试根据该曲线对前三层地基土的厚度予以确定。

（答案提示：确定土层①、土层②和土层③的厚度分别为 1.7m、1.5m 和 1.6m）

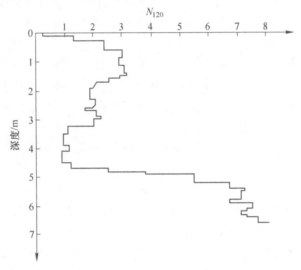

图 12-7 动力触探测试曲线

第十三章　原位波速测试法

第一节　导　　言

在岩土体的现场测试中，有的方法是直接测定岩土的工程力学特征，也有的是通过材料的其他一些参数来间接反映宏观力学参数和性状，这其中就包括了采用波速测试来评价土体性状的方法。

土是散粒体颗粒材料，从力学建模上属于黏弹塑性综合体，但是如果在小应力作用所产生的小应变范围下，可将其近似看成是弹性介质。而对于弹性介质而言，在外界动荷载的作用下，其内部质点会在某平衡位置附近产生弹性振动，且一点的振动带动周围质点的振动，从而在一定范围内造成振动传播，形成弹性波。

当动荷载在地基土表面作用引起振动时，将产生由震源所传递出去的两种类型弹性波——体波和面波。

体波是由震源沿着半球形波前向四周传播的，其振幅与传播距离 r 成反比。而根据质点振动方向与波的传播方向的关系，体波又可分为纵波（又称压缩波，简称 P 波，波速记为 v_P）和横波（又称剪切波，简称 S 波，波速记为 v_S），其中横波根据质点振动的特征，又可分解为垂直面内极化的 SV 波和水平面内极化的 SH 波。纵波的媒质质点振动方向与波的传递方向一致，而横波的质点振动方向与波的传递方向垂直。从波的基本特征上看，纵波的波速快于横波，且纵波振幅小而频率大，横波相对振幅大但频率低。

面波，包括瑞利波（简称 R 波，波速记为 v_R）和乐夫波（简称 L 波），其中瑞利波是面波的主要成分，质点的振动轨迹为椭圆，其长轴垂直于地面，而旋转方向则与波的传播方向相反。面波是体波在地表附近相互干涉所生成的次生波，沿着地表传播。

各类波在同一介质中传递的波速、频率和振幅不同，实践中利用了这种特征对波形加以提取与识别，进而分析相应波的波速以为工程所用。如图 13-1 所示展示了各类波在传播过程中的时序关系。

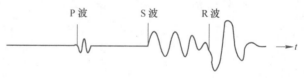

图 13-1　各类弹性波在传播过程中时序关系示意图

具体而言，根据弹性力学理论，无限介质中各类弹性波的传播速度与介质弹性参数间有如下数学关系：

$$v_P = \sqrt{\frac{E(1-\mu)}{\rho(1+\mu)(1-2\mu)}} \tag{13-1}$$

$$v_S = \sqrt{\frac{E}{2\rho(1+\mu)}} = \sqrt{\frac{G}{\rho}} \tag{13-2}$$

式中　v_P——纵波速度，m/s；

　　　v_S——横波速度，m/s；

　　　ρ——波传播介质的密度，kg/m³；

　　　E——弹性模量，kPa；

　　　G——剪切模量，kPa；

　　　μ——泊松比。

反之，如果当弹性波速被测定后，土体的相应模量和泊松比值就能够被计算出来，具体描述见本章第四节的波速应用部分。

由式（13-1）和式（13-2）可见，介质的质量密度越高、结构越均匀、弹性模量越大，弹性波在该介质中的传播速度也越高，此类介质的力学特性也越好。正是因为波速与介质之间所具有的这种密切关系，人们得以通过测定现场土层波速，来对地基土的类型以及工程性状作出合理评价，进而解决岩土工程设计、地质勘探、工程抗震等实际问题。虽然由于工程经验的积累，体波（特别是剪切波）与岩土力学性状参数之间能够建立起大量更为直接的关联，但是比之体波，面波的衰减要慢很多（振幅与半径的开方成反比），且面波与体波间在理论上又具有固有的数学物理关联，因此近年来采用面波测试的岩土工程应用日渐增多。

本节导言，是对弹性波在岩土介质中传递特征及其与土体的一些基本物理力学参数关系所进行的简要概述。而在本章第二节和第三节中，将分别对实际波速检测技术中的钻孔波速法和面波波速法进行较为详细的介绍。这两种方法的差异不仅在于测试位置的不同，更在于所测定的波形对象有别（分别测定了体波和面波的波速），读者在学习时要注意加以区别。

第二节　钻孔法测试技术

一、概述

钻孔法用于体波波速的测定。其基本思想是假定波沿着直线传播，通过测量波从震源到检波器的距离和传播时间来计算体波的速度。改变振动接收点的深度，便可以得到不同深度岩土层的波速。通过波速可以计算岩土体的其他动力性质参数（如动剪切模量、动压缩模量、动泊松比）。钻孔法又按振源和检波器的布置不同分为单孔法和跨孔法。而单孔法中亦分为下孔法、上孔法和孔中法等。

二、单孔法

1. 试验原理

所谓单孔法，是指在地面或在信号接收孔中激振时，检波器在一个垂直钻孔中自上而下（或下而上）逐层检测地层的体波（压缩波或剪切波），并计算每层的剪切波速。根据振源和检波器设置的不同位置，单孔法又分为地表激发、孔中接收的单孔下孔法（简称下孔法），孔中激发、地表接收的单孔上孔法（简称上孔法）以及孔中激发、孔中接收的单孔孔中法（简称孔中法）等方法。

图 13-2（a）、（b）分别表示的是下孔法和上孔法测试示意图。下孔法是将振源设置在孔外位置，检波器放入孔中的待测深度位置；而上孔法则是将检波器放在孔外位置，振源则设置在孔中一定深度处。上孔法中检波器放置在地表，记录到的波形容易受场地噪声等外来因素干扰，而对波形识别造成困难。因此实际工程中，以下孔法使用较多，本文以下孔法为主进行相关内容介绍。

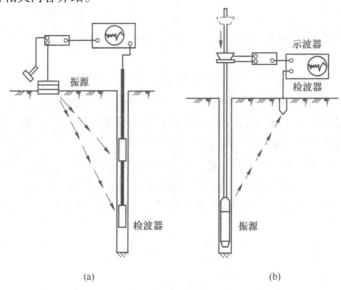

图 13-2　钻孔法波速测试示意图
（a）单孔下孔法；（b）单孔上孔法

对下孔法，连接准备好的设备后，通过用锤水平敲击板的两端，使得板在平衡位置来回振动，因而在土层表面产生正负剪切变形。由于土的颗粒之间互相连接，变形就会扩展和传递给其他土颗粒，这样就在地基土中产生水平剪切力而产生 SH 波，并由于来回振动获得如图 13-3 所示的两个起始相位相反的 SH 波时域波形曲线（形成特征辨识曲线）。而由于事先安装了拾振检波器，可确定 SH 波初次到达的时间，由此计算 SH 波波速。

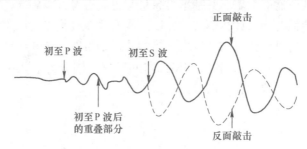

图 13-3　正、反向的 SH 波形曲线示意图

当进行压缩波测试时，压缩波振源可采用锤击金属板获得。这时，锤击方向要竖直向下，以便产生压缩波。

2. 试验设备

（1）振源。对于产生剪切波（S 波）的振源宜采用重锤和上压重物的木板。其中重锤可采用木锤或铁锤，通过其在水平方向上敲击上压重物的木板两端，产生 SH 波；而所需木板，建议选用硬杂木材质，长 1.5~3m、宽度 15~35cm、厚度 5~20cm，木板上压约 400kg 的重物。

而对产生压缩波（P 波）的振源宜采用重锤或炸药和金属板。其中重锤可采用木锤或铁锤，通过竖向敲打圆钢板，或采用炸药爆破产生 P 波；所需钢板为圆形一块，板厚 3cm、直径 25cm。

（2）触发器。为一压电晶体传感器，将其安装在重锤上，或用地震检波器安装在木板正下方或圆钢板（或爆破点）附近。当重锤敲击木板或圆钢板或炸药爆破时产生脉冲电压，进而开始信号计时。触发器的灵敏度要求在 0.1ms 左右。

（3）三分量检波器。由于实际振动中，地层中都会产生复合波形，同时检波器所在位置处质点的振动能量在三个方向亦有差别。因此，测试人员需要根据 P 波和 S 波质点振动方向上的差别，采用三分量检波器来接收地震波。

三分量检波器由置于密封钢质圆筒中的一竖向（接收 P 波）、两个水平（互相垂直，接收 S 波）的地震检波器组成。三分量检波器外侧的气囊（通过塑料气管连通至地面气泵）充气后使得三分量检波器与孔壁紧密接触，检波器信号通过屏蔽电缆线连接至地面信号采集分析仪。

（4）采集分析仪。采用地震仪或其他多通道信号采集分析仪（四通道以上）。这些仪器需要具有信号放大倍数高、噪音低、相位一致性好的特点，要求时间分辨精度不低于 1ms，同时兼具滤波、采集记录、地层波速数据处理等功能。

3. 操作技术要求（下孔法）

（1）测试孔应与铅垂方向一致。清孔后，将检波器徐徐放入，下到孔底预定深度。如有缩孔、塌孔现象，可用静力压到预定深度，但千万不能锤击，以免损坏检波器。三分检波器内部安装有 3 个相互垂直的小检波器，外壳底部装了 3 把刀在孔底固定位置用。当钻孔检波器放下去时，尽量使 2 个水平放置的检波器中的 1 个与孔口底板平行。检波器要固定在孔内预定深度处，并紧贴孔壁。试验过程中，钻孔检波器上的钻杆可不拆卸，但不要与钻机磨盘以及孔壁相碰。

（2）当剪切波振源锤击上压重物的木板时，木板的长向中垂线应对准测试孔中心，孔口与木板的距离宜为 1~3m，并保证木板与地面紧密接触，板上所压重物宜大于 500kg 或者采用测试车的两个前轮对称压住压板；木板应与地面紧密接触，对于坚硬地面，可在木板底面加胶皮或砂子，对于松软底面，可以在木板底面加若干长铁钉，以提高激振效果。

（3）当压缩波振源采用铁锤敲击钢板时，钢板距离孔口宜为 1~3m。

（4）测点布置应根据工程情况和地质分层确定，每隔 1~3m 深度布置一个测点，一般情况测点布置在地层的顶底板位置，对于厚度大的地层，中间可适当增加测点。一般宜按照自下而上的顺序进行检测。

（5）测试时要保证充气的探头与孔壁紧贴，测试过程中严格控制测点的深度误差。

（6）木锤应分别水平敲击振源板的两端数次，敲击时用力均匀，尽量水平敲击（以测到剪切波速）。每次两端各自敲击的信号波形清晰、初至基本重合且剪切波信号相反时，记录的结果方有效。并保证每端至少记录 3 个波形，一个测点有 6 个波形，以便分析。

（7）测试工作结束时，应选择部分测点做重复观测，其数量不应少于测点总数的 10%。

4. 数据处理

将测试所得数据记录于表 13-1 中。

表 13-1　单孔法测试记录表

工程名称：＿＿＿＿＿＿＿＿＿　　　　　　　测试孔编号：＿＿＿＿＿＿＿＿＿

工程地点：＿＿＿＿＿＿＿＿＿　　　　　　　$L=$＿＿＿＿＿　$H_0=$＿＿＿＿＿

深度 /m	地层 名称	测试 深度 /m	间距 /m	斜距 校正 系数 K	读时 T/ms		T'/ms		时差 /ms		波速 /m·s^{-1}		时距 曲线	波速 分布图	备注
					T_P	T_S	T'_P	T'_S	$\Delta T'_P$	ΔT_S	v_P	v_S			

根据试验结果并进行如下工作：

（1）波形鉴别。根据图 13-3 所示实测的正反向 SH 波形曲线，由不同波的初至和波形特征进行波形的识别，其主要的辨识特征和方法为：

1）压缩波速度快于剪切波，因此初至波应为压缩波，当剪切波到达时，波形曲线上会有突变，以后过渡到剪切波波形。

2）敲击木块正反向两端时，剪切波波形相位差为 180°，而压缩波则不变。

3）压缩波传播能量衰减比之剪切波要快，距离孔口一定深度后，压缩波与剪切波逐渐分离，容易识别。作为波形特征，压缩波振幅小而频率高，剪切波振幅大而频率低。

压缩波记录的长度取决于测点深度。在孔口记录，波形中不会出现压缩波。而随着测点变深，离开振源越远，压缩波的记录长度就越长。但是当测点深度大于 20m 或更深时，由于压缩波能量小，衰减较快。一般放大器有时也测不到压缩波波形，记录下来的波形图只有剪切波，这样就更容易鉴别。

为便于比较精确地分析资料，现场对各深度测点的最后波形记录应力求反映出上述特征，并通过调节放大器增益装置和记录仪的扫描速率，以达到增大 P 波段和 S 波段在振幅上的差别，拉大 P 波段在记录纸上的长度，从而使波的初至更为清晰。

（2）波速计算。

1）根据测试曲线的形态和相位确定各测点实测波形曲线中 P 波、S 波的初至，得到从振源点到各测点深度的历时（分别根据竖向传感器和水平传感器记录的波形，来确定压缩波与剪切波的时间），并按照下列公式对振源到达测点的时间进行斜距校正：

$$T = kT_L \tag{13-3}$$

$$k = \frac{H + H_0}{\sqrt{L^2 + (H + H_0)^2}} \tag{13-4}$$

式中 T——压缩波或剪切波从振源到达测点经斜距校正后的时间，s（相应于波从孔口到达测点的时间）；

T_L——压缩波或剪切波从振源到达测点的实测时间，s；

k——斜距校正系数；

H——测点与孔口的垂直深度，m；

H_0——振源与孔口的高差，m，当振源低于孔口时，H_0为负值；

L——板中心到测试孔的水平距离，m。

2）如图13-4所示，以深度 H 为纵坐标，时间 T 为横坐标，描出每一测点对应的深度和波传递时间关系，并两两相连，绘制时距曲线图。

3）结合地质情况，并根据时距曲线上具有不同斜率的折线段来确定波速层的划分。

4）按照式（13-5）计算每一波速层的压缩波波速或剪切波波速：

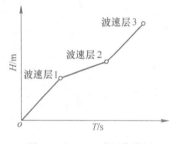

图13-4 T-H 时距曲线图

$$v_i = \frac{\Delta H_i}{\Delta T_i} \qquad (13\text{-}5)$$

式中 v_i——第 i 层 P 波或 S 波的平均波速，m/s；

ΔH_i——第 i 层波速层的厚度，m；

ΔT_i——波传到第 i 波速层顶面和底面的时间差，s。

完成后将有关波速的计算资料填入表13-2中。

本部分数据处理仅涉及直接测定的波形、波速分析内容，有关波速的工程应用详则见本章第四节。

表13-2 单孔法测试波速计算表

深度/m	地层名称	测试深度/m	波速/m·s⁻¹		波速分布图	备 注
			v_P	v_S		

三、跨孔法

1. 试验原理

所谓跨孔法，是在两个或以上垂直钻孔中，自上而下（或自下而上），按地层划分，在同一地层的水平方向上一孔激发，而由另几个钻孔接收，逐层检测水平地层的 P 波和 S 波的波速。其与单孔法的主要区别在于将振源置于另一个钻孔代替地面激振。图13-5表示了一典型跨孔法波速测试装置的示意图，图中三孔在同一直线上设置，其中一孔为振源激发孔，另两孔为信号接收孔，由此可避免激发延时给波速计算带来的误差。

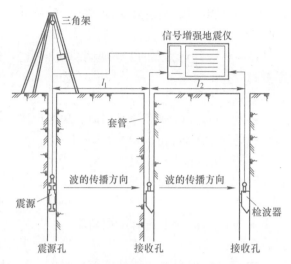

图 13-5　跨孔法波速测试装置示意图

★　比之于单孔法直接得到的是几个土层的平均波速，需要通过换算才可以得到各个土层的波速，跨孔法则需可直接得到各个土层的波速。

2. 试验设备

（1）振源。剪切波振源宜采用剪切波锤，也可采用标准贯入试验装置，压缩波振源宜采用电火花或爆炸等。其中有关剪切波振源装置着重介绍如下：

1）井下剪切锤。跨孔法振源一般使用如图 13-6 和图 13-7 所示的井下剪切锤，其由以固定的圆筒体和一个滑动质量块组成。

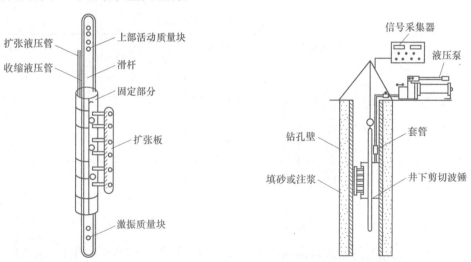

图 13-6　井下剪切锤结构示意图　　　　图 13-7　井下剪切锤安装示意图

当其放入孔内测试深度后，通过地面的液压装置液压管相连，当输液加压时，剪切锤的四个活塞推出圆筒体扩张板与孔壁紧贴。工作时，突然上拉绳子，使其与下部连接剪切锤滑动质量块冲击固定的圆筒体，筒体扩张板与孔壁地层产生剪切力，在地层的水平方向即产生较强的 SV 波，由相邻钻孔的垂直检波器接收；将滑动质量块拉到最高点松开拉绳，滑动质量块自由下落，冲击固定筒体扩张板，则地层中会产生与上拉时波形相位相反的 SV 波。同时，相邻钻孔中径向水平检波器可接收到由激发孔传来的该地层深度的 P 波。

2）重锤标贯装置。采用标贯空心锤锤击孔下的取土器作为振源装置，也是选择之一。此振源作用下，孔底地层受到竖向冲击，由于振源偏振性使得地层水平方向产生较强的 SV 波，沿着水平方向传播的 SV 波分量能量较强，在与振源同一高度的接收孔内安装的垂直向检波器，能收到由振源经地层水平传播的较清晰的 SV 波波形信号。之所以采用此类振源，是因为其结构简单，操作方便，提供能量大，适合于浅孔，但是需要考虑振源激发延时对于测试波速的影响，而且不能进行坚硬密实地层的跨孔法波速测试。

（2）三分量检波器。跨孔法需要两个接收孔内都安装三分量检波器，信号采集分析仪应在六通道以上，其他性能指标要求与单孔法相同。

（3）触发器和采集分析仪。基本性能指标要求与单孔法相同。但是跨孔法的记录器要求具有分辨 1ms 或波传播历时 5% 的能力。

3. 操作技术要点

（1）钻孔布置。跨孔法波速测试一般需要在一条平行的地层走向或垂直地层走向的直线上布置同等深度的三个钻孔。有时为了节约经费，避免下套管和灌浆等工序，也可采用两个钻孔作跨孔法测试。

（2）钻孔直径。钻孔孔径需满足振源和检波器顺利在孔内上下移动的要求。根据工程实践经验，对于岩石，不下套管时，孔径一般为 55 ~ 80mm，下套管时，孔径一般为 110mm；对于土层，钻孔孔径一般为 100 ~ 300mm。

（3）钻孔间距。钻孔间距要综合考虑波的传播路径以及测试仪器的计时精度，一般钻孔间距，在土层中 2 ~ 5m 为宜，在岩层中 8 ~ 15m 为宜。

★　由于跨孔法是按照直达波传播历时和孔距计算波速的，当存在软弱夹层或波速沿深度增加的土层中，初至波并非直线路径传播，且测试结果会随着孔距的增大而增大，因此在保证有足够计时精度的前提下，孔距尽量要小一些。

（4）套管与孔壁空隙的充填。钻孔时应垂直，并用泥浆护壁，并最好采用下塑料套管，并采用灌浆法填充套管与孔壁的空隙，一般配备膨润土、水泥和水的配比为 1∶1∶6.25 的浆液，自上而下灌入空隙中，浆液固结后的密度接近土介质密度。此外，也可采用干砂填充密实。如此孔内振源、检波器和地层介质间能更好耦合，以提高测试精度。

★　由于钢管的刚度和波速较高，故一般不作为下套管选用。

（5）孔斜测定。跨孔法钻孔应尽量垂直，当测试深度大于 15m 时，必须采用高精度孔斜仪（量测精度应达到 0.1°）对所有测试孔进行倾斜度及倾斜方位的测试，计算各测点深度处的实际水平孔距，供计算波速时采用。测点间距不应大于 1m。

（6）测点设置。测试一般从距离地面 2m 深度开始，其下测点间距为每隔 1 ~ 2m 增加一个测点，也可根据实际地层情况做适当调整，一般测点宜选在测试地层的中间位置。当测试深度大于 15m 时，测点间距应不大于 1m。

（7）测试方法。

1）测试时，振源与接收孔内的传感器应设置在同一水平面上。由于直达波只通过一个土层，测试波速便直接得出。

2）当振源采用剪切波锤时，宜采用一次成孔法。即将跨孔测试所需要的钻孔按照预定的设计深度一次成孔，然后将塑料套管下到距离孔底还剩 2m 左右的深度，接着向套管与孔壁之间的环形空隙灌浆，直到浆液从孔口溢出。等灌浆凝固后，方进行测试。测试时，先把边缘一个孔作为振源孔，并把井下剪切波锤放置到试验深度，然后撑开液压装置，将井下锤紧固于此位置。并在另外两个钻孔中的同一标高处放入三分量检波器，立即充气，将检波器位置固定。然后向上拉连接在井下剪切波锤上的钢丝绳，用重锤撞击圆筒，产生振动，相应的另外孔中的检波器接收到剪切波初至。

3）当振源采用标准贯入试验装置时，宜采用分段测试法。即采用三台钻机同时钻进，当钻孔钻到预定深度后，一般距离测点 1~2m，将钻具取出，把开瓣式取土器送到预定深度，先打入土中 30cm 后，再将三分量检波器放入另外两个钻孔同一标高处，然后用重锤敲击，使得取土器外壳与土体近似摩擦剪切运动，产生剪切分量，而检波器则收到初至的剪切波。这种方法主要用于深度不太大的第四纪土层中的跨孔波速测试，以减少下套管和灌浆等复杂技术问题。

（8）检查测量。当采用一次成孔法测试时，测试工作结束后，应选择部分测点作重复观测，其数量不应少于测点总数的 10%；也可采用振源孔和接收孔互换的方法进行检测。

在现场应及时对记录波形进行鉴别判断，确定是否可用，如不合格，在现场可立即重做。钻孔如有倾斜，应作孔距的校正。

4. 数据处理

将测试所得数据记录于表 13-3 中。

表 13-3　跨孔法测试记录表

工程名称：＿＿＿＿＿＿＿＿＿＿

工程地点：＿＿＿＿＿＿＿＿＿＿　　　　　　　测试孔排列方位：＿＿＿＿＿＿＿＿＿＿

深度 /m	地层 名称	测斜后实际水平距离/m			波的传播时间/ms						波速值/m·s^{-1}						备注
					Z-J_1		Z-J_2		J_1-J_2		Z-J_1		Z-J_2		J_1-J_2		
		S_1	S_2	ΔS	T_P	T_S	T_P	T_S	T_P	T_S	v_P	v_S	v_P	v_S	v_P	v_S	

根据试验结果并进行如下工作：

（1）波形鉴别。可参考单孔法中所述波形鉴别的辨识特征和方法来进行波形识别。

（2）波速计算。根据某测试深度的水平、竖向检波器的波形记录，分别确定 P 波和 S 波到达两接收孔的初至时间 T_{P1}、T_{P2} 和 T_{S1}、T_{S2}。

★　对于单孔法和跨孔法，采用水平和竖向检波器测定压缩波和剪切波的功能正好互换，请读者在应用时予以注意。

根据孔斜测量资料，计算由振源到达每一接收孔距离 S_1 和 S_2 以及差值 $\Delta S = S_1 - S_2$，然后按式（13-6）、式（13-7）计算相应测试深度的 P 波和 S 波波速值：

$$v_P = \frac{\Delta S}{T_{P1} - T_{P2}} \tag{13-6}$$

$$v_S = \frac{\Delta S}{T_{S1} - T_{S2}} \tag{13-7}$$

式中　v_P——压缩波波速，m/s；

v_S——剪切波波速，m/s；

T_{P1}，T_{P2}——P 波分别到达 1、2 接收孔的初至时间；

T_{S1}，T_{S2}——S 波分别到达 1、2 接收孔的初至时间；

ΔS——由振源到 1、2 两个接收孔测点距离之差。

完成后将有关波速的计算资料填入表 13-4 中。

表 13-4　跨孔法测试波速计算表

深度/m	地层名称	测试深度/m	波速/m·s^{-1}		备　注
			v_P	v_S	

第三节　面波法测试技术

一、概述

面波法是以测定面波波速为直接目的的一种波速测试技术。在以往的人工地震勘探中，作为面波主要构成部分的瑞利波（简称 R 波），曾被视为一种干扰波（体波在介质表面所产生的次生波）。但在半无限空间中 R 波占表面振源能量的主要部分，其在浅层土体中产生的位移远比体波的大，其波速的测定较为清晰、便利。故 20 世纪 60 年代初，美国密西西比陆军工程队水路试验所即开始研究这种方法；80 年代初，日本 VIC 公司研制成功稳态瑞利波法的 GR—810 位佐藤式全自动地下勘探机，并在工程地质勘测的许多方面应用。国内自 20 世纪 80 年代以来，许多学者及单位都相继开展了面波法的研究和应用，取得了可喜的成果并推动了该项技术的发展。

二、试验原理

1. 瑞利波波速的获得方法

面波法波速测试是为了获得 R 波的弥散曲线（即波速 v_R 与波长 λ 关系曲线）或频散

曲线（即波速 v_R 与频率 f 关系曲线）。通常，根据激振方式的不同，R 波速度弥散曲线的获得可分稳态法和瞬态法（又称表面波频谱分析法，即 SASW 法）两种。

稳态法是使用电磁激振器等装置在地表施加给定频率 f 的稳态振动，该频率下瑞利波的传播速度 v_R 可由下式确定：

$$v_R = f\lambda \tag{13-8}$$

式中　f——稳态振动频率，即面波的波动频率，Hz；

　　　λ——面波的波长，m。

由于波动频率可人为控制，只要测出面波波长，就可求得瑞利波速度 v_R。v_R 代表该频率波影响深度范围内的平均波速。对于均质各向同性的弹性半空间来说，介质的性质与深度无关，各种频率可获得同样的波速；而现场地基土性质随深度而变化时，不同深度范围内土的综合性质也不一致，相应的其综合的波速就不同，表现为测定的 v_R 随振动频率的变化而变化。

瞬态法是在地面施加一瞬时冲击力，产生一定频率范围的瑞利波。离振源一定距离处有一观测点 A，记录到的瑞利波为 $f_1(t)$，根据傅立叶变换，其频谱为：

$$F_1(\omega) = \int_{-\infty}^{\infty} f_1(t) e^{-i\omega t} dt \tag{13-9}$$

式中　ω——瑞利波的圆频率。

在波的前进方向上与 A 点相距为 Δ 的观测点 B 同样也记录到时间信号 $f_2(t)$，其频谱为：

$$F_2(\omega) = \int_{-\infty}^{\infty} f_2(t) e^{-i\omega t} dt \tag{13-10}$$

假设波从 A 点传播到 B 点，他们之间的变化纯粹由频散引起，则应有如下关系式：

$$F_2(\omega) = F_1(\omega) e^{-i\omega \frac{\Delta}{v_R(\omega)}} \tag{13-11}$$

式中　$v_R(\omega)$——圆频率为 ω 的瑞利波的相速度。

式（13-11）又可写成：

$$F_2(\omega) = F_1(\omega) e^{-i\varphi} \tag{13-12}$$

式中　φ——$F_1(\omega)$ 和 $F_2(\omega)$ 之间的相位差。

比较式（13-11）和式（13-12），可以看出：

$$\varphi = \frac{\omega\Delta}{v_R(\omega)} \tag{13-13}$$

即：

$$v_R(\omega) = \frac{2\pi f\Delta}{\varphi} \tag{13-14}$$

根据上式，只要知道 A、B 两点间的距离 Δ 和每一频率的相位差 φ，就可以求出每一频率的相速度 $v_R(\omega)$，从而可以得到勘探地点的频散曲线。为此需要对 A、B 两观测点的记录作相干函数和互功率谱的分析。

作相干函数分析的目的是对记录信号的各个频率成分的质量作出估计，并判断噪声干扰对有效信号的影响程度。根据野外现场的实际情况，可以确定一个系数（介于 0～1.0 之间）。相干函数大于这个系数，就认为这个频率成分有效；反之，就认为这个频率成分无效。

作互功率谱分析的目的是利用互谱的相位特性来求出这两个观测点在各个不同频率时的相位差，再利用式（13-14）求出瑞利波的速度 v_R。

从基本原理看，瞬态和稳态两种方法均以 R 波为测试对象，以测定 R 波速度弥散或频散曲线为目的，但两者实现方式不同。前者在时间域中测试，采用计算技术得到频率域信号；后者直接在频率域中测试。从测试结果看两者获得的 R 波频散曲线较为吻合。而之所以采用两法是因为各自有优缺点：

（1）瞬态法试验信号处理需专用谱分析仪，稳态法只需一双线示波器。

（2）瞬态法原则上只需一次冲击地面就能获得稳态的全部结果。

（3）稳态法很难得到 10Hz 以下的试验数据；而瞬态法最低频率可达到 1Hz 左右，即能达到的测试深度较稳态法为大。

2. 面波法勘探深度

瑞利波的水平分量和垂直分量在理论上是随深度减弱的。一般认为瑞利波的大部分能量是在约一个波长深的半空间区域内通过，同时假定在这个区域内土的性质是相近的，并以半个波长 $\lambda/2$ 深度处的土的性质为代表。也就是说，所测得的瑞利波波速 v_R 反映了 $\lambda/2$ 深度处土的性质。而相应勘探深度 H 可表示为：

$$H = \frac{\lambda}{2} = \frac{v_R}{2f} \tag{13-15}$$

如果振动频率降低，波长就大，瑞利波的有效影响深度就大；相反，提高频率 f，波长就小，有效影响深度就减小，测定的深度就减小。

三、试验设备

1. 振源

（1）激振器。能产生简谐波的激振器有三种：机械式偏心激振器、电磁式激振器和电液激振器，在瑞利波探测中一般使用电磁激振器，能输出几赫兹到几千赫兹的简谐波。

（2）重锤或落锤。在工程中常常需要对地下几十米内的土体进行探测，这就需要使用的脉冲震源有足够宽的频带。在实际工作中，常根据探测深度的不同，选择不同质量的重锤或落锤激发地震波。

2. 检波器

检波器宜采用低频速度型传感器，传感器灵敏度宜大于 $300\text{mV}/(\text{cm} \cdot \text{s}^{-1})$。在实际工作中可以根据不同进度和深度需要使用不同的固有频率的检波器，如 4Hz、38Hz 和 100Hz 等。

3. 信号采集分析仪

信号采集分析仪可以使用工程地震仪或其他多道信号采集分析仪。仪器的放大系统宜采用瞬时浮点放大器,前放增益宜大于 100 倍;频响范围宜大于 0.5~4000Hz。

四、试验步骤

1. 稳态法

（1）根据试验要求确定测线位置和方向,选择比较平整开阔的场地进行试验;如图 13-8 所示,安置好激振器,并且在附近一定距离的测线（振源与检波器连线）上安放一只检波器。在测线方向,可将皮尺固定于地表,便于读数。

（2）开动激振器,并将其固定在某个频率 f_1 上,将第二只检波器安放在第一只附近的测线上,两只检波器输出线与一双线示波器相接则可在荧光屏上观察两条谐波曲线。

（3）逐渐由近及远沿测线移动第二只检波器位置,使得两检波器记录的波形同相位相反,测得两个检波器间距离即为半个波长 $\lambda/2$。再次移动第二个检波器使得相位重新一致。此时两检波器之间的间距为 λ。依次类推,2λ、3λ 均可测得。

（4）改变激振器频率,重复上述步骤。激振频率的上下限可根据地层拟测深度及对 R 波速度作出粗略估算,同时要考虑测试系统的有效频带。

根据式（13-8）可算得与每一频率相对应的平均波速和波长,即获得 R 波速度弥散曲线。

> ★　如场地比较均匀又不太大时,可选择一个点,并沿三个方向做试验;否则,增加测点。

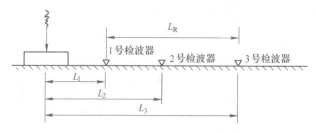

图 13-8　面波法（稳定振动）布置图

2. 瞬态法

（1）如图 13-9 所示,在地面上沿瑞利波传播方向以一定的间距 Δx 设置（$N+1$）个检波器。

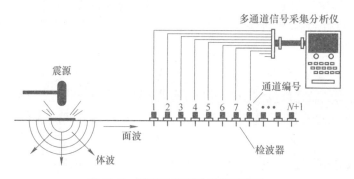

图 13-9　瞬态法瑞利波探测示意图

（2）采用不同材料和质量的锤或重物下落激振产生瞬态激振，同时检波器可检测到 $N\Delta x$ 长度范围内的传播过程。

（3）将多个传感器信号通过逐频谱分析和相关计算，并进行叠加，得出 v_R-f 频散曲线，对频散曲线进行反演分析，就可得到地下一个波长深度范围内的平均波速 v_R，由于假定了在这个一个波长区域内土的性质相近，并以半个波长 $\lambda/2$ 深度处土的性质为代表，即获得了半个波长深度处的地质情况。

五、数据整理

1. 稳态法

移动检波器测量出不同相位差时两只检波器的间距，当固定相位差为 2π 的特定倍数时，可直接获得该频率瑞利波的波长，则当前频率下的 v_R 值为：$v_R = f\lambda$。当激振器的频率从高向低变化时，就可以得到一条 v_R-f 曲线或 v_R-λ 曲线。

2. 瞬态法

在瞬态法资料处理中，可以利用傅氏变换将时间记录转换为频域记录，对于频率为 f_i 的频率分量，用相关法计算相邻检波器记录的相移 $\Delta\varphi_i$，则相邻道 Δx 长度内瑞利波的传播速度 v_{Ri} 可由下式计算：

$$v_{Ri} = 2\pi f_i \Delta x / \Delta\varphi_i \qquad (13\text{-}16)$$

在满足空间采样定理的条件下，测量范围 $N\Delta x$ 内的平均波速为：

$$v_{Ri} = 2\pi f_i N\Delta x / \sum_{j=1}^{N} \Delta\varphi_{ij} \qquad (13\text{-}17)$$

在同一测点对一系列频率 f_i 求取相应的 v_{Ri} 值就可以得到一条 v_R-f 曲线，即所谓的频散曲线。由 $\lambda = v_R/f$ 可将 v_R-f 曲线转换为 v_R-λ 曲线，v_R-λ 曲线的变化规律就反映了该点介质深度上的变化规律。

面波法所得到的测试数据，宜按表 13-5 及表 13-6 格式整理。

表 13-5 面波法测试记录表

工程名称：_____ _____年_____月

测试：_____   记录：_____   校核：_____   负责人：_____

相位差 ╲ 瑞利波速度 $v_R/\mathrm{m \cdot s^{-1}}$	激振频率/Hz						
	5	10	15	20	…	100	120
π							
2π							
3π							
4π							
5π							

表 13-6　面波测试的波速计算表

测试：_____　　记录：_____　　校核：_____　　负责人：_____　　____年____月

参数名称	测试值或计算值
频率 f/Hz	
波长 λ/m	
波速 v_R/m·s^{-1}	
泊松比 μ	
质量密度 ρ/t·m^{-3}	
剪切模量 G_d/kPa	
弹性模量 E_d/kPa	

3. 求剪切波速

根据面波法测得的瑞利波速度，通常要转化为剪切波速度。根据统计资料表明，在弹性半空间中，瑞利波的传播速度与剪切波的传播速度具有相关性，剪切波波速 v_S 可近似地表达为：

$$v_S = \frac{1+\mu}{0.87+1.12\mu} v_R \approx (1.05 \sim 1.15) v_R \qquad (13\text{-}18)$$

式中　v_R——瑞利波波速；

　　　μ——土层泊松比。

根据式（13-18）即可获得土层的剪切波速度。只要知道了剪切波速度，可以根据它与各种介质的力学参数的关系式，来计算各种动力参数，如动剪切模量等。

4. 剪切波速度分层计算

面波法直接测得的 v_R 为一个波长深度范围内的平均波速，因为它包含整个波长深度范围内介质的影响。故如果直接根据该 v_R 值，由式（13-18）计算所得的 v_S 也为一定土层范围中的平均值。随着波长增加，在此波长影响范围内的土体实际分层亦增多，则上述算得平均波速与分层波速间的差异也明显增大。为此，一般采用影响系数法来计算土体各分层的剪切波速度。

该法以半波长法为基础，用影响系数 β，分层介质厚度及频散曲线来进行计算。影响系数 β 是不同深度介质对 R 波相速度影响的系数，其值随波长和深度的变化，大致如图 13-10 所示。β 值不但随深度变化，且对于不同介质、不同波长，其数值的变化也略有差异。从图中可见，β 最大值为 1，大约在深度为（1/3~1/2）λ 处，而在深度约 1 个波长处，β 衰减为 0。

计算时，先在预先试验所得频散曲线上，根据现场大致土层厚度以及精度要求取 n 个点，其对应的波长 λ_1、λ_2 直至 λ_n 依次增大。其中，第 i 个波长 λ_i 深度范围内剪切波速平均值 $v_{Si,a}$，可由下式表示为：

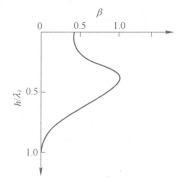

图 13-10　波长为 λ_n 时影响
系数 β 与深度的关系

$$v_{Si,a} = \frac{1}{h_i \beta_i} (v_{S1}\beta_{i1}\Delta h_1 + v_{S2}\beta_{i2}\Delta h_2 + \cdots + v_{Sj}\beta_{ij}\Delta h_j + \cdots + v_{Si}\beta_{ii}\Delta h_i) \quad (13\text{-}19)$$

式中　$v_{Si,a}$——λ_i 波长影响范围内的综合平均剪切波速，m/s；

$\quad v_{Sj}$——第 j 层土的剪切波波速值（根据依次增加的 i 个波长可以分出 i 层土）m/s；

$\quad h_i$——第 i 个波长对应的影响深度，$h_i = \lambda_i/2$，m；

$\quad \beta_i$——影响系数在整个 λ_i 波长范围内的平均值，根据半波长理论，可由各波长下，如图 13-10 所示的关系中，$h/\lambda_n = 0.5$ 时的 β 值来定值；

$\quad \beta_{ij}$——分层数为 i 时，第 j 层土对应的影响系数，其中 $i = 1 \sim n$，$j = 1 \sim i$。可由图 13-10 中的 $h/\lambda_i = \sum\limits_{m=1}^{j} h_m/\lambda_i$ 来确定该值；

$\quad \Delta h_i$——第 i 层土的厚度，m。$i > 1$ 时，$\Delta h_i = h_i - h_{i-1}$；$i = 1$ 时，$\Delta h_i = h_i$。

因此可得各分层剪切波速度：

$$\left.\begin{aligned}
v_{S1} &= \frac{1}{\beta_{11}\Delta h_1} v_{S1,a} h_1 \beta_1 \\[2mm]
v_{S2} &= \frac{1}{\beta_{22}\Delta h_2} (v_{S2,a} h_2 \beta_2 - v_{S1}\Delta h_1 \beta_{21}) \\
&\quad\vdots \\
v_{Si} &= \frac{1}{\beta_{ii}\Delta h_i} (v_{Si,a} h_i \beta_i - v_{S1}\Delta h_1 \beta_{i1} - v_{S2}\Delta h_2 \beta_{i2} - \cdots - v_{Si-1}\Delta h_{i-1}\beta_{ii-1}) \\
&\quad\vdots \\
v_{Sn} &= \frac{1}{\beta_{nn}\Delta h_n} (v_{Sn,a} h_n \beta_n - v_{S1}\Delta h_1 \beta_{n1} - v_{S2}\Delta h_2 \beta_{n2} - \cdots - v_{Sn-1}\Delta h_{n-1}\beta_{ni-1})
\end{aligned}\right\} \quad (13\text{-}20)$$

式中所提到的参数含义与式（13-19）相同。

计算分层剪切波速时，先由第 1 层 v_{S1} 开始算，然后将上层算得的各分层波速代入下层波速的计算式中，逐层向下计算 v_{S2}，v_{S3}，$\cdots$，v_{Sn}。

★　在计算第 1 层 v_{S1} 时，此时 β_{11} 即表示在整个波长范围内影响系数的平均值，故 $\beta_{11} = \beta_1$。

六、补充说明

面波法与钻孔法相比，无需预先钻孔和埋套管，现场测试效率高，能较可靠地测定浅层的波速，且测试信号受环境干扰和地下水位等因素影响较小。但面波法试验场地较大，并且由于低频信号较难获得，故可测深度比钻孔法小（国内有关资料介绍的试验深度一般为 20m 以内，日本资料介绍的可探深度达到 50m，但此时激振设备计较笨重）。而且钻孔法中的跨孔法可直接测定土体特定深度单层土的性质，而面波法只能以分层的方式计算土中剪切波速度，所得结果仍为各分层中波速的平均值，当分层设定厚度较小时结果较为可靠；而若计算时分层较少，其结果精度会降低。另外，R 波在地层中软弱或较硬夹层里的传播特性比较复杂，由弥散曲线反算剪切波速时必须考虑高阶模态的影响，在此情况下，其测定精度将比钻孔法低。

第四节　波速法测试应用简述

相对于各种类型波的波速均有测试方法而言，波速的实际应用中，多集中于剪切波的应用（面波系一般转化为剪切波波速而后再被进行应用）。本节即对以剪切波为代表的波速测定结果，展开波速法在岩土工程方面应用的简介。

一、划分土的类型和建筑场地类别

剪切波速可用于场地土的类型和建筑场地类别的划分，如根据《建筑抗震设计规范》（GB 50011—2010），场地土类型可有如表 13-7 所示的划分。

表 13-7　土的类型划分与剪切波速范围

土的类型	岩土名称和性状	土层剪切波速范围/m·s⁻¹
岩　石	坚硬、较硬且完整的岩石	$v_S > 800$
坚硬土或软质岩石	破碎和较破碎的岩石或软和较软的岩石，密实的碎石土	$800 \geqslant v_S > 500$
中硬土	中密、稍密的碎石土，密实、中密的砾、粗、中砂，地基承载力特征值 $f_{ak} > 150$ 的黏性土和粉土，坚硬黄土	$500 \geqslant v_S > 250$
中软土	稍密的砾、粗、中砂，除松散外的细、粉砂，$f_{ak} \leqslant 150$ 的黏性土和粉土，$f_{ak} > 130$ 的填土，可塑新黄土	$250 \geqslant v_S > 150$
软弱土	淤泥和淤泥质土，松散的砂，新近沉积的黏性土和粉土，的填土，$f_{ak} \leqslant 130$ 流塑黄土	$v_S \leqslant 150$

已知土层的剪切波速后，一般按地面至剪切波速大于 500m/s 的土层顶面的距离确定覆盖层的厚度。当地面 5m 以下存在剪切波速大于其上部各土层剪切波速 2.5 倍的土层，且该层及其下卧各层岩土剪切波速均不小于 400m/s 时，可按地面至该土层顶面的距离确定。而如果土层中存在火山岩硬夹层，则视为刚体，厚度从覆盖层中扣除。

而土层等效的剪切波速 v_{Se} 可按照下式计算：

$$v_{Se} = d_0/t \tag{13-21}$$

$$t = \sum_{i=1}^{n} (d_i/v_{Si}) \tag{13-22}$$

式中　v_{Se}——土层等效剪切波波速，m/s；

　　　d_0——计算深度，m，取覆盖层厚度和 20m 两者间的较小值；

　　　t——剪切波在地面至计算深度之间的传播时间，s；

　　　d_i——计算深度范围内第 i 土层的厚度，m；

　　　v_{Si}——计算深度范围内第 i 土层的剪切波速，m/s；

　　　n——计算深度范围内土层的分层数。

根据土层等效剪切波速以及场地覆盖层厚度，建筑场地可划分为四类，如表 13-8 所示，其中，I类还分为 I_0 和 I_1 两个亚类。当有可靠的剪切波速和覆盖层厚度且其值处于表中所列场地类别的分界线附近时，应允许按照差值方法确定地震作用计算所用的特征周期。

表 13-8　各类建筑场地的覆盖层厚度　　　　　　　　　　　　（m）

岩石的剪切波速或土的等效剪切波速/$m \cdot s^{-1}$	场地类别				
	I_0	I_1	II	III	IV
$v_{Sr} > 800$	0				
$800 \geqslant v_S > 500$		0			
$500 \geqslant v_S > 250$		<5	$\geqslant 5$		
$250 \geqslant v_S > 150$		<3	3~50	>50	
$v_S \leqslant 150$		<3	3~15	15~80	>80

注：v_{Sr} 为岩石剪切波速。

二、计算岩土体的弹性参数

根据横波波速（或者采用瑞利波波速换算可得）以及纵波波速，计算地基的动弹性模量、动剪变模量和动泊松比，公式表示如下：

$$E_d = \frac{\rho v_S^2 (3 v_P^2 - 4 v_S^2)}{v_P^2 - v_S^2} \quad (13-23)$$

$$G_d = \rho v_S^2 \quad (13-24)$$

$$\mu_d = \frac{v_P^2 - 2 v_S^2}{2(v_P^2 - v_S^2)} \quad (13-25)$$

式中　E_d——地基土的动弹性模量，MPa；

G_d——地基土的动剪切模量，MPa；

μ_d——地基土的、动泊松比；

v_P——地基土的压缩波速，m/s；

v_S——地基土的剪切波速，m/s。

三、地基土卓越周期的计算

地基土卓越周期是评价建筑物的抗震性能以及用于隔振设计的重要指标。一旦建筑物的卓越周期与地基土的卓越周期接近或一致，在地震时，就会产生共振现象，导致建筑物的严重破坏，故而有必要对地基土的卓越周期进行了解。

地基土的卓越周期可用记录脉动信号作谱分析得到，由谱图中的最大峰值对应的频率确定卓越频率，进而得到地基土的卓越周期。地基土的卓越周期亦可通过覆盖层厚度内各层的剪切波速予以估算，具体公式为：

$$T = 4 \sum_{i=1}^{n} (H_i / v_{Si}) \quad (13-26)$$

式中　T——地基土的卓越周期，s；

H_i——计算深度范围内第 i 土层的厚度，m；

v_{Si}——计算深度范围内第 i 土层的剪切波速，m/s。

四、进行砂土地基液化势的判别

判别饱和土层在地震荷载作用下是否液化，是工程抗震设计的一个很重要的环节。一般地基土只有在剪应变大于某一临界值后，才发生液化，根据各类砂土的试验结果，一般的临界液化应变值的范围在 1%~2%，当应变小于该范围时，地基不会液化，而大于这一范围则会液化。而剪切波速越大，土越密实，土层越不易液化。据此，国内外都在应用 v_S 来评价砂土或粉土地基的振动液化问题。

先求出场地液化时的临界剪切波速 v_{Scr}，而后与实测剪切波速 v_S 比较，判定场地土液化的可能性。若 $v_{Scr} \geq v_S$，则可能液化；若 $v_{Scr} < v_S$，则不会液化。

临界剪切波速度与地震烈度、地震产生的剪应变、土层的埋深和刚度之间的关系为：

$$v_{Scr} = \sqrt{\frac{a_{max} z c_d}{\gamma(G/G_{max})}} \tag{13-27}$$

式中　a_{max}——地震最大加速度；

　　　z——土层的埋深，m；

　　　c_d——深度修正系数，$c_d = 1 - 0.0133z$，m；

　　　γ——土体产生的剪应变；

G，G_{max}——分别为土的动剪切模量、最大动剪切模量，MPa。

在利用式（13-27）计算场地土的临界剪切波速时，首先要已知土的临界剪应变（又称门槛应变）γ_{cr} 以及它所对应的模量比（G/G_{max}）。土的临界剪应变值与土的类型和埋深有关。常见的不同类型、不同埋深土的临界剪切应变列于表 13-9。

表 13-9　不同类型不同埋深土的 γ_{cr} 参考值

土类	饱和砂		饱和粉细砂		饱和低塑性粉砂
埋深	深部	浅部	深部	浅部	深部
$\gamma_{cr}/10^{-4}$	1.0~2.0	1.5~1.8	2.0~2.5	2.6~3.0	3.2~3.7

对于一般的饱和砂土，其临界剪应变所对应的模量比约为 0.75，将该值代入式（13-27）得到临界剪切波速度的计算公式为：

$$v_{Scr} = 1.15 \sqrt{\frac{a_{max} z c_d}{\gamma_{cr}}} \tag{13-28}$$

五、检验地基加固处理效果

对场地在地基处理前后进行波速测试，有助于辅助常规载荷试验、静力触探试验等结果，对地基承载力的改善提供评价。这是因为，地层波速和地基承载力一般都与岩土密实度、结构等物理力学指标密切相关，从而使得波速与地基承载力之间亦能建立一定的联系，同时波速方法（如瑞利波法）测试效率高，掌握的数据面广，且成本较低，因此该法是对地基加固效果进行合理评价的一种经济而有效的手段。具体方法，可参阅相关文献。

思 考 题

13-1 试简述单孔法和跨孔法测定波速在操作方法和数据分析上的差异。

13-2 试简述单孔法和面波法测定波速在数据分析上的差异和相似之处。

13-3 试比较跨孔法和面波法测定波速在实践方式和数据分析上的各自优缺点。

13-4 试列举波速法可以测试地基土动参数的种类与基本表达式。

13-5 对某地基土层进行钻孔波速测试,已知某钻孔处波速测试结果见表 13-10,试计算土层的等效剪切波速 v_{Se},卓越周期 T,并对土的类别和建筑场地类别进行判断。

表 13-10 某钻孔处波速测试结果

深度/m	地 层	$v_{Si}/m \cdot s^{-1}$
0.00~5.80	素填土	189
5.80~6.40	残坡积粉质黏土	306
6.40~11.30	强风化花岗岩	403
11.30~16.80	中风化花岗岩	745

(答案提示:根据波速特征,取覆盖层厚度 11.3m,$v_{Se} = \dfrac{d_0}{t} = 11.3 \div \left(\dfrac{5.8}{189} + \dfrac{0.6}{306} + \dfrac{4.9}{403}\right) =$

$252m/s$,$T = 4\sum\limits_{i=1}^{n}\left(\dfrac{H_i}{v_{Si}}\right) = 4 \times \left(\dfrac{5.8}{189} + \dfrac{0.6}{306} + \dfrac{4.9}{403}\right) = 0.18s$,中硬土,场地类别 Ⅱ 类)

第十四章 场地应力位移监测基本技术

第一节 导　言

场地原位监测是在保持土体原有结构、含水率以及应力状态的条件下，利用埋入土体中的各种元器件，对地基处理过程中土体的变形、强度及固结度等指标实现动态监测的技术。根据我国现行《建筑地基处理技术规范》（JGJ 79—2012），"对于各类地基处理工程，应进行全过程的监测"，而所需监测的内容，又大致可归纳为应力量与变形量两类，因此地基处理工程中的监测又可以简称为场地应力位移监测。

场地应力位移监测所涉及的监测指标主要有地表及分层沉降、水平位移、孔隙水压力与土压力等，而对于某一具体工程，需要周密计划，根据监测目的，合理确定测试指标及监测点的数量。龚晓南院士所著的《地基处理手册》中归纳了不同监测指标针对各类地基处理方法的一般适用范围（见表14-1），供读者参考。

表 14-1　不同地基处理方法测试指标归纳

现场监测指标 地基处理方法	地表沉降	分层沉降	水平位移	孔隙水压力	土压力
换填法	○	×	○	×	○
振冲碎石桩法	○	×	○	○	○
强夯置换法	○	△	○	△	○
砂石桩（置换）法	○	×	△	○	○
石灰桩法	○	△	△	×	○
堆载预压法	○	△	○	△	○
超载预压法	○	△	○	△	○
真空预压法	○	△	○	○	○
深层搅拌桩法	○	×	×	×	○
高压喷射注浆法	○	×	×	×	○
灌浆法	○	×	×	×	○
强夯法	○	○	○	○	○
振冲密实法	○	△	○	○	○
挤密砂石桩法	○	△	○	○	○
土桩、灰土桩法	○	△	△	×	○
加筋土法	○	○	△	×	○

注：○——一般适用；△—有时适用；×—不适用。

第二节　地表沉降监测

一、监测目的

土体地表沉降监测又称土体表面垂直位移监测，属于土体变形监测的一部分。土体变形监测包括地表沉降监测、土体深层（分层）沉降监测和土体水平位移监测三部分。本节介绍地表沉降监测，另外两部分在后面介绍。

在地基加固中，伴随发生的地表沉降量是判定加固效果最直观、最有说服力的数据，也是最容易监测、最易测准的数据。因此，无论采用何种地基加固方法，地表沉降监测都是必须的。通过监测该项指标，可达如下目的：

（1）判断地基加固过程中地基的稳定性。

（2）根据地表沉降过程线推求最终沉降量。

（3）判断地基加固的工期。

（4）推求地基固结系数及固结度。

> ★　《建筑地基基础设计规范》（GB 50007—2011）以强制性条文的形式规定了六种工况下的建筑物在施工及使用期间必须进行地表沉降监测（第10.3.8条），对于大面积填方、填海等地基处理工程，也要对其进行长期监测，直到达到稳定标准（第10.3.1条）。此规范中列出的工况，基本上涵盖了所有的地基处理工程，足见地表沉降监测的重要性！

二、监测仪器及原理

传统的地表沉降监测手段有三种：水准测量、三角高程测量和GPS测量。在这三种方法中，GPS测量的精度最高，也最自动化，但配套的监测设备价格较为高昂；而三角高程测量是一种间接测高法，通过观测两点间的水平距离和天顶距（高度角）来测定两点之间的高差，该种方法受地形条件限制小，但是在测定天顶距时，会因为大气折光而使测量精度受影响；水准测量是最传统的地面沉降监测方法，前期投入小，监测过程简单，测量精度能满足大部分的地基处理工程建设要求。目前，地基处理中的地表沉降监测最为常用的方法是水准测量，因此，本节也将对水准测量这一最简单实用的地表沉降监测手段，进行具体介绍。

地基处理过程中的水准测量主要是利用光学测微法的原理，测量过程中所使用的监测仪器主要有水准仪、水准尺、沉降板（或观测桩）等几种。测量时，通过水准仪提供的水平视线，对竖立在两个沉降板（或观测桩）上面的水准尺进行读数，求得两点之间的高差，从而推算出地面点的高程。

水准仪是水准测量时用于提供水平视线的仪器。我国对水准仪按其精度从高到低分为 DS_{05}、DS_1、DS_3、DS_{10}、DS_{20} 等几种类型，其中，符号 D、S 分别表示"大地"、"水准仪"的汉语拼音的第一个字母，下标数字代表仪器所能达到的标称精度，即每千米往返测高差中数中误差（mm/km），下标数字越小，表示水准仪的标称精度越高。不同类型的工程，一般要求的水准测量的精度也不相同，所需要使用的水准仪的类型也不相同。因此，施测前需要首先根据工程类型选择水准精度，然后选择水准仪。《地面沉降水准测量规范》（DZ/T 0154—1995）在条文 4.7 给出了具体的选择方法，它将地面沉降观测分为三个测量等级：特等主要用于基岩标之间的联测；一等水准主要用于重要地区（或城市）且沉降速率已进入缓慢变化期的地面沉降水准测量；二等水准用于地面快速沉降区。例如上海市的地面沉降水准监测网是按照一、二等精密水准测量的要求进行，采用 DS_{05} 级的精密水准仪以及相应的水准标尺，2003 年以前使用的水准仪为德国 Zeiss Ni004 精密水准仪，随着仪器的发展和技术的进步，之后使用的是 Zeiss DINI12 精密电子水准仪，如图 14-1 所示。

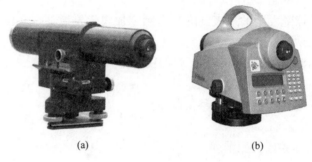

(a)　　　　　　　　　　　　　　　　(b)

图 14-1　不同类型的水准仪
（a）Zeiss Ni004 精密水准仪；（b）Zeiss DINI12 型精密电子水准仪

水准尺是水准测量中的标尺，多采用优质木材、合金材和玻璃钢等材料，有 2m、3m、5m 等多种长度和整尺、折尺、塔尺等多种类型。按精度从高到低，可以分为精密水准尺和普通水准尺。普通水准尺的尺长多为 3m，两根为一副，均为双面（黑、红面）刻划的直尺，每隔 1cm 印刷有黑白或红白相间的分划，每分米处注有数字。对一对水准尺而言，黑、红面注记的零点不同。两尺的黑面尺的尺底端均从零开始注记读数，两尺的红面尺底端分别从 4687mm 和 4787mm 开始，称为尺常数 K，即 $K_1 = 4.687m$，$K_2 = 4.787m$，设置尺常数的目的是为了校核。精密水准尺的框架一般用木料制成，而分划部分则用镍铁合金做成带状。尺长也多为 3m，两根为一副，在尺带上有左右两排线状分划，分别称为基本分划和辅助分划，格值 1cm，这种水准尺配合精密水准仪使用。尺垫用于在转点处放置水准尺，由生铁铸成，一般为三角形，中央有一突起的半球体，下方有三个支脚。使用时将支脚牢固地插入土中，以防下沉，上方突起的半球体顶点作为竖立水准尺和标志转点之用。另外，对于一些特殊的工程，如真空预压法加固时，真空膜上一般要覆水，当覆水较深时，工作人员不易走到沉降板附近去安置水准尺，可将刻度尺事先焊接在金属测杆上，刻度尺一般为不锈钢尺或烤瓷刻度尺。

沉降板的基本结构由钢板、金属测杆和保护套管组成，整体结构要有较高的稳定性，具有一定的抗风能力。沉降板一般由适宜面积和厚度的钢板制成，金属测杆选择适宜直径的厚壁镀锌铁管（耐锈蚀），保护套管多用硬 PVC 管材质。保护套管以能套住金属测杆并使套管顶略低于测杆顶部为宜，这样安排避免了金属测杆被土体包裹时所产生的黏结作用，保证了测杆的自由下沉。另外，沉降板在布设时，一般要在钢板下面垫一些诸如麻袋、土工布的软质材料找平，并在钢板上面放置一些砂袋等作为压重，以保证其在监测过程中的稳定性。

三、具体监测步骤

现场水准测量的操作流程如下所示：技术设计→实地选点和埋石（水准标石的灌注埋设过程）→仪器设备检校→外业观测→观测原始记录检查→数据预处理、平差计算→整理成果资料。

（1）技术设计是根据工程建设项目的规模和对施工测量精度的要求，以及合同、业主和监理的要求，结合测区自然地理条件的特征，拟定出合理的水准网和水准路线布设方案，保证在规定期限内多快好省地完成生产任务。内容包括：任务的性质和用途；测区的自然地理特点；技术设计的依据；所设计的各等级水准路线的数量，各类型的水准标石数量，任务工期估算；起点和已知水准点的高程；施测所需仪器装备及各种材料数量等。具体方法为在适当的比例尺地形图上标出已测水准点和需要连测的固定点位置，标出测区内主要城镇、交通路线和河流位置。根据任务合同、工程要求和规范的有关规定，在图上拟定水准测量路线及水准点概略位置。

（2）实地选点和埋石是在技术设计的基础上进行的，水准点宜均匀布置在测区内，并尽可能选在道路附近、基岩露头或土层较浅处，以保证水准标石可以稳定、安全并长期地保存。施工高程控制的水准点的位置应根据施工放样的需要来确定，应保证每个单项工程至少有 2 个高程点，并按规范要求的规格进行水准标石的制作和埋设。

（3）水准仪和水准尺应该按照《国家一、二等水准测量规范》和《国家三、四等水准测量规范》要求的检校项目和方法，在测前和测后分别进行检校。

（4）在测量仪器检校无误后，工作人员可以根据既定安排开展测量工作。当欲测的高程点距水准点较远或高差很大时，就需要连续多次安置仪器以测出两点的高差，一般采用后–前–前–后的方法进行测量，进行二等水准测量时，为测 A、B 点高差，在 AB 线路上增加 1、2、3、4、…等中间点，将 AB 高差分成若干个水准测站。其中间点仅起传递高程的作用，称为转点（turning point，简写为 TP）。转点无固定标志，无需算出高程。显然，每安置一次仪器，便可测得一个高差。如图 14-2 所示。

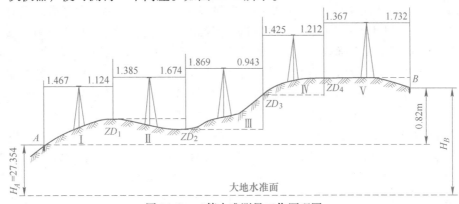

图 14-2　二等水准测量工作原理图

在测量开始前，需要注意如下事项：

1）观测前 30min，应将仪器置于露天阴影处，使仪器与外界气温趋于一致；观测时应该用测量伞遮蔽阳光；迁站时应罩以仪器罩。

2）仪器距前、后视水准标尺的距离应尽量相等，其差应小于规定的限值：二等水准测量中规定，一测站前、后视距差应小于 1.0m，前、后视距累积差应小于 3m。这样可以消除或削弱与距离有关的各种误差对观测高差的影响，如角误差和垂直折光等影响。

3）对气泡式水准仪，观测前应测出倾斜螺旋的置平零点，并作标记，随着气温变化，应随时调整置平零点的位置。对于自动安平水准仪的圆水准器，须严格置平。

4）同一测站上观测时，不得两次调焦；转动仪器的倾斜螺旋和测微螺旋，其最后旋转方向均应为旋进，以避免倾斜螺旋和测微器隙动差对观测成果的影响。

5）在两相邻测站上，应按奇、偶数测站的观测程序进行观测，对于往测奇数测站按"后前前后"、偶数测站按"前后后前"的观测程序在相邻测站上交替进行。返测时，奇数测站与偶数测站的观测程序与往测时相反，即奇数测站由前视开始，偶数测站由后视开始。这样的观测程序可以消除或减弱与时间成比例均匀变化的误差对观测高差的影响，如水准仪 i 角的变化和仪器的垂直位移等影响。

6）在连续各测站上安置水准仪时，应使其中两脚螺旋与水准路线方向平行，而第三脚螺旋轮换置于路线方向的左侧与右侧。

7）每一测段的往测与返测，其测站数均应为偶数，由往测转向返测时，两水准标尺应互换位置，并应重新整置仪器。在水准路线上每一测段仪器测站安排成偶数，可以削减两水准标尺零点不等差等误差对观测高差的影响。

8）每一测段的水准测量路线应进行往测和返测，这样可以消除或减弱性质相同、正负号也相同的误差影响，如水准标尺垂直位移的误差影响。

9）一个测段的水准测量路线的往测和返测应在不同的气象条件下进行，如分别在上午和下午观测。

10）使用补偿式自动安平水准仪观测的操作程序与水准器水准仪相同。观测前对圆水准器应严格检验与校正，观测时应严格使圆水准器气泡居中。

11）水准测量的观测工作间歇时，最好能结束在固定的水准点上，否则，应选择两个坚稳可靠、光滑突出、便于放置水准标尺的固定点，作为间歇点加以标记。间歇后，应对两个间歇点的高差进行检测，检测结果如符合限差要求（对于二等水准测量，规定检测间歇点高差之差应≤1.0mm），就可以从间歇点起测。若仅能选定一个固定点作为间歇点，则在间歇后应仔细检视，确认没有发生任何位移，方可由间歇点起测。

如按光学测微法进行水准测量，以往测奇数测站为例，一个测站的操作程序如下：

1）置平仪器。气泡式水准仪望远镜绕垂直轴旋转时，水准气泡两端影像的分离，不得超过 1cm，对于自动安平水准仪，要求圆气泡位于指标圆环中央。

2）将望远镜照准后视水准标尺，使符合水准气泡两端影像近于符合（双摆位自动安平水准仪应置于第Ⅰ摆位）。随后用上丝、下丝分别照准标尺基本分划进行视距读数（见表 14-2 中的（1）和（2））。视距读取 4 位，第四位数由测微器直接读得。然后，使符合水准气泡两端影像精确符合，使用测微螺旋用楔形平分线精确照准标尺的基本分划，并读取标尺基本分划和测微分划的读数（3）。测微分划读数取至测微器最小分划。

3）旋转望远镜照准前视标尺，并使符合水准气泡两端影像精确符合（双摆位自动安平水准仪仍在第Ⅰ摆位），用楔形平分线照准标尺基本分划，并读取标尺基本分划和测微分划的读数（4）。然后用上丝、下丝分别照准标尺基本分划进行视距读数（5）和（6）。

4）用水平微动螺旋使望远镜照准前视标尺的辅助分划，并使符合气泡两端影像精确符合（双摆位自动安平水准仪置于第Ⅱ摆位），用楔形平分线精确照准并进行标尺辅助分划与测微分划读数（7）。

5）旋转望远镜，照准后视标尺的辅助分划，并使符合水准气泡两端影像精确符合（双摆位自动安平水准仪仍在第Ⅱ摆位），用楔形平分线精确照准并进行辅助分划与测微分划读数（8）。表14-2中第（1）至（8）栏是读数的记录部分，（9）至（18）栏是计算部分，现以往测奇数测站的观测程序为例，来说明计算内容与计算步骤。

表14-2　水准测量记录表

建设项目：＿＿＿＿＿＿＿＿＿　　　　　　施工单位：＿＿＿＿＿＿＿＿＿

合同号：＿＿＿＿＿＿＿＿＿　　　　　　　监理单位：＿＿＿＿＿＿＿＿＿

测量日期：＿＿＿＿＿＿＿＿＿　　　　　　天气：＿＿＿＿＿＿＿＿＿

测站编号	后尺	下丝上丝	前尺	下丝上丝	方尺及向号	标尺读数		基+K减辅（一减二）	备考
	后距		前距			基本分划（一次）	辅助分划（二次）		
	视距差 d		$\sum d$						
	（1）		（5）		后	（3）	（8）	（14）	
	（2）		（6）		前	（4）	（7）	（13）	
	（9）		（10）		后-前	（15）	（16）	（17）	
	（11）		（12）		h	—		（18）	
					后				
					前				
					后-前				
					h				
					后				
					前				
					后-前				
					h				

观测：＿＿＿＿＿　　　记录：＿＿＿＿＿　　　计算：＿＿＿＿＿　　　复核：＿＿＿＿＿

视距部分的计算：

$$(9)=(1)-(2) \tag{14-1}$$

$$(10)=(5)-(6) \tag{14-2}$$

$$(11)=(9)-(10) \tag{14-3}$$

$$(12)=(11)+前站(12) \tag{14-4}$$

高差部分的计算与检核：

$$(14)=(3)+K-(8) \tag{14-5}$$

$$(13)=(4)+K-(7) \tag{14-6}$$

$$(15)=(3)-(4) \tag{14-7}$$

$$(16)=(8)-(7) \tag{14-8}$$

$$(17)=(14)-(13)=(15)-(16) \tag{14-9}$$

式中，K 为基辅差（对于 N_3 水准标尺而言 $K=3.0155\mathrm{m}$）。

检核：
$$(18)=\big[(15)+(16)\big] \tag{14-10}$$

四、相关数据整理与应用

现场监测获得的沉降资料可以整理成图、表等多种形式，最为常用的有沉降量-时间关系曲线与沉降量-荷载-时间关系曲线，下面具体介绍绘制方法。

1. 绘制沉降量-时间关系曲线

以沉降量 s 为纵轴，以时间 t 为横轴，组成直角坐标系。然后，以每次累积沉降量为纵坐标，以每次观测日期为横坐标，标出沉降观测点对应的位置。最后，用曲线将标出的各点连接起来，并在曲线的一端注明沉降观测点号码，如图 14-3 所示。

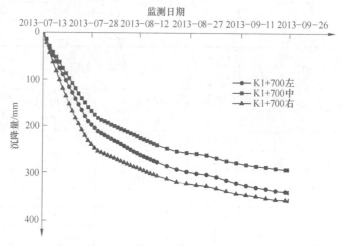

图 14-3　南京河西某道路 K1+700 断面软基处理沉降监测[99]

2. 绘制沉降量-荷载-时间关系曲线

该图形为双 y 轴的形式，在沉降量-时间关系曲线的基础上，增加一个 y 轴坐标系。以时间 t 为横轴，以荷载为 y 轴正向，组成直角坐标系。再根据每次观测时间和相应的荷载标出各点，将各点连接起来，即在沉降量-时间关系曲线的基础上增加了荷载-时间关系曲线，形成沉降量-荷载-时间关系曲线，如图 14-4 所示。

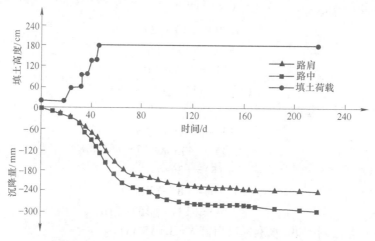

图 14-4　南京河西某道路西延线 jK1+480 断面沉降-荷载-时间关系曲线[97]

第三节 分层沉降监测

一、监测目的

在上节中介绍的地表沉降是地基经过某种加固方法处理后，原地层发生的压缩情况的总体反映，它是被加固土体地表下不同深度土层压缩、固结量的累积。而若要了解地基中不同土层、不同深度土体的压缩变形情况，则要通过监测土体的分层沉降来获得。一般地，通过监测该项指标，可以达到如下目的：

（1）了解地基各土层的加固效果。

（2）为地基加固中稳定性的判别提供依据。

（3）判断地基加固达到的有效深度。

（4）对比分析不同地基加固方法的优劣。

二、监测仪器及原理

分层沉降监测是通过在不同深度与层位的土层处布置分层沉降磁环，让磁环随着所在土层的压缩变形而变化位置，从而确定其所在土层土体的压缩量。目前分层沉降监测主要有三类观测法：深标点水准仪法、磁环式沉降仪法及不动杆法。深标点水准仪法主要适用于硬土层，一个钻孔布置一个深标点，标杆下端插入硬土层，上端引出地面，后用水准仪观测标杆随土层沉降产生的读数变化，从而确定土层的沉降量，一般精度可以达到±1.0mm；不动杆法监测是在观测点位置钻孔，在钻孔中埋入刚度较大的不动杆，杆下端插入硬土层，上端引出地面，沉降盘及测量装置套在不动杆上，沉降盘与不动杆的垂直位移即为沉降盘处的沉降，垂直变位通过测量装置进行观测；磁环式沉降仪法主要适用于软土地基，在一个钻孔的不同深度可分别布置沉降环，用带有长度标记的探头进行观测，观测精度可达1~2mm，目前该种方法应用最为广泛。下面详细介绍磁环式沉降仪法的监测仪器、原理和监测方法。

磁环式分层沉降监测的监测装置主要由三部分构成：一是地下埋入部分，由沉降导管、沉降磁环、管盖和管座等构成；二是地面测试仪器——电磁式分层沉降仪，由测头、测量电缆、接收系统和绕线盘等组成；三是管口水准测量部分，由水准仪、标尺、脚架、尺垫等组成。整套系统的原理图如图 14-5 所示。

沉降导管须管内外光滑、无突出的管径接头，可由 PVC 或 ABS 制成，壁厚一般不小于 6~8mm，直径（外径）一般为 60~70mm。根据设计要求，每根管的长度可为 2~4m，两根沉降管接头处可加工成公、母台阶式接头，从而避免了沉降磁环在随土体运动过程中被卡在两管接头位置。沉降磁环一般为注塑而成，磁环的内环上镶嵌有高能磁性材料，形成磁力圈。磁

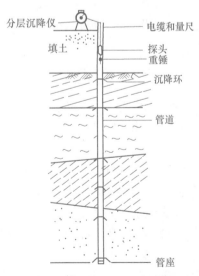

图 14-5 磁环式分层沉降监测原理图

环的外环上安装有三个弹簧片，弹簧片要有一定的弹性与刚度，便于固定于土体中，使磁环随着土体一起沉降。管盖与管座分别安装于沉降导管的两端，二者的大小须与管径相匹配。管盖是为了防止从管口掉出沉降管的杂物，管座则是为了避免沉降导管在埋设过程中，泥浆涌入管中。此外，如果底端导管完全密封，则施工时会由于钻孔内水的浮力作用而导致沉降导管埋设困难。因此，底座以上 50cm 的沉降导管会预先钻一些小孔，并用无纺布包裹，保证钻孔内的水可以进入导管而方便施工，具体结构如图 14-6 所示。

电磁式分层沉降仪由测量探头、接收部分、电缆和绕线盘组成，整体如图 14-7 所示。测量探头由不锈钢制成，其内部安装了磁场感应器，当它遇到土中的分层沉降磁环后电流会发生变化，进而接通接收系统；当外磁场不再作用时，便会自动关闭接收系统。当测头进入沉降管到达沉降磁环上部时切割磁力线，接收器接通并发出声响，测量磁环上部深度 J；测头到达沉降环下部时，接收机再次接通，测得磁环下部深度 H，磁环深度 $S = (J + H)/2$。接收部分由音响器和峰值指示组成，音响器发出连续不断的蜂鸣声响，峰值指示为电压表指针指示，两者可通过拨动开关来选用。电缆一般由钢尺和导线采用塑胶密封工艺合二为一，既防止了钢尺锈蚀，又简化了操作过程，从而使测量更加方便、准确；电缆的一端连接测量探头，另一端连接接收系统。绕线盘由绕线圆盘和支架组成，接收系统和电池全置于绕线盘的芯腔内，腔外绕钢尺电缆。虽然不同厂家生产的电磁式分层沉降仪的规格参数不同，但《岩土工程仪器基本参数及通用技术条件》（GB/T 15406—2007）给出了具体标准，具体可详见条文 5.2.1.1.2。

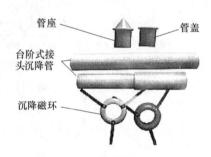

图 14-6　沉降磁环等结构图

图 14-7　电磁式分层沉降仪

三、具体监测步骤

现场分层沉降监测的工艺流程大致可以分为三部分：监测点位置的选择、分层沉降标的埋设、数据的定期监测。

1. 监测点位置的选择

分层沉降监测点需根据各工程建设规模并结合相关地质勘察资料，经过科学的计算分析而设定，应具有极强的代表性并能客观反映监测段土体的动态变化。一般而言，监测点的选择应按照下列原则进行：

（1）分层沉降观测点应在确定监测断面后，沿铅垂线方向上的各层土内布置。

（2）监测点的深度应根据土层的分布情况确定，一般在每一土层均应设置一个监测点，在同一土层的不同高度也可设置监测点。

（3）最浅的监测点位应在基础底面50cm外，最深的监测点位应超过压缩理论厚度或设置在压缩性较低的砾石或岩石层上。

2. 分层沉降标的埋设

（1）按照设计要求，对观测的孔位（测点）进行准确定位。

（2）在定位点安装钻机，用钻头钻孔（孔径以能恰好放入磁环为佳），成孔要垂直（垂直度≤1%），避免坍孔。

> ★ 在钻孔时要注意以下几点：一是钻孔的深度，二是提孔的时机。孔深一般要超过监测土层的设计深度2~3m，最好能到达地基的下卧层，主要是为了避免沉降导管的下沉对监测数据的影响。另外，钻头钻到预定位置后，不要立即提孔，要把泵接到钻孔中并向里灌清水，直到泥浆水变清后方可提钻。

（3）将沉降导管依次装入钻孔中，两根导管之间建议采用公母台阶式连接方式，首节导管要安装管座，管座以上50cm管壁上预先钻孔，并用无纺布包裹绑定。导管埋设完成后，用粗砂或细碎石放入孔底管的周围（填充深度不超过1m），便于水向管中渗透。

（4）在设计深度上安装沉降磁环。沉降磁环埋设的好坏直接关系到分层沉降监测数据的可靠性，其技术关键是将沉降环与被监测土层牢牢连接。在埋设沉降磁环前，要准备好如下几项工作：

1）用膨胀性的黄土制备一定数量的泥球，晾干备用，直径以1~2cm为宜。泥球的作用是填充两个沉降磁环、管壁与孔壁之间的孔隙。

2）计算单位高度内所需填充泥球的数量，根据两磁环之间的设计距离准备相应数量的泥球。

3）根据设计图上各沉降环的高程和测定好的管口高程，计算各个沉降环距离地面的高度。

4）准备一根长度1.3m的钢筒，壁厚3mm，直径比沉降环直径略小，筒上端沿直径方向钻两个小孔，并穿上钢丝，方便钢筒沿沉降管外壁上下运动。

上述准备工作完成后，可开始埋设沉降环。将计算好数量的泥球投入钻孔中，填至最下面一个沉降环位置后，将钢筒套在沉降导管上，下放到泥球位置后提起钢筒，提升一定高度后放下，冲压泥球，测量钢筒到地面的高度，当该高度与事先推算的沉降环深度基本一致时，开始埋设沉降环。埋设时先将沉降环的三个钢爪用橡皮筋拴定，橡皮筋用尼龙绳系住，手提住尼龙绳慢慢将沉降环下放到已填充泥球位置。然后将钢筒再次套在沉降导管上，慢慢下滑直到与沉降环紧密接触，此时用力拉动尼龙绳，使橡皮筋断开，三个钢爪则迅速张开并嵌入孔壁中，之后稍稍提起钢筒，轻轻撞击沉降环多次，使钢爪尽量深入孔壁并调整其倾斜度，至此第一个沉降环埋设结束。然后再用泥球充填并捣实至第二个沉降磁环的标高，重复上述步骤，直到完成整个钻孔中的磁环埋设。

（5）沉降环埋设完成后的几天内，应该用分层沉降仪多测几次，测量方法为将沉降仪的探头缓慢放入管底，数分钟（探头适应管中温度）后再自下而上地进行测量。当各次测量数据基本一致时，将该数值作为分层沉降的初值，然后开始地基处理工作。

通过沉降仪测得的数据为沉降环距离管口的距离，并不是沉降环的高程，欲求沉降环高程必须用水准仪测定管口高程后进行转换。而管口高程也会在地基加固中发生变化，因此管口高程的监测应该与沉降环的监测同步进行，即每次测量结束后，都需用水准仪测定沉降管口的高程。利用管口高程换算成沉降环的高程，两次沉降环的高程差即为对应土层的沉降。

（6）按照设计的测次和时间进行观测，每个测点要重复测量两次，读数差不大于2mm，取其平均值计入表14-3中。另外，每次读取的数据，要与前次测值对照，若发现异常，及时复测，分析原因并记录说明。

表 14-3　分层沉降观测记录表

里程段落：＿＿＿＿＿＿＿＿＿＿　　　　　　　　　　　　观测日期：＿＿＿＿＿＿＿＿＿＿

测点编号	测点埋深	原始磁环标高/m	上次磁环标高/m	测试读数/m		平均值	本次管口标高/m	本次磁环标高/m	本次沉降/mm	累计总沉降/mm	本次分层沉降/m
1											
2											
3											
4											
5											
6											
7											
8											
9											
其他监测情况											

注：1. 每次磁环测量和沉降管管口标高测量均应对准管口固定位置；

　　2. 每次磁环测量均需重复测量两次，并以磁环下部响声为准。

四、相关数据整理与应用

分层沉降监测资料的整理，包括两方面：一是将各沉降环的水准高程转化为各沉降环的沉降数据；二是根据沉降数据绘制多种沉降过程曲线和图表，如荷载作用下各土层随时间沉降过程线、沿深度各土层不同时间的沉降过程线和分层沉降监测记录汇总表。

1. 对监测数据进行整理计算

分层沉降测量时，设每个分层沉降磁环的初始读数为 D_{i0}（即分层沉降磁环距管口的距离），历次测量时每个分层沉降磁环的读数为 D_{ij}，历次分层沉降监测时管口高程为 H_{0j}，则第 i 号沉降环在第 j 次测量后的高程 $H_{ij}=H_{0j}-D_{ij}$，进而通过下式可以计算出历次测量时每个分层沉降磁环的沉降量 s_{ij}：

$$s_{ij} = H_{ij} - H_{ij-1} \qquad (14-11)$$

由每次分层沉降磁环的沉降量，可以推知每个分层沉降磁环所处土层的累积沉降量：

$$s_i = \sum_{j=1}^{j} s_{ij} \qquad (14-12)$$

将每个土层的压缩量叠加，即为整个土层的压缩总量：

$$S = \sum_{i=1}^{n} s_i \tag{14-13}$$

处理后的数据可以归纳为表格，如表14-4所示，这样不仅有助于数据分析，还可以方便下面各种图形的绘制。

表 14-4　分层沉降观测数据汇总表

天数	地表沉降/mm	分层沉降值/mm							
		各环初始埋设深度/m							
		粉土		淤泥质粉土			淤泥质黏土		
		C1	C2	C3	C4	C5	C6	C7	C8

注：表中 C1、C2、…为沿深度方向上布置的各沉降环所对应的编号。

2. 绘制荷载作用下各土层随时间沉降过程线

该图形采用双 y 轴的形式，以时间 t 为 x 轴，以外加荷载 q 为 y 轴正向，组成直角坐标系。在此基础上，以分层沉降值 S 为 y 轴负向，将不同深度的沉降环在不同历时的分层沉降数据连接起来，最终绘制成如图14-8所示的分层沉降监测成果图。

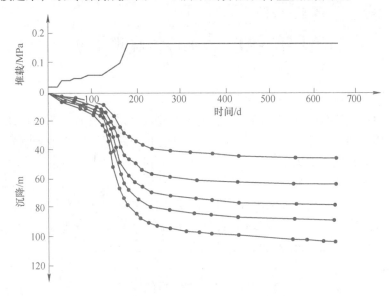

图 14-8　某工程道路断面各土层随时间沉降过程曲线[90]

3. 绘制分层沉降-深度-时间过程曲线

以各沉降环的累积分层沉降值为 x 轴，以各沉降环对应的埋深为 y 轴，将不同深度的分层沉降环在不同历时的分层沉降监测数据连接起来，即可得到如图 14-9 所示的各土层分层沉降规律随时间的变化曲线。

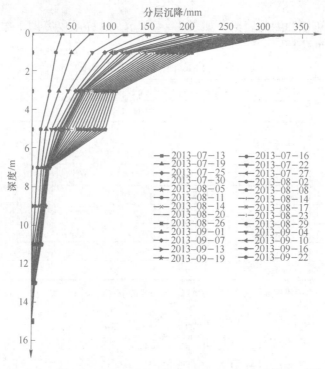

图 14-9　南京河西某路 K1+700 断面软基处理分层沉降监测[99]

第四节　水平位移监测

一、监测目的

土体水平位移监测分为地表水平位移监测和深层水平位移监测（测斜）两种。地表水平位移监测可用全站仪或经纬仪测量监测点坐标的变化来获得，属于地表测量的范畴，而本小节主要涉及的是反映地表以下各深度土体水平位移的深层水平位移监测。

对于桩基、堆载预压、强夯等常大气压下的地基处理工程，侧向变形一般由场地内向加固区外发展，需要通过现场监测来评价加固土体自身的安全性和对周边建、构筑物的影响；而对于诸如真空预压、真空-堆载联合预压法等负压条件下的地基处理工程，侧向变形一般由加固区外向场地内发展，基本上没有加固土体自身安全问题，主要考虑对加固区外临近建筑物的影响。

综上所述，通过监测该项指标，可以达到如下目的：

（1）了解加固对周围建筑物的影响。

（2）判断被加固土体自身的安全性。

（3）判断地基加固达到的有效深度。

（4）对比分析不同地基加固方法的优劣。

★ 在各类基坑工程中，由于深层水平位移监测能综合反映基坑支护结构应力、变形性状，逐渐受到工程技术人员重视。《建筑地基基础设计规范》（GB 50007—2011）、《建筑基坑支护技术规程》（JGJ 120—2012）及许多地方规范明确规定，重要基坑工程或深基坑施工中，必须进行深层水平位移监测。

二、监测仪器及原理

一般而言，完成深层水平位移监测所需要的仪器主要有两部分：测斜仪和测斜管。测斜仪分为固定式和活动式两种，虽然所用仪器不同，但测量原理是相同的。固定式测斜仪是将测头固定埋设在结构物内部的固定点上，同一管道的不同位置需安装多台测斜仪；而活动式测斜仪则要先在地基中埋设带导槽的测斜管，之后定时将探头放入测斜管中并沿导槽滑动以测定斜度变化，计算水平位移。活动式测斜仪测量费用更低，测量更为方便，因此应用较为广泛。

另外，根据测头传感器的不同，活动式测斜仪又可以分为滑动电阻式、电阻应变片式、钢弦式及伺服加速度计式等多种，电阻应变片式测斜仪的价格虽然便宜，但量程有限，耐用时间也较短；而伺服加速度计式测斜仪的测量精度与量程较高，可靠性也更好，因此在各类岩土工程中应用最为广泛。本节将针对此类仪器的原理及使用方法展开具体介绍。

活动式测斜仪由探头、测读仪及电缆构成，构造示意图如图 14-10 所示。探头上装有重力式测斜传感器，测读仪是二次仪表，需和测头配套使用。电缆连接测读仪和探头，其表面一般每隔 0.5m 有一长度标记，起到测量探头与孔口距离的作用。测斜管一般由塑料管或铝合金管制成，直径约 50~75mm，每节长度约 2~4m，其内壁有两对互相垂直的纵向导槽；测量时，测头上的导轮可在导槽内上下自由滑动，如图 14-11 所示。理论上讲，测斜管应与土体的变形性状一致，但实际中测斜管的刚度往往比土体大得多，因此，建议测斜管尽量选择弹模小、柔韧性好的材料，如高压聚乙烯管材、ABS 管等。

图 14-10 活动式测斜仪结构图

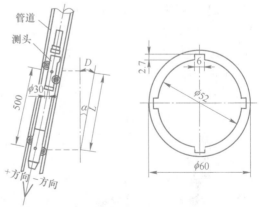

图 14-11 测斜管断面图及其工作原理

使用活动式测斜仪与测斜管测量深层水平位移时的工作原理如下：测斜管埋入地基后，会随着地基变形而变形。活动式测斜仪放入管道后，将直接测得一段定长管道（一般

$L = 500$mm 或 1000mm）的轴线与铅垂线之间的夹角 α_i，通过三角函数的计算得到该段定长管道的相对位移 $D_i = L\sin\alpha_i$，如图 14-12 所示。整根管道上下两端的水平位移差 D_n 是各段差值的累积，即

$$D_n = \sum_{i=1}^{n} D_i = \sum_{i=1}^{n} L\sin\alpha_i \tag{14-14}$$

式中　D_n——整根管道的累积水平位移；

　　　D_i——定长管道相对于其下一段管道的水平位移；

　　　α_i——定长管道与铅垂线之间的夹角；

　　　L——定长管道的长度。

当测斜管底埋设深度足够深时，可假定管底是固定不动的，最后累加值 D_n 就是管口的水平位移值。而当管子底部埋深稍浅时，管子两端都可能会有位移，此时需要用高精度的经纬仪测量管口坐标来计算管顶的水平位移量 Δ_0，然后利用式（14-15）来向下推算管底的水平位移值：

$$D_d = \Delta_0 - \sum_{i=1}^{n} L\sin\alpha_i \tag{14-15}$$

式中　D_d——管底水平位移；

　　　Δ_0——测斜管顶的水平位移量。

由于测斜管有一对相互垂直的凹槽，测量时，可以沿其中一条凹槽方向测单向位移，也可以测双向位移（分别沿两条凹槽测出单向位移）。双向位移测量完成后，可将两个方向的数值求矢量和，得到位移的最大值和方向。

三、具体监测步骤

现场深层水平位移监测的流程工艺大致可以分为三部分：监测点位置的选择、测斜管的选择与埋设、数据的定期监测。

1. 监测点位置的选择

深层水平位移的监测点宜布置在基坑、边坡及围护墙周边的中心处或其他代表性的部位，数量和间距要视具体情况而定，但每条边应至少布设一个监测孔。要避免将监测点布置在有较大影响力和干扰源附近，以免影响监测结果。

2. 测斜管的选择与埋设

（1）测斜管的选择需要按照被测土体的弹性模量与变形模量尽量一致的原则，考虑工作环境温度、耐腐蚀性及使用寿命等因素，最终确定合适的材质与截面尺寸。

（2）测斜管在埋设时，要首先按照设计要求，对测点进行定位，安装钻机并钻孔。孔径一般为 110~150mm，孔深应能保证测斜管底端埋入不受加固影响的土层中，以建立一个底端基本不动的嵌固点。孔壁要求垂直，倾斜度应控制在 1° 以内。

（3）将测斜管底部装上底盖，逐节组装，尽快埋入钻孔中。埋设时为避免地下水的浮力作用导致的安装困难，管内应灌入清水。测斜管下沉到预定标高后，用钻杆将管子调直，管子与钻孔周围的空隙应快速用细砂、泥球等与测斜管周围土质相近的土样进行回填，以加快固定测斜管，减少测量误差。

（4）测斜管固定完毕后，用清水及时将其内壁的杂物清洗干净，将探头模型放入管内

沿导槽上下滑动一遍,以确保导槽畅通无阻。之后安装好保护盖,在测斜管四周砌好保护墩,放置醒目标志并做好标记。

(5)测斜管应在施工前的15~30d埋设完毕,施工前一周内要重复测量2~3次,待判明测斜管已处于稳定状态后,取多次测量平均值作为初始值。初值确定后,要用精密经纬仪和水准仪测定管口的初始坐标和高程。

3. 数据的定期监测

按照设计的观测时间及频次开展测试工作,测试的基本步骤如下:

(1)连接探头和测读仪,并检查密封装置、电池电量及仪器是否能正常读数。

(2)每次测试时,将探头导轮对准与所测方向一致的槽口,缓慢放入管底几分钟,待探头与管内温度基本一致、显示仪读数稳定后开始自下而上监测。每次测试以管口位置为基准点(必须在同一位置),按照电缆上的刻度分划,匀速提升。

(3)探头提升至管口,旋转180°后,再按照上述方法重复测量一次。一般同一位置处的读数应该大小相近,符号相反,绝对值之差小于10%,否则需要重新测量。

(4)及时将监测数据记录于表14-5,并做相关处理,如连续两天的最大水平位移速率超过了规范或者设计书规定的限值,要及时分析原因并部署解决方案。

表 14-5 深层水平位移监测记录表

工程名称			取样间距			测试孔号			
仪器型号			观测日期			测量状态		第 次监测	
深度 /m	初值 /mm	正测 $A+$ /mm	反测 $A-$ /mm	平均位移 d_i/mm	系统偏差 d_0/mm	本次累积位移 D_n/mm	上次累积位移 D_{n-1}/mm	I_n/mm	变化速率 C_v/mm·d^{-1}
1.0									
2.0									
3.0									
4.0									
5.0									
6.0									
7.0									
8.0									
9.0									
10.0									
计算公式	平均位移 $D_i = \dfrac{A^+ - A^-}{2}$;系统偏差 $d_0 = A^+ - A^-$,且 d_0/d_i 应小于10%; 本次累积位移 $D_n = \sum\limits_{i=1}^{n} D_i$;上次累积位移 $D_{n-1} = \sum\limits_{i=1}^{n-1} D_i$; 本次位移增量 $I_n = D_n - D_{n-1}$;变化速率 $C_v = I_n/d$。								

注:1. 本表中默认的取样间距为1m,在使用时如有其他间距可自行更改;

   2. 由于测量时探头从下向上测量,因此记录本次累积位移从下向上加。

四、相关数据整理与应用

为了更为直观地反映各土层的水平位移变化，现场测得的土体水平位移监测数据通常要绘制成曲线图或整理成表。常用的曲线图有三种：累积水平位移-深度-时间过程线、测点累积水平位移-荷载-时间过程线与水平位移速率-时间过程线。

1. 绘制累积水平位移-深度-时间过程线

累积水平位移-深度-时间过程线为沿着测斜管深度、不同时间的累积水平位移变化曲线。如图 14-12 所示，从该图中可以清晰地看出地基处理的有效加固深度或水平位移起始深度，水平位移变化比较明显的深度及对应的时间段，进而找出引起水平位移变化较快的施工环节和加荷速率，最终判断土体是否进入极限强度阶段。

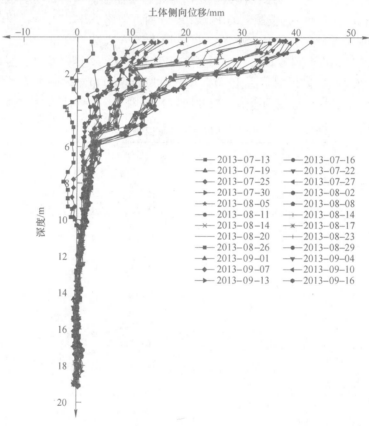

图 14-12　南京河西某道路累积水平位移-深度-时间过程线[99]

2. 绘制测点累积水平位移-外加荷载-时间过程线

每一测点都可以绘制各自的水平位移-荷载-时间过程线，根据图 14-12 确定了水平位移最大值所对应的深度后，取此处或其临近测点，以地基加载历时 t 为 x 轴，以外加荷载 q 为 y 轴正向，以不同历时对应的水平位移为 y 轴负向，绘制如图 14-13 所示的成果图。

3. 绘制水平位移速率-时间过程线

在地基加固工程中，往往利用水平位移速率的变化来判定被加固土体的安全。因此，可以将监测数据整理成若干个不同深度对应的水平位移速率随时间变化的过程曲线的形式，深度一般都取在接近最大水平位移的深度范围内，如图 14-14 所示。

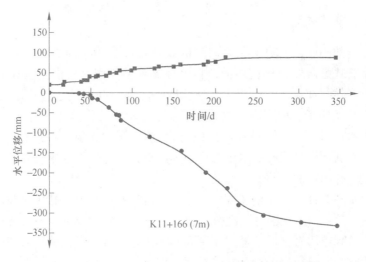

图 14-13 某工程累积水平位移-荷载-时间过程线[93]

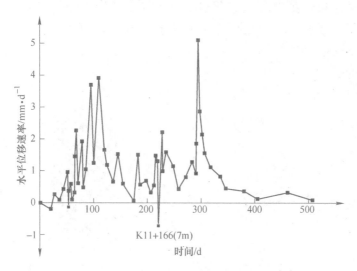

图 14-14 某工程水平位移速率-时间过程[93]

第五节 孔隙水压力监测

一、监测目的

学过有效应力原理和土体单向固结模型的应该知道,在外界荷载的作用下,土体会发生压缩、变形并伴随强度的提高,而对这一过程真正起到作用的是有效应力。但是有效应力只是一个概念,看不见、摸不着,只能通过量取超静孔隙水压力并代入有效应力原理来换算求得。总体来说,监测孔隙水压力的目的就是为了反映地基加固过程中的有效应力的变化。

针对孔隙水压力的监测主要应用在饱和软黏土地基的加固中,而适用于饱和软黏土地基加固的几乎所有工法,在施工时都需要对孔隙水压力进行监测。针对该项指标,国家专门颁布了《孔隙水压力测试规程》(CECS 55—93),用于指导各类工程中的孔压监测。

二、监测仪器及原理

根据测量原理的不同，孔隙水压力监测的仪器可以分为气压式、水管式和电测式三类。气压式和水管式是国外较早使用的，精度较高，使用耐久，但是操作和埋设较为繁琐，不适宜深孔和钻孔埋设，不适用于真空预压等工程。电测式（包括振弦式、电阻式、差动变压式等）可适用于各种渗透性质的土层，当要求量测误差小于等于2kPa时，必须使用电测式孔隙水压力计。当使用期大于1个月、测试深度大于10m或在一个观测孔中多点同时量测时，宜选用电测式孔隙水压力计。本小节就以地基加固中普遍使用的振弦式孔隙水压力计为例，介绍电测式仪器原理及使用方法。

振弦式孔隙水压力计是利用钢弦频率在受荷前后的变化来测试孔隙水压力的变化。其结构如图14-15所示，由承压膜片、钢弦、线圈、电缆、外盒及透水石等部分组成。土体中的孔隙水压力传到透水石9后，进入花管到达测头承压膜片7，水压力使膜片变形，继而引起已焊于膜片上并被拉进的钢弦6的长度发生变化（正压力使其缩短，负压力使其伸长），导致钢弦频率发生变化，通过对线圈5的激振，测出钢弦的频率值，通过式（14-16）和式（14-17）分别计算出对应孔隙水压力的大小及超静孔隙水压力。

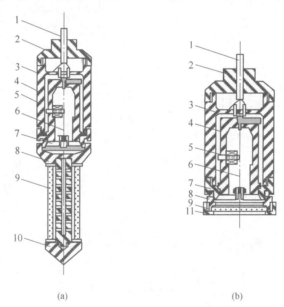

(a)　　　　　　　　　　(b)

图 14-15　振弦式孔隙水压力计的结构图

（a）钻孔埋入式用；（b）填方埋入式用

1—电缆；2—帽盖；3—壳体；4—支架；5—线圈；6—钢弦；7—承压膜；
8—底盖；9—透水石；10—锥头；11—卡环

$$u_i = k(f_0^2 - f_i^2) \tag{14-16}$$

$$\Delta u = u_i - u_0 \tag{14-17}$$

式中　u_i——i 时刻的孔隙水压力，MPa；

　　　　u_0——初始孔隙水压力，MPa；

　　　　f_0——大气压力下的钢弦的自振频率，Hz；

f_i——孔隙水压力 u 作用下的钢弦自振频率，Hz；

k——传感器系数，其数值与承压膜和钢弦的尺寸及材料性质有关，由室内标定给出，$10^{-7}\mathrm{MPa/Hz^2}$。

另外，在各类地基加固工程中，一般使用钻孔埋入式；在大坝建设等工程中，主要使用填方埋入式。二者所使用的振弦式孔隙水压力计的构造稍有不同，但原理是一样的。

三、具体监测步骤

现场孔隙水压力监测的流程工艺大致可以分为三部分：监测点位置的选择、孔压计的标定与埋设、数据的定期监测。

1. 监测点位置的选择

针对不同的地基加固工法，设置孔隙水压力监测的目的是不同的。但是有一些共性的监测点布置原则需要遵守，归纳如下：

（1）孔隙水压力计在软土中每一层至少布置一个，摆在该层厚度的中位上。

（2）对层厚较大的软土，可以布置多个，一般间隔 3~5m。

（3）加固区中部与边缘一般都要考虑。

（4）在桩区的布置既要考虑竖向，又要考虑径向。

2. 孔压计的标定与埋设

（1）几乎所有的孔隙水压力计在出厂时都会经过厂家严格的标定，但是由于现场温度、大气压强以及各厂家生产质量等因素，零压初值与出厂初值还是有一定的误差，需要在使用前再次进行标定。标定时要注意如下事项：

1）孔压计要在标定环境条件下预先放置 24h 以上。

2）在孔压量程范围内等分 6~10 级压力进行检验。

3）标定时自零压力开始按设定的试验级差逐级加压至满量程，之后反向，逐级卸压至零压力。在各级测试点数据稳定 30s 之后再读取数据，以上操作重复三次，重复误差应小于精度要求。

> ★　在缺乏标定设备时，可将测头放入 1m 多深的水中，用频率仪测定各测头所对应的水深，如果测试结果与实际一致，则该测头可用。另外，为了避免由于测头与电缆连接处漏水所带来的孔压计失效问题，可将测头事先放入水中几天，检查其密封性。

（2）开展孔隙水压力计埋设前应进行如下的准备工作：

1）孔隙水压力计在运抵现场前，必须将其端部的透水石取出，在水中煮沸 1h 以上，以排出其中的气泡。孔隙水压力计端部空腔内要注满清水，并在清水中装上透水石，埋设前整个仪器要浸没在清水中，并再次测量测头的初值。

2）准备一定数量的由膨润土或高崩解性黏土球制作的泥球，直径一般在 1cm 左右，并具有一定级配。泥球制好后，阴凉风干，不得日晒、烤干。

3）做好各测头的编号、线长的标记，并绘制好含有埋设的孔位坐标、高程、测头埋深、测头位于的土层及相应钻杆长度的关系草图。

（3）开展孔隙水压力计现场埋设工作的主要步序如下：

1）为保证监测质量，孔隙水压力计应是每孔一个，现场埋设采用先成孔、后压入的方式。将钻孔钻到设计埋设高程以上50cm处，再通过钻头使用压入的方式将测头压至设计高程。

2）为了维持各层软土的渗透性状，钻孔应采用干钻，并尽量使用麻花钻，避免泥浆护壁。如果由于其他原因一定要使用泥浆护壁工艺，在钻孔完成后，必须使用清水洗孔，直至泥浆全部清除方可。如果钻孔过程中发生了塌孔、缩孔现象，应使用套管跟进，套管长度一般为1.5~2.0m。

3）从室内养护到现场埋入的整个过程，要保证孔压计测头处于水封状态。钻孔完成后，如果钻孔内水不满，应将其灌至地表，将测头在养护容器中装入有水的塑料袋，之后迅速连袋将孔压计放入钻孔中，在保证测头完全进入钻孔水下后，去掉塑料袋。用钻杆将测头缓慢送入孔底，压至设计高程，再次测试测头读数，无误后用事先准备好的泥球将钻孔封死。

4）孔压计埋设结束后，对孔口的坐标与高程进行复测，留作后用。正式观测之前，要对孔压计的初值进行确定。采用钻孔式埋设的孔压计，埋设过程不会在孔压计周围的土体产生太大的超静孔隙水压力，初值一般2~3d后基本稳定；采用压入式埋设的孔压计，需要多测一段时间，待孔压值与孔压计所处深度基本相对应后，确定初值。

3. 数据的定期监测

按照设计的观测时间及频次开展测试工作，孔隙水压力计测试的方法比较简单，用配套数显式频率仪测读并记录每次测试频率，然后将数据代入式（14-16）求得 u_i，之后再用根据水位换算所得的 u_0 进行修正，即可得到超静孔隙水压力 Δu 的值，具体如表14-6所示。

表 14-6　孔隙水压力监测记录表

项目名称：＿＿＿＿＿＿＿＿＿＿　　　　　　监测日期：＿＿＿＿＿＿＿＿＿＿

施工单位：＿＿＿＿＿＿＿＿＿＿　　　　　　监理单位：＿＿＿＿＿＿＿＿＿＿

断面编号：＿＿＿＿＿＿＿＿＿＿　　　　　　仪器编号：＿＿＿＿＿＿＿＿＿＿

观测日期 年　月　日	仪器读数 （H_2）	换算压力 /kPa	水位 /m	修正换算压力 /kPa	超静孔隙压力 /kPa	备注
自检意见				监理意见		

四、相关数据整理与应用

现场监测获得的超静孔隙水压力的数据，主要绘制成反映不同深度超静孔隙水压力值随时间变化的过程曲线，在此基础上，可以进一步在数据图上添加荷载变化过程。

1. 绘制超静孔隙水压力值随时间变化曲线

超静孔隙水压力随时间变化曲线是目前最为常用的一种表达方式，以监测日期为 x 轴，以不同深度处的孔压值的变化为 y 轴，绘制如图 14-16 所示的规律曲线。在该图中可以看出，不同深度处的超静孔隙水压力的差异以及判断较为危险的土层深度，以及不同时间段超静孔隙水压力的变化规律。

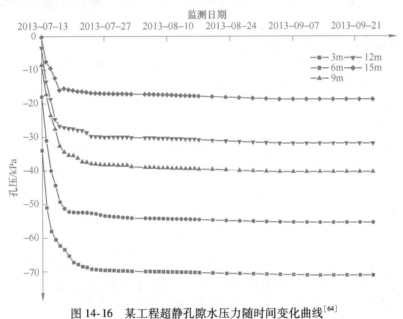

图 14-16 某工程超静孔隙水压力随时间变化曲线[64]

另外，在相关文献中有使用孔压比（即一点处产生的超静孔隙水压力与该点处侧向有效固结应力的比值）来评价地基加固的稳定性的案例，并由此绘制荷载-孔压比-时间过程曲线，读者有兴趣可参考娄炎教授的有关著作（文献 [64]）。

第六节 土压力监测

一、监测目的

根据作用位置的不同，土压力可以分为界面土压力与介质土压力两种。界面土压力为土体与结构边界的接触压力，如建筑物基础在荷载作用下的基底反力、挡土墙（如重力式挡墙、地下连续墙、沉井井壁等）上的侧向压力等，使用界面土压力计进行监测。介质土压力为土体中的垂直向和水平向应力，如土坝或堆石坝内的应力、打桩引起的土中水平挤压应力等，除采用弹性理论的布辛内斯克解计算外，也常通过埋入介质土压力计测量获得。

根据有效应力原理，土中任意一点的总应力等于土颗粒接触面承担的有效应力与土体孔隙水所承担的孔隙水压力之和。使用土压力计测总应力，在埋设土压力计的同时，再埋设孔隙水压力计，用二者的监测资料即可求出有效应力。值得注意的是，土压力计测得的土压力一般为垂直于压力计受压膜的总应力，故在埋设土压力计时，应根据监测要求，合理控制埋设位置。一般而言，通过监测土压力，可以达到如下目的：

（1）为验证挡土建筑物和建筑物基础的稳定性和安全提供依据。

（2）验算挡土构筑物各特征部位的土压力理论分析值及沿深度分布规律。

（3）积累各种条件下的土压力大小及变化规律，为提高理论分析水平积累资料。

二、监测仪器及原理

工程中一般采用土压力计对土体内部的压应力进行监测，根据测试原理的不同，可分为钢弦式、差动电阻式、电阻应变式和气压式等，其中钢弦式土压力计由于长期稳定性高，对绝缘性要求较低，抗干扰能力强，受温度影响小，因此较为常用。而根据监测对象的不同，土压力计又可分为界面土压力计和介质土压力计两种，二者由于受力过程的不同，在外形、构造上存在着显著差异。因此，下文将以钢弦式土压力计为例，分别对钢弦式界面土压力计和钢弦式介质土压力计进行介绍。

钢弦式界面土压力计的结构如图 14-17 所示，当压力盒上的量测薄膜 1 受到压力时，薄膜将发生挠曲，使得与其连接的两个钢弦夹紧装置 3 张开，此时钢弦 7 将被拉紧。钢弦被拉得愈紧，它的振动频率也愈高，当电磁线圈 5 内有电流（电脉冲）通过时，线圈将产生磁通，使铁芯 4 带磁性，因而激起钢弦 7 的振动。电流中断时（脉冲间歇），电磁线圈 5 的铁芯 4 上留有剩磁，钢弦 7 的振动使得电磁线圈 5 中的磁通发生变化，因而感应出电动势，用频率计测出感应电动势的频率就可以测出钢弦 7 的振动频率。为了确定钢弦 7 的振动频率与作用在薄膜上的压力之间的关系，需要对土压力计进行标定，可在实验室内用油泵装置对压力盒施加压力，并用频率接收器测量出对应于不同压力的钢弦振动频率，绘制出每个压力计的标定曲线，如图 14-18 所示。现场观测时，通过接收器测量钢弦的频率，根据标定曲线就可以得到该压力计此时所受的压力大小。

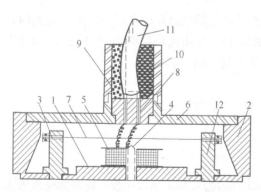

图 14-17　钢弦式界面土压力计的结构图

1—量测薄膜；2—底座；3—钢弦夹紧装置；4—铁芯；
5—电磁线圈；6—封盖；7—钢弦；8—塞子；9—引线
套筒；10—防水材料；11—电缆；12—钢弦支架

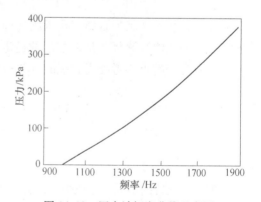

图 14-18　压力计标定曲线示意图

钢弦式介质土压力计主要应用于土坝、堆石坝内的应力测量，目前一般使用二次膜钢弦分离式土压力计，其结构如图 14-19 所示。它由两片圆形（或矩形）不锈钢板焊接而成，两板间构成厚度约 1mm 的空腔，腔内利用负压技术形成真空，并充满硅油介质，用一根不锈钢管与钢弦式传感器受压膜相连接，形成封闭的承压系统。介质土压力计的上下两面都是受力膜，测试原理如图 14-20 所示。

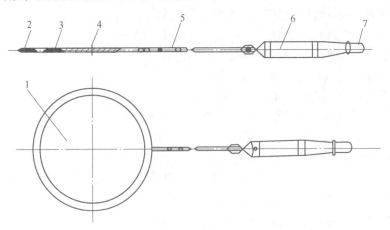

图 14-19　二次膜钢弦分离式土压力计的结构图

1—压力盒；2—橡皮圈套；3—承压膜；4—油腔；5—连续管；6—钢弦式传感器；7—屏蔽电缆

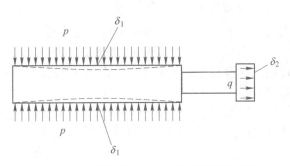

图 14-20　钢弦式介质土压力计测试原理图

土压力 p 作用于压力盒的承压膜上（第一次膜），承压膜产生微小挠曲 δ_1，使油腔体积变化而产生压力 q，通过连接管将压力 q 传递到钢弦式传感器的承压膜上（第二次膜），传感器的承压膜随之产生挠曲变形 δ_2，使固定在承压膜中心上的钢弦长度发生变化，钢弦频率随之变化，通过频率接收器测出钢弦新的频率，利用式（14-18）计算出土压力值：

$$p_i = k(f_0^2 - f_i^2) \tag{14-18}$$

式中　p_i——被测土压力，kPa 或 MPa；

　　k——传感器系数，通过室内试验标定得出，kPa/Hz² 或 MPa/Hz²；

　　f_0——大气压力下钢弦传感器的初始频率，Hz；

　　f_i——对应于土压力 p_i 时，钢弦的频率，Hz。

三、具体监测步骤

现场土压力监测流程可以分为监测点的选择与布置、土压力计的选择与埋设、数据的定期监测与整理三部分。

1. 监测点的选择与布置

监测点的布置应充分考虑监测的目的与要求，如果仅仅通过监测来了解建筑物的受力状态和对周围环境的影响程度，则不需要布置太多的土压力计；而如果要通过试验来验证结构理论及评定理论公式和系数有关的复杂问题时，则需要布置的土压力计的数量较多。一般而言，监测点的位置应按照下列原则进行选择：

（1）布设在周围环境比较复杂，地下管线比较多的断面。

（2）有必要取得那些解释预定现象特点的位置。

（3）受力比较大或者比较典型的断面上。

（4）用理论计算不能得到足够准确解答的位置。

（5）能够得到结构或地基土受力状态和分布规律的位置。

总而言之，要把监测点布置在有代表性的结构断面和土层上。以深基坑围护挡墙为例，可以在挡墙两侧的不同深度处，埋设土压力计，用以测定在基坑开挖过程中主动土压力与被动土压力的变化，并与设计计算时的土压力进行比较，看其是否安全。

2. 土压力计的选择与埋设

（1）在监测前要选择合适量程及性能的土压力计，基本要求如下：

1）必须有足够的强度与耐久性。土压力计的刚度要大，保证其不会因土体的受压变形而损坏，但若太大，也会导致土压力计不能完全适应土体受理后的变形，导致读数异常。另外，由于土压力计一旦埋入土体中，就要进行长期监测，如果发生故障不能检修，因此要求土压力计能抵抗土压力、水压力、温度变化、土的电解等因素的作用。

2）必须有足够的稳定性。土压力计应灵敏、准确地反映土压力的变化，并具有多次再现性；在加压、减压时的线性良好；对温度变化的影响要稳定；整个测量过程中，土压力计及二次仪表均应稳定可靠。

3）结构形式要合理，受应力集中的影响要小。土压力计外壳直径 D 与其受荷面中扰度 δ 之比应不小于 2000 以保证其灵敏度；土压力计外壳直径 D 与其厚度 H 之比应不小于 10~20；土压力计对受力方向的力反应要灵敏，不受侧向压力的影响。

4）量程选择要合理。土压力计的量程应满足被测压力的上限要求，其上限可取设计压力的 1.5~2 倍，精度不宜低于 0.5% F·S，分辨率不宜低于 0.2% F·S。

（2）根据上述说明选择合理的土压力计后，要将其精确地埋设到土体监测位置。由于土压力计的埋设是一项技术性很强的工作，埋设质量的好坏直接关系到测试结果的可靠性，因此，有必要在对土压力计埋设前，开展下列的准备工作：

1）开展土压力计的外观检查、计量标定、防水密封性检查、电缆完整性检查等工作，对每个土压力计分类编号，并确定其初始值。

2）在每一个监测断面上，绘制一张仪器平面布置图和埋深剖面图，在剖面图上要绘制出土层的层位关系及厚度，在埋设点上要标明仪器的种类、编号及线长，以便于现场埋设时校核。

（3）对于界面土压力计与介质土压力计，两者埋设时的技术要点不同，埋设方法也存在差异，下面将具体介绍。

1）界面土压力计的埋设。界面土压力计的埋设关键在于土压力计的受力感应膜应与土体紧密接触且与土体面保持垂直，背板要紧靠结构物表面。埋设的方法有两种：一种是混凝土浇筑施工过程中进行埋设；另一种是在混凝土建筑物浇筑完成后再进行埋设。在混凝土建筑物浇筑过程中埋设时，应在设计的测点处，将土压力盒膜面置向表面，与其表面齐平，要设法固定在预定位置上。有时为了保护压力盒不受立膜施工的损伤，事先应将压力盒缩进一些，待模板立好后，用气压或液压将压力盒靠拢至模板。在混凝土建筑物浇筑完成后的埋设，首先移去预埋的膜盒，然后开凿坑槽。埋设时先在坑槽内均匀地放入高标号的水泥砂浆，然后将土压力计的膜面朝向土体一侧并镶嵌于坑槽内，保持膜面与混凝土表面齐平，再将压力盒四周缝隙用水泥砂浆填充捣实。

2）介质土压力计的埋设。介质土压力计主要用于测量填土荷重、土中应力，对于不同的工程，会采用不同的埋设方法。如果是填筑工程，由于有压实度等要求，土压力计要待压实合格后再凿坑埋设，埋设时一般在坑底填入5cm厚的细砂找平，压力盒要紧贴细砂层，使压力盒面的受力均匀；如果是桩基工程，需要测量软土中的水平挤压应力，则要采用钻孔法埋设。在测点打一钻孔，将土压力计装入特制的铲子内，用钻杆将其送入孔底，但要保证压力盒膜与水平挤压应力的方向垂直。

3. 数据的定期监测和数据整理

按照设计的观测时间与频次开展测试，土压力测试方法比较简单，用配套的数显式频率仪按时读数并记录每次测试频率，然后将其代入式（14-18）求得 p_i，测试结果汇总到表14-7中。

表14-7　土压力监测记录表

项目名称：_____　　　　监测日期：_____

施工单位：_____　　　　监理单位：_____

观测日期：_____　　　　仪器编号：_____

监测点	应力计编号	埋设深度/m	仪器读数/F	换算压力/kPa	备注

四、相关数据整理与应用

现场监测获得的土压力数据资料可以整理成图、表等多种形式。例如，绘制土压力-深度-时间变化关系曲线、绘制土压力-荷载-时间变化关系曲线及绘制土应力比-时间变化关系曲线。

1. 绘制土压力-深度-时间变化关系曲线

以土压力 P 为横坐标，以深度 h 为纵坐标，绘制某一点位（或钻孔）不同时间土压力分布曲线，如图 14-21 所示。通过该图可以了解土压力的分布规律，寻找土压力变化比较明显的位置和时间段，并借此判断土体是否进入极限强度阶段。

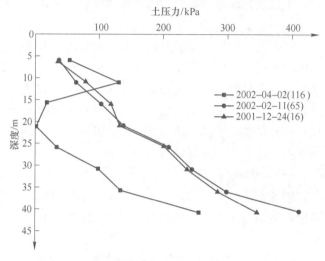

图 14-21　某工程基坑开挖支护阶段 T5 点位土压力变化曲线[102]

2. 绘制土压力-荷载-时间变化关系曲线

在通过图 14-21 确定了地基加固过程中土体某些易失稳特征点后，可以以时间 t 为横坐标，以土压力 P 为纵坐标，绘制特征点土压力-时间变化曲线图。而已有的监测资料还往往将外加荷载随时间的变化过程加入，最终形成关于特征点土压力-外加荷载-时间的成果图。将该绘图方式应用在桩基工程中可以对比在外加荷载下桩土复合地基不同位置处的土压力变化过程，反映桩与土在承担上覆荷载过程中的相互作用，如图 14-22 所示。

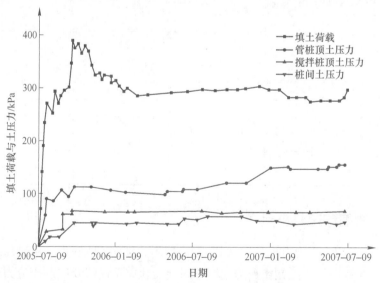

图 14-22　某工程 CFG 复合地基桩顶、桩间土压力随外加荷载变化过程[64]

思 考 题

14-1 试论述场地应力位移监测技术的主要内容及其重要性。

14-2 对已选定的地基处理方法，如何验证其设计参数和处理效果的可靠性和适宜性？

14-3 在某真空联合堆载预压处理软土路基工程中，真空预压试抽气 10d，膜下真空度达到 80kPa，确认无漏气后，进行路堤填筑，具体的荷载-时间过程线如图 14-23 所示。当路基填筑至设计标高后，由于断电，抽真空设备无法正常运行，膜内真空度由 80kPa 下降至 6kPa，结果出现了路基剧烈下沉，路基外侧区域发生地面隆起现象。试分析此次事故发生的具体原因，并对真空联合堆载预压工程的安全施工提出合理建议。

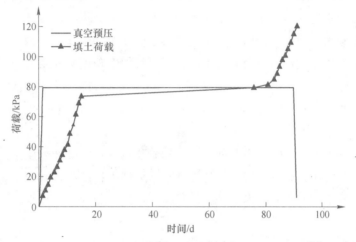

图 14-23 某工程真空预压和填土荷载随时间变化过程[95]

（答案提示：软土路基的填筑速率在设计中有明确要求，填筑速率的经验值一般为 25~30cm/7d，因 10 月 3 号后多次填土的时间过于集中，故前期真空预压所降低的超静孔隙水压力与填土所产生的超静孔隙水压力会比较接近，土体基本处于极限平衡状态，外界条件的突变（真空度突降）将引起超静孔隙水压力上升，土体有效应力下降，最终出现路堤失稳。

此次事故表明，真空联合堆载预压工程中，抽真空的连续性和密封性是设计的关键之一。当达到极限填土高度之后，必须严格控制施工速度，给地基土适当的固结时间。同时，在地基处理过程中必须进行孔隙水压力、地表及分层沉降、土体水平位移等指标的观测，以便及时了解地基土超静孔隙水压力及其消散情况、掌握路基稳定及土体强度增长规律，如果发现问题要及时提出解决方案，将事故消灭在萌芽之中）

第十五章 专项岩土工程的检测、监测技术

第一节 导 言

随着工程的深入和难度增加，岩土工程测试技术在解决实际问题中所发挥的作用也愈显重大。测试目的不仅是为了验收及检测工程后期的效果，更有服务于前期设计评估，在施工过程中预警监测，为工程的即时施工提供重要的安全保障作用。因此，本章较之侧重某一技术的其他原位测试章节视角有所不同，主要从综合角度来介绍岩土工程测试技术的应用，重点介绍四类典型专项工程中检测、监测技术方法的特点，特别说明测试的流程、关注的指标项，并对一些之前未提到过的特殊技术原理、操作注意事项及数据整理方法进行重点详述。

基坑工程是基础工程中的一类典型问题。随着建筑物在跨度和高度上的增长，基础工程的重要性也愈发明显，而基坑作为临时性甚至永久性支护结构，其安全稳定性也显得格外重要，并且随着基坑工程的技术方法日趋复杂，对于检测的技术和规范性也提出了更高要求。

道路交通是国民经济和社会发展的命脉，截至 2016 年初，我国的公路网线总里程已超过 $4.57×10^6$ km，而铁路特别是高铁线路里程已经突破了 $2.36×10^4$ km，位居世界第一。路基工程作为道路交通建设中最基本的主体工程问题，无论是初期选址，还是全程的检测与监测都显得十分重要，而且路基工程的实施与运营还需不断应对气候、地质条件等方面的新问题（如冻土、软土路基等），故其测试技术和方法也在向着一个更加健全的体系发展。

隧道工程是地下岩土工程的典型代表，随着近年来国家建设的不断深入，隧道工程在交通、水工、市政管廊及矿山工程中被广泛运用。目前，我国已成为世界上隧道数量最多、施工难度最大、发展最快的国家，铁路、公路隧道修建总长度居于世界第一。而城镇地下管廊的建设，也已成为国家市政工程的一个重点方向。由于隧道工程所处的特殊复杂的岩土地质环境，稍有不慎便易造成安全事故，故设计和施工时应多方面排除危险因素。隧道工程的检测与监测更是隧道施工过程和后期投入使用的安全保证。

桩基是在建筑、交通等众多领域均广泛适用的基础类型，但由于现场和施工等方面的因素，常常会产生多种工程问题进而影响桩基承载力，而桩基质量的优劣会直接影响到整个结构的安全与稳定，故若能事先较为准确地判断出桩体承载力、桩身缺陷类型及严重程度、缺陷位置等，便能及时采取补救措施，排除事故隐患。近年来，桩基工程检测领域已取得了长足的发展，检测技术更加趋于成熟和先进，桩基检测工作进一步规范化，对保证

工程质量起到了良好的作用。随着工程量和工程深度增加，快速准确地检验工程桩的质量，对满足日益增长的桩基工程的需要有着非常重要的意义。

接下来，本章将对四种专项岩土工程中的检测与监测技术分别予以介绍，以期使读者能对相关工程的监测、检测的技术、设备和步骤等具有一定的系统认识。

第二节 基坑工程现场监测

一、概述

基坑开挖过程中，土体形态、土压力和支护结构的内力会发生变化；而当开挖达到设计深度时，随着地下工程施工、支撑的换除等其他因素的影响，基坑工程依然存在不安全因素。因此，基坑工程监测工作应包括基坑开挖和地下工程施工的全过程监测。

基坑工程事故调查结果表明，基坑工程发生重大事故一般都有预兆，如能切实做好监测工作，及时发现事故预兆并采取适当措施，则可避免基坑事故的发生，减少基坑事故所带来的经济损失和社会影响，因此基坑工程监测是保证工程安全的必要手段。《建筑基坑工程监测技术规范》（GB 50497—2009）规定：开挖深度超过 5m 或开挖深度未超过 5m 但现场地质情况和周围环境较复杂的基坑工程均应实施基坑工程监测。

二、基坑工程监测基本内容

1. 监测方法

基坑工程的现场监测应采用仪器监测与巡视检查相结合的方法，多种观测方法互为补充、相互验证。

仪器监测可以取得定量的数据，进行定量分析。

巡视检查的检查方法则以目测为主，可辅以锤、钎、量尺、放大镜等工器具以及摄像、摄影等设备进行。以目测为主的巡视检查更加及时，可以起到定性、补充的作用，从而避免片面地分析和处理问题。

2. 监测内容

（1）基坑工程现场监测内容如下：

1）周围环境，包括基坑周围地面、道路、建（构）筑物、地下管线等的变形；

2）支护结构，包括围护结构的内力和变形、支撑的内力、立柱的沉降；

3）支护结构内侧和外侧的土压力测量；

4）支护结构内侧和外侧的孔隙水压力测量；

5）基坑内部和外部的地下水位；

6）基坑坑底隆起的测量；

7）其他应监测的对象。

（2）基坑工程仪器监测项目应根据表 15-1 进行选择。

表 15-1　建筑基坑工程仪器监测项目表

监测项目　　　　　　　　　　基坑类别		一级	二级	三级
（坡）顶水平位移		应测	应测	应测
墙（坡）顶竖向位移		应测	应测	应测
围护墙深层水平位移		应测	应测	宜测
土体深层水平位移		应测	应测	宜测
墙（桩）体内力		宜测	可测	可测
支撑内力		应测	宜测	可测
立柱竖向位移		应测	宜测	可测
锚杆、土钉拉力		应测	宜测	可测
坑底隆起	软土地区	宜测	可测	可测
	其他地区	可测	可测	可测
土压力		宜测	可测	可测
孔隙水压力		宜测	可测	可测
地下水位		应测	应测	宜测
土层分层竖向位移		宜测	可测	可测
墙后地表竖向位移		应测	应测	宜测
周围建（构）筑物变形	竖向位移	应测	应测	应测
	倾斜	应测	宜测	可测
	水平位移	宜测	可测	可测
	裂缝	应测	应测	应测
周围地下管线变形		应测	应测	应测

注：1. 符合下列情况之一，为一级基坑：（1）重要工程或支护结构做主体结构的一部分；（2）开挖深度大于
10m；（3）与临近建筑物、重要设施的距离在开挖深度以内的基坑；（4）基坑范围内有历史文物、近代优秀
建筑、重要管线等需严加保护的基坑。

2. 三级基坑为开挖深度小于 7m，且周围环境无特别要求时的基坑。

3. 除一级和三级外的基坑属二级基坑。

（3）基坑工程巡视检查，包括支护结构、施工工况、周围环境、监测设施和根据设计
要求或当地经验确定的其他巡视检查内容。

支护结构包括支护结构成型质量，冠梁、围檩、支撑有无裂缝出现，支撑、立柱有无
较大变形，止水帷幕有无开裂、渗漏，墙后土体有无裂缝、沉陷及滑移，基坑有无涌土、
流砂、管涌。

施工工况包括开挖后暴露的土质情况与岩土勘察报告有无差异，基坑开挖分段长度、
分层厚度及支锚设置是否与设计要求一致，场地地表水、地下水排放状况是否正常，基坑
降水、回灌设施是否运转正常，基坑周边地面有无超载。

周边环境包括周边管道有无破损、泄漏情况，周边建筑有无新增裂缝出现，周边道路
（地面）有无裂缝、沉陷，邻近基坑及建筑的施工变化情况。

监测设施包括基准点、测点完好状况，有无影响观测工作的障碍物，监测元件的完好
及保护情况。

3. 技术要求

观测工程必须有计划，应严格按照有关的技术文件（如监测任务书）执行。这类技术文件的内容，至少应包括监测方法和使用的仪器、监测精度、测点的布置、观测周期等等。计划性是观测数据完整性的保证。

监测数据必须可靠。数据的可靠性由监测仪器的精度、可靠性以及观测人员的素质来保证。

观测必须及时。基坑开挖是一个动态的施工过程，只有保证及时观测才能有利于发现隐患，及时采取措施。

对于观测的项目，应按照工程具体情况预先设定预警值，预警值应包括变形值、内力值及其变化速率。当观测发现超过预警值的异常情况，要立即考虑采取应急补救措施。

每个工程的基坑支护监测，应该有完整的观测记录，形象的图表、曲线和观测报告。

监测项目初始值应为事前至少连续观测 3 次的稳定值的平均值。

4. 监测点布置

（1）监测点分类。监测点一般分为基准点、工作基点和变形观测点三类。

基准点为确定测量基准的控制点，是测定和检验工作基点稳定性，或者直接测量变形观测点的依据。基准点应设在变形影响范围之外，并便于长期保存的稳定位置。每个工程至少有 3 个稳定可靠的点作为基准点。使用时，应长期进行稳定性检查，以判断为稳定（或相对稳定）的点作为测量变形的基准点。

工作基点是变形观测中起联系作用的点，是直接测定变形观测点的依据，应设在靠近观测目标，便于连测观测点的稳定位置。在通视条件良好，或观测项目较少的工程中，可不设工程基点，在基准点上直接观测变形观测点。

变形观测点是直接埋设在变形体上，且能反映变形特征的观测点。

（2）监测点布置原则。监测点的布置应符合以下原则：

1）基坑工程监测点的布置应最大程度地反映监测对象的实际状态及其变化趋势，并满足监控要求。

2）基坑工程监测点的布置应不妨碍监测对象的正常工作，并尽量减少对施工作业的不利影响。

3）监测标志应稳固、明显、结构合理，监测点的位置应避开障碍物，便于观测。

4）在监测对象内力和变形变化大的代表性部位及周边重点监护部位，监测点应适当加密。

5）应加强对监测点的保护，必要时应设置监测点的保护装置或保护设施。

（3）监测点布置。

1）基坑及支护结构。基坑及支护结构监测点的布置见表 15-2。

表 15-2 基坑及支护结构监测点的布置

监测项目	监测点位置	监测点间距	监测点数量
（坡）顶水平和竖向位移	点应沿基坑周边边坡坡顶布置，基坑周边中部、阳角处应布置监测点	不宜大于 20m	每边不少于 3 个

监测项目	监测点位置	监测点间距	监测点数量
围护墙顶部水平和竖向位移	沿围护墙的周边布置（宜布置在冠梁上），围护墙周边中部、阳角处应布置监测点	不宜大于 20m	每边不少于 3 个
深层水平位移	在基坑边坡、围护墙周边的中心处及代表性的部位	视具体情况而定	每边至少 1 个
围护墙内力	受力、变形较大且有代表性的部位；竖直方向监测点应布置在弯矩较大处	横向间距视具体情况而定；竖直方向监测点间距宜为 3~5m	每边至少 1 个
支撑内力	支撑内力较大或在整个支撑系统中起关键作用的杆件上，各道支撑的监测点位置宜在竖向保持一致。钢支撑的监测截面根据测试仪器宜布置在支撑长度的 1/3 部位或支撑的端头；钢筋混凝土支撑的监测截面宜布置在支撑长度的 1/3 部位	宜测	每道支撑不少于 3 个
立柱竖向位移	基坑中部、多根支撑交汇处、施工栈桥下、地质条件复杂处的立柱上	视具体情况而定	不宜少于立柱总根数的 10%，逆作法施工的基坑不宜少于 20%，且不应少于 5 根
锚杆拉力	受力较大且有代表性的位置，基坑每边跨中部位和地质条件复杂的区域宜布置监测点；每层监测点在竖向上的位置宜保持一致；每根杆体上的测试点应设置在锚头附近位置	视具体情况而定	每层锚杆的拉力监测点数量应为该层锚杆总数的 1%~3%，并不应少于 3 根
土钉拉力	沿基坑周边布置，基坑周边中部、阳角处宜布置监测点。每根杆体上的测试点应设置在受力、变形有代表性的位置	水平间距不宜大于 30m；各层监测点在竖向上的位置宜保持一致	每层不应少于 3 个
坑底隆起	宜按纵向或横向剖面布置，剖面应选择在基坑的中央、距坑底边约 1/4 坑底宽度处以及其他能反映变形特征的位置	纵向或横向有多个监测剖面时，其间距宜为 20~50m；同一剖面上监测点横向间距宜为 10~20m	不应少于 2 个剖面；每个剖面测点不宜少于 3 个
土压力	在受力、土质条件变化较大或有代表性的部位紧贴围护墙布置；当按土层分布情况布设时，每层应至少布设 1 个测点，且布置在各层土的中部	在竖向布置上，测点距离宜为 2~5m，测点下部宜密	平面布置上基坑每边不宜少于 2 个测点
孔隙水压力	在基坑受力、变形较大或有代表性的部位；监测点竖向布置宜在水压力变化影响深度范围内按土层分布情况布设	监测点竖向间距一般为 2~5m	不宜少于 3 个

续表 15-2

监测项目	监测点位置	监测点间距	监测点数量
地下水位	采用深井降水时，坑内地下水位监测点宜布置在基坑中央和两相邻降水井的中间部位；当采用轻型井点、喷射井点降水时，坑内地下水位监测点宜布置在基坑中央和周边拐角处；坑外地下水位监测点应沿基坑周边、被保护对象（如建筑物、地下管线等）周边或在两者之间布置；相邻建（构）筑物、重要的地下管线或管线密集处应布置水位监测点；如有止水帷幕，宜布置在止水帷幕的外侧约 2m 处	坑内地下水位监测点间距视具体情况确定；坑外地下水位监测点间距宜为 20~50m	视具体情况确定

2）周边环境。基坑边缘以外 1~3 倍开挖深度范围内需要保护的建（构）筑物、地下管线等均应作为监控对象，必要时应扩大监控范围。位于重要保护对象（如地铁、上游引水、合流污水等）安全保护区范围内的监测点的布置，应满足相关部门的技术要求。

基坑周边环境监测点布置见表 15-3。

表 15-3　基坑周边环境监测点布置

监测项目	监测点位置	监测点间距	监测点数量
建（构）筑物的竖向位移	建（构）筑物四角、外墙；不同地基或基础的分界处；建（构）筑物不同结构的分界处；变形缝、抗震缝或严重开裂处的两侧；新、旧建筑物或高、低建筑物交接处的两侧；高耸构筑物基础轴线的对称部位	建（构）筑物外墙每 0~15m 处或每隔 2~3 根柱基上	建（构）筑物外墙每边不少于 3 个监测点；每一高耸构筑物不少于 4 点
建（构）筑物水平位移	建筑物的墙角、柱基及裂缝的两端	视具体情况而定	每侧墙体的监测点不应少于 3 处
建（构）筑物倾斜	建（构）筑物角点、变形缝或抗震缝两侧的承重柱或墙上；监测点应沿主体顶部、底部对应布设，上、下监测点应布置在同一竖直线上	视具体情况而定	视具体情况而定
建（构）筑物裂缝	应选择有代表性的裂缝进行布置，裂缝的最宽处及裂缝末端宜设置测点。在基坑施工期间当发现新裂缝或原有裂缝有增大趋势时，应及时增设监测点	视具体情况而定	每一条裂缝的测点至少设 2 组
地下管线	管线的节点、转角点和变形曲率较大的部位	监测点平面间距宜为 15~25m，并宜延伸至基坑以外 20m	视具体情况而定

监测项目	监测点位置	监测点间距	监测点数量
基坑周边地表竖向沉降	布置范围宜为基坑深度的 1~3 倍,监测剖面宜设在坑边中部或其他有代表性的部位,并与坑边垂直,监测剖面数量视具体情况确定	视具体情况而定	每个监测剖面上不宜少于 5 个
土体分层竖向位移	布置在有代表性的部位,并形成监测剖面;同一监测孔的测点宜沿竖向布置在各层土内,在厚度较大的土层中应适当加密	视具体情况确定	视具体情况确定

5. 监测频率

(1) 一般要求。基坑工程监测频率应以能系统反映监测对象所测项目的重要变化过程,而又不遗漏其变化时刻为原则。

基坑工程监测工作应贯穿于基坑工程和地下工程施工全过程。监测工作一般应从基坑工程施工前开始,直至地下工程完成为止。对有特殊要求的周边环境的监测应根据需要延续至变形趋于稳定后才能结束。

监测项目的监测频率应考虑基坑工程等级、基坑及地下工程的不同施工阶段以及周边环境、自然条件的变化。当监测值相对稳定时,可适当降低监测频率。

(2) 正常情况下监测频率。对于应测项目,在无数据异常和事故征兆的情况下,开挖后仪器监测频率的确定可参照表 15-4。

表 15-4　仪器监测频率

基坑类别	施工进程		基坑设计深度			
			≤5m	5~10m	10~15m	>15m
一级	开挖深度 /m	≤5	1 次/d	1 次/2d	1 次/2d	1 次/2d
		5~10		1 次/d	1 次/d	1 次/d
		>10			2 次/d	2 次/d
	底板浇筑后时间 /d	≤7	1 次/d	1 次/d	2 次/d	2 次/d
		7~14	1 次/3d	1 次/2d	1 次/d	1 次/d
		14~28	1 次/5d	1 次/3d	1 次/2d	1 次/2d
		>28	1 次/7d	1 次/5d	1 次/3d	1 次/3d
二级	开挖深度 /m	≤5	1 次/2d	1 次/2d		
		5~10		1 次/d		
	底板浇筑后时间 /d	≤7	1 次/2d	1 次/2d		
		7~14	1 次/3d	1 次/3d		
		14~28	1 次/7d	1 次/5d		
		>28	1 次/10d	1 次/10d		

注:1. 当基坑工程等级为三级时,监测频率可视具体情况要求适当降低;

2. 基坑工程施工至开挖前的监测频率视具体情况确定;

3. 宜测、可测项目的仪器监测频率可视具体情况要求适当降低;

4. 有支撑的支护结构各道支撑开始拆除到拆除完成后 3d 内监测频率应为 1 次/d。

（3）特殊情况下监测频率。当出现下列情况之一时，应加强监测，提高监测频率，及时分析原因并向委托方及相关单位报告监测结果：

1）监测数据达到报警值；

2）监测数据变化量较大或者速率加快；

3）存在勘察中未发现的不良地质条件；

4）超深、超长开挖或未及时加撑等未按设计施工；

5）基坑及周边大量积水、长时间连续降雨、市政管道出现泄漏；

6）基坑附近地面荷载突然增大或超过设计限值；

7）支护结构出现开裂；

8）周边地面出现突然较大沉降或严重开裂；

9）邻近的建（构）筑物出现突然较大沉降、不均匀沉降或严重开裂；

10）基坑底部、坡体或支护结构出现管涌、渗漏或流砂等现象；

11）基坑工程发生事故后重新组织施工；

12）出现其他影响基坑及周边环境安全的异常情况。

当有危险事故征兆时，应实时跟踪监测。

三、基坑工程监测典型技术

沉降、水压力和土压力等监测的典型技术见第十四章，本章主要介绍表面位移、建筑物倾斜、裂缝、锚杆和土钉拉力等监测的典型技术。

1. 表面位移

（1）水平位移。围护墙体或坑周土体的表面水平位移的检测有测小角法和视准线法等。

1）测小角法。当基坑形状比较规则、施工场地比较开阔、基准点与位移测点能够通视的条件下，可用测小角法测量水平位移。

测小角法测量水平位移的原理见图15-1。基准点 A、B 设于开挖线以外不受开挖影响相对稳固的区域，监测点 P 尽可能与基准点在同一直线上。观测时将经纬仪安置于基准点 A，在基准点 B 和观测点 P 分别放置观测觇牌，用测回法测出 $\angle PAB$ 若第一次观测值为 β_1，第 i 次观测值为 β_i，则角度变化 $\Delta\beta=\beta_i-\beta_1$，$P$ 点的水平位移 δ 为：

$$\delta = D\frac{\Delta\beta}{\rho} \tag{15-1}$$

式中，ρ 为换算单位，$\rho=3600\times180/\pi=260265$；$D$ 为基准点 A 到监测点 P 的距离，m。

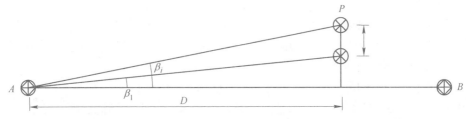

图 15-1　测小角法示意图

2）视准线法。当基坑形状比较规则、施工场地比较开阔、基准点与位移测点能够通视的条件下，还可用视准线法测量水平位移。

视准线法的原理如图 15-2 所示，基准点 A、B 设于开挖线以外不受开挖影响相对稳固的区域，监测点 P 尽可能与基准点在同一直线上。

图 15-2　视准线法示意图

观测时将经纬仪（也可用全站仪）置于基准点 A，将仪器照准 B 点后水平方向制动，竖直转动经纬仪至水平位移测点 P 附近，用钢尺量测测点 P 至视准线 AB 的距离。若第一次测得 P 点至视准线 AB 的距离为 l_1，第 i 次测得 P 点至视准线 AB 的距离为 l_i，则这期间测点 P 的水平位移为 δ：

$$\delta = l_i - l_1 \tag{15-2}$$

3）其他方法。当受环境限制不能采用测小角法和视准线法时，可采用类似控制测量的方法测量水平位移。首先在场地上建立水平位移监测控制网，然后用控制测量的方法测出各观测点的坐标，将每次测出的坐标值与前一次坐标值进行比较，即可得到水平位移在 x 轴和 y 轴方向的位移分量 $(\Delta x, \Delta y)$，并根据 Δx、Δy 求出的坐标方位角来确定位移的方向，水平位移分量 δ 为：

$$\delta = \sqrt{\Delta x^2 + \Delta y^2} \tag{15-3}$$

（2）竖向位移监测。围护墙体或坑周土体的表层沉降观测采用几何水准测量。

几何水准测量是利用一条水平视线，并借助水准尺，来测定地面两点间的高差，这样就可由已知点高程推算出未知点高程。各监测点与水准基准点或工作基点应组成闭合环路或附和水准路线。具体操作方法可参考第十四章第二节。

★　桩顶位移监测基准点的埋设应符合国家现行标准的有关规定，观测点应设置在基坑边坡混凝土护顶或围护墙顶（冠梁）上，安装时采用铆钉枪打入铝钉，或钻孔埋深膨胀螺丝，涂上红漆作为标记，有利于观测点的保护和提高观测精度。桩顶位移监测点应沿基坑周边布置，监测点水平间距不宜大于 20m。为便于监测，水平位移观测点宜同时作为竖向位移的观测点。

2. 建筑物倾斜

建筑物倾斜观测应根据不同的现场观测条件和要求，选用投点法、水平角法、激光铅直仪观测法、差异沉降法等。建筑物倾斜监测精度应符合《工程测量规范》（GB 50026—2007）及《建筑变形测量规程》（JGJ 8—2016）的有关规定。

（1）投点法。如图 15-3 所示，在建筑物顶部设置观测点 A，在离建筑物一定距离（该距离要大于建筑物的高度）处测站 B 点安置经纬仪，用正、倒镜法将 A 点向下投影，其投影点为 C 点。当建筑物发生位移后 A 点移动到 A' 的位置，用安置在 B 点的经纬仪将 A' 点投影得到 C' 点，若建筑物发生倾斜，则 C' 和 C 点不重合，C' 和 C 点间的水平距离 D

则为建筑物在水平方向的倾斜量，建筑物的倾斜度 i 则为：

$$i = \tan\alpha = \frac{D}{H} \qquad (15\text{-}4)$$

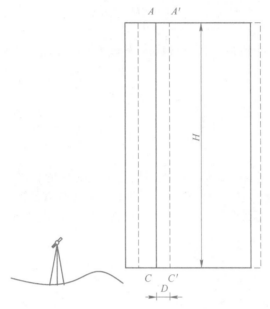

图 15-3 投点法观测示意图

　　观测时，应在底部观测点（即投影点）位置安置量测设施（如水平读数尺等）。在每测站安置经纬仪投影时，应按正倒镜法以所测每对上下观测点标志间的水平位移分量，按矢量相加法求得水平位移值（倾斜量）和位移方向（倾斜方向）。

　　（2）水平角法。对于圆形建筑物，其倾斜观测通常测量圆形建筑物顶部中心与底部中心的偏移量，并以该偏移量作为其倾斜量。如图 15-4 所示，在圆形建筑物附近选两个测站 A 和 B，OA 和 OB 大致垂直且测站距建筑物的距离大于建筑物高度的 1.5 倍。将经纬仪安置在 A 点测得与建筑物底部相切

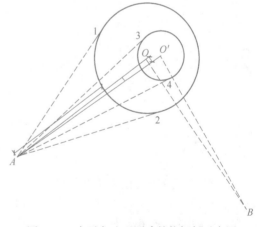

图 15-4 水平角法观测建筑物倾斜示意图

的两个方向 A_1、A_2 及与建筑物顶部相切的两个方向 A_3、A_4 的方向观测值分别为 α_1、α_2、α_3、α_4，则 $\angle 1A_2$ 的平分线与 $\angle 3A_4$ 的平分线之间的夹角 δ_A（该值即为 AO 与 AO' 两方向的水平角）：

$$\delta_A = \frac{(\alpha_1 + \alpha_2) - (\alpha_3 + \alpha_4)}{2} \qquad (15\text{-}5)$$

点 O' 相对于点 O 的倾斜位移分量 Δ_A 则为：

$$\Delta_A = \frac{\delta_A(D_A + R)}{\rho} \tag{15-6}$$

同理可测得 BO 与 BO' 两方向的水平角 δ_B，并计算得点 O' 相对于点 O 的倾斜位移分量 Δ_B 为：

$$\Delta_B = \frac{\delta_B(D_B + R)}{\rho} \tag{15-7}$$

式中，D_A 和 B_B 分别为 AO 和 BO 方向至建筑物外墙的水平距离，R 为建筑物底部的半径。建筑物的倾斜量则为：

$$\Delta = \sqrt{\delta_A^2 + \delta_B^2} \tag{15-8}$$

建筑物的倾斜度为：

$$i = \frac{\Delta}{H} \tag{15-9}$$

（3）激光铅直仪观测法。在建筑间顶部能与地面通视的合适位置安置接收靶（见图 15-5），在接收靶垂线下的地面上设置测站，将激光铅直仪安置在测站上对中并水平，将激光铅直仪旋转 180°观测两次并取其中数作为观测值，由本次观测值与初值之差计算建筑物的倾斜量和倾斜度。

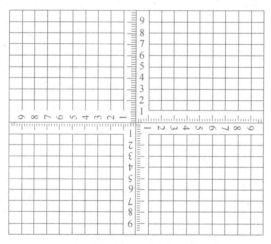

图 15-5　接收靶示意图

（4）差异沉降法。在建筑物基础两端点设沉降观测点，采用精密水准测量方法，定期观测得到基础两端点的沉降差 Δh，若两沉降观测点间的水平距离为 L，则基础的倾斜度 i 为：

$$i = \frac{\Delta h}{L} \tag{15-10}$$

若建筑物的整体刚度较好，则可采用基础沉降量的差值推算建筑物主体偏移值，如图 15-6 所示，若建筑物基础两端点的沉降差为 Δh，建筑物的宽度为 L、高度为 H，则建筑物主体的偏移值 D 为：

$$D = \frac{\Delta h}{L} H \tag{15-11}$$

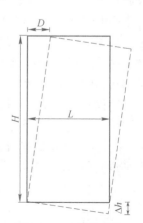

图 15-6　建筑物主体
偏移推算示意图

3. 裂缝监测

裂缝监测应包括裂缝的位置、走向、长度、宽度及变化程度，需要时还包括深度。裂缝宽度监测精度不宜低于0.1mm，长度和深度监测精度不宜低于1mm。

（1）裂缝宽度。可在裂缝两侧贴石膏饼、划平行线或贴埋金属标志等，采用千分尺或游标卡尺等直接量测的方法；也可采用裂缝计、粘贴安装千分表法、摄影量测等方法。

（2）裂缝深度。当裂缝深度较小时宜采用凿出法和单面接触超声波法监测；深度较大裂缝宜采用超声波法监测。

> ★ 应在基坑开挖前记录监测对象已有裂缝的分布位置和数量，测定其走向、长度、宽度和深度等情况，标志应具有可供量测的明晰端面或中心。

4. 地下水位监测

（1）监测仪器。地下水位监测仪器有钢尺水位计、水位管和水准仪。

钢尺水位计由测头、钢尺电缆、接收系统和绕线盘等组成（见图15-7）。测头由不锈钢制成，内部安装有水阻触点，当触点和水面相接触时与接收系统相连的电路会接通，否则与接收系统相连的电路是断开的。

图15-7 水位计照片
1—测头；2—钢尺电缆；3—绕线盘

钢尺电缆由导线和钢尺采用塑胶工艺合二为一，钢尺的最小读数为1mm。接收系统由蜂鸣器、指示灯和电压表组成。绕线盘由支架和绕线圆盘组成，绕线盘的芯腔内装有接收系统和电池，钢尺电缆缠绕于绕线盘腔外。

水位管为ϕ65PVC塑料管，其底部设1m沉淀段；沉淀段以上为滤水段，滤水段管壁设6~8列6mm直径的滤水孔，滤水段外壁用3~5层纱网包裹，绑扎牢固。

（2）水位管埋设。

1）钻孔。一般采用工程钻探机钻孔（孔径100mm）至设计深度，为了使水位管顺利安装到位，钻孔深度一般比安装深度深0.5~1.0m。钻进过程中采用泥浆护壁，对于宜塌孔或缩孔土层宜采用套管护壁。

2）清孔。钻到预定深度不能立即提钻，把泥浆泵接到清水里向孔中灌清水至泥浆水变成清混水为止，然后提钻并立即安装水位管。

3）水位管安装。水位管一般长度为2米/根或4米/根，要采用插入连接法逐根连接到设计长度。先拿起一根水位管，在没有外接头的一端套上底盖，并用3~4枚自攻螺钉拧紧；将第一根水位管下入孔内；再向外接头内插一节水位管，再用3~4枚自攻螺钉将其固定，将第二根水位管下入孔内；依次类推直至预定深度，并盖好顶盖。

4）孔内回填。水位管和钻孔壁间的空隙可用中粗砂回填。回填时边回填边轻轻地摇动水位管，使之填实为止。钻孔壁与水位管间用砂子回填至高于过滤段2~3m，再用黏土填充，距孔口1~2m深度范围内用膨润土球回填以防地表水进入孔壁和水位管之间的空隙。

（3）测量和计算。利用水位管和钢尺水位计，配合水准测量，确定地下水位高程，通过各观测期水位管内水面高程的变化，监测地下水位的变化量。

（4）水位监测方法。将绕线盘后面的制动螺丝松开以使绕线盘能自由转动；打开电源，此时电源指示灯亮；手拿钢尺电缆，将测头放入水位管内，让水位测头在管内缓慢向下移动，当测头触点接触到水面时，水位仪接收系统便会发出蜂鸣声，读出此时钢尺电缆在管口处的读数，该读数就是水位管内水面至管口的距离。

> ★　若环境噪声比较大听不清蜂鸣器鸣叫时，可观测指示灯和电压表，当测头的触点与水面接触时，蜂鸣器会鸣叫，指示灯亮，电压表指针也开始转动，此时应缓慢放钢尺电缆，以便仔细地寻找到发音或指示瞬间的确切位置后读出该点距孔口的深度尺寸。

（5）水位监测计算。为了确定水位变化量，采用水准仪测定水位管管口高程，由下式计算水位管内水面的高程：

$$h_w = h_p - L \tag{15-12}$$

式中　h_w——水位管内水面高程，m；

　　　h_p——水位管管口高程，m；

　　　L——水位管内水面与管口的距离，m。

若初始观测水位高程为 h_w^0，当第 i 次观测水位高程为 h_w^i，当第 $i-1$ 次观测水位高程为 h_w^{i-1}，则本期水位变化量为：

$$\Delta h_w^i = h_w^i - h_w^{i-1} \tag{15-13}$$

累计水位变化 Δh_w 为：

$$\Delta h_w = h_w^i - h_w^0 \tag{15-14}$$

5. 坑底隆起

坑底隆起（回弹）宜通过设置回弹监测标（见图 15-8），如采用辅助杆法，图中挂钩可改做成圆帽顶，采用几何水准并配合传递高程的辅助设备进行监测，传递高程的金属杆或钢尺等应进行温度、尺长和拉力等项修正。

在布置和埋设回弹测标时，为尽量减少地基土的应力消散，充分发挥坑壁的约束作用，应阻止埋设回弹测标时地基土出现回弹（即使是微小的），以保证回弹监测结果具有必要的精度。故

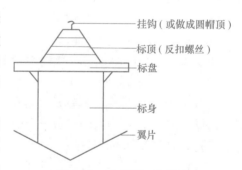

图 15-8　回弹测标示意图

一般采用钻探成孔的方式进行回弹标志的埋设，且其钻孔的直径要尽可能地小（以不超过127mm 为宜）。在基坑开挖前埋设回弹标志，测标要埋设的稳定、牢固且便于进行观测，才能保证监测的必要精度。回弹标志埋设后测量其高程，作为基坑底面地基土的初始高程，以资比较。

基坑回弹监测的基本过程是，在待开挖的基坑中预先埋设回弹监测标志，在基坑开挖前、后分别进行水准测量，测出布设在基坑底面各测标的高差变化，从而得出回弹标志的变形量。观测次数不应少于 3 次：即第一次在基坑开挖之前（见图 15-9）；第二次在基坑挖好之后；第三次在浇注基础混凝土之前。在基坑开挖前的回弹监测，由于测点深埋地

下，实施监测就比较复杂，且对最终成果精度影响较大，是整个回弹监测的关键。

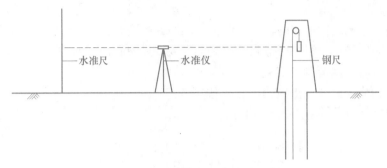

图 15-9 基坑开挖前观测方式示意图

基坑开挖前的回弹监测方法通常有辅助杆法（适用于较浅基坑）和钢尺法。钢尺法又可分为钢尺悬吊挂钩法（简称挂钩法），一般适用于中等深度基坑；钢尺配挂电磁锤法或电磁探头法，适用于较深基坑。挂钩法比较实用有效，为常用的方法。

首先在地面上用钻机成孔，把回弹测标埋设到基坑底面设计标高处，在标志上吊挂钢尺引出地面，然后通过在地面实施水准测量，把高程引测到每个回弹标志上，并依此所得高程作为初始值。而基坑开挖后各测点的高程，则在基坑内按一般水准测量方法进行测定，所得高程与初始高程比较，其差值即为回弹变化量。

6. 锚杆、土钉拉力

通过锚杆或土钉拉力监测可了解其内力变化，掌握其工作性能。根据质量要求，锚杆或土钉锚固体未达到足够强度不得进行下一层土方的开挖，为此一般应保证锚固体有 3d 的养护时间后才允许下一层土方开挖，取下一层土方开挖前连续 2d 获得的稳定测试数据的平均值作为其初始值。

锚杆拉力量测宜采用专用的锚杆测力计，也可采用钢筋应力计或应变计，当使用钢筋束时应分别监测每根钢筋的受力；土钉拉力量测可采用钢筋应力计或应变计。锚杆测力计、钢筋应力计和应变计的量程宜为设计最大拉力值的 1.2 倍，精度不宜低于 $0.5\%F \cdot S$，分辨率不宜低于 $0.2\%F \cdot S$。

> ★ 测力计、应力计或应变计应在锚杆锁定前获得稳定初始值。

7. 围护结构内力

通过围护结构内力监测可以掌握围护结构的工作性状，防止基坑支护结构发生强度破坏。

围护结构内力监测通过在结构内部或表面安装应变计或应力计进行量测。对常见的钢筋混凝土围护桩或地下连续墙，通常测定构件受力钢筋的应力或混凝土的应变，然后根据钢筋与混凝土变形协调条件反算得到围护结构的内力；对于钢构件则可采用轴力计或应变计测得其内力。内力监测值宜考虑温度变化等因素的影响。

围护结构内力监测点应布置在围护结构出现弯矩极值的部位，监测点数量和横向间距视具体情况而定。平面上宜选择在围护墙相邻两支撑的跨中部位、开挖深度较大以及地面堆载较大的部位；竖直方向（监测断面）上监测点宜布置支撑处和相邻两层支撑的中间部位，间距宜为 2~4m。立柱的内力监测点宜布置在受力较大的立柱上，位置宜设在坑底以上各层立柱下部的 1/3 部位。

采用钢筋计量测围护结构的轴力、弯矩时钢筋计的安装如图 15-10 所示。围护结构受弯时一侧受拉一侧受压，则在受拉和受压侧各安装一只钢筋计；围护结构轴向受拉或受压时，在以结构中心对称两侧各安装一只钢筋计。由测得的钢筋计的应变值计算出应力值，再按下式换算成整个围护结构所受的弯矩 M 或轴力 N。

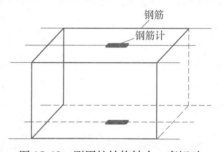

图 15-10　测围护结构轴力、弯矩时钢筋计安装示意图

$$M = \frac{E_C}{E_S} \times \frac{I_c}{d} \times (\sigma_1 - \sigma_2) \times 10^{-5} \qquad (15\text{-}15)$$

$$N = \frac{A_C}{A_S} \times \frac{E_C}{E_S} \times K_1 \times \frac{\varepsilon_1 - \varepsilon_2}{2} \times 10^{-3} \qquad (15\text{-}16)$$

式中　M——围护结构的弯矩，t·m/m；

$\qquad N$——围护结构的轴力，t；

$\quad \sigma_1$，σ_2——钢筋计的应力；

$\qquad I_c$——结构断面惯性矩；

$\qquad d$——钢筋计间的距离，cm；

$\quad \varepsilon_1$，ε_2——钢筋计的应变，$\mu\varepsilon$；

$\qquad K_1$——钢筋计标定系数，kg/$\mu\varepsilon$；

E_C，A_C——结构材料的弹性模量（kg/cm^2）和结构的断面面积（cm^2）；

E_S，A_S——钢筋计的弹性模量（kg/cm^2）和断面面积（cm^2）。

8. 支撑轴力

基坑的围护桩墙及支撑系统共同承受基坑外侧的水土压力作用，当实际支撑轴力大于支撑设计轴力时，将引起围护体系失稳。支撑轴力的监测方法和监测传感器根据支撑形式来选择。钢筋混凝土支撑杆件主要采用钢筋应力计（见图 15-11）或混凝土应变计（参考围护结构内力监测）；钢支撑杆件采用轴力计（也称反力计，见图 15-12）或表面应变计。

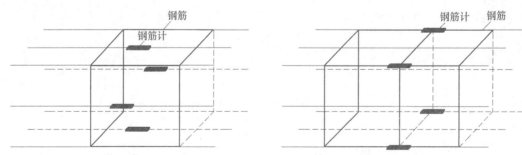

图 15-11　钢筋混凝土支撑轴力监测钢筋计安装示意图

应按以下原则布置支撑轴力监测点：

（1）监测点宜设置在支撑轴力较大或在整个支撑系统中起控制作用的杆件上。

（2）每层支撑的轴力监测点不应少于 3 个，各层支撑的监测点位置宜在竖向保持一致。

（3）钢支撑的监测截面宜选择在两支点间 1/3 部位或支撑的端头；混凝土支撑的监测截面宜选择在两支点间 1/3 部位，并避开节点位置。

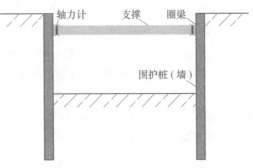

图 15-12　钢支撑轴力计安装示意图

四、监测数据分析及信息反馈

1. 一般规定

（1）监测分析人员应具有岩土工程与结构工程的综合知识，具有设计、施工、测量等工程实践经验，具有较高的综合分析能力，做到正确判断、准确表达，及时提供高质量的综合分析报告。

（2）现场测试人员应对监测数据的真实性负责，监测分析人员应对监测报告的可靠性负责，监测单位应对整个项目监测质量负责。监测记录、监测当日报表、阶段性报告和监测总结报告提供的数据和图表应客观、真实、准确、及时。

（3）外业观测值和记事项目，必须在现场直接记录于观测记录表中。任何原始记录不得涂改、伪造和转抄，并有测试、记录人员签字。

（4）现场的监测资料应符合下列要求：使用正式的监测记录表格；监测记录应有相应的工况描述；监测数据应及时整理；对监测数据的变化及发展情况应及时分析评述。

（5）观测数据出现异常，应及时分析原因，必要时进行重测。

（6）进行监测项目数据分析时，应结合其他相关项目的监测数据和自然环境、施工工况等情况以及以往数据，考量其发展趋势，并作出预报。

（7）监测成果应包括当日报表、阶段性报告、总结报告，报表应按时报送。报表中监测成果宜用表格和变化曲线或图形反映。

2. 监控量测数据分析处理

（1）当日报表应包括下列内容：

1）当日的天气情况和施工现场的工况。

2）仪器监测项目各监测点的本次测试值、单次变化值、变化速率以及累计值等，必要时绘制有关曲线图。

3）巡视检查的记录。

4）对监测项目应有正常或异常的判断性结论。

5）对达到或超过监测报警值的监测点应有报警标示，并有原因分析及建议。

6）对巡视检查发现的异常情况应有详细描述，危险情况应有报警标示，并有原因分析及建议。

7）其他相关说明。

（2）当日报表应标明工程名称、监测单位、监测项目、测试日期与时间、报表编号等。并应有监测单位监测专用章及测试人、计算人和项目负责人签字。

（3）阶段性监测报告应包括下列内容：

1）该监测期相应的工程、气象及周边环境概况。

2）该监测期的监测项目及测点的布置图。

3）各项监测数据的整理、统计及监测成果的过程曲线。

4）各监测项目监测值的变化分析、评价及发展预测。

5）相关的设计和施工建议。

（4）阶段性监测报告应标明工程名称、监测单位、该阶段的起止日期、报告编号，并应有监测单位章及项目负责人、审核人、审批人签字。

（5）基坑监测日报表举例（见表15-5）。

表 15-5　监测日报表样表

工程名称：			报表编号：		天气：	
观察者：		计算者：		校核者：	测试时间：	

点号	本次观测值/单位	本次变化/单位	累计变化/单位	变化速率/单位·d^{-1}	备注
工况：			说明：1. 所填写数据正负号的物理意义； 2. 测点损坏的状况（如被压、被毁）		
当日监测的简要分析及判断性结论：					

3. 监控量测信息反馈

（1）基坑工程监测总结报告的内容，应包括工程概况、监测依据、监测项目、测点布置、监测设备和监测方法、监测频率、监测报警值、各监测项目全过程的发展变化分析及整体评述、监测工作结论与建议。

（2）总结报告应标明工程名称、监测单位、整个监测工作的起止日期，并应有监测单位章及项目负责人、单位技术负责人、企业行政负责人签字。

4. 监测报警

各监测量的累计变化量和变化速率值达到一定值后基坑工程会出现危险，应根据监测结果提出报警并分析原因，以便采取切实有效的措施预防基坑工程事故的发生。

基坑工程监测报警值应符合基坑工程设计的限值、地下主体结构设计要求以及监测对象的控制要求，报警值以监测项目的累计变化量和变化速率值两个值控制，由基坑工程设计方确定。

因围护墙施工、基坑开挖以及降水引起的基坑内外地层位移应按下列条件控制：不得导致基坑的失稳；不得影响地下结构的尺寸、形状和地下工程的正常施工；对周边已有建（构）筑物引起的变形不得超过相关技术规范的要求；不得影响周边道路、地下管线等正常使用；满足特殊环境的技术要求。

（1）基坑及支护结构监测报警值。基坑及支护结构监测报警值应根据监测项目、支护结构的特点和基坑等级确定，可参考表15-6。

（2）周边环境监测报警值。周边环境监测报警值的限值应根据主管部门的要求确定，如无具体规定，可参考表15-7确定。

表 15-6　基坑及支护结构监测报警值

序号	监测项目		支护结构类型	一级 累计值 绝对值 /mm	一级 累计值 相对基坑深度 (h) 控制值 /%	一级 变化速率 /mm·d⁻¹	二级 累计值 绝对值 /mm	二级 累计值 相对基坑深度 (h) 控制值 /%	二级 变化速率 /mm·d⁻¹	三级 累计值 绝对值 /mm	三级 累计值 相对基坑深度 (h) 控制值 /%	三级 变化速率 /mm·d⁻¹
1	墙（坡）顶水平位移		放坡、土钉墙、喷锚支护、水泥土墙	30~35	0.3~0.4	5~10	50~60	0.6~0.8	10~15	70~80	0.8~1.0	15~20
			钢板桩、灌注桩、型钢水泥土墙、地下连续墙	25~30	0.2~0.3	2~3	40~50	0.5~0.7	4~6	60~70	0.6~0.8	8~10
2	墙（坡）顶竖向位移		放坡、土钉墙、喷锚支护、水泥土墙	20~40	0.3~0.4	3~5	50~60	0.6~0.8	5~8	70~80	0.8~1.0	8~10
			钢板桩、灌注桩、型钢水泥土墙、地下连续墙	10~20	0.1~0.2	2~3	25~30	0.3~0.5	3~4	35~40	0.5~0.6	4~5
3	围护墙深层水平位移		水泥土墙	30~35	0.3~0.4	5~10	50~60	0.6~0.8	10~15	70~80	0.8~1.0	15~20
			钢板桩	50~60	0.6~0.7	2~3	80~85	0.7~0.8	4~6	90~100		8~10
			灌注桩、型钢水泥土墙	45~55	0.5~0.6	2~3	75~80	0.7~0.8	4~6	80~90	0.9~1.0	8~10
			地下连续墙	40~50	0.4~0.5	2~3	70~75	0.7~0.8	4~6	80~90	0.9~1.0	8~10
4	立柱竖向位移			25~35		2~3	35~45		4~6	55~65		8~10
5	基坑周边地表竖向位移			25~35		2~3	50~60		4~6	60~80		8~10
6	坑底回弹			25~35		2~3	50~60		4~6	60~80		8~10
7	支撑内力			(60%~70%) f			(70%~80%) f			(80%~90%) f		
8	墙体内力											
9	锚杆拉力											
10	土压力											
11	孔隙水应力											

注：h—基坑设计开挖深度；f—设计极限值；累计值取绝对值和相对基坑深度（h）控制值两者的小值；当监测项目的变化速率连续 3d 超过报警值的 50%，应报警。

表 15-7　周边环境监测报警值

项目监测对象			累计值		变化速率	备　注
			绝对值/mm	倾斜	/mm·d^{-1}	
1	地下水位变化		1000	—	500	—
2	管线位移	刚性管道　压力	10~30	—	1~3	直接观察点数据
		刚性管道　非压力	10~40	—	3~5	
		柔性管线	10~40	—	—	—
3	邻近建（构）筑物	最大沉降	10~60	—	—	—
		差异沉降	—	2/1000	0.1H/1000	—

注：H 为建筑承重结构高度；第 3 项累计值取最大沉降和差异沉降两者的小值。

　　周边建（构）筑物报警值应结合建（构）筑物裂缝观测确定，并应考虑建（构）筑物原有变形与基坑开挖造成的附加变形的叠加。

　　当出现下列情况之一时，必须立即报警；若情况比较严重，应立即停止施工，并对基坑支护结构和周边的保护对象采取应急措施。

　　1）当监测数据达到报警值。

　　2）基坑支护结构或周边土体的位移出现异常情况或基坑出现渗漏、流砂、管涌、隆起或陷落等。

　　3）基坑支护结构的支撑或锚杆体系出现过大变形、压屈、断裂、松弛或拔出的迹象。

　　4）周边建（构）筑物的结构部分、周边地面出现可能发展的变形裂缝或较严重的突发裂缝。

　　5）根据当地工程经验判断，出现其他必须报警的情况。

第三节　路基工程中的检测、监测技术

一、概述

　　路基是铁路与公路线路的重要组成部分，是为满足轨道、路面结构的铺设和运营条件而修建的土工结构物，其保证了线路需要的高程，并与桥梁、隧道连接，组成完整贯通的线路。路基工程主要包括路基本体工程、路基防护工程、路基排水工程、路基支挡与加固工程，以及修筑路基可能引起的改河、改沟等配套工程，其中本体工程是直接铺设轨道或路面结构并承受交通荷载的部分，是路基工程的主体建筑物。根据线路设计确定的路肩标高与地面标高的关系，路基可分为路堤、路堑、半路堤、半路堑、半路堤半路堑、不挖不填路基等六种形式。

　　为了保证公路、铁路最大限度地满足车辆运行的要求，提高车速，增强安全性和舒适性，降低运输成本和延长线路使用年限，路基工程需要满足整体稳定性、强度与刚度、水热稳定性等要求。同时，由于路基填料性质复杂、外界自然条件多变以及同时承受静、动力荷载等一系列因素，进一步决定了路基工程的复杂性与艰巨性，所以要在合理设计与精心施工的基础上，控制路基的施工质量、工作状态与发展趋势，通过全程的检测与监测，来保证线路的正常运营。在本节中，主要针对路基填筑质量检测与路基长期沉降变形监测两个主要部分进行介绍。

二、路基检测、监测的基本内容与要求

1. 路基填筑质量标准及检测基本方法

填筑标准的选择和填筑质量的控制是保证路基结构物满足系统功能性和适用性要求的关键，路基填筑压实标准的控制基本上由密实度和力学（变形）参数两部分组成。常用的测试指标有：压实系数、地基系数 K_{30}、动态模量 E_{vd}、回弹模量、变形模量 E_{v2}、相对密实度 D_r、孔隙率 n、承载比 CBR、弯沉值等指标。不同部门、不同线路的性质和等级，采用的指标也各不相同。对于铁路部门而言，新建线路路基填料的压实标准有双控指标体系及三控指标体系之分，细粒土的双控指标为压实系数 K 和地基系数 K_{30}，粗粒土的双控指标为相对密实度 D_r 或孔隙率 n 和地基系数 K_{30}。线路等级提升以后应采用三控指标体系，即在双控指标体系的基础上，增加了动态模量 E_{vd} 的标准。而公路部门则比较习惯用压实度、CBR 和弯沉值来进行路基填筑质量的控制。

> ★ 动态模量 E_{vd} 的最大特点是能够反映动应力对路基的真实作用情况，反映的是路基动力状态下的弹性变形和刚度指标，由于测试速度快、仪器小型化、方便、快捷，可以对地基系数 K_{30} 无法检测的狭小困难地段进行压实质量检测与控制。

按照《铁路路基设计规范》（TB 10001—2016）规定，路基填料的压实控制指标应符合下列规定：

（1）级配碎石、砾石类、碎石类、砂类土及细粒土采用压实系数、地基系数作为控制指标，但铺设无砟轨道的客货共线铁路和城际铁路、高速铁路及重载铁路还应增加变形控制指标。

（2）化学改良土应采用压实系数及 7d 饱和无侧限抗压强度作为控制指标。不同速度与等级铁路的路基压实标准不同，其具体压实控制指标见表 15-8~表 15-10。

表 15-8 铁路基床表层的压实标准

铁路等级及设计速度		填 料	压 实 标 准			
			压实系数 K	地基系数 K_{30}/MPa·m^{-1}	7d 饱和无侧限抗压强度/kPa	动态变形模量 E_{vd}/MPa
客货共线铁路、城际铁路	200km/h	级配碎石	≥0.97	≥190	—	—
	160km/h	级配碎石	≥0.95	≥150	—	—
		A1 组 砾石类、碎石类	≥0.95	≥150	—	—
	120km/h	A1、A2 组 砾石类、碎石类	≥0.95	≥150	—	—
		B1、B2 组 砾石类、碎石类	≥0.95	≥150	—	—
		砂类土（粉细砂除外）	≥0.95	≥110	—	—
		化学改良土	≥0.95	—	≥500（700）	—
无砟轨道		级配碎石	≥0.97	≥190	—	≥55

续表 15-8

铁路等级及设计速度	填　料	压　实　标　准			
		压实系数 K	地基系数 K_{30}/MPa·m^{-1}	7d 饱和无侧限抗压强度/kPa	动态变形模量 E_{vd}/MPa
高速铁路	级配碎石	≥0.97	≥190	—	≥55
重载铁路	级配碎石	≥0.97	≥190	—	≥55
A1 组	砾石类	≥0.97	≥190	—	≥55

注：括号内数值为严寒地区化学改良土考虑冻融循环作用所需强度值。

表 15-9　铁路基床底层的压实标准

铁路等级及设计速度		填　料		压实标准			
				压实系数 K	地基系数 K_{30}/MPa·m^{-1}	7d 饱和无侧限抗压强度/kPa	动态变形模量 E_{vd}/MPa
客货共线铁路、城际铁路	200km/h	A、B 组	粗砾土、碎石类	≥0.95	≥150	—	—
			砂类土（粉砂除外）细砾土	≥0.95	≥130	≥350（550）	—
		化学改良土		≥0.95	—	≥350（550）	—
	160km/h	A、B 组	砾石类、碎石类	≥0.93	≥130	—	—
			砂类土（粉细砂除外）	≥0.93	≥100	—	—
		化学改良土		≥0.93	—	≥350（550）	—
	120km/h	A、B、C1、C2 组	砾石类、碎石类	≥0.93	≥130	—	—
			砂类土（粉细砂除外）	≥0.93	≥100	≥350（550）	—
		化学改良土		≥0.93	—	≥500（700）	—
	无砟轨道	A、B 组	粗砾土、碎石类	≥0.95	≥150	—	≥40
			砂类土（粉砂除外）细砾土	≥0.95	≥130	—	≥40
		化学改良土		≥0.95	—	≥350（550）	—
高速铁路		A、B 组	粗砾土、碎石类	≥0.95	≥150	—	≥40
			砂类土（粉砂除外）细砾土	≥0.95	≥130	—	≥40
		化学改良土		≥0.95	—	≥350（550）	—
重载铁路		A、B 组	粗砾土、碎石类	≥0.95	≥150	—	≥40
			砂类土（粉砂除外）细砾土	≥0.95	≥130	—	≥40
		化学改良土		≥0.95	—	≥350（550）	—

注：括号内数值为严寒地区化学改良土考虑冻融循环作用所需强度值。

表 15-10　铁路基床以下部位填料的压实标准

铁路等级轨道类型	设计速度/km·h⁻¹	填料		压实系数 K	地基系数 K_{30}/MPa·m⁻¹	7d 饱和无侧限抗压强度/kPa
设计速度 200km/h 以下的有砟轨道铁路	160、120	细粒土、砂类土		≥0.90	≥80	
		砾石类		≥0.90	≥110	
		碎石类		≥0.90	≥120	
		块石类		≥0.90	≥130	
		化学改良土		≥0.90	—	≥200
设计速度 200km/h 的有砟轨道铁路	200	砂类土		≥0.90	≥110	
		细砾土		≥0.90	≥110	
		碎石类及粗砾土		≥0.90	≥130	
		化学改良土		≥0.90	—	≥250
重载铁路	—	细粒土、砂类土		≥0.92	≥90	
		细砾土		≥0.92	≥110	
		碎石类及粗砾土		≥0.92	≥130	
		化学改良土		≥0.92	—	≥250
无砟轨道、设计速度 200km/h 以上的有砟轨道铁路	—	砂石类及细砾土		≥0.92	≥110	
		碎石类及粗砾土		≥0.92	≥130	
		化学改良土		≥0.92	—	≥250

注：当碎石类填料的粒径大于 75mm、小于 150mm 时，地基系数可采用 K_{60}，取 $K_{30}=1.8K_{60}$。

从公路路基的实际工作状态分析，路基顶面以下约 1.5m 范围内的土层，受到较强烈的行车荷载反复作用以及水温的干湿和冻融作用。在路堤的下层，上述影响因素均很小，但是土体的自重应力和地下水的毛细浸湿或地面滞水的渗透作用影响较大。高路堤的中部，则各项因素的影响都不严重。因此，对于路基的不同层位需提出不同的压实要求，上层与下层的压实度应该更高，中间层可低一些。

当然，这还应同路基的填挖情况和自然因素的影响程度结合起来考虑。例如，在季节性冰冻地区，为缓和冻胀和翻浆的产生，压实度应高些，深季节冻土地区应高于浅季节冻土地区；高等级公路对于行车平稳性的要求高，应具有较强的抗变形能力，因此对路基的压实度要求应高于一般公路。根据以上原则，我国《公路路基设计规范》（JTG D30—2015）针对不同情况提出了不同的压实度的控制标准，见表 15-11~表 15-14。

表 15-11　公路路床填料最小承载比要求

项目分类		路面底面以下深度/m	填料最小承载比（CBR）/%		
			高速公路、一级公路	二级公路	三、四级公路
上路堤	轻、中交通	0~0.3	8	6	3
下路堤	轻、中交通	0.3~0.8	5	4	3
	重、特重交通	0.3~1.2	5	4	—

注：1. 该表 CBR 试验条件应符合现行《公路土工试验规程》（JTG E40—2007）的规定；
　　2. 年平均降雨量小于 400mm 地区，路基排水良好的非浸水路基，通过试验论证可采用平衡湿度状态的含水率作为 CBR 试验条件，并应结合当地气候条件和汽车荷载等级，确定路基填料 CBR 控制标准。

表 15-12　公路路床压实度要求

路基结构形式		路面底面以下深度/m	路床压实度/%		
			高速公路、一级公路	二级公路	三、四级公路
上路床		0~0.3	≥96	≥95	≥94
下路床	轻、中交通	0.3~0.8	≥96	≥95	≥94
	重、特重交通	0.3~1.2	≥96	≥95	—

注：1. 表中所列压实度系按《公路土工试验规程》重型击实试验所得最大干密度求得的压实度；

2. 三、四级公路铺筑沥青混凝土和水泥混凝土路面时，压实度应采用二级公路压实度标准。

表 15-13　公路路堤填料最小承载比要求

项目分类		路面底面以下深度/m	填料最小承载比（CBR）/%		
			高速公路、一级公路	二级公路	三、四级公路
上路堤	轻、中交通	0.8~1.5	4	3	3
	重、特重交通	1.2~1.9	4	3	—
下路堤	轻、中交通	1.5 以下	3	2	2
	重、特重交通	1.9 以下			

注：1. 当路基填料 CBR 值达不到表列要求时，可掺石灰或其他稳定材料处理；

2. 当三、四级公路铺筑沥青混凝土和水泥混凝土路面时，应采用二级公路的规定。

表 15-14　公路路堤填料压实度要求

项目分类		路面底面以下深度/m	填料最小承载比（CBR）/%		
			高速公路、一级公路	二级公路	三、四级公路
上路堤	轻、中交通	0.8~1.5	≥94	≥94	≥93
	重、特重交通	1.2~1.9	≥94	≥94	—
下路堤	轻、中交通	1.5 以下	≥93	≥92	≥90
	重、特重交通	1.9 以下			

注：1. 表中所列压实度系按《公路土工试验规程》重型击实试验所得最大干密度求得的压实度；

2. 三、四级公路铺筑沥青混凝土和水泥混凝土路面时，压实度应采用二级公路压实度标准；

3. 路堤采用粉煤灰、工业废渣等特殊填料，或处于特殊干旱或特殊潮湿地区时，在保证路基强度和回弹模量要求的前提下，通过试验验证，压实度标准可降低 1~2 个百分点。

2. 路基工程监测内容和变形控制标准

路基工程的监测内容有很多，包括路基沉降变形、孔隙水压力、侧向变形、水分变化、土体动力响应、冻土地基的温度变化等，监测的对象不仅有软土、膨胀土、黄土和多年冻土等地区力学性质不稳定或受环境影响较大的特殊土路基，也包括特殊工程地质条件下如滑坡等地段的路基、风沙地区路基等。

软土路基主要进行路基的变形与孔隙水压力的监测，膨胀土与黄土路基则还要对含水量变化进行监测，对于滑坡体等特殊地段，则要进行深孔位移监测。多年冻土与季节性冻土地区的路基监测的内容，包括基本气候指标、基本水文地质指标、基本冻土条件如季节活动层在冻融过程含水量的变化及冷生构造、融冻滑塌、冻胀丘、冰锥等不良现象的发育过程；路基下多年冻土温度的变化动态，多年冻土上限的变化，季节冻结或季节融化深度，并同时监测路基两侧周围植被、积雪、地表水等的变化。青藏铁路在沿线多年冻土区建立了长期观测系统，及时掌握路基下多年冻土的变化情况。

软土路基上的路堤在施工过程中应进行稳定与沉降观测。稳定观测主要是指在施工过程中对路堤坡脚进行水平与竖向位移观测，位移的观测点一般设在坡脚外 2~10m 的地方，设置边桩或布置其他检测设备。沉降观测是指在路堤建成验交前的施工过程中对路堤的垂直变形进行观测，控制填土速率，测定地基沉降值，同时作为控制工后沉降量的依据。较复杂的路基加固工程也应设置变形观测系统，根据观测数据，调整施工方法和完善设计措施，确保施工和运营安全。

所有的路基工程监测项目中，路基变形的监测最为重要，一般希望在线路投入运营以后路基产生的工后沉降越少越好，即希望路基所有沉降变形尽可能的在施工期间、运营之前产生，工后沉降越小约有利于线路的安全运营。路基的沉降量应满足以下要求：一级铁路不应大于 20cm，路桥过渡段不应大于 10cm，沉降速率不应大于 5cm/a；二级铁路不应大于 30cm。对于高速铁路，工后沉降量的控制，应符合下列规定：

（1）无砟轨道路基工后沉降应符合扣减调整能力和线路竖曲线圆顺的要求，工程沉降不宜超过 15mm，沉降比较均匀并且调整轨面高程后的竖曲线半径符合式（15-17）的要求时，允许的工后沉降为 30mm。

$$R_{sh} \geq 0.4CV_{sj}^2 \tag{15-17}$$

式中 R_{sh}——竖曲线半径，m；

$\quad\quad V_{sj}$——设计最高速度，km/h。

路基与桥梁、隧道或横向结构物交界处的工后沉降差不应大于 5mm，不均匀沉降造成折角不应大于 1/1000。

（2）有砟轨道路基工后沉降应符合表 15-15 的要求。

表 15-15 高速铁路路基工后沉降控制标准

合计行车速度/km·h^{-1}	一般地段工后沉降/cm	桥台台尾过渡段工后沉降/cm	沉降速率/cm·a^{-1}
250	≤10	≤5	≤3
300、350	≤5	≤3	≤2

此外，铁路路基变形观测时，路堤填筑完成后宜有不小于 6 个月的放置期，并应经过一个雨季。个别情况下采取可靠工程措施并经论证可确保路基工后沉降满足轨道铺设要求时，路基放置条件可适当调整。铺轨前，应根据沉降观测资料进行系统分析评估，预测的路基工后沉降符合要求后方可开始进行轨道的铺设。路基沉降观测应以路基面沉降和地基沉降观测为主，可设置沉降板、观测桩或剖面沉降观测装置等，沉降观测断面的间距不宜大于 50m，地势平坦、地基条件均匀良好、高度小于 5m 的路堤及路堑可放宽到 100m；过渡段和地形地质条件变化较大的地段应适当加密。路基沉降观测的频次不应低于表 15-16 的规定，环境条件发生变化时应及时观测。

表 15-16　铁路路基沉降观测频次

	一般	1 次/d
填筑或堆载	沉降量突变	2~3 次/d
	两次填筑间隔时间较长	1 次/3d
堆载预压或路基填筑完成	第 1~3 个月	1 次/周
	第 4~6 个月	1 次/2 周
	6 个月以后	1 次/月
铺轨以后	第 1 个月	1 次/2 周
	第 2~3 个月	1 次/月
	3 个月以后	1 次/3 月

三、路基现场典型检测指标与方法

1. 路基动态模量测定

（1）试验原理。路基动态变形模量 E_{vd} 是一种土体承载力指标，由落锤从一定高度自由下落在弹簧阻尼装置上，产生的瞬间冲击荷载通过弹簧阻尼装置及传力系统传递给承载板，在承载板下面（即测试面）产生符合列车高速运行时对路基面所产生的动应力，使承载板发生沉陷 s，即阻尼振动的振幅，由沉陷测定仪采集记录下来。沉降值 s 越大，则被测点的动态版型模量越小，反之亦然。

（2）试验装置。动态变形模量测试仪由加载装置、荷载板和沉陷测定仪组成（见图 15-13）。

加载装置主要由挂（脱）钩装置、落锤、导向杆、阻尼装置等部分构成：

1）落锤重：10kg；

2）最大冲击力：7.07kN；

3）冲击持续时间：（18±2）ms；

4）导向杆必须保持垂直、光洁。

荷载板主要由圆形钢板和传感器等部分构成。

1）圆形钢板直径（300±0.5）mm，厚度（20±0.2）mm，表面糙度不应大于 6.3μm。

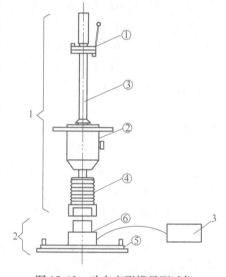

图 15-13　动态变形模量测试仪
1—加载装置：①挂（脱）钩装置；
②落锤；③导向杆；④阻尼装置；
2—承载板：⑤圆形钢板；
⑥测振传感器；3—沉陷测定仪

2）传感器必须牢固密贴地安装在荷载板的中心位置上。

沉陷测定仪主要由信号处理、显示、打印机和电源等部分构成。沉陷测试范围：（0.1~2.0）±0.04mm；动态变形模量测试范围：10MPa<E_{vd}<225MPa。

★　仪器在每次试验前应按使用说明书进行校验。仪器每年必须重新标定一次。

（3）试验步骤。

1）荷载板放置在平整好的测试面上，安装上导向杆并保持其垂直。

2）将落锤提升至挂（脱）钩装置上挂住，然后使落锤脱钩并自由落下，当落锤弹回后将其抓住并挂在挂（脱）钩装置上。按此操作进行三次预冲击。

3）正式测试时按上述第2）项的方式进行三次冲击测试，作为正式测试记录。测试时应避免荷载板的移动和跳跃。

★ 试验场地及环境条件要满足：测试面宜水平，其倾斜角度不大于5°；测试面必须平整无坑洞；试验时测试点必须远离震源。

（4）数据处理。测试结果应按下式计算：

$$E_{vd} \geqslant 1.5r\sigma/s \tag{15-18}$$

式中　E_{vd}——动态变形模量，MPa，计算至0.1MPa；

　　　r——圆形刚性承载板半径，mm，即$r = 150$mm；

　　　σ——承载板下的最大动应力，它是通过在刚性基础上，由最大冲击力$F_s = 7.07$kN，且冲击时间$t_s = 18$ms时标定得到的，$\sigma = 0.1$MPa；

　　　s——承载板沉陷值，mm。

试验结果可采用简化公式计算：

$$E_{vd} \geqslant 22.5/s \tag{15-19}$$

2. 地基系数测定

我国自大秦重载铁路修建开始，引入地基系数K_{30}作为路基填料压实质量的检测控制指标，在路基施工方面得到推广应用。地基系数K_{30}测定属于平板载荷试验，是用直径为30cm的荷载板压在地基上，然后在荷载板上加载，测量荷载板的下沉量，根据荷载下的荷载应力P与荷载板的竖向下沉量的比值来确定，地基系数K_{30}一般取沉降量为0.125cm时的值，其计算公式为：

$$K_{30} = \frac{p}{s} = \frac{p_{0.125}}{0.125} = 8p_{0.125} \tag{15-20}$$

由于在本书的第十一章中已详细介绍了平板载荷试验仪器、操作步骤等相关内容，这里就不再赘述，只对地基系数K_{30}的试验注意要点加以说明。

该试验适用于各类土和土石混合填料，其粒径不宜大于承载板直径的1/4，测试有效深度约为承载板直径的1.5倍。根据填料的最大粒径可以采用直径300mm、400mm或600mm的承载板，采用直径300mm、400mm及600mm的承载板试验时，地基系数分别以K_{30}、K_{40}及K_{60}表示，并按下式换算：$K_{30} = 1.3K_{40}$，$K_{30} = 1.8K_{60}$。

试验场地及环境条件应符合如下规定：

（1）对于水分挥发快的均粒砂，表面结硬壳、软化或因其他原因表层扰动的土，平板荷载试验应置于扰动带以下进行。

（2）对于粗、细粒均质土，宜在压实后4h内开始检测。

（3）测试面必须是平整无坑洞的地面。对于粗粒土或混合料造成的表面凹凸不平，应铺设一层约2~3mm的干燥中砂或石膏腻子。

（4）测试面必须远离震源，以保持测试精度。

（5）雨天或风力大于 6 级的天气，不得进行试验。

试验加载要点：

（1）为稳固荷载板，预先加 0.01MPa 荷载，约 30s，待稳定后卸除荷载，将百分表读数调至零或读取百分表读数作为下沉量的起始读数。

（2）以 0.04MPa 的增量，逐级加载。每增加一级荷载，应在下沉量稳定后，读取荷载强度和下沉量读数。

（3）达到下列条件之一时，试验即可终止：

1）当总下沉量超过规定的基准值（1.25mm），且加载级数至少 5 级；

2）荷载强度大于设计标准对应荷载值的 1.3 倍，且加载级数至少 5 级；

3）达到地基的屈服点。

当试验过程出现异常，如荷载板严重倾斜、荷载板过度下沉及试验数据异常等情况时，应查明原因，另选点进行试验，并在试验记录表中注明。

3. 变形模量测定

（1）试验原理。由平板载荷试验第二次加载测得的土体变形模量称为 E_{v2}，无砟轨道客运专线的路基填筑质量控制指标增加了 E_{v2} 的要求，其试验也属于平板载荷试验，变形模量 E_{v2} 试验采用直径为 300mm 的承载板，适用于粒径不大于承载板直径 1/4 的各类土和土石混合填料，有效测试深度约为承载板直径的 1.5 倍，其试验场地及环境条件应规定与前面的地基系数 K_{30} 的试验要求相同。该试验方法与地基系数 K_{30} 试验是极其相似的，它们的主要差别在于操作步骤与数据整理和计算方法的不同。

★　变形模量 E_{v2} 和地基系数 K_{30} 测定都可借助于静态平板载荷试验，为减少现场试验的工作量、提高检测及施工效率，建议在通过大量室内外试验和理论分析的基础上，得出变形模量 E_{v2} 与地基系数 K_{30} 相匹配控制指标，以使将来能够只采用变形模量 E_{v2} 和地基系数 K_{30} 其中之一，作为路基压实质量静态平板载荷试验检测指标。

（2）试验加载要点：

1）第一次加载必须至少分 6 级，并以大致相等的荷载增量（0.08MPa）逐级加载，达到最大荷载为 0.5MPa 或沉降量达到 5mm 后再进行卸载。

2）卸载应按最大荷载的 50%、25% 和 0 三级进行。

3）卸载后，按照第一次加载的操作步骤，并保持与第一次加载时各级相同的荷载进行第二次加载，直到第一次所加最大荷载的倒数第二级。

4）每级加载或卸载过程必须在 1min 内完成。

5）加载或卸载时，每级荷载的保持时间为 2min，在该过程中荷载应保持恒定。

6）试验中如果施加了比预定荷载大的荷载，则应保持该荷载，将其记录在试验记录表中，并加以注明。

7）当试验过程中出现承载板严重倾斜，以至水准泡上的气泡不能与圆圈标志重合或承载板过度下沉及量测数据出现异常等情况时，应查明原因，另选点进行试验，并在试验记录表中注明。

（3）数据分析。承载板中心沉降量 s 应按下式计算：

$$s = s_M \frac{h_p}{h_M} \qquad (15\text{-}21)$$

式中　s——承载板中心沉降量，mm；

　　　s_M——沉降量测表读数，mm；

　　　h_p/h_M——杠杆比。

根据试验结果绘制应力-沉降量曲线，如图 15-14 所示，应力-沉降量曲线上应用箭头标明受力方向。为了有效地利用测试记录的数据，减小误差，采用对试验数据作二次回归：

$$s = a_0 + a_1\sigma + a_2\sigma^2 \qquad (15\text{-}22)$$

式中　s——承载板中心沉降量，mm；

　　　σ——承载板下应力，MPa；

　　　a_0——常数项，mm；

　　　a_1—— 一次项系数，mm/MPa；

　　　a_2——二次项系数，mm/MPa^2。

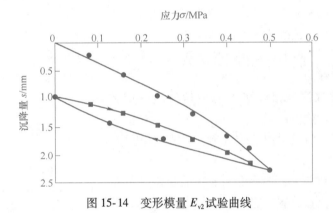

图 15-14　变形模量 E_{v2} 试验曲线

应力-沉降量曲线方程的系数是将测试值按最小二乘法计算得到的。用于计算系数的方程式为：

$$a_0 n + a_1 \sum_{i=1}^{n} \sigma_i + a_2 \sum_{i=1}^{n} \sigma_i^2 = \sum_{i=1}^{n} S_i \qquad (15\text{-}23)$$

$$a_0 \sum_{i=1}^{n} \sigma_i + a_1 \sum_{i=1}^{n} \sigma_i^2 + a_2 \sum_{i=1}^{n} \sigma_i^3 = \sum_{i=1}^{n} S_i\sigma_i \qquad (15\text{-}24)$$

$$a_0 \sum_{i=1}^{n} \sigma_i^2 + a_1 \sum_{i=1}^{n} \sigma_i^3 + a_2 \sum_{i=1}^{n} \sigma_i^4 = \sum_{i=1}^{n} S_i\sigma_i^2 \qquad (15\text{-}25)$$

式中，σ_i、$S_i(i=1,2,\cdots,n)$ 分别为每级荷载的应力和相应的承载板中心沉降量测试值。

变形模量 E_v 是通过应力-沉降量曲线在 $0.3\sigma_{1,max}$ 和 $0.7\sigma_{1,max}$ 之间割线的斜率确定的，变形模量应按下式计算：

$$E_v = 1.5r \frac{1}{a_1 + a_2\sigma_{1,max}} \qquad (15\text{-}26)$$

式中　E_v——变形模量，MPa；

r——承载板半径，mm；

$\sigma_{1,\max}$——第一次加载最大应力，MPa；

a_1—— 一次项系数，mm/MPa；

a_2——二次项系数，mm/MPa^2。

4. 路基压实度检测

压实系数 K 为填料压实后的干密度与击实试验得出的最大干密度比值，当前测定现场路基土干密度的主要方法有环刀法、灌砂（水）法及核子湿度密度仪法等三种，且核子湿度密度仪法具有检测速度快、操作方便、数据可靠等特点，同时对路基无破坏，在路基工程填筑压实质量的现场快速评定中获得了广泛使用。由于第二章第三节中已详细介绍了环刀法与灌砂（水）法，故就不再赘述，以下将详细介绍核子湿度密度仪法。

（1）试验仪器。由主机和标准块、导板、钻杆、充电器等附件组成，其中主机包括：放射源、探测器、微处理器、测深定位装置等，如图 15-15 所示。

放射源：铯 137-γ 源等，辐射活性 3.7×10^8Bq；镅 241-铍中子源等，辐射活性 1.85×10^9Bq。

探测器：盖革-密勒计数管，接收 γ 射线；氦-3 探测管，接收中子射线。

微处理器：将探测器接收到的射线信号转换成数据，并经验算后显示检测结果。

测深定位装置：将放射源定位到预定的测试深度。

（2）试验步骤。

1）标准计数或统计试验。将标准块放在坚硬的材质表面，按规定将仪器放置在标准块上，仪器手柄设置在安全位置。周围 10m 以内无其他放射源，3m 以内的

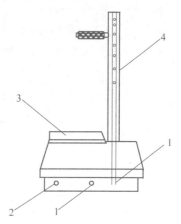

图 15-15　核子湿度密度仪示意图
1—放射源；2—探测器；3—微处理器；
4—测深定位装置

地面上不应堆放其他材料。按下启动键，开始进行标准计数或统计试验，操作人员应退到离仪器 2m 以外区域。仪器发出结束信号后，检查含水率或密度的标准计数或统计分析结果，如果其数值在规定的范围内，则可开始检测。

2）输入设定参数。测量计数时间（不宜小于 30s）；选择计量单位 g/cm^3 或 kg/cm^3；密度或含水率的偏移量，无偏移时输入 0；测点记录号。

3）平整被测材料表面，必要时用少量细粉颗粒铺平，然后用导板和钻杆造孔，孔深不应大于测试深度，孔应垂直；孔壁光滑，不得坍塌。被测材料不便于造孔时，可采用反射法进行检测。

4）按规定将仪器就位，并将放射源定位到预定的测试深度，按下启动键，操作人员退到离仪器 2m 以外区域。

5）仪器发出结束信号后，将放射源退回到安全位置，并存储或记录检测结果。

★ 变被测材料中含有硼、氢等吸收种子的元素成非自由水氢元素时，其检测结果应用烘干法求出偏移量进行校正。基坑边缘或沟中测试时，仪器的侧面与坑壁的距离不宜小于 0.6m；采用特殊补偿功能对测试结果进行校正的不受距离限制。

（3）数据处理。试验结果按如下公式计算：

$$\rho_{d} = \rho - \rho_{sw} \tag{15-27}$$

式中　ρ_d——干密度，g/cm^3，计算至$0.01g/cm^3$；

　　　ρ——湿密度，g/cm^3；

　　　ρ_{sw}——单位体积土中水的质量，g/cm^3。

5. CBR 检测

承载比（CBR）又称加州承载比，是 California Bearing Ratio 的缩写，由美国加利福尼亚公路局首先提出来，用于评定路基土和路面材料的强度指标。

（1）试验原理。CBR 值就是试料贯入量达到 2.5mm 或 5mm 时的单位压力与标准碎石压入相同贯入量时的标准荷载（7MPa 或 10.5MPa）的比值，用百分数来表示，按路基施工时的最佳含水量及压实度要求在试筒内制备试件。为了模拟材料在使用过程中的最不利状态，加载前饱水四昼夜。在浸水过程中及贯入试验时，在试件顶面施加荷载板。以模拟路面结构对土基的附加应力。需要注意的是，贯入试验中，材料的承载能力越高，对其压入一定贯入深度所需施加的荷载越大。

★　公路与铁路规范在试验器材规格、操作步序及数据处理上略有不同，由于工程实践中公路路基检测运用较多，故这里对于 CBR 试验的介绍以公路土工试验规程为主。

　　本法只适用于在规定的试筒内制件后，对各种土和路面基层、底基层材料进行承载比试验。公路土工试验规程中规定，试件的最大粒径宜控制在 20mm 以内，最大不得超过 40mm（圆孔筛）。

（2）试验仪器。

1）圆孔筛：孔径 38mm、25mm、20mm 及 5mm 筛各一个。

2）试筒：内径 152mm、高 170mm 的金属圆筒；套环，高 50mm；筒内垫块，直径 151mm、高 50mm；夯击底板，同击实仪。试筒的形式和主要尺寸如图 15-16 所示。

3）夯锤和导管：夯锤的底面直径 50mm，总质量 4.5kg。夯锤在导管内的总行程为 450mm。夯锤的形式和尺寸与重型击实试验法所用的相同。

4）贯入杆：端面直径 50mm、长 100mm 的金属柱。

5）路面材料强度试验仪（见图 15-17）或其他荷载装置：能量不小于 50kN，能调节贯入速度至每分钟贯入 1mm，可采用测力计式。

6）荷载板：直径 150mm，中心孔眼直径 52mm，每块质量 1.25kg，若干块，并沿直径分为两个半圆，如图 15-18 所示。

7）水槽：浸泡试件用，槽内水位应高出试件顶面 25mm。

8）百分表：3 个。

9）试件顶面上的多孔板（测试件吸水时的膨胀量），如图 15-19 所示。

10）多孔底板（试件放上后浸泡水中）。

11）测膨胀量时支承百分表的架子，如图 15-20 所示。

12）其他：台秤（感量为试件用料量的 0.1%）、拌和盘、直尺、滤纸、脱模器等。

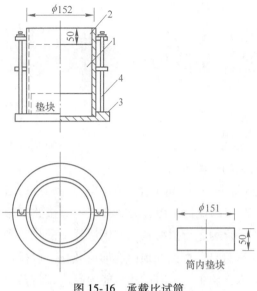

图 15-16　承载比试筒
1—试筒；2—套环；3—夯击底板；4—拉杆

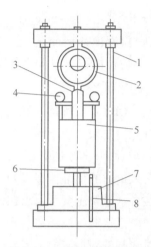

图 15-17　路面材料强度仪
1—框架；2—量力环；3—贯入杆；4—百分表；
5—试件；6—升降台；7—涡轮蜗杆箱；8—摇把

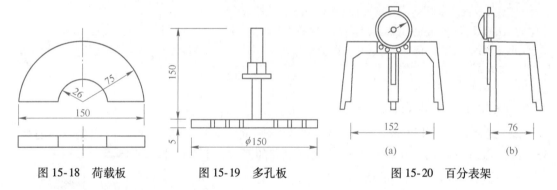

图 15-18　荷载板　　图 15-19　多孔板　　图 15-20　百分表架

（3）操作步骤。

1）制样。可参考第十章的相关土体制样技术，本节不再赘述。

2）泡水测膨胀量。

①在试样制成后，试件顶面放好一张滤纸，并在上面安装附有调节杆的多孔板，在多孔板上加 4 块荷载板。

②将试筒与多孔板一起放入槽（筒）内，并用拉杆将模具拉紧，安装百分表，并读取初读数。

③向水槽（筒）内放水，使水自由进到试件的顶部和底部。在泡水期间，水面应保持在试件顶面以上大约 25mm，试件要泡水 4 昼夜。

④泡水终了时，读取试件上百分表的终读数，并用下式计算膨胀量：

$$膨胀量 = \frac{泡水后试件高度变化}{原试件高（=120mm）} \times 100 \qquad (15-28)$$

⑤从水槽中取出试件，倒出试件顶面的水，静置 15min，让其排水，然后卸去附加荷

载和多孔板、底板和滤纸，并称量泡水后试筒和试件的合质量（m_3），以计算试件的湿度和密度的变化。

3）贯入试验。

①将泡水试验终了的试件放到路面材料强度试验仪的升降台上，调整偏球座，使贯入杆与试件顶面全面接触，在贯入杆周围放置 4 块荷载板。

②先在贯入杆上施加 45N 荷载，然后将测力和测变形的百分表指针都调至零点。

③加荷使贯入杆以 1~1.25mm/min 的速度压入试件，记录测力计内百分表某些整读数（如 20、40、60）时的贯入量，并注意使贯入量为 $250×10^{-2}$mm 时，能有 5 个以上的读数。

（4）数据处理。

1）以单位压力 p 为横坐标，贯入量 L 为纵坐标，绘制 $p\text{-}L$ 关系曲线，如图 15-21 所示。图上曲线 1 是合适的，曲线 2 开始段是凹曲线，需要进行修正。修正时，在变曲率点引一切线，与纵坐标交于 O 点，O 即为修正后的原点。

2）一般采用贯入量 2.5mm 时的单位压力与标准压力之比作为材料的承载比（CBR），即：

$$CBR = \frac{p}{7000} × 100 \qquad (15\text{-}29)$$

式中　CBR——承载比，%；

　　　p——单位压力，kPa。

同时计算贯入量为 5mm 时的承载比：

$$CBR = \frac{p}{10500} × 100 \qquad (15\text{-}30)$$

3）试件的湿密度用下式计算：

$$\rho = \frac{m_1 - m_2}{V} \qquad (15\text{-}31)$$

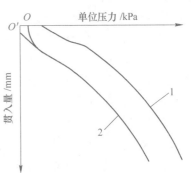

图 15-21　单位压力与贯入的
关系曲线

式中　ρ——试样的湿密度，g/cm³；

　　　m_2——试筒和试件的合质量，g；

　　　m_1——试筒的质量，g；

　　　V——试筒的体积，cm³。

4）试件的干密度用下式计算：

$$\rho_d = \frac{\rho}{1 + 0.01w} \qquad (15\text{-}32)$$

式中　ρ_d——试件的干密度，g/cm³；

　　　w——试件的含水量，%。

5）泡水后试件的吸水量按下式计算：

$$w_a = m_3 - m_2 \qquad (15\text{-}33)$$

式中　w_a——泡水后试件的吸水量，g；

　　　m_3——泡水后试筒和试件的合质量，g；

　　　m_2——试筒和试件的合质量，g。

四、路基代表性变形监测技术

路基工程监测中以变形监测为最核心的内容。而路基变形监测方法很多，其中沉降板法、铁环分层沉降仪、测斜仪法等已在十四章中详细介绍，不再赘述，这里介绍一下沉降水杯法和全断面剖面沉降仪法。

1. 沉降水杯法

（1）概述。沉降水杯（见图 15-22）是埋置在路基内测点的类似水杯的容器，中间有一个小的上部开口容器，在其底部通过一个长水管引到路基外，外容器底部有一个出水管也同样引到路基外，另外有一个排气管连通沉降水杯与大气。测量时从进水管进水，一直到出水管出水，稳定以后进水管的液面就代表路基内沉降水杯容器顶部的位置。通过测量进水管液面高程的变化，可以知道沉降水杯处的沉降变形，即利用在相同大气压强下密闭管道两端液面高度相同的连通器原理，将路基沉降点难以观测的高程引至路基外进行观测。

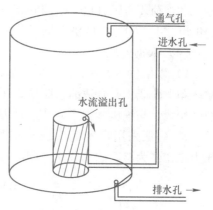

图 15-22　沉降水杯结构示意图

（2）检测准备。沉降水杯由经过防锈处理过的钢管，上、下铝合金盖板，进水管、出水管、排气管、量测板上还配有抽气、供水装置。埋设沉降水杯前，先对原有地面进行整平，清除地表植被、树根、管道等杂物，并进行集中堆放或运至路基外处理，平整好的场地应大致平整，不应有淤泥和水坑。将沉降水杯放置于待观测点，并用砂浆或砖块固定，沉降水杯尽量放置水平，进水管、出水管与沉降杯连接部位连接牢固，不能漏水，并将三根管子引出，并用铁丝将测管固定在方桩上方便以后观测。每次测试都需将水杯中的气泡排完，当土内的水杯与外面进水管两端都处于同一大气压下，而且水杯充满水并溢流后，此时进水管中水面处的高程即为土内水杯杯口的高程。测得水杯杯口高程的变化量即为该测点的相对垂直位移量。沉降观测采用水准仪进行。

★　沉降变形观测点应设立在能反映沉降变形特征的位置。一般填土路基，每个断面需埋设 3 个沉降观测设备。如果选择全幅埋设，应将 3 个设备分别埋于左路肩、路中心、右路肩；如果选择半幅埋设，可将 3 个设备分别埋于路肩、1/4 路面总宽处及路基中心。

（3）检测流程。

1）用水准仪观测方桩桩顶高程 h_1，记录测量位置和高程方便以后复核。并用红色油漆标记方桩顶面测量位置。

2）拔出测管塞头，向水管内缓慢补水，等液面连续三次稳定在同一位置后，停止补水。同时用红色油漆标记此液面位置，在此位置用水平尺画出水平线，此水平线高程为埋设沉降杯处路基沉降初始高程 h_2。

3）从方桩顶面红色油漆标记位置向下引尺，分别读取并记录水管液面距离方桩顶面高度 h_3（必须保证刻度尺竖直），则路基沉降初始高程（油漆标记水平线）$h_2 = h_1 - h_3$。

4）读数完毕后，用塞头堵住测管。

5）再次测量时，重复2）补水步骤，待液面稳定后用钢尺量取液面距离初始水平线高度 h_4，路基沉降高度 $h_0 = h_2 - h_4$。

6）用塞头堵住测管防止污物进入，以备下次测量使用。

2. 全断面剖面沉降仪法

全断面剖面沉降仪法是测量路基整个断面某层沉降变形的仪器，其做法是通过传感器沿着埋在路基内的管子横向移动，从而测出管内部各测点相对于基准点的位置。两次量测的差值就是各测点的沉降。根据所用传感器不同，全断面剖面沉降仪主要分为两类：一类是基于加速度传感器的剖面沉降仪；另一类是基于液体压力传感器的剖面沉降仪。

（1）基于加速度传感器的剖面沉降仪（例如，测斜式全断面剖面沉降仪，见图15-23），需要横向埋置带有导槽的PVC管子。

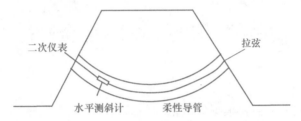

图15-23 测斜式全断面剖面沉降仪结构示意图

测量时使传感器沿着管子分段匀速移动，每移动一固定长度（通常为0.5m），沉降仪会记录这一固定长度内传感器上升或下降的位移。通过累加前面每个固定段的位移，读书器会显示每个测点与起始点（基准点）的高差，通过测量起始点的高程，可以计算出每个测点的高程，两次量测的高程之差就是沉降或隆起变形。这种量测的特点是后面测点的沉降需要通过前面测点的数据计算，对先测量的数据有依赖，因此其误差也是累积的。

（2）基于液体压力传感器的剖面沉降仪（例如，水杯式全断面剖面沉降仪，见图15-24），由测头和与其相连的充液管、储液箱、固定支座、信号电缆及读数仪等组成。沉降测头通过充液管连接着储液箱，储液箱的液面固定，当沉降测头处在路基下埋置的剖面沉降管内某一位置时，传感器测量的压力是测点到储液箱液面的高差与液体重度的乘积。读书器可以设计成直接读出这个高差，这样通过量测起始点的高程，可以计算出任何一个测点的高程。两次量测的高程之差就是沉降或隆起变形。这种量测的特点是后面测点的沉降与前面测点的数据无关，方法常应用于软基加固监测、路基、堤坝地下基础、储油罐等

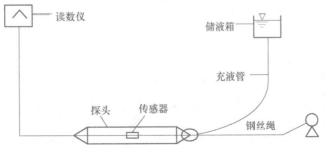

图15-24 水杯式全断面剖面沉降仪结构示意图

结构物的地基基础沉降或隆起观测中。

由于计算参数及计算方法带来的误差，使得按理论计算出的沉降量与实测结果相比有一定的差距，因此利用沉降实测资料推算后期沉降量，实现路基的动态设计与施工有着重要的现实意义。路基沉降预测应采用曲线回归法，并应符合下列规定：

1）根据路基填筑完成或堆载预压后，不少于 6 个月的实际观测数据做多种曲线的回归分析，确定沉降变形趋势，曲线回归的相关系数不应低于 0.92。

2）沉降预测的可靠性应经过验证，间隔 3~6 个月的两次预测的偏差不应大于 8mm。

3）路基填筑完成或堆载预压以后总沉降和预测时的沉降应满足下式规定：

$$s(t)/s(t = \infty) \geqslant 75\% \tag{15-34}$$

式中　$s(t)$——预测时实际发生的沉降；

　　$s(t = \infty)$——预测总沉降。

第四节　隧道工程中的监测技术

一、概述

隧道工程的实践中，主要根据施工范围内的工程、水文地质勘探资料、工程埋置深度、结构形状和规模、使用功能、工期要求、周边环境及交通等情况进行技术经济综合比较后确定开挖方法。常用开挖方法有明（盖）挖法、矿山法和盾构法等，本节主要针对这三种施工方法介绍其相应的隧道工程监测技术。

隧道工程的监测对象主要有工程结构与周边岩土体、工程周边环境，施工监测内容主要包括上述对象的变形、内力等，施工监测方法及仪器的选择需根据工程结构设计要求、环境对象安全保护要求、监测对象实际状况等综合确定。

二、隧道施工通用监测主要内容

《公路隧道施工技术规范》（JTG F602—2009）规定必测项目有：掌子面地质描述和初期支护观察、拱顶下沉、周边位移、地表下沉。具体而言，可通过洞内外巡查对掌子面地质进行描述并对初期支护效果进行评价；在隧洞顶部及周边布设监控点可有效掌控隧洞自身变形，结合地表沉降点布设可开展隧道施工对周边构筑物的影响评估；由于地下工程的特殊性，既有管线往往不能与土层协调变形，且考虑其重要性，往往加强其变形监控；除此之外，由于地下工程处于地下水环境中，一般会进行地下水位或孔隙水压力监控，以利于实现土体有效应力的分析、评估。

1. 洞内及洞外巡查

（1）巡查目的。洞内施工巡视调查应紧跟掌子面（又称礓子面，即开挖隧道工程中不断向前推进的工作面）的推进及时进行，主要查看围岩的岩性、结构的产状及填充物、地下水活动等的变化。洞内巡视的目的一是确定围岩分类，二是预测围岩的稳定和安全程度。洞外巡查主要是巡视调查隧道施工对周边环境变化的影响。

很多工程事故是在监测数据正常的情况下发生的，由于监测断面的数量有限，某些局部变化可能不易被捕捉。因此，现场巡视是隧道工程施工监测的重要工作内容之一。

（2）巡查内容。施工巡查应包括以下内容：

1）地层的工程特性及其描述，包含开挖面地质描述和掌子面探测孔的地质描述；

2）地下水类型、渗漏水状况、涌水量的大小、位置、水质气味和颜色等；

3）开挖面稳定状态，有无剥落现象；

4）初期支护完成后喷层表面的观察、裂缝状况及渗漏水状况的描述；

5）支护体系施作的及时性；

6）支护体系开裂、变形、变化情况；

7）与施工阶段相应的地表和建（构）筑物状况。

（3）巡查频率。对开挖后尚未支护的围岩土层及掌子面探孔应随时进行观察并作记录，对开挖后已支护段的支护状态以及施工段相应地表和建（构）筑物，每施工循环观察和记录1次。

（4）巡查结果分析。以南京地铁四号线 TA15 标隧道巡查为例：初支表面无裂缝、无锚杆脱落或垫板陷入围岩、钢拱架无压屈压弯现象、无底鼓现象。洞口地表、边坡、仰坡较稳定；地表无裂隙。洞内台架焊接。洞内进行爆破作业，各种机械配合进行出渣作业。工作基点完好，监测点保护较差，下层开挖，扰动较大。洞外出渣车扰动较大，以上对高精度测量都可能产生影响。

由于隧洞沿线的地质情况较初设预测情况发生较大变化，锚杆角度不与开挖面正交或是相交角度较小，减小了锚杆的有效锚固深度，且不利于锚固受力。受地质条件影响，目前隧洞开挖后存在表面平整度和残孔率指标偏低的现象，在后续的施工中需要进一步优化光面爆破的爆破参数，加强钻孔质量控制，以提高洞挖的外观质量。

★ 每施工循环：根据每次施工开挖爆破的尺寸设定一个循环，施工的内容大体包括：开挖（放线、打眼、装药、爆破、出碴等）、初期支护（打眼、安装锚杆、立架、挂网、喷射混凝土等）、仰拱及填充等。

2. 变形监控量测

（1）监测目的。初期支护结构拱顶沉降及隧洞净空收敛变形监测是隧道施工中一项必不可少的监测内容。由于隧道工程自身固有的复杂性及地质环境的变异性，传统设计方法难以全面、适时地反映出各种情况下支护系统受力变形情况，而围岩应力及环境发生变化的最直接的结果是位移的变化，因此，隧道围岩位移监测具有十分重要的意义。

（2）测点布置。监测点在隧道拱顶、两侧拱脚（全断面开挖）或拱腰处（半断面开挖）布设，拱顶沉降监测点可兼做净空收敛监测点，净空收敛测线宜为1~3条，断面收敛监测线布置方式如图15-25所示。

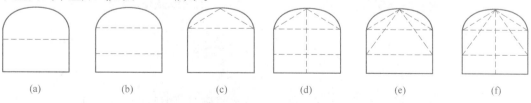

图 15-25 断面收敛监测线布置方式示意图

（a）一条测线；（b）两条测线；（c）三条测线；（d）五条测线；（e）六条测线；（f）七条测线

采用精密电子水准仪配合铟钢尺测算初期支护结构拱顶沉降，拱顶测点布设材料选用 $\phi22$ 螺纹钢，做成弯钩状埋设或焊接在顶拱，外露长度大于 5cm，外露部分打磨光滑，并红漆标记，如图 15-26 所示；采用收敛计监测净空收敛，测点布设材料及方法同顶拱，埋设在隧洞两侧且保持与顶拱测点同一里程，外露螺纹钢头部焊接椭圆形钢环，如图 15-27 所示。

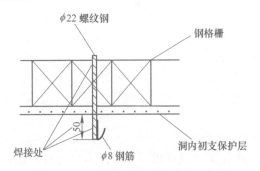

图 15-26　拱顶沉降监测点布设示意图

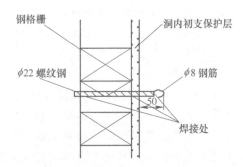

图 15-27　结构净空变形监测点布设示意图

（3）作业方法。

1）初期支护结构拱顶沉降。拱顶下沉观测采用倒立铟钢尺，水准仪测量，测量方法同地表沉降，观测时将水准仪安放在临时水准点和沉降观测点之间，具体如图 15-28 所示。

2）净空收敛监测。将收敛计钢尺挂钩挂在测点，收紧钢尺将销钉插入钢尺上适当的小孔内，用卡钩固定；然后，转动调节螺母直至观测窗中线条与面板成一直线为止，读取观测窗和钢尺读数，两者相加即为测点间距离，如图 15-29 所示即为净空收敛监测示意图。

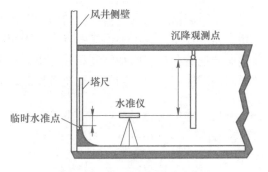

图 15-28　拱顶下沉量测示意图

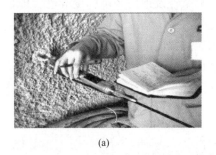

(a)

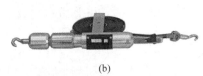

(b)

图 15-29　围岩水平收敛量测

（4）变形结果分析。此处以南京地铁二号线某路段右线盾构隧道变形监测资料为例，进行综合处理分析。收敛点号编制为 SR * * * *，每隔 30m 设置 1 对。

表 15-17　收敛变形累计值统计

测点编号	测点里程/m	累计变量/mm	测点编号	测点里程/m	累计变量/mm
SR2995	000	-0.35	SR3445	450	-0.97
SR3025	030	-0.61	SR3475	480	-0.56
SR3055	060	-0.74	SR3505	510	-1.02
SR3085	090	+0.03	SR3535	540	-0.82
SR3115	120	-2.05	SR3565	570	-0.54
SR3145	150	-0.61	SR3595	600	-0.35
SR3175	180	+3.95	SR3625	630	+0.15
SR3205	210	-0.61	SR3655	660	-0.09
SR3235	240	-2.12	SR3715	720	-0.11
SR3265	270	+0.59	SR3745	750	-0.12
SR3295	300	+0.53	SR3775	780	-0.23
SR3325	330	+0.77	SR3805	810	-0.24
SR3355	360	+1.43	平　均		-0.19
SR3415	420	-0.16			

　　对表 15-17 收敛值数据统计分析可知：该组监测数据值服从正态分布，由误差特性的检验可知其不符合偶然误差特性，存在系统性的 -0.19mm 的沿腰线在水平方向的围岩土挤压的变形，由于该值较小，表征隧道稳定、无系统性变形。

　　收敛变形数据的结果还不能准确地对工程变形状态做出完整的解释和判断，还应结合拱顶沉降的变形数据来综合考虑。

　　在隧道施工中，进行收敛变形监测及配合拱顶沉降变形监测的方法、动态地对监测数据进行统计分析和误差检验，可及时发现隧道工程的异常现象，以便找出原因，排除隐患。

　　3. 土体沉降监测

　　（1）监测目的。隧道工程开挖后，地层中的应力扰动区延伸至地表，围岩力学形态的变化在很大程度上反映于地表沉降。地表沉降监测是矿山法隧道或盾构沿线的必测项目，反映工程施工扰动引起周边围岩体的变化情况。

　　（2）测点布置。隧道沿线地表沉降监测断面设置依据覆土厚度与隧道跨度关系确定。在各横断面上，一般布置 7~15 个监测点，测点按隧道中线两侧以外 3 倍隧道跨度范围布置（见图 15-30）。双洞隧道横断面测点数可根据实际情况调整，对于建筑物重点保护区域应加密布置测点。

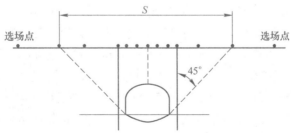

图 15-30　浅埋隧道洞顶地表下沉量测沉降点布置

测点埋设可采用标准方法或浅层设点的方法。对于下列各类地段应采用标准方法进行地表沉降观测点埋设，即所设测点应穿透道路表面结构层，将其埋设在较坚实的地层中（通常深度不小于1m）。

1）由设计确定的重要施工地段；

2）由地表预先探测到地中存在空洞的施工地段；

3）施工中地表发生塌陷并经修补过的地段；

4）地面交通和环境条件允许采用标准方法设点的道路地段。

标准地表沉降监测点应采用带保护井的螺纹钢测点标志，螺纹钢标志点直径宜为18~22mm，采用钻孔方式埋设，测点埋设应钻透地表硬壳层（低于最大冻土线20cm），钻孔直径不小于80mm，底部将螺纹钢标志点用混凝土与周边土体固定，上部用细砂回填地表（见图15-31）。如在不允许进行钻孔的地段，经设计同意后，其地表设置的一般沉降测点可采用道路浅层设点的方法。

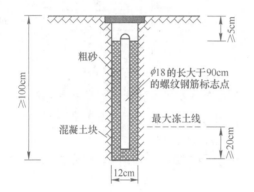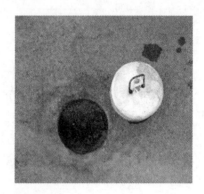

图 15-31　地表沉降点埋设示意图

（3）作业方法。作业方法与明挖基坑地表沉降监测作业方法及路基沉降监测一致，具体按照工程重要性确立监测等级，选用不同水准测量仪器，具体作业方法可参考第十四章。

4. 周边管线监测

（1）监测目的。通过对受隧道施工影响范围内的地下管线进行变形监测，为施工方及其他相关单位及时提供管线沉降、位移信息，从而确保管线安全并达到预警预报信息化施工的目的。

（2）测点布置。地下管线测点重点布设在煤气管线、给水管线、污水管线、大型雨水管及电力方沟上，测点布置时要考虑地下管线与隧道的相对位置关系。有检查井的管线应打开井盖直接将监测点布设到管线上或管线承载体上；无检查井但有开挖条件的管线应开挖暴露管线，将观测点直接布到管线上；无检查井也无开挖条件的管线可在对应的地表埋设间接观测点，如图15-32所示。管线沉降观测点的设置可视现场情况，采用抱箍式或套筒式安装。每根监测的管线上最少要有3~5个测点。基点的埋设同地表沉降监测。

（3）作业方法。观测时用水准仪测量测点高程变化，即管线沉降变形，用全站仪测量测点坐标变化，即管线水平位移变化，观测方法同桩顶沉降和水平位移观测方法。

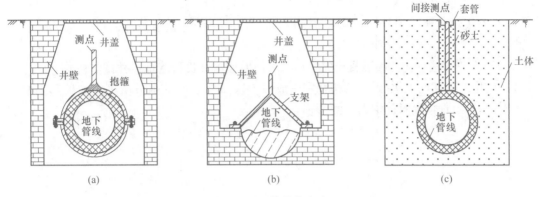

图 15-32　管线布点法

（a）封闭管道沉降监测点埋设示意图；（b）开放管道沉降监测点埋设示意图；
（c）无检修井管道沉降监测点埋设示意图

5. 孔隙水压力监测

（1）监测目的。孔隙水压力监测用于量测工程不同深度土体的孔隙水压力，孔隙水压力变化是土体运动的前兆。结合土压力监测，可以进行土体有效应力分析，作为岩土体稳定分析的依据。

（2）测点布置。孔隙水压力监测点具体布设参照本书第十四章。监测点竖向间距一般为 2~5m，并不宜少于 3 个。监测孔布置不宜少于 3 个，孔隙水压力计周围应回填透水填料，孔口应填实封严，监测初始值应稳定准确，孔隙水压力上升时，应进行逐日监测。

（3）作业方法。仪器有孔隙水压力计与数显频率仪，采用埋设孔隙水水压力计，并使用数显频率仪测读的方法。量测过程中，应及时处理数据，分析孔隙水压力随时间增长和消散的规律。

三、明（盖）挖法及竖井施工监测技术

明（盖）挖法是施工地铁地下车站的主要方法，该方法修建地下车站较为安全，工期较短，也较经济。

地铁车站明（盖）挖法及竖井施工时，由于地质条件不同，受外力影响不一致，竖井（基坑）处于动态变化过程中，施工各阶段情况均有所不同，难从以往经验中得到借鉴，就必须依赖于施工过程中的现场监测。对施工过程中支护结构的变形和应力状况进行观察、监控和量测，通过对监测结果的处理，分析地层、支护结构的安全稳定性。

监测的项目如下：竖井井壁的净空监测，桩（墙）顶的水平位移监测，桩（墙）体的变形监测，顶板、立柱与围护结构内力监测。

1. 竖井井壁的净空监测

（1）监测目的。竖井开挖后，竖井壁周边点的位移是围岩和支护力学形态变化的最直接、最明显的反映，净空的变化（收缩和扩张）是土体变形最明显的体现。

（2）测点布置。竖井结构的长、短边中点，原则上沿竖向按 3~5m 布置一个监测断面（见图 15-33）。每个监测断面至少布置 2 条测线。

1）利用钢筋预制收敛监测环，监测环应制作为三角形（△），大小需要保证露出喷

射混凝土，保证监测要求。

2）将收敛监测环焊接到拱腰格栅的主筋上，并保证每个监测环的一个角指向对面拱腰。

（3）作业方法。初支喷混凝土完工后，及时对监测环进行清理，并量取初始值；开挖及井壁结构施工期间 1 次/天；结构稳定完成后 1 次/2 天；经数据分析确定达到基本稳定后 1 次/月。出现情况时，增大监测频率。

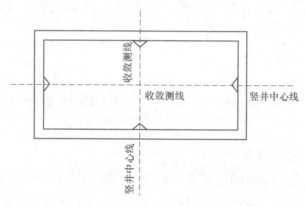

图 15-33　竖井井壁净空收敛测点布置示意图

2. 桩（墙）顶的水平位移监测

（1）监测目的。桩体水平位移监测是监测基坑桩（墙）顶部围护结构向基坑内、外侧变形的方法，通过对桩顶水平位移监测，可以掌握基坑顶部位置支护结构随施工开挖的变化情况，了解基坑稳定状况，为施工开挖支护提供参考。

（2）测点布置要求。桩（墙）顶水平位移监测点布设主要原则如下：

1）监测点应沿着基坑周边布设，监测等级为一级、二级时，布设间距宜为 10~20m，监测等级为三级时，布设间距一般为 20~30m。

2）基坑各边中间部位、阳角部位、深部变化部位、邻近建筑物及地下管线等重要环境部位、地质条件异常部位应布设监测点。

3）出入口、风井等附属工程的基坑每侧监测点不应少于 1 个。

水平和竖向位移监测点建议为共用点，监测点应布设在围护桩顶或基坑边坡上。

（3）作业方法。桩（墙）顶水平位移监测点标识应根据全站仪观测要求设置强制对中标注，为便于观测可设置固定观测棱镜，监测点埋设形式如图 15-34 所示。

桩（墙）顶水平位移监测方法有多种，常用的有极坐标法、测小角法、视准线法等，应根据基坑

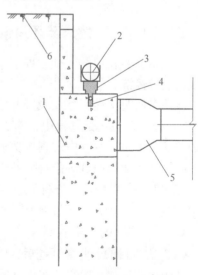

图 15-34　维护结构桩（墙）顶
水平位移监测点标识

1—贯梁；2—测量装置；3—连接杆件；
4—固定螺栓；5—支撑；6—地面

工程现场条件选用适当方法。测小角法、视准线法适合基坑边长度适中，沿基坑边通视条件较好，且受作业干扰小的情况。

基坑开挖期间：基坑开挖深度 $H<5m$，1 次/3d；$5m<H\le10m$，1 次/2d；$10m<H\le15m$，1 次/d；$H>15m$，2 次/d。

基坑开挖完成后：$1\sim7d$，1 次/d；$7\sim15d$，1 次/2d；$15\sim30d$，1 次/3d；30d 以后，1 次/周；数据分析确认达到基本稳定后，1 次/月。

3. 桩（墙）体的变形监测

（1）监测目的。基坑开挖是分层分段进行的，由于场地地质条件变化较大，施工工艺和周边环境有差异，设计计算未曾计入各种复杂因素，因此，必须依据监测结果进行局部修改或完善。通过施工监测，将局部和前期的开挖效应加以分析，并与预估值比较，验证原开挖施工方案的正确性，或根据监测结果调整施工参数，必要时，采取附加施工措施，以达到信息化施工的目的。

（2）测点布置。桩体水平位移监测点布置在基坑平面上挠曲度计算值最大的位置，如悬壁式结构的长边中心，基坑周边有重点监护对象，如建筑物、地下管线，或先期施工对后续具有指导性的区段宜重点布置；同时按照监测等级保持一定的密度覆盖，监测等级为一、二级时，布设间距为 $20\sim40m$，为三级时，布设间距为 $40\sim50m$。

（3）作业方法。桩（墙）体水平位移采用在维护结构内预埋测斜管（见图 15-35），安装过程中需开展测管联结、接头防水、内槽检验、测管固定、端口保护、吊装下笼等步骤。

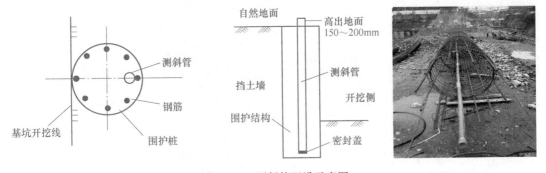

图 15-35 测斜管埋设示意图

在圈梁施工阶段要专人看护，确保测斜管不被损坏（测斜管高出圈梁 20cm，并砌筑保护井），所有问题应在圈梁浇筑前排除。采用测斜仪观测，基坑开挖前采集初值，基坑开始开挖随即同步进行监测。

4. 顶板、立柱与围护结构内力监测

（1）监测目的。由于设计中对支护结构荷载的假定和简化，支护结构设计计算的内力值与结构在工作时承受的实际内力值往往难以一致。基坑开挖和支撑装拆等都会引起支护结构受力变化。因此，需要在基坑开挖与支护结构使用期间，对支护结构进行监测，掌握支护结构受力情况及发展变化趋势，判断其是否在工序允许和安全范围内。

（2）测点布置。选择具有代表性的断面进行顶板内力监测。在立柱（或边桩）与顶板的连接部位以及两根立柱（或边桩与立柱）的跨中部位各布置 2 个测点。标准段选择

4~5 根具有代表性的立柱进行内力监测，测点布置在立柱中部，一般可沿立柱外周边均匀布置 4 个测点。

围护墙（桩）钢筋计布置时，应在围护墙的内外成对布置，并沿围护墙竖向在支撑处、基坑底部上下附近进行布置，以使监测数据能较全面地反映围护桩受力情况。

（3）作业方法。结构内力的监测方法和计算方法类似于其他传感器的监测计算方法。对于钢筋混凝土梁及围护结构，当钢筋笼绑扎完毕后，按设计将钢筋计串联焊接到受力主筋的预留位置上（钢筋应力计型号必须与焊接的受力主筋型号一致），并将导线编号后绑扎在钢筋笼上导出地表，从传感器引出的监测导线应留有足够的长度，中间不宜有接头。

5. 相关工程案例

（1）工程简介。南京市轨道交通四号线桦墅站—仙林东站（盾构始发井）开挖场地位于桦墅村。盾构始发竖井（基坑）周边仅有少量临时建筑，且离基坑较远。基坑总长约 25m，宽约 18m，基坑深 17~18m。采用 φ1200 冲孔圆桩+钢支撑联合支护，钢管内支撑 φ600×12 三道。沿基坑外边线布设两道 φ500 咬合搅拌桩，作为止水帷幕，基坑侧壁安全等级为一级。

（2）区间监测对象、项目及测点布置。基坑周边仅有少量临时建筑，且离基坑较远；基坑旁有一军用电缆、一根 φ800 混凝土排污管，已迁改。因此针对该工作井，开展支护结构变形监测、土体侧向变形监测、支护结构顶部水平位移监测、周围地面沉降监测、地下水位监测、支撑轴力监测。具体布置方案如图 15-36 所示。

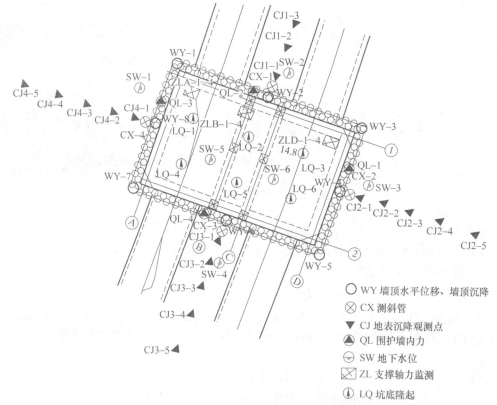

图 15-36　工作井（基坑）监测点布置示意图

1）支护结构变形监测，见表 15-18。

表 15-18　支护结构变形监测记录表

	日　期	6.11~7.11	7.12~8.11	8.12~9.11	9.12~10.11	10.12~11.11	11.12~12.11
1号	累计变形量/mm	−20.73	−20.11	−20.04	−26.12	−26.22	−25.07
	深度/m	15.0	15.0	15.0	17.0	17.0	17.0
	发生日期	7.24	7.20	8.19	10.9	10.18	11.9
2号	日　期	6.11~7.11	7.12~8.11	8.12~9.11	9.12~10.11	10.12~11.11	11.12~12.11
	累计变形量/mm	19.92	20.50	19.31	23.76	21.90	22.45
	深度/m	3.0	3.0	3.0	3.0	3.0	3.0
	发生日期	7.11	7.14	9.6	10.2	11.5	11.26
3号	日　期	6.11~7.11	7.12~8.11	8.12~9.11	9.12~10.11	10.12~11.11	11.12~12.11
	累计变形量/mm	11.28	28.62	33.86	35.36	35.36	34.91
	深度/m	0.5	13.0	13.0	13.0	13.0	13.0
	发生日期	7.5	8.10	9.9	9.24	10.18	12.3

注：正值表示向基坑内变形，负值表示向基坑外变形。

2）土体侧向变形监测，见表 15-19。

表 15-19　土体侧向变形监测记录表

	日　期	6.11~7.11	7.12~8.11	8.12~9.11	9.12~10.11	10.12~11.11	11.12~12.11
1号	累计变形量/mm	9.18	24.43	28.57	28.82	27.67	28.12
	深度/m	2.0	8.5	8.5	8.5	8.5	8.0
	发生日期	6.23	8.10	8.31	9.18	10.15	11.13
2号	日　期	6.11~7.11	7.12~8.11	8.12~9.11	9.12~10.11	10.12~11.11	11.12~12.11
	累计变形量/mm	7.19	22.89	27.16	29.86	28.41	27.46
	深度/m	6.5	6.0	6.0	6.0	6.0	6.0
	发生日期	6.26	8.10	9.6	9.24	10.12	11.26

注：正值表示向基坑内变形，负值表示向基坑外变形。

3）支撑轴力监测，见表 15-20。

表 15-20　支撑轴力监测记录表

	日　期	6.11~7.11	7.12~8.11	8.12~9.11	9.12~10.11	10.12~11.11	11.12~12.11
ZL 1-1	最大轴力值/kN	502.769	632.402	660.300	622.589	645.251	拆除
	发生日期	7.6	7.15	9.7	9.16	10.15	—
ZL 1-2	日　期	6.11~7.11	7.12~8.11	8.12~9.11	9.12~10.11	10.12~11.11	11.12~12.11
	最大轴力值/kN	696.572	931.418	962.844	1012.370	982.724	拆除
	发生日期	7.9	8.5	9.7	10.2	10.15	—
ZL 1-3	日　期	6.11~7.11	7.12~8.11	8.12~9.11	9.12~10.11	10.12~11.11	11.12~12.11
	累计变形量/mm	未施工	167.364	192.774	190.469	390.339	拆除
	发生日期	—	8.5	9.1	10.2	10.28	—

注：正值表示受压状态，负值表示受拉状态。

（3）监测结果分析。

1）支护结构变形。从 2013 年 6 月 11 日进行初始值测量之后至 10 月 21 日，每隔 3d 进行一次测量，基坑于 7 月 3 日左右开挖至第二道支撑的深度，在急剧开挖期间的 6 月 17 日至 7 月 4 日，由于土体内应力急剧释放，3 个孔的变形量相对比较大，而且这时第一道支撑只安装了 5 根，第二道支撑只安装了一根；7 月 5 日至 10 月 21 日中，施工方根据工程需要，于 7 月 30 日左右在基坑中部第一道支撑第 6 根钢管旁多架设了一根钢管支撑，引起了支护结构的较大变化，8 月 1 日 1 号孔单次最大变形量达到 10.75mm（2.5m 处）。8 月 16 日，3 号孔的累计变形达到 30.67mm，超出警戒值（警戒值为 30mm），从基坑主体结构施工至 12 月 11 日，3 个支护结构监测孔变形较小，其变形值基本在设备误差范围之内，支护结构状态良好。

2）土体侧向变形监测。土体侧向变形监测孔 4 号和 5 号（分别位于基坑两长边的中部位置）的测量与支护结构变形监测同步进行。监测结果发现，土体侧向变形情况基本与支护结构一致，而且累计变形量没有超出警戒值，说明土体变形情况正常。监测期间发现，在基坑急剧开挖而支撑尚未架设时，土体的侧向变形相对较大，4 号孔于 8 月 1 日达到 6.95mm 的历史最大单次变形值，5 号孔于 7 月 29 日达到 10.50mm 的历史最大单次变形值。

随着钢管支撑的架设和基坑主体结构施工的进行，土体侧向变形相对稳定，特别自基坑底板施工之后，土体的侧向变形量基本都在仪器设备的误差范围内。

3）支撑轴力监测。基坑的开挖遵循"分层开挖、先撑后挖"的原则。钢管支撑在安装之前均预加了 20t 左右的轴力。监测发现，第一道支撑的轴力和轴力变化值都比第二道、第三道的大，而且随着开挖深度增大，轴力上升；F1-2 点轴力于 7 月 12 日达到 843.960kN，是唯一的超警戒值的监测点（轴力警戒值为 730kN）；第三道支撑的轴力偏小，9 月 1 日至 26 日第三道支撑全部拆除过程中，第二道和第一道支撑的轴力受影响较小，第二道支撑拆除过程中，监测点于 10 月 2 日达到整个监测期间的最大轴力值 1012.37kN（F1-2 点）。总体来说，三道钢管支撑很好地保证了基坑和钢管支撑本身的安全。

四、矿山法施工监控监测技术

矿山法施工是一种修筑隧道的暗挖施工方法，现代矿山法则主要指新奥法。新奥法是以维护和利用围岩的自承力为基点，通过喷射混凝土、锚杆为主要初期支护，支护与围岩联合受力，使围岩成为支护体系的组成部分；支护与围岩共同变形中承受形变应力。因此，要求初期支护具有一定的柔度，以利用和充分发挥围岩的自承能力。光面爆破、喷锚支护、变形量测是"新奥法"的三大核心。

1. 结构应力、应变监测

（1）监测目的。研究初期支护钢格栅结构内力的动态变化趋势，特别是各步工序转换前后的动态变化，把握施工过程中结构的安全状态，并检验和修正支护结构设计参数。

（2）测点布置。通常在区间具有代表性的地段选择应力变化最大或地质条件最不利的部位布置监测断面，每一断面 5~11 个测点，利用频率接收仪测读。

（3）作业方法。监测仪器为钢弦式应变计、频率接收仪，监测精度为 0.15%F·S。选择现场施作的钢格栅作为内力测量格栅，钢筋计直径与钢筋格栅主筋确保一致，切割并焊接钢筋计以替换原来主筋（同基坑混凝土支撑应力监测处理方法）。沿主筋均匀放线并绑扎电缆，引出线头至统一位置以便保护，同时对各钢筋计线头标识编号，以免出错。

在钢筋计安设前，读各仪器 F_0 值；隧道结构内安装完毕后，进行初始读数；根据隧道内的每道工序，定时量测。仪器埋设后 5m 范围内，保持频率为 2~3 次/天，大于 10m 时，频率调整为 1 次/天。最后根据量测结果绘制钢筋计测点频率、受力及结构受力曲线，形成合理的变形、受力规律。

2. 接触压力监测

（1）监测目的。通过在不同主断面围岩中布置压力计，在初期支护的钢格栅上焊接钢筋应力计等监测手段，达到分析围岩压力、支护结构受力状态及隧道结构支护效果评价的目的，了解围岩压力的量值及分布状态；判断围岩和支护的稳定性，为二次衬砌的稳定性及安全评价提供支撑。

（2）测点布置。围岩压力与支护结构间接触应力一般采用土压力盒进行监测，如图 15-37 所示。

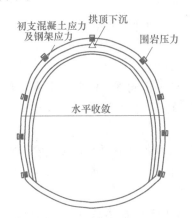

图 15-37 围岩压力及支护间接触应力测点布置示意图

监测断面与结构应力、应变监测截面保持一致。基于暗挖主体结构断面形状和受力特点，在隧道断面和变形较为敏感的部位（拱顶、拱腰、拱脚）布设压力计。

（3）作业方法。监测仪器为土压力盒（界面土压力计）、频率接收仪，监测精度为 0.15%F·S。隧道工程中，压力计用于观测混凝土和岩土体内部压力，其埋设可分为混凝土浇筑中压力计埋设、土体填筑中压力计埋设、在混凝土或土体中钻孔或切槽埋设，埋设时应注意压板与介质完全接触密合。具体安装时，可采用木板支撑和十字钢筋托盘将压力盒紧贴围岩面，然后施作喷射混凝土层，将测线呈松弛状态引出，并保护好线头。

安设前读取仪器 F_0 值，隧道内安设完毕后进行初始读数，根据隧道内每道工序，定时量测。仪器埋设后 5m 范围内，保持频率为 2~3 次/天，并注意读数变化，如掌子面距离监测断面超过 5m 后监测值仍有突变则要对结构进行检查。

最后根据量测结果绘制测点频率、结构受力曲线，形成合理的变形、受力规律。

图 15-38 为牛王盖隧道初支-二衬间接触压力监测曲线。图中反映了从二衬浇筑完毕、混凝土强度逐渐增加至二衬拆模后初支-二衬应力重分布达稳定的整个过程中初支-二衬间接触压力发展情况。对于拱墙上部测点，初支-二衬间的接触压力存在一个先增大后减小，然后缓慢增大并逐渐趋于稳定的过程。

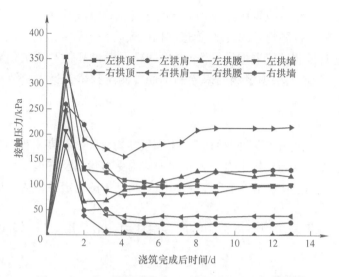

图 15-38　牛王盖隧道初支-二衬间接触压力监测曲线

3. 爆破震动过程监测

（1）监测目的。爆破产生的地震对不同建筑结构产生不同程度的振动影响。为了确保建筑物安全，在爆破施工中进行爆破振动监测，通过监测了解爆破振动的速度大小分布规律，判别对结构、建筑物的影响。

（2）测点布置。测点应布置在振速最大、构造物最薄弱、距离振源最近等部位。

按设计要求在结构的测点处钻孔后，在孔中插入预埋件并填充水泥砂浆，使预埋件轴线垂直于测量表面，预埋件留出少量螺栓与传感器拧紧。

（3）作业方法。监测对象为受振动影响的周围建（构）筑物及其他有特殊要求的设施。应对振源到达监测对象位置时的振动速度进行监测。爆破振动速度宜采用爆破测振仪进行监测。监测元器件应与监测对象紧贴牢固。

监测前传感器电缆必须连接可靠，放置平稳，不得自由晃动，保证电缆结构的绝缘、屏蔽效果。监测完成后，除记录监测数据外，还要对现场监测数据进行时域、频域的处理与分析，得到峰值质点振动速度、主振频率、振动持续时间三个评价爆破地震效应的重要参数。通过分析峰值质点振动速度与药量的关系，可以控制每次爆破的最大一段装药量，从而达到控制爆破振动的目的。

通过爆破振动记录仪自动记录爆破振动速度和加速度，分析振动波形和振动衰减规律。爆破振动安全允许距离，可根据爆破振动速度公式计算：

$$R = \left(\frac{K}{V}\right)^{\frac{1}{\alpha}} \cdot Q^{\frac{1}{3}} \tag{15-35}$$

式中　　R——爆破振动安全允许距离，m；

　　　　Q——炸药量，kg；

　　　　V——保护对象所在地质点振动安全允许速度，cm/s；

　K，α——与爆破点至爆破计算保护对象间的地形、地质条件有关的系数和衰减系数，可通过现场试验确定。

4. 相关工程案例

（1）工程简介。南京地铁 4 号线一期工程土建施工 TA15 标包含盾构工作井—仙林东站区间隧道主体及附属结构。下穿及临近南京栖霞山橡胶厂房屋、临近南京蓝天液化气有限公司液化气储气区。

（2）区间监测对象、项目及测点布置。根据工程重要性及周边环境，如图 15-39 所示布置监测断面（局部），表 15-21 列出了隧道监测项目。

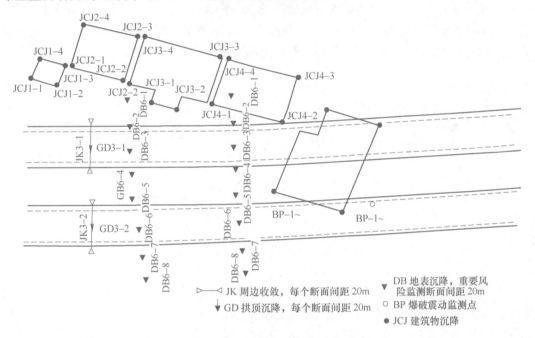

图 15-39　矿山法监测点平面布置示意图

表 15-21　盾构工作井—仙林东站矿山法隧道监测项目

序号	项目名称	测点布置	测量频率
1	洞内外观察	开挖及初期支护后进行	每次开挖后进行
2	洞周收敛（净空变形）	每 15m 一断面，每断面 5 对测点	开挖面距量测断面 0~B 时，1~2 次/d 开挖面距量测断面 1~2B 时，1 次/d 开挖面距量测断面 2~5B 时，1 次/2d 开挖面距量测断面>5B 时，1 次/1 周
3	拱顶下沉	每 15m 一断面，每断面 1 个测点	
4	地表下沉	每 30m 一断面，每断面 11 个测点	
5	临近建筑物及地下管线的位移	根据现场情况布点	
6	爆破测试	根据现场情况布点	视情况而定

（3）测点布设。

1）地表沉降。对于上覆地层厚度不足隧道直径两倍的地段为浅埋段，根据需要，对浅埋段地表沉降进行观测,断面垂直于隧道轴向布置,每隔30m布置一个断面,每断面在地表设10个测点,其中左线隧道与右线隧道上方各五个。在最外侧测点以外至少5m处设两个不动点作为参照基点,通过精密水准仪量测不同时刻测点的高程即可得到测点在不同时间段内的下沉值。

2)洞周收敛及拱顶沉降。周边位移测点与拱顶下沉测点布置在同一个断面上。在同一断面内,收敛基线的布设应根据断面大小、开挖方法,选择不同的布置形式。结合隧道开挖方法,周边收敛位移量测断面测点如图15-40所示。安装测点时,在被测断面上用风钻机或冲击钻成孔,孔径为40~80mm,深度为20cm,在孔中填塞水泥砂浆后插入收敛预埋件,尽量使两侧预埋件在同一高程,并设置标识牌,待砂浆凝固后即可进行监测。

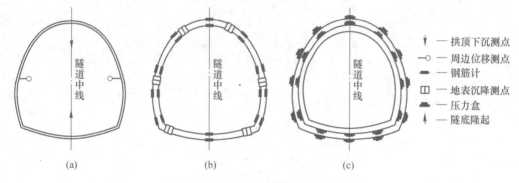

图15-40 矿山法隧道截面测点布置图

3)爆破振动测试。为监测地面建筑物和隧道的稳定性,确保地面建筑物和隧道结构的安全,地面布点时在离爆源较近的隧道主体结构及临近建筑物埋设传感器。隧道内监测点分别设在拱顶及拱脚以下1m处,洞内监测时,测点距掌子面的距离一般以爆破后飞石不损坏测点为原则。

在预埋件埋设位置,用冲击钻钻孔,在孔中填塞水泥砂浆后插入预埋件,使预埋件轴线垂直于测量表面。

4)洞内外观察。对爆破后工作面岩体的岩性、结构面发育程度、结构面产状、涌水情况,锚杆有无被拉断,已喷混凝土有无裂缝、剥离或剪切破坏,钢拱架有无明显压扭变形,以及特殊地质(如断层、溶洞、暗河等)等情况进行定性描述和记录。洞内水情包括渗水、涌水的部位、流量等。对初期支护的观察、支护裂缝观察;喷层开裂部位、宽度、长度及深度,模筑混凝土衬砌的整体性,防水效果等。每日在喷射混凝土之前进行1次掌子面地层情况观测,绘制素描图,地质条件变化比较大时,适当增加次数。

五、盾构法施工监控监测技术

1.地表沉降(或隆起)监测

(1)监测目的。地表沉降是盾构施工监测的一项重要监测项目,其主要目的是通过动态监测数据指导施工,调整盾构开挖的推力、土压、掘进速度、注浆量、出土量等参数,了解盾构施工开挖对地层扰动的控制程度,判断周围围岩土体是否有空洞产生,以便采取措施保证工程安全及周边环境对象的安全。同时,取得所采用盾构设备在特定地层下的变形规律，为设计提供参考依据。

（2）测点布置。盾构隧道工程地表沉降监测点的布设维护由设计单位在施工设计图中确定，并在实际实施时根据现场情况变化进行修正。盾构法地表沉降监测点布点原则为：监测点应沿盾构隧道轴线上方地表布设，监测点间距离宜为 10~30m；始发和接收端应适当增加监测点。应布设垂直于隧道轴线的横向监测断面，监测断面间距宜为 30~100m；横向监测断面的监测点数量宜为 7~11 个。

（3）作业方法。地表沉降监测方法较多，常用的为几何水准测量方法，采用水准仪观测，作业方法与传统地表沉降监测一致。

2. 盾构隧道衬砌管片变形监测

（1）监测目的。盾构隧道施工中，盾构开挖对地层的扰动、盾构掌子面注浆或壁后注浆都将对周围土体产生影响，地层中土体的损失及再次固结必然导致隧道结构周边岩土体及周边建筑物产生一定的变形，同时，隧道自身受力条件改变也会产生沉降及水平位移。盾构隧道由管片拼装而成，自身形状也会产生不同位移，严重时会引起结构病害，影响使用功能或出现结构安全问题。因此在盾构施工过程中，必须对隧道本身的沉降、水平位移、断面收敛位移进行监测。通过监测掌握盾构隧道结构变形，验证施工引起的隧道沉降和水平位移是否控制在允许范围内，以便采取必要的控制措施。

（2）测点布置要求。管片结构沉降及水平位移监测、断面收敛位移监测点控制为 5~10 环布设一组监测断面，特殊位置需加密。

盾构始发与接收段、联络通道附近、左右线交叠或邻近、小半径曲线段、施工出现异常时、管片结构出现开裂等地段应布设监测断面；存在偏压、围岩软硬不均等地质条件地段应布设监测断面；下穿或邻近重要建筑物、地下管线、河流湖泊等周边环境复杂地段应布设监测断面。每个监测断面宜在顶拱、拱底、两侧拱腰处布设管片结构净空收敛监测点。拱顶、拱底收敛点可兼作管片沉浮监测点，两侧拱腰处净空收敛监测点可兼作水平位移监测点。

（3）作业方法。管片衬砌变形中拱顶沉降常用方法是在拱顶测点上吊铟钢尺，运用精密水准仪采取集合水准测量方法进行测量；洞周收敛监测常用收敛计，具体操作参考隧道施工通用监测项净空收敛。

监测分别在衬砌拼装成环，尚未脱出盾构尾，即无外荷载作用时和衬砌环脱出盾尾，承受外荷载作用且能通视两个阶段进行。衬砌环脱出盾构尾后 1 次/天，距盾构尾 50m 后 1 次/2 天，100m 后 1 次/周，基本稳定后 1 次/月。

3. 衬砌管片内力监测

（1）监测目的。管片内力主要指每环管片间接缝位置及相邻环管片间的应力。管片内力监测是盾构应力监测的重要内容，通过对管片内力监测可以掌握隧道结构安全度，与管片衬砌和地层接触应力监测一起构成盾构施工应力监测，是验证设计和合理调整盾构施工参数的重要依据。

（2）测点布置。监测断面应与管片衬砌变形所设主测断面相对应，每一断面不少于 6 个测点，钢筋应力计和混凝土应变计应在管片预制时安装。

（3）监测仪器及精度。钢筋应力计，监测精度为 0.15%F·S；混凝土应变计，监测精度为 0.15%F·S。监测频率根据盾构施工情况、监测断面距开挖面的距离和沉降速率来确定。出现异常情况时，应增大监测频率。一般情况下可选用如下监测频率：掘进面距监测断面前后≤20m 时 1~2 次/天；掘进面距监测断面前后≤50m 时 1 次/2 天；掘进面距监测断面前后>50m 时 1 次/周；沉降数据分析确定沉降基本稳定后，1 次/月。

（4）作业方法。对于每一监测剖面的每一环管片，最少各布设 6 个监测点（确保每片管片均有布设），每一个监测点处安装 2 个钢筋应力计，分别布设在管片内外侧的环向钢筋上。将钢筋应力计连接导线从管片预埋的注浆孔中引出并延长至某一集合点，以方便后期的量测工作。

当进行管片附加应力监测时，首先将粘贴的部位去毛打平，用乙炔烘烤干燥，将基座底部中间涂上 AB 胶，粘贴在预定位置，并均匀施加压力；然后，再在四周点上少许 502 胶水起快速黏接作用，施压的同时用胶带固定；最后，用免钉胶涂在每个基座的四周，以防止水的渗入。同时，将信号电缆线固定保护好，避免导线及传感器被挂断破坏，同时也便于监测。

4. 管片衬砌和地层的接触应力监测

（1）监测目的。管片衬砌和地层接触应力是管片衬砌后土体传递给管片衬砌结构的压力，以及盾构隧道管片衬砌完成后衬砌背后土体中应力重分布引起的土体内部压力。接触应力监测与管片内力监测、管片外侧控水压力等监测数据项结合分析，为全面掌握管片结构的受力情况，进行盾构施工反演分析计算提供原始数据。

在地质条件较差地段、上部荷载较大部位以及双线盾构隧道近距离先后施工部位，对管片衬砌和地层接触应力的监测较为重要。

（2）测点布置。管片衬砌与地层接触应力监测一般选择在管片背后埋设土压力计的方法，土压力计外膜应与管片背面保持在同一平面上。

根据工程具体情况选择土体应力变化最大或地质条件最不利典型断面布置测点。在双线隧道近距离施工的工程中，选择相距较近的有代表性的管片环的位置布设监测断面，在近距离下穿建（构）筑物的盾构施工过程中，选择对建（构）筑物影响较严重的管片的位置布设监测断面。

每一截面上布设测点数不少于 5 个，并应与地表沉降的横剖面对应布置。每一环向截面上一般布设 6 个测点，测点布置一般沿隧道纵向顶、底部及左右两侧拱腰部位的管片上各布设一个测点，在近距离已完成隧道或者建筑物较多的相向（2 个）45°位置各增设一个测点，如图 15-41 所示。压力盒埋设可以采用管片加工预埋或完成隧道后借助注浆孔按照土压力计埋设方法进行。

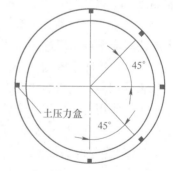

图 15-41 管片衬砌与地层接触
压力测点布置示意图

（3）作业方法。管片衬砌与土层接触应力监测方法，根据土压力计的种类可分为钢弦式土压力测读法和电阻应变式土压力测读法。

此处选取电阻应变式进行介绍：埋设时要求土压力计的受压面向外（与隧道土层接触），并保证受压面与管片外表面平齐，超出管片表面的高度应小于 $D/30$（D 为土压力计直径）。如采用管片加工预埋时，首先将土压力计按设计的位置固定到管片钢筋笼的外表面上，然后将土压力计的正面用保护板盖住。钢筋笼放入钢模时，应确保土压力计外侧的保护板与钢模贴紧，土压力计联结导线从管片预埋注浆孔引出，并确保土压力计表面与管片磨具外缘平齐。监测频率与管片内力监测保持一致。

5. 相关工程案例

（1）工程简介 。南京地铁三号线 D3-TA12 标土建工程包括大明路站—明发广场站，区间采用单线单洞圆形断面形式，隧道内径 ϕ5.5m，盾构法施工，盾构机选用复合式土压平衡盾构机。大明路站—明发广场站区间下穿建筑物、盖板沟、过街涵、高架桥桩等建筑结构。

（2）区间监测对象、项目及测点布置。高程监测控制网利用测量中心移交的 4 个水准基准点组建，在施工区域周边不受地铁施工影响且相对稳定的位置，埋设 3 个工作基点。由于工程穿越相关建筑，布置如表 15-22 所示必测项目。相关测点平面布置如图 15-42 所示。

表 15-22　监测对象、项目及测点布置

序号	现场监测对象	监测项目	测点布置情况
1	郎驰公司，卡子门大街高架桥墩，过街涵，箱涵	建（构）筑物沉降	建筑物周边及拐角处，高低相接处，间距20m左右，共120处
2	周边地表	地表沉降	盾构隧道中心线上方每10m设1个测点，每30m布设监测断面，盾构始发段、到达端100m范围内每20m布设一断面，断面上监测点间距为3~7m，每断面9个点
3	洞内管片衬砌净空	收敛、隆陷	盾构隧道净空收敛、隆起、拱顶下沉监测断面水平间距10m，盾构始发段、到达端，遇下穿重要建（构）筑物及河流时须加密（按间距5m布置）
4	土体深层沉降	垂直	盾构始发段、到达端30m处各布设一组，共8组

注：1. 当施工监测数据达到以下任一情况时，需进行施工预警：

（1）当地表沉降值超过21mm时；（2）当地表隆起超过7mm时；（3）当拱顶下沉超过20mm时；（4）当绕城公路匝道沉降超过8mm时；（5）当高架桥墩沉降位移超过4mm时；（6）当隧道掌子面施工通过一倍洞径，变位速率超过5mm/d仍持续增加时。

2. 当监测结果达到警戒值或超出规范允许值时，必须停止施工并及时将相关监测结果上报监理部、业主，同时召集各方专家商讨解决方法。

（3）测点布设。

1）地表沉降。根据规范和设计要求，每30m设一断面，过既有建筑物时加密为每20m一断面。为满足指导施工要求，在始发段（100m范围）和吊出井端头（100m范围）每20m设一个断面。

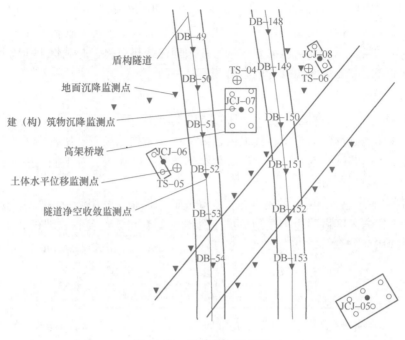

图 15-42　现场布点示意图

观测方法采用精密水准测量方法，基点和附近水准点联测取得初始高程。

2）隧道隆陷、拱顶下沉、洞内收敛。根据规范和设计要求，每 5～10m 设一断面。为满足指导施工要求，拟在始发段（100m 范围内）、到达端头（100m 范围内）每 5m 设一个断面，其余区段每 10m 设一断面。

隧道隆陷监测是通过测量隧道内拼装完成的管片中心沉降或隆起来实现。具体方法是：在离管片底部 h 高度处立水平尺，保持水平，取水平尺中心位置，用水准仪量测该中心处标高，通过该标高反算对应里程管片中心（隧道中心）高程，与该里程管片中心（隧道中心）设计高程比较，即可得到隧道隆陷值。

3）地面建（构）筑物监测。根据规范和设计要求，在地面建（构）筑物底脚、基础四角、高架桥墩柱对称布设嵌入式监测点，周围布设一定点位，监测各个点位在不同时间段的沉降值，从而分析整个建（构）筑物整体沉降和不均匀沉降（倾斜）。测量方法同地表沉降监测。测点布置与建（构）筑物位置关系如图 15-43 所示。

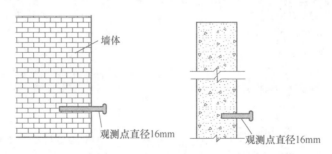

图 15-43　建构筑物沉降观测点

4）巡视对象、内容。针对本标段，需巡视的项目如下：

①建筑物：建筑物裂缝、剥落；地下室渗水；建筑物散水等。

②桥梁：墩台周围地面沉陷；挡墙开裂；混凝土外观、伸缩缝变化情况等。

③道路、地表：地面裂缝；地面沉陷、隆起等。

④管片：铰接密封；管片间渗漏水、错台、管片破损等。

当盾尾距监测断面前后的距离 $L \leqslant 20\text{m}$ 时，1 次/1 天；当盾尾距监测断面前后的距离 $20\text{m}<L \leqslant 50\text{m}$ 时，1 次/2 天；当盾尾距监测断面前后的距离 $L>50\text{m}$ 时，1 次/7 天；经数据分析确认达到基本稳定后，1 次/30 天。

（4）结果分析。盾构掘进扰动土体引起土中应力状态改变，其最直观的响应即为地表监测点高程变化。盾构隧道地表沉降曲线一般呈现下述特征：在盾构掘进的过程中监测点出现先升后降再稳定的现象。其原因在于盾构推进过程中，由于扰动土体，且进行壁后注浆作业，引起地表一定程度的隆起，监测点处于掘进掌子面外时，随着浆液凝固，地表一定程度下沉，并最终趋于稳定。

大明路站—明发广场站盾构区间施工期间，盾构机通过时左右线中线上方地表沉降监测点变化较大，为此，在盾构机通过时通过加大盾构上方监测点的监测频率，并通过调整盾构机的掘进参数和盾构注浆量来减小沉降量。

> ★　以下特殊情况适当加密巡视频率：① 关键工序施工（如盾构始发和到达端土体加固）；② 当监测值及变形速率均超过控制值；③ 巡视发现周边环境对象或隧道体系稳定性出现问题；④ 盾构隧道上方超载；⑤ 暴雨暴雪等特殊天气；⑥ 场地地质条件变化较大。

六、监测数据分析及信息反馈

地下工程施工过程中通过人工观察和各种仪器测试围岩、地面的变化，支护的外观与力学变化，并将实测资料和数据加工处理成为一定的信息，及时反馈到设计和施工中去，以评定围岩的稳定程度和支护结构的可靠度，以便调整施工方法和支护参数，这是关于信息化设计与施工的实质性要求。

1. 一般规定

（1）详细的观测记录、观测时的环境、开挖情况是资料整理的基础，应与成果报告同时提供。

（2）每次观测后 24h 内提交观测成果，异常的观测数据应随时测得随时提供。

（3）对各物理量值按各类仪器的工作特征，埋设情况进行修正。

（4）绘制各量值与时间、空间的关系曲线。

根据量测情况，按月提交监控量测阶段报告，如遇量测数据异常及险情，以紧急报告或异常报告的形式向业主、监理、设计、施工等有关单位通报，同时及时将量测信息反馈至施工过程，指导施工。

2. 监控量测数据分析处理

监控量测分必测和选测项目。必测项目中的位移测试项目回归分析应结合分析结果，并与洞内、外观测结果一起进行综合信息分析，然后反馈给相关部门。此处仅以一个断面的地表下沉的数据进行处理分析，其他必测项目数据回归分析可以类推。

（1）数据处理。现场量测所得的数据，及时地整理成所需要的原始数据，并绘制累计沉降位移-时间（U-t）折线散点图，出现异常立即反馈给相关部门，以便及时采取应急措施保证施工安全和修正设计。

此处以矿山法隧道施工过程中监测数据处理为例对数据处理方法进行阐述。图 15-44 为三台阶开挖示意图，图 15-45 中第 12~15 天的累计沉降位移是在开挖③台阶时量测所得。

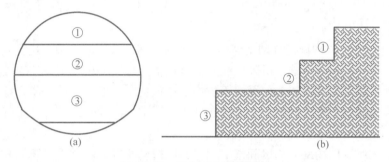

图 15-44　三台阶开挖示意图
（a）横断面示意图；（b）纵断面示意图

数据整理完后，判别实测位移及位移变化率所处管理等级，并结合经验评估是否发出施工预警。为了提高施工安全性，在本例台阶法开挖施工中，监控量测变形管理等级中的位移限值应根据实际开挖的净空分段计算。在开挖①台阶时，应用开挖①台阶的净空来计算限值；开挖②台阶时，应用①和②台阶的净空来计算限值；开挖③台阶时，应用全断面开挖的净空来计算限值。

（2）数据回归分析。由于现场量测所取得的原始数据，不可避免地会具有一定的离散性，其中包括测量误差甚至测试误差，因而不经过数学处理的量测数据是难以直接利

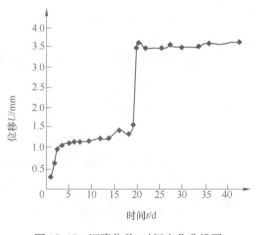

图 15-45　沉降位移-时间变化曲线图

用来说明问题的。回归分析是目前量测数据主要的数学处理方法，是对一系列具有内在规律的量测数据进行处理，通过处理与计算找到两个变量之间的函数式关系，从而获得能较准确反映实际情况的 U-t 曲线图，然后可以预测围岩的最终位移值和各阶段的位移速率。

目前常用 3 种函数作为回归函数：对数函数；指数函数；双曲线函数。通过换元把这些非线性回归函数转换成线性函数，然后用数理统计的一元线性回归方法求得回归系数，进而求得回归位移值 U 和回归曲线。图 15-46 为采用对数函数分段回归后得到的位移曲线。

如果量测结果表明沉降量不大，能满足限制性要求，说明支护参数和施工措施是适当的，如果拱顶或地表下沉量大或出现增加趋势，则应加强支护或调整施工措施。

3. 监控量测信息反馈及工程对策

在复杂多变的隧道施工条件下，信息反馈综合分析可以通过以下途径来实现：

（1）力学计算法。支护系统是确保隧道施工安全与进度的关键。可以通过力学计算来调整和确定支护系统。力学计算所需的输入数据则根据现场量测数据来推算。

（2）经验法。经验法建立在现场量测的基础之上，其核心是根据经验建立一些判断标准来直接根据量测结果或回归分析数据，来判断围岩的稳定性和支护系统的工作状态。在施工监测过程中，数据"异常"现象的出现可以作为调整支护参数和采取相

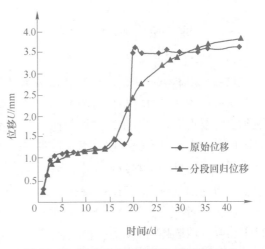

图 15-46　沉降位移回归曲线（对数函数）

应的施工技术措施的依据。所谓"异常"，需要针对不同的工程条件（例如，围岩地层、埋深、隧道断面、支护、施工方法等）建立一些根据量测数据，对围岩稳定性和支护系统的工作条件进行判断的准则：

1）根据围岩变形（或净空变化）量值或预计最终位移值与位移临界值对比来判断：位移临界值的确定需根据具体工程具体确定。预测最大位移值不大于按照规范所列极限相对位移值的 2/3，可以认为初期支护已达到基本稳定。

2）根据位移变化速度来判断。拱脚水平相对净空变化速度大于 $10 \sim 20 \mathrm{mm/d}$ 时，表明围岩处于急剧变形状态；当变化速度小于 $0.2 \mathrm{mm/d}$ 时，可以认为围岩已达到基本稳定（浅埋段不适用）。

3）根据位移-时间曲线来判断。当 $\mathrm{d}^2 u / \mathrm{d} t^2 < 0$，说明变形速率不断下降，位移趋于稳定；当 $\mathrm{d}^2 u / \mathrm{d} t^2 = 0$，变形速率保持不变，发出警告，应及时加强支护系统；当 $\mathrm{d}^2 u / \mathrm{d} t^2 > 0$，则表示已经进入危险状态，需立即停工，并尽快采取有效的工程措施进行加固补强。

第五节　桩基工程中的检测技术

一、概述

桩基础属于隐蔽性工程，是建筑物重要的组成部分，其作用在于将上部结构荷载传递到桩周及下部较好地层中，其质量优劣直接影响到整个结构的安全与稳定。因此，桩基质量对土建工程质量的影响至为关键。基桩检测主要包括对单桩承载力以及桩身完整性进行检测。设计前、施工中以及施工后均应进行必要的试验和检测。不同的基桩测试方法、测试技术所能得到的测试指标也各异，因此在进行测试前测试方法要依据目标指标合理选择。

本节将对常用的桩基测试方法进行描述，对桩基检测技术、设备和步骤等进行系统的介绍，使读者能够理解掌握。

二、桩基工程检测基本内容与要求

1. 桩基工程检测的主要内容

桩基（群桩基础中的单桩）检测分为试验桩检测和工程桩检测。试验桩检测目的是通过对试验桩进行桩身完整性检测和单桩竖向承载力检测，检验试验桩单桩竖向承载力能否达到设计要求以及施工工艺的可行性，为工程桩设计提供依据；工程桩检测目的是检测单桩竖向承载力和桩身完整性，以确定基桩桩身完整性和单桩竖向极限承载能力是否满足设计要求，为工程桩基础验收提供依据。

2. 桩基工程检测的技术要求

（1）一般规定。基桩检测应根据检测目的、检测方法的适用性、桩基的设计条件、成桩工艺等合理选择检测方法。两种或两种以上检测方法的互补、验证，能有效提高基桩检测结果判定的可靠性时，应选择两种或两种以上的检测方法。

当设计有要求或有下列情况之一时，施工前应进行试验桩检测并确定单桩极限承载力：

1）设计等级为甲级的桩基；

2）无相关试桩资料可参考的设计等级为乙级的桩基；

3）地基条件复杂、基桩施工质量可靠性低；

4）本地区采用新型或采用新工艺成桩的桩基。

施工完成后的工程桩应进行单桩承载力和桩身完整性检测。

桩基工程除应在工程桩施工前和施工后进行基桩检测外，还应根据工程需要，在施工过程中进行检测与监测。

（2）检测方法选择及数量要求。打入式预制桩有下列要求之一时，应采用高应变法进行试打的打桩过程监测：

1）控制打桩过程中的桩身应力；

2）确定沉桩工艺参数；

3）选择沉桩设备；

4）选择桩端持力层。

检测数量应符合下列规定：在相同施工工艺和相近地基条件下，试打桩数量不应少于3根。

混凝土桩的桩身完整性检测方法选择应按表15-23确定，当一种方法不能全面评价基桩完整性时，应采用两种或两种以上的检测方法。

表 15-23　桩基检测方法选择表

检　测　目　的	检测方法
确定单桩竖向抗压极限承载力； 判定竖向抗压承载力是否满足设计要求； 通过桩身应变、位移测试，测定桩侧、桩端阻力，验证高应变法的单桩竖向抗压承载力检测结果	单桩竖向抗压静载试验

检　测　目　的	检测方法
确定单桩竖向抗拔极限承载力； 判定竖向抗拔承载力是否满足设计要求； 通过桩身应变、位移测试，测定桩的抗拔侧阻力	单桩竖向抗拔静载试验
确定单桩水平临界荷载和极限承载力，推定土抗力参数； 判定水平承载力或水平位移是否满足设计要求； 通过桩身应变、位移测试，测定桩身弯矩	单桩水平静载试验
检测灌注桩桩长、桩身混凝土强度、桩底沉渣厚度，判定或鉴别桩端持力层岩土性状，判定桩身完整性类别	钻芯法
检测桩身缺陷及其位置，判定桩身完整性类别	低应变法
判定单桩竖向抗压承载力是否满足设计要求； 检测桩身缺陷及其位置，判定桩身完整性类别；分析桩侧和桩端土阻力； 进行打桩过程监控	高应变法
检测灌注桩桩身缺陷及其位置，判定桩身完整性类别	声波透射法

检测数量应符合下列规定：建筑桩基设计等级为甲级，或地基条件复杂、成桩质量可靠性较低的灌注桩工程，检测数量不应少于总桩数的 30%，且不应少于 20 根；其他桩基工程，检测数量不应少于总桩数的 20%，且不应少于 10 根；每个柱下承台检测桩数不应少于 1 根。

★　大直径嵌岩灌注桩或设计等级为甲级的大直径灌注桩，还应按不少于总桩数 10% 的比例采用声波透射法或钻芯法检测。

当符合下列条件之一时，应采用单桩竖向抗压静载试验进行承载力验收检测：

1）设计等级为甲级的桩基。

2）施工前未进行试桩试验的工程。

3）施工前进行了单桩静载试验，但施工过程中变更了工艺参数或施工质量出现了异常。

4）地基条件复杂、桩施工质量可靠性低。

5）本地区采用的新桩型或新工艺。

6）施工过程中产生挤土上浮或偏位的群桩。

检测数量应符合下列规定：单桩竖向抗压静载试验检测数量不应少于同一条件下桩基分项工程总桩数的 1%，且不应少于 3 根；当预计工程桩总数小于 50 根时，检测数量不应少于 2 根。

★　"同一条件"是指地基条件、桩长相近，桩端持力层、桩型、桩径、成桩工艺相同。对大型工程，"同一条件"可能包括若干个桩基分项（子分项）工程。同一桩基分项工程可能由两个或两个以上"同一条件"的桩组成，如直径 400mm、500mm 的两种规格的管桩应区别对待。

当设计有抗拔或水平力要求的桩基工程，单桩承载力验收检测应采用单桩竖向抗拔或单桩水平静载试验，检测数量应满足单桩竖向抗压静载检测数量的规定。

★　预制桩和满足高应变法适用范围的灌注桩，可采用高应变法检测单桩竖向抗压承载力，检测数量不宜少于总桩数的 5%，且不得少于 5 根。

（3）验证与扩大检测。单桩竖向抗压承载力验证应采用单桩竖向抗压静载试验，桩身浅部缺陷可采用开挖验证，桩身或接头存在裂隙的预制桩可采用高应变法验证，管桩可采用孔内摄像的方式验证。单孔钻芯检测发现桩身混凝土存在质量问题时，宜在同一基桩增加钻孔验证，并根据前、后钻芯结果对受检桩重新评价。

对低应变法检测中不能明确桩身完整性类别的桩或Ⅲ类桩（桩身有明显缺陷，对桩身结构承载力有影响），可根据实际情况采用静载法、钻芯法、高应变法、开挖等方法进行验证检测。桩身混凝土实体强度可在桩顶浅部钻取芯样验证。

当采用低应变法、高应变法和声波透射法检测桩身完整性发现有Ⅲ、Ⅳ类桩（桩身存在严重缺陷）存在，且检测数量覆盖的范围不能为补强或设计变更方案提供可靠依据时，宜采用原检测方法，在未检测桩中继续扩大检测。当原检测方法为声波透射法时，可改用钻芯法。

当单桩承载力或钻芯法检测结果不满足设计要求时，应分析原因并扩大检测。验证检测或扩大检测采用的方法和检测数量应得到工程建设有关方的确认。

三、常规单桩静载试验法

1. 试验目的

常规单桩静载试验主要包括单桩竖向抗压静载试验、单桩竖向抗拔静载试验、单桩水平静载试验。单桩竖向抗压静载试验适用于检测单桩的竖向抗压承载力，当桩身埋设有应变、位移传感器或位移杆时，可测定桩身或桩身截面位移，计算桩的分层侧阻力和端阻力。单桩竖向抗拔静载试验适用于检测单桩的竖向抗拔承载力，当桩身埋设有应变、位移传感器或桩端埋设有位移测量杆时，可测定桩身应变或桩端上拔量，计算桩的分层抗拔侧阻力。单桩水平静载试验适用于在桩顶自由的试验条件下，检测单桩的水平承载力，推定地基土水平抗力系数的比例系数。当桩身埋设有应变传感器时，可测定桩身横截面的弯曲应变，计算桩身弯矩以及确定钢筋混凝土桩受拉区混凝土开裂时对应的水平荷载。

而桩基自平衡法荷载试验是对常规单桩静载试验的补充，可以不受场地的限制，有效的对大直径、高承载力的桩基进行检测。关于桩基自平衡法荷载试验的具体内容，可以参考本书第十一章，本节不再赘述。

2. 试验原理

静载试验是指在桩顶部逐级施加竖向压力、竖向上拔力或水平推力，观测桩顶部随时间产生的沉降、上拔位移或水平位移，以确定相应的单桩竖向抗压承载力、单桩竖向抗拔承载力或单桩水平承载力的试验方法。

三种静载试验（抗压静载、抗拔静载、水平静载）的原理类似，且其试验步骤相近，仅是力的作用方向及其控制指标有所差异。因此，本书仅对最为常用的抗压静载试验进行详细阐述，抗拔静载试验及水平静载试验可详见《建筑基桩检测技术规范》（JGJ 106—2014）。

单桩竖向抗压静载试验是通过反力装置用千斤顶给基桩施加竖向荷载，同时采用大量程百分表或位移传感器量测桩顶沉降量。该方法可以确定基桩的单桩竖向抗压承载力，当埋设有测量桩身应力、应变、桩底反力的传感器或位移杆时，可测定桩的分层侧阻力和端阻力或桩身截面的位移量。按提供反力的方式，单桩竖向抗压静载试验可以分为堆载反力法、锚桩反力法、锚桩-堆载反力法和地锚反力法。单桩竖向抗压静载试验的基本原理与第十一章浅层平板载荷试验相近，读者在学习这部分内容时可参考浅层平板载荷试验的原理。

3. 试验设备

单桩竖向抗压静载试验所用的仪器设备主要包括加载设备、反力装置和测量设备三部分。试验设备具体可参考本书第十一章浅层平板载荷试验，千斤顶与受检桩横截直接作用，无需承压板，且千斤顶合力中心应与受检桩横截面形心重合。沉降测定平面宜设置在桩顶以下 200mm 的位置，测点应固定在桩身上，沉降测量仪表的规格、精度、安装方法等应满足要求。

4. 现场监测（检测）

单桩竖向抗压静载试验的加载方法可分为慢速维持荷载法与快速维持荷载法两种。为设计提供依据的竖向抗压静载试验应采用慢速维持荷载法；施工后的工程桩验收检测也宜采用慢速维持荷载法，当有足够的地区经验时，可采用快速维持荷载法，但建议在最大试验荷载时，应根据桩顶沉降收敛情况决定是否延长维持荷载的时间。

慢速法维持荷载法试验步骤如下：

（1）每级荷载施加后，应分别按第 5min、15min、30min、45min、60min 测读桩顶沉降量，以后每隔 30min 测读一次桩顶沉降量。

（2）试桩沉降相对稳定标准：每 1h 内的桩顶沉降量不得超过 0.1mm，并连续出现两次（从分级荷载施加后的第 30min 开始，按 1.5h 连续三次每 30min 的沉降观测值计算）。

（3）当桩顶沉降速率达到相对稳定标准时，可施加下一级荷载。

（4）卸载时，每级荷载应维持 1h，分别按第 15min、30min、60min 测读桩顶沉降量后，即可卸下一级荷载；卸载至零后，应测读桩顶残余沉降量，维持时间不得少于 3h，测读时间分别为第 15min、30min，以后每隔 30min 测读一次桩顶残余沉降量。

快速法维持荷载法试验步骤如下：

（1）每级荷载施加后维持 1h，按第 5min、15min、30min 测读桩顶沉降量，以后每隔 15min 测读一次。

（2）测读时间累积为 1h 时，若最后 15min 时间间隔的桩顶沉降量与相邻 15min 时间间隔的桩顶沉降增量相比未明显收敛时，应延长维持荷载时间，直至最后 15min 的沉降增量小于相邻 15min 的沉降增量为止。

（3）当桩顶沉降速率达到相对稳定标准时，可施加下一级荷载。

（4）卸载时，每级荷载应维持 15min，分别按第 5min、15min 测读桩顶沉降量后，即可卸下一级荷载；卸载至零后，应测读桩顶残余沉降量，维持时间为 1h，测读时间分别为第 5min、15min、30min。

现场监测（检测）要点详见《建筑基桩检测技术规范》（JGJ 106—2014）中的相应规定，主要有如下几点：

（1）试验准备。应提前对桩头进行加固处理，避免桩头因应力集中过大导致破坏；仪器设备安装完成后应仔细检查方可进行试验。

> ★　混凝土桩桩头加固方法：应凿掉桩顶部的破碎层和软弱混凝土，桩头主筋应全部直通至桩顶混凝土保护层之下，各主筋应在同一高度上。距桩顶 1 倍桩径范围内，宜用厚度为 3~5mm 的钢板围裹或距桩顶 1.5 倍桩径范围内设置箍筋，间距不大于 100mm；桩顶应设置钢筋网片 1~2 层，间距 60~100mm。桩头混凝土强度等级宜比桩身混凝土提高 1~2 级，且不得低于 C30。

（2）加载。加载应分级进行，且采用逐级等量加载；分级荷载宜为最大加载值或预估极限承载力的 1/10，其中，第一级加载量可取分级荷载的 2 倍。加载方法按慢速维持荷载法或快速维持荷载法进行，并实时记录加载过程中数据。

（3）终止加载（当出现下列情况之一时，可终止加载）。

1）某级荷载作用下，桩顶沉降量大于前一级荷载作用下沉降量的 5 倍，且桩顶总沉降量超过 40mm。

2）某级荷载作用下，桩顶沉降量大于前一级荷载作用下沉降量的 2 倍，且经 24h 尚未达到相对稳定标准。

3）已达加载反力装置的最大加载能力。

4）已达到设计要求的最大加载量。

5）当工程桩作锚桩时，锚桩上拔量已达到允许值。当荷载-沉降曲线呈缓变型时，可加载至桩顶总沉降量 60~80mm。

6）在特殊情况下，可根据具体要求加载至桩顶累计沉降量超过 80mm。

（4）卸载。卸载应分级进行，每级卸载量宜取加载时分级荷载的 2 倍，且应逐级等量卸载。

> ★　加、卸载时，应使荷载传递均匀、连续、无冲击，且每级荷载在维持过程中的变化幅度不得超过分级荷载的 ±10%。

5. 分析与评价

确定单桩竖向抗压承载力时，应绘制竖向荷载-沉降（Q-s）曲线、沉降-时间对数（s-$\lg t$）曲线；也可绘制其他分析曲线；当进行桩身应变和桩身截面位移测定时，应绘制桩身轴力分布图，计算不同土层的桩侧阻力和桩端阻力。

单桩竖向抗压极限承载力应按下列方法分析确定：

（1）根据沉降随荷载变化的特征确定。对于陡降型 Q-s 曲线，应取其发生明显陡降的起始点对应的荷载值。

> ★　对"陡降型"的定义，目前《建筑基桩检测技术规范》（JGJ 106—2014）并无明确界定。根据经验，若本级沉降大于前一级沉降五倍，可认为是"陡降型"曲线。

（2）根据沉降随时间变化的特征确定。应取 s-$\lg t$ 曲线尾部出现明显向下弯曲的前一级荷载值。

（3）某级荷载作用下，桩顶沉降量大于前一级荷载作用下沉降量的 2 倍，且经 24h 尚未达到相对稳定标准时，宜取前一级荷载值。

（4）对于缓变型 $Q\text{-}s$ 曲线，宜根据桩顶总沉降，取等于 40mm 对应的荷载值。

> ★　对 D（D 为桩端直径）大于等于 800mm 的桩，可取 s 等于 $0.05D$ 对应的荷载值；当桩长大于 40m 时，宜考虑桩身弹性压缩。

（5）若不满足上述四种情况，桩的竖向抗压极限承载力宜取最大加载值。

某工程基础采用 PHC 管桩基础，单桩极限承载力设计值为 3200kN，按《建筑基桩检测技术规范》（JGJ 106—2014）要求对其进行了静载试验，试验最大加载量为 3200kN。试验结果如图 15-47 所示。

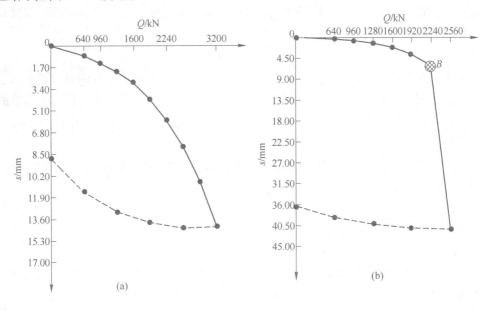

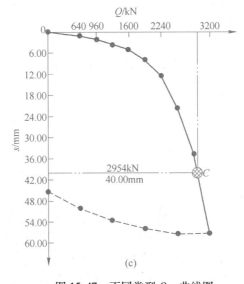

图 15-47　不同类型 $Q\text{-}s$ 曲线图
（a）正常型；（b）陡降型；（c）缓变型

图 15-47（a）所示的 Q-s 曲线变化稳定，且总沉降未超过 40mm，可以判定该桩的竖向抗压极限承载力取最大加载值，即 3200kN；图 15-47（b）所示的 Q-s 曲线属于陡降型，应取其发生明显陡降的起始点（点 B）对应的荷载值为单桩抗压极限承载力，即单桩抗压极限承载力取 2240kN；图 15-47（c）所示 Q-s 曲线属于缓变型，取总沉降等于 40mm 所对应的荷载值（点 C 所对应的荷载）为单桩抗压极限承载力，即单桩抗压极限承载力取 2954kN。

四、钻芯法基桩检测技术

1. 试验目的

钻芯法适用于检测混凝土灌注桩的桩长、桩身混凝土强度、桩底沉渣厚度和桩身完整性。当采用钻芯法判定或鉴别桩端持力层岩土性状时，钻探深度应满足设计要求。

2. 试验原理

本检测方法是通过采用液压操纵的钻机钻取桩身混凝土芯样和桩底持力层岩土样，以及对桩身混凝土芯样和桩底持力层岩石芯样进行抗压强度试验，可以确定检测工程桩的桩长、桩身混凝土强度、桩底沉渣厚度和桩身完整性，判定或鉴别桩端持力层岩土性状。

3. 试验设备

（1）钻机。钻机的额定最高转速不低于 790r/min，转速调节范围不少于 4 挡，额定配用压力不低于 1.5MPa。

（2）钻头。材料一般为金刚石或合金（主要用于钻取松散部位的混凝土、桩底沉渣等），外径不宜小于 100mm，规格有 76mm、91mm、101mm、110mm、130mm 等。持力层需要压试时，宜选用外径 76mm 钻头。

（3）钻具。单动双管，金刚石钻头与岩芯管之间必须安有扩孔器，用以修正孔壁；扩孔器外径应比钻头外径大 0.3~0.5mm，卡簧内径应比钻头内径小 0.3mm 左右。

（4）水泵。排水量 50~160L/min，泵压 1.0~2.0MPa。

（5）其他：锯切机、补平器、磨平机。

钻取芯样宜采用液压操纵的高速钻机，钻具应采用单动双管钻具钻取芯样，严禁使用单动单管钻具。钻头应根据混凝土设计强度等级选用合适的金刚石钻头，且外径不宜小于 100mm。钻机设备安装必须周正、稳固、底座水平。钻机在钻芯过程中不得发生倾斜、移位，钻芯孔垂直度偏差不得大于 0.5%。

4. 现场监测（检测）

检测步骤如下：

（1）使用钢筋探筋仪对预定钻芯部位的钢筋布置情况进行检测，探测原结构主筋位置，确保主筋不被钻孔切断。

（2）在预定的芯点上将钻机就位、校正、固定。钻机设备安装必须周正、稳固，保证底座水平。钻机立轴中心、天轮中心（天车前沿切点）与孔口中心必须在同一铅垂线上。应确保钻机在钻芯过程中不发生倾斜、移位，钻芯孔垂直度偏差≤0.5%。

（3）安装钻头、调正、逐步进钻，每次钻孔进尺宜控制在 1.5m 内，钻至桩底时，宜采取减压、慢速钻进、干钻等适宜的方法和工艺，钻取沉渣并测定沉渣厚度。并采用适宜的方法对桩底持力层岩土性状进行鉴别。钻进过程中，钻孔内循环水流不得中断，应根据回水含砂量及颜色调整钻进速度。

每根受检桩的钻芯孔数和钻孔位置宜符合下列规定：

1）桩径小于 1.2m 的桩宜钻 1~2 孔，桩径为 1.2~1.6m 的桩宜钻 2 孔，桩径大于 1.6m 的桩钻 3 孔。

2）当钻芯孔为一个时，宜在距桩中心 10~15cm 的位置开孔；当钻芯孔为两个或两个以上时，开孔位置宜在距桩中心 0.15~0.25 倍桩径内均匀对称布置。

3）对桩底持力层的钻探，每根受检桩不应少于一孔，且钻探深度应满足设计要求。

（4）钻到预定深度提出钻头，取出芯样。提钻卸取芯样时，应拧卸钻头和扩孔器，严禁敲打卸芯。截取混凝土抗压芯样应符合下列规定：

1）当桩长小于 10m 时，每孔应截取 2 组芯样；当桩长为 10~30m 时，每孔应截取 3 组芯样，当桩长大于 30m 时，每孔应截取芯样不少于 4 组。

2）上部芯样位置距桩顶设计标高不宜大于 1 倍桩径或超过 2m，下部芯样位置距桩底不宜大于 1 倍桩径或超过 2m，中间芯样等间距截取。

3）缺陷位置能取样时，应截取 1 组芯样进行混凝土抗压试验。

4）同一基桩的钻芯孔数大于 1 个，且某一孔在某深度处存在缺陷时，应在其他孔的深度处，截取 1 组芯样进行混凝土抗压强度试验。

（5）钻取的芯样应由上而下按回次顺序放进芯样箱中，钻机操作人员应按规范格式记录钻进情况和钻进异常情况，对芯样质量进行初步描述并记录在钻芯法检测现场操作记录表中，如表 15-24 所示。检测人员应按规范格式对芯样混凝土、桩底沉渣以及桩端持力层详细编录。钻芯结束后，应对芯样和钻探标示牌全貌进行拍照并记录在钻芯法检测芯样编录表中，如表 15-25 所示。若长度及外观质量不能满足要求时，应重新钻取。

（6）当单桩质量评价满足设计要求时，应从钻芯孔孔底往上用水泥浆回灌封闭；单桩质量评价不满足设计要求时，应封存钻芯孔，留待处理。

（7）芯样加工。每组芯样应制成 3 个抗压芯样试件，抗压芯样试件的高度和直径之比宜为 1：1，且不宜含有钢筋，若含有则需满足《钻芯法检测混凝土强度技术规程》（CECS 03—2007）的规定。

表 15-24　钻芯法检测现场操作记录表

工程名称：＿＿＿＿＿＿＿＿＿＿＿　　　　　构件名称：＿＿＿＿＿＿＿＿＿＿＿

取芯位置：＿＿＿＿＿＿＿＿＿＿＿　　　　　取芯日期：＿＿＿＿＿＿＿＿＿＿＿

钻进时间		钻进深度 /m			芯样编号	芯样长度 /mm	残留芯样 /mm	芯样外观质量描述
自	至	自	至	计				
附图或照片								

表 15-25　钻芯法检测芯样编录表

工程名称				桩号		孔号	
日期		桩径		混凝土设计强度等级			
项目	分段（层）深度/m	芯　样　描　述			取样编号取样深度		备注
桩身混凝土							
桩底成渣							
持力层							
检测单位：　　　记录员：　　　　检测人员：							

5. 分析与评价

（1）受检桩中不同深度位置的混凝土芯样试件抗压强度代表值中的最小值为该桩混凝土芯样试件抗压强度代表值。每组混凝土芯样应制作三个抗压试件。取三个试件抗压强度值的平均值作为该组混凝土芯样试件抗压强度检测值。混凝土芯样试件抗压强度应按式（15-36）计算：

$$f_{cu} = \xi \frac{4P}{\pi d^2} \tag{15-36}$$

式中　f_{cu}——混凝土芯样试件抗压强度，MPa，精确至 0.1MPa；

　　　P——芯样试件抗压试验测得的破坏强度，N；

　　　d——芯样试件的平均直径，mm；

　　　ξ——混凝土芯样试件抗压强度折算系数，应考虑芯样尺寸效应、钻芯机械对芯样扰动和混凝土成型条件的影响，通过试验统计确定；当无试验统计资料时，宜取为 1.0。

（2）桩端持力层性状应根据芯样特征、岩石芯样单轴抗压强度试验、动力触探或标准贯入试验结果等综合判定。桩底岩芯单轴抗压强度试验可按现行国家标准《建筑地基基础设计规范》（GB 50007—2011）执行。

（3）桩身完整性类别应结合钻芯孔数、现场混凝土芯样特征、芯样单轴抗压强度试验结果进行综合判定，表 15-26 为单孔情况下桩身完整性分类及判定表，两孔及多孔情况下的桩身完整性分类及判定详见《建筑基桩检测技术规范》（JGJ 106—2014）。

表 15-26　桩身完整性分类及判定

类别	分类原则	完整性特征
I	桩身完整	混凝土芯样连续、完整、表面光滑、胶结好、骨料分布均匀、呈长柱状、断口吻合，芯样侧面仅见少量气孔
II	桩身有轻微缺陷，不会影响桩身结构承载力的正常发挥	混凝土芯样连续、完整、胶结较好、芯样侧表面较光滑、骨料分布基本均匀、呈柱状、断口基本吻合。有下列情况之一：局部芯样侧面见蜂窝麻面、沟槽或较多气孔；混凝土芯样缺陷较严重，但缺陷部位抗压强度检测值满足设计要求

类别	分类原则	完整性特征
Ⅲ	桩身有明显缺陷，对桩身结构承载力有影响	大部分混凝土芯样胶结较好，无松散、夹泥或分层现象，但有下列情况之一：芯样局部破碎长度不大于10cm；芯样不连续，多呈短柱状或块状
Ⅳ	桩身存在严重缺陷	钻进很困难；芯样任一段松散或夹泥；芯样局部破碎长度大于10cm

（4）成桩质量评价应按单桩进行。当出现下列情况之一时，应判定该受检桩不满足设计要求：

1）桩身完整性类别为Ⅳ类的桩；

2）受检桩混凝土芯样试件抗压强度代表值小于混凝土设计强度等级的桩；

3）桩长、桩底沉渣厚度不满足设计或规范要求的桩；

4）桩端持力层岩土性状（强度）或厚度未达到设计或规范要求的桩。

五、低应变法基桩检测技术

低应变法又称为小应变法，是采用低能量瞬态或稳态激振方式在桩顶激振，实测桩顶部的速度时程曲线或速度导纳曲线，通过波动理论分析或频域分析，对桩身完整性进行判定的检测方法。主要包括反射波法、动力参数法、共振法、机械阻抗法、水电效应法。其中低应变反射波法是实际工程中的主流方法，故本节将重点介绍低应变反射波法原理及应用，其他相关方法可以参考《基桩低应变动力检测规程》（JGJ/T 93—95）。

1. 试验目的

低应变反射波法又称时域法，即在时间域上研究分析桩的振动曲线，通常是在对桩的瞬态激振后，研究桩顶速度随时间的变化曲线，是以一维弹性杆应力波波动理论为理论基础的无损检测方法，适用于检测桩身完整性、判断桩身缺陷类型、位置及严重程度、核对桩长以及估计桩身混凝土强度等。

2. 试验原理

将桩视为一维弹性杆，在桩顶部位进行竖向激振，使其一端受到瞬态脉冲力的作用，则会产生纵向应力波。假设纵向应力波以波速 V_c 沿桩轴线向另一端传播，当传至桩身波阻抗 $Z(Z = \rho V_c A)$ 有明显差异的界面（如断裂、裂缝、扩颈、缩颈、夹泥、离析、桩底等部位），将相应地产生反射波。换言之，入射的应力波在波阻抗发生改变的界面，一部分透过界面继续沿桩向下传播（称为透射波），另一部分则从界面上放射回来（称为反射波）。反射信号可通过桩顶的传感器拾取，并经放大、滤波、数据处理，从实测中获得波形图，根据波形、波速、频谱的变化，通过特定的分析软件，可检测桩身的完整性、判定桩身缺陷的程度及位置等。

如图 15-48 所示，假设 X 界面上段的阻抗为 Z_1，下段的阻抗为 Z_2。

根据连续边界条件，则有：

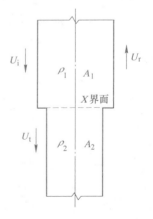

图 15-48 应力波在界面处的传播

$$U_i + U_r = U_t \tag{15-37a}$$

$$U_i' + U_r' = U_t' \tag{15-37b}$$

$$N_i + N_r = N_t \tag{15-37c}$$

式中，U、U'、N 分别代表界面处的轴向位移、速度、轴力，下标 i、r、t 分别代表入射、反射、透射波。

由截面积 A 与应力 σ 的关系式：

$$N = A \cdot \sigma = A \cdot E \frac{\partial U}{\partial Z} \tag{15-38}$$

令

$$D = \frac{Z_1}{Z_2} = \frac{\rho_1 V_{C1} A_1}{\rho_2 V_{C2} A_2} \tag{15-39}$$

则可推导出反射系数 R_r，投射系数 R_t 如下：

$$R_r = \frac{N_r}{N_i} = \frac{D-1}{D+1} \tag{15-40}$$

$$R_t = \frac{N_t}{N_i} = \frac{2D}{D+1} \tag{15-41}$$

将式（15-39）分别代入式（15-40）、式（15-41）得：

$$R_r = \frac{Z_1 - Z_2}{Z_1 + Z_2} \tag{15-42}$$

$$R_t = \frac{Z_1 Z_2}{Z_1 + Z_2} \tag{15-43}$$

故桩界面上、下段的完整性和浇筑质量可依据此原理进行判断：

（1）桩的质量和完整性都良好，波阻抗不变。此时，$Z_1 = Z_2$，$D = 1$，故 $R_r = 0$，无反射波，$R_t = 1$，即全部应力波均透射过界面传至下段。

（2）桩身有断裂、缩颈、夹泥、离析等问题，界面下段的阻抗会变小。此时，$Z_1 > Z_2$，$D > 1$，$R_r > 0$，反射波与入射波在时域曲线中同相。

（3）桩身有扩颈，界面下段的阻抗变大。此时，$Z_2 > Z_1$，$D < 1$，$R_r < 0$，反射波与入射波在时域曲线中反相。

（4）桩底落在基岩上（如嵌岩桩）。若桩身混凝土的 ρ、V_c 比基岩小，则在桩底界面 $Z_2 > Z_1$，反射波与入射波在时域曲线中反相。若桩身混凝土的 ρ、V_c 与基岩接近，则桩底无反射波。

反射系数 R_r 愈大，说明反射的能量愈大，桩界面上下段的阻抗变化也愈大，由此可定性的判断阻抗的变化程度。而对于界面位置，按式（15-44）计算：

$$L = \frac{1}{2000} V_c \Delta t \tag{15-44}$$

式中 L——桩顶距界面的距离，m；

V_c——纵波在桩身内传播的速度，m/s；

Δt——速度波第一峰与缺陷反射波峰间的时间差，ms。

反射波法就是利用桩身阻抗的变化对桩顶速度的时域曲线产生影响的原理来判断桩身的浇筑质量的，如图 15-49 所示，左侧为桩身剖面，右侧为对应的实测桩顶速度的时域曲线。

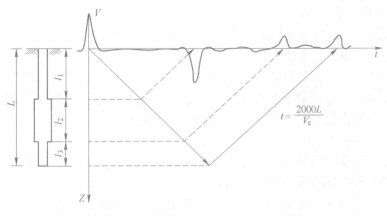

图 15-49 桩身阻抗变化时桩顶速度的时域曲线

对于图中的桩，曲线上共有四个波峰。根据上述原理，第一波峰为敲击时的桩顶入射波（$t=0$）。在此波向下传播 l_1 到达第一个界面后，一部分透射下传，另一部分则反射到桩顶被传感器记录下来，形成第二个波峰（$t=2000l_1/V_c$），由于波从阻抗 Z_1 小处向阻抗 Z_2 大处传播，故此波峰与入射波是反相的。透射波继续下传 l_2 到达第二个界面时，同样一部分透射下传，另一部分反射到桩顶传感器，形成第三个波峰（$t=2000l_1/V_c+2000l_2/V_c$），由于波从阻抗大处向阻抗小处传播，故此波峰与入射波是同相的。最后，剩余的透射波又继续传播至第三个界面（桩底），又有一部分反射到桩顶，形成第四个波峰（$t=2000L/V_c$），由于桩材的阻抗总是大于土的阻抗，故此波峰必然与入射的初始波峰同相。

3. 试验设备

低应变反射波法的所用仪器比较简单，基本设备如图 15-50 所示。

（1）激振设备。通常用手锤或力棒，锤头或棒头的材料可以更换（如钢、铝、硬塑料、橡皮等）。棒和锤的质量也可以变更。

（2）传感器。传感器可采用速度传感器或加速度传感器，若用后者则需在放大器或采集系统或传感器本身中另加积分线路。无论用何种传感器，频带宽度愈宽愈好，但至少为 $10\sim1000Hz$。速度型的传感器的灵敏度应大于 $200mV/cm/s$，加速度传感器的灵敏度应大于 $100mV/g$。

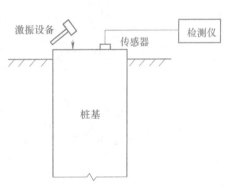

图 15-50 回弹测标低应变
反射波法检测示意图

（3）放大器。要求放大器的增益高、噪声小、频带宽。对速度传感器用电压放大器；对加速度传感器用电荷放大器。放大器的增益应大于 $60dB$，折合到输入端的噪声则应低于 $3dB$，频带宽不窄于 $10\sim5000Hz$，滤波频率应可调。

（4）多道信号采集分析仪。要求仪器体积小、重量轻、性能稳定，便于野外使用，同时具备数据采集、记录存储、数据计算和信号分析功能。且至少有两个以上的通道，各个通道一致性好，振幅偏差应小于 3%，相位偏差小于 $0.1ms$，采样频率各通道不应低于 $20kHz$，并可分档进行调整。

4. 现场监测（检测）

低应变反射波法试验步骤相对简单，测试结果也较直观，易于分析，但实际操作过程中也需注意一些问题，具体试验步骤及注意事项如下：

（1）准备工作。收集了解场地资料、桩型、桩长、成桩工艺等方面的资料。

（2）桩头处理。桩顶的条件和桩头处理的好坏将直接影响测试信号的质量。为此，应去掉浮浆和疏松的混凝土部分至坚固的混凝土面，当桩径较大时，应至少保证激振部位和传感器安置位置的平整。妨碍正常测试的桩顶外露主筋应割掉。

（3）安置传感器。将传感器固定在桩顶，保证传感器与桩体一起运动，以达到真实反映桩顶振动的目的。传感器与桩顶面用耦合剂粘结时（宜用石膏或黄油），黏结层应尽可能薄，应具有足够的黏结强度，保证传感器安装面应与桩顶面紧密接触。传感器安装应与桩顶面垂直。

（4）激振点的选择与布置。实心桩的激振点位置应选择在桩中心，测量传感器安装位置宜为距桩中心 2/3 半径处；空心桩的激振点与测量传感器安装位置宜在同一水平面上，且与桩中心连线形成的夹角宜为 90°，激振点和测量传感器安装位置宜为桩壁厚的 1/2 处，如图 15-51 所示。激振点与测量传感器安装位置应避开钢筋笼的主筋影响，激振方向沿桩轴线方向。瞬态激振应通过现场敲击试验（低应变检测前，可选择 5~10 根桩，采用不同锤重、激振频率、耦合剂等进行试验，可通过改变锤的重量及锤头材料改变冲击入射波的脉冲宽度及频率成分，比较测试效果），根据试验效果选择合适的激振力锤、锤垫和耦合剂。

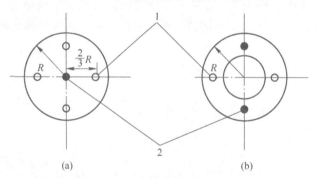

图 15-51　传感器安装点、激振（锤击）点布置示意图

（a）实心桩；（b）空心桩

1—传感器安装点；2—激振锤击点

（5）信号的采集与筛选。在桩顶进行激振，对检测点的信号进行采集，每个检测点记录的有效信号数不宜少于 3 个；应根据实测信号反映的桩身完整性情况，确定采取变换激振点位置和增加检测点数量的方式再次测试，或结束试验；不同检测点及多次实测时域信号一致性较差时，应分析原因，增加检测点数量；信号不应失真和产生零漂，信号幅值不应超过测量系统的量程。

★　应根据实际情况选择激振能量和锤头的材质。对于浅部的缺陷，要求激振力的高频成分丰富，故采用硬质锤头和质量较小的锤；而对深部缺陷，则要求激振力的低频成分丰富，故采用质量的较大锤或力棒，锤头选用软质材料为宜。

5. 分析与评价

（1）桩的缺损率会对桩顶速度波的时域曲线产生影响。根据反射波出现的时间可以确定缺陷出现的位置，但无法判断其缺损率 η（$\eta = A_2/A_1$）。但由于缺损率愈大，阻抗的变化也会愈大，其反射波愈明显。因此，可根据反射波峰与入射波峰的幅值关系，大致判断其缺损率见式（15-45）。

$$\eta = A_2/A_1 = (U'_i - U'_r)/(U'_i + U'_r) \tag{15-45}$$

式中　A_1，A_2——界面上、下段的桩截面面积；

　　　U'_i，U'_r——实测入射波峰与反射波峰的速度幅值。

对桩的缺损程度可按表 15-27 大致判别。

表 15-27　桩身缺损程度判别

缺损率 η	1	0.8~1	0.6~0.8	0.4~0.6	<0.4
缺损程度	无缺损	轻微缺损	缺损	严重缺损	断裂

★　应当明确的是，由于实际施工现场的复杂因素，以上判别的方法只能作为初期大致的判别标准，后续应采用更精细的方法进行判别。

（2）桩的缺损形状会对桩顶速度波的时域曲线产生影响。试验测试证明，即使缺损率相同，但缺损的形状不同时，也会得到不同的桩顶速度波的时域曲线。如图 15-52 所示，三根桩的缺损率相同，但颈缩形状不同（可以是突变或渐变），桩顶速度波的时域曲线也会不同。其中以突变的（$L=0$）反射波最明显，而渐变缓慢的（$L=3m$）反射波最平缓。故应在现场测试时引起重视。

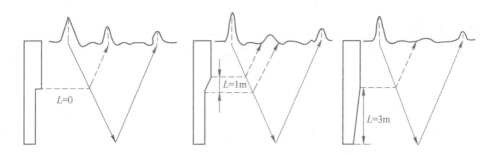

图 15-52　缺损形状对桩顶速度时域曲线的影响

（3）锤头材质会对桩顶速度波的时域曲线产生影响。如图 15-53 所示，当使用钢质锤头和硬塑料锤头敲击同一根混凝土灌注桩时，桩顶速度波的时域曲线会有所不同。从图可以看出，锤头材质对实测曲线有较大影响，故应根据具体情况选择合适的锤头材料。

上述关于影响桩顶速度时域曲线的因素，尚不能完全概括实际情况。如土质、成桩工艺、噪声等都可能对时域曲线的形状产生影响。此外，桩上部的缺陷，有时也会影响桩下部的曲线形状，从而掩盖下部的缺陷。因此，在工程中应用反射波法时，应对这些影响因素保持足够重视。

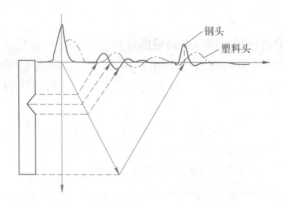

图 15-53　缺损形状对桩顶速度时域曲线的影响

六、高应变法基桩检测技术

1. 试验目的

高应变动力测桩法是指用重锤冲击桩顶，使桩身产生一定的贯入度，从而激发桩周的土阻力和桩端支承力。在桩顶附近的两侧各安装一对力及加速度传感器，量测被激发的土阻力及桩身缺陷产生的应力波和速度波。通过对实测波形曲线进行分析计算，根据波动理论来判断单桩极限承载力和桩身完整性。高应变法适用于检测基桩的抗压承载力和桩身完整性。

2. 试验原理

高应变动力检测是用瞬态高应力应变状态来考验桩，揭示桩土体系在接近极限阶段时的实际工作性能，从而对桩的完整性和承载力性状作出正确评价的一种有效方法。其原理如下：

（1）一维波动方程。将桩身看作一维弹性杆，由应力波理论可知，在轴向动荷载的作用下桩身任一截面的轴向位移可以表示为一维波动方程：

$$\frac{\partial^2 u}{\partial t^2} - C^2 \frac{\partial^2 u}{\partial x^2} = 0 \tag{15-46}$$

式中　u——桩身截面的轴向位移；

　　　C——应力波在桩身中的传播速度，$C = \sqrt{E/\rho}$；E 和 ρ 分别为桩身材料的弹性模量和质量密度。

（2）行波理论和 CASE 法的基本公式。

1）上行波和下行波。由式（15-46）得到一维波动方程的通解

$$u = f(x - Ct) + g(x + Ct) \tag{15-47}$$

式中，$f(x-Ct)$ 和 $g(x+Ct)$ 分别代表下行波和上行波。如果单独研究下行波 $f(x-Ct)$（见图 15-54），记下行波的质点运动速度为 $v\downarrow$，其值为：

$$v\downarrow = \frac{\partial f(x - Ct)}{\partial t} = f'(x - Ct) \cdot (-C) = -Cf' \tag{15-48}$$

这里应注意：v 是表示质点运动的速度，而 C 是波的传播速度，两者概念不同。

下行波产生的应变 $\varepsilon\downarrow$ 为：

$$\varepsilon \downarrow = \frac{-\partial f(x - Ct)}{\partial x} = -f'(x - Ct) = -f' \qquad (15\text{-}49)$$

式中的负号表示受拉变形（即以压缩变形和压应力为正）。

下行波产生的力 $P \downarrow$ 为：

$$P \downarrow = \varepsilon \downarrow \cdot AE = -AE \cdot f' \qquad (15\text{-}50)$$

其中

$$Z = \frac{AE}{C} \qquad (15\text{-}51)$$

式中 Z——杆件的声阻抗；

A, E——杆件的截面积和弹性模量。

由式（15-49）、式（15-50）和式（15-51）可推得下行波的质点运动速度 $v \downarrow$ 和截面上的内力 $P \downarrow$ 之间存在着一个恒定的关系式：

$$P \downarrow = Z \cdot v \downarrow \qquad (15\text{-}52)$$

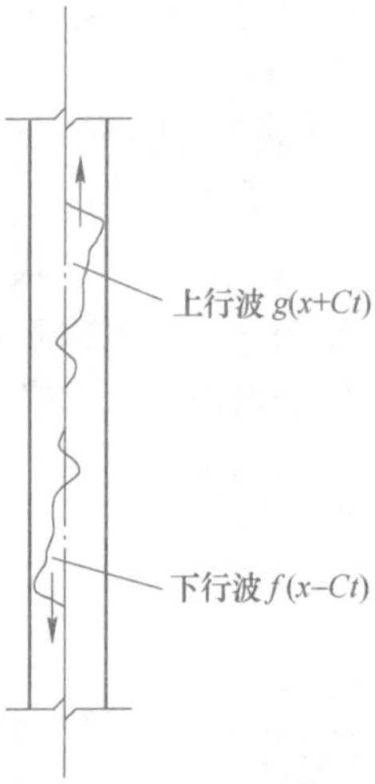

同样，对于上行波可以得到：

$$v \uparrow = \frac{\partial g(x + Ct)}{\partial t} = Cg' \qquad (15\text{-}53)$$

$$P \uparrow = \varepsilon \uparrow \cdot AE = -AE \cdot g' \qquad (15\text{-}54)$$

所以：

$$P \uparrow = Z \cdot v \uparrow \qquad (15\text{-}55)$$

图 15-54 桩身中的
上行波与下行波

在一般情况下，桩身上任一截面上测到的质点运动速度或力都是上行波与下行波叠加的结果。也就是：

$$v = \frac{\partial u}{\partial t} = \frac{\partial f(x - Ct)}{\partial t} + \frac{\partial g(x + Ct)}{\partial t} = v \downarrow + v \uparrow \qquad (15\text{-}56)$$

$$P = -AE \frac{\partial u}{\partial x} = -AE \left[\frac{\partial f(x - Ct)}{\partial x} + \frac{\partial g(x + Ct)}{\partial x} \right] = P \downarrow + P \uparrow \qquad (15\text{-}57)$$

如果将实测的质点运动速度和力记作 v_m 和 P_m。则由式（15-52）、式（15-55）~式（15-57）可将各时刻这一截面上的质点速度与力的上行波分量和下行波分量表示出来，得：

$$\begin{cases} v \downarrow = \dfrac{1}{2}\left(v_m + \dfrac{P_m}{Z}\right) \\[2mm] v \uparrow = \dfrac{1}{2}\left(v_m - \dfrac{P_m}{Z}\right) \end{cases} \qquad (15\text{-}58)$$

$$\begin{cases} P \downarrow = \dfrac{1}{2}(P_m + Zv_m) \\[2mm] P \uparrow = \dfrac{1}{2}(P_m - Zv_m) \end{cases} \qquad (15\text{-}59)$$

2）应力波在自由端和固定端的反射。当桩端为自由端时，有边界条件（见图 15-55）：

$$P = P \downarrow + P \uparrow = 0 \qquad (15\text{-}60)$$

将式（15-52）和式（15-55）代入，得到

$$Z \cdot v \downarrow - Z \cdot v \uparrow = 0$$

即：

$$v \uparrow = v \downarrow \qquad (15\text{-}61)$$

由式（15-60），有

$$P\uparrow = -P\downarrow \tag{15-62}$$

由式（15-56）和式（15-61），有

$$v = v\downarrow + v\uparrow = 2v\downarrow \tag{15-63}$$

式（15-61）、式（15-62）和上式表示当桩端为自由端时，入射的应力波将产生一个符号相反、幅值相同的反射波，即压力波产生拉力反射波，拉力波产生压力反射波，而且在杆端处由于波的叠加，使杆端的质点运动速度增加一倍。

当桩端为固定端时，有边界条件（见图 15-56）：

$$v\downarrow + v\uparrow = 0 \tag{15-64}$$

所以：

$$v\uparrow = -v\downarrow \tag{15-65}$$

将式（15-52）和式（15-55）代入式（15-65），得：

$$P\uparrow = P\downarrow \tag{15-66}$$

于是：

$$P = P\downarrow + P\uparrow = 2P \tag{15-67}$$

式（15-65）~式（15-67）表示当桩端为固定端时，入射的应力波将产生一个相同的反射波，即入射的压力波产生压力反射波，入射的拉力波产生拉力反射波。在杆端处由于波的叠加使桩端反力增加一倍。

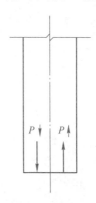

图 15-55　桩端自由时 $P=0$

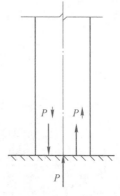

图 15-56　桩端固定时 $v=0$

3）桩侧摩阻力的考虑。在桩侧面 i 处有一摩阻力 $R(i)$ 作用时（见图 15-57），截面上下的力和速度分别为：

上侧：

$$\begin{cases} P_1 = P_1\downarrow + P_1\uparrow \\ v_1 = v_1\downarrow + v_1\uparrow \end{cases} \tag{15-68}$$

下侧：

$$\begin{cases} P_2 = P_2\downarrow + P_2\uparrow \\ v_2 = v_2\downarrow + v_2\uparrow \end{cases} \tag{15-69}$$

i 截面处的平衡条件和连续条件为：

$$\begin{cases} P_1 - P_2 = R(i) \\ v_1 = v_2 \end{cases} \tag{15-70}$$

从式（15-68）~式（15-70）并考虑到式（15-52）、式（15-55），整理后得到：

$$\begin{cases} P_1\uparrow = P_2\uparrow + \dfrac{1}{2}R(i) \\[2mm] P_2\downarrow = P_1\downarrow - \dfrac{1}{2}R(i) \end{cases} \tag{15-71}$$

式（15-71）表示上行波或下行波在通过摩阻力 $R(i)$ 作用的截面时，其幅值各增减 $R(i)/2$，也可以理解为当应力波通过 i 截面时，由于 $R(i)$ 的作用，从 i 截面开始产生一个向上的压力波和一个向下的拉力波，叠加于原来的行波中，它们幅值都等于 $R(i)/2$。

4）桩截面发生变化时。当桩在某个截面突然发生变化时（见图 15-58），声阻抗由 Z_1 变为 Z_2，类似于式（15-68）~式（15-70），由变截面处的连续条件写出：

$$\begin{cases} P_1\downarrow + P_1\uparrow = P_2\downarrow + P_2\uparrow \\[1mm] v_1\downarrow + v_1\uparrow = v_2\downarrow + v_2\uparrow \end{cases} \tag{15-72}$$

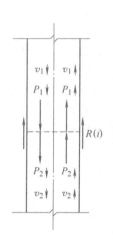

图 15-57　桩侧摩阻力的影响

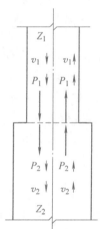

图 15-58　桩截面变化的情况

将式（15-52）、式（15-55）代入式（15-72）中的第二式，整理后得：

$$\begin{cases} P_1\uparrow - P_2\downarrow = P_2\uparrow - P_1\downarrow \\[2mm] \dfrac{P_1\uparrow}{Z_1} + \dfrac{P_2\downarrow}{Z_2} = \dfrac{P_2\uparrow}{Z_2} + \dfrac{P_1\downarrow}{Z_1} \end{cases} \tag{15-73}$$

解方程组得：

$$\begin{cases} P_1\uparrow = \dfrac{Z_2 - Z_1}{Z_1 + Z_2}P_1\downarrow + \dfrac{2Z_1}{Z_1 + Z_2}P_2\uparrow \\[3mm] P_2\downarrow = \dfrac{2Z_2}{Z_1 + Z_2}P_1\downarrow + \dfrac{Z_2 - Z_1}{Z_1 + Z_2}P_2\uparrow \end{cases} \tag{15-74}$$

当只有下行波 $P_1\downarrow$ 通过变截面时，式（15-74）变为：

$$\begin{cases} P_1\uparrow = \dfrac{Z_2 - Z_1}{Z_1 + Z_2}P_1\downarrow \quad （反射波） \\[3mm] P_2\downarrow = \dfrac{2Z_2}{Z_1 + Z_2}P_1\downarrow \quad （透射波） \end{cases} \tag{15-75}$$

同样，只有上行波 $P_2\uparrow$ 传来时，式（15-74）变为：

$$\begin{cases} P_1\uparrow = \dfrac{2Z_1}{Z_1+Z_2}P_2\uparrow & \text{（透射波）}\\[3mm] P_2\downarrow = \dfrac{Z_2-Z_1}{Z_1+Z_2}P_2\uparrow & \text{（反射波）}\end{cases} \tag{15-76}$$

式（15-75）、式（15-76）表示，当原有的下行波 $P_1\downarrow$ 及上行波 $P_2\uparrow$ 通过变截面时，都会分成透射和反射两部分。透射波的性质（拉力波或压力波）保持与入射波一致，幅值为原入射波的 $2Z_2/(Z_2+Z_1)$ 倍；反射波的幅值为原入射波的 $\lvert(Z_2-Z_1)/(Z_2+Z_1)\rvert$ 倍，并根据 Z_2-Z_1 项的正负号，决定反射波的性质是否变化。当入射波由阻抗较大的 Z_1 段进入阻抗较小的 Z_2 段时，透射波的幅值比原来入射波的幅值小，Z_2-Z_1 为负值，反射波改变符号。如果入射波是压力波时，反射波是拉力波；入射波是拉力波时反射波是压力波。当入射波是由阻抗较小的 Z_1 段进入阻抗较大的 Z_2 段时，透射波的幅值比原来入射波的幅值大。Z_2-Z_1 为正值，反射波不改变符号。即入射某一性质的波，仍反射同一性质的波。

5）总的土阻力-CASE 法的基本公式。当锤击力刚作用到桩顶的时候，桩身上仅有向下传播的压缩波 $v(t)=P(t)/Z$。压缩波以波速 C 向桩尖方向传播。如把桩看成一根两端自由的纵向振动杆（即暂不考虑土反力的作用），这个应力波到达桩尖后变成另一大小、形状相同，仅符号相反的拉力波向上传播，$v(t)=-P(t)/Z$。到达桩顶后又变为压力波再向下传播，不断循环反射。如果在桩顶附近安装一组传感器，传感器距桩顶的距离为 L_1；距桩尖的距离为 L。桩受锤击后产生压应力波 $P(t)$，$P(t)$ 传到传感器位置时，传感器便可测得信号：

$$\begin{cases} v_m(t) = \dfrac{P(t)}{Z}\\[3mm] P_m(t) = P(t)\end{cases} \tag{15-77}$$

式中的下标"m"表示传感器实测的值。

经过时间 $2L/C$ 以后，传感器可以测到第一次自桩尖返回的波。再经过较小的时间间隔 $2L_1/C$ 以后，又测到自桩顶返回的波。如果不考虑行波在传递过程中能量的耗散，则每隔 $2(L+L_1)/C$ 时间间隔以后，传感器将重复测到上述同样的信号。

在任意时刻 t，传感器接收到的由锤击产生的信号是上述信号的叠加，于是有：

$$\begin{aligned} v_m^{(1)} &= \frac{1}{Z}\big[P(t)+P(t-2L/C)+P(t-2L/C-2L_1/C)+\cdots\big]\\ &= \frac{1}{Z}\Big[P(t)+\sum_{j=1}^{k}P\Big(t+\frac{2L_1}{C}-\frac{2jL}{C}-\frac{2jL_1}{C}\Big)+\sum_{j=1}^{k}P\Big(t-\frac{2jL}{C}-\frac{2jL_1}{C}\Big)\Big]\end{aligned} \tag{15-78}$$

$$P_m^{(1)} = P(t)-\sum_{j=1}^{k}P\Big(t+\frac{2L_1}{C}-\frac{2jL}{C}-\frac{2jL_1}{C}\Big)+\sum_{j=1}^{k}P\Big(t-\frac{2jL}{C}-\frac{2jL_1}{C}\Big) \tag{15-79}$$

应该指出，在式（15-78）、式（15-79）及以后的公式中，对于函数 $P(t)$ 及 $R(i,t)$ 都隐含着一个约定：即当 $t<0$ 时

$$P(t)=0,\ R(i,t)=0 \tag{15-80}$$

由此，可用表达式 $F(t-a)$ 来表示一个与 $F(t)$ 波完全一致，仅滞后了时间 a 的波。如果桩身上 $X=X_i$ 处作用有土的谐阻力 $R(i,t)$，应力波到达 X_i 处就产生一新的应力波向上和向下传播。上行波为幅值等于 $R(i,t)/2$ 的压力波，在时刻 $2X_i/C$ 及 $2X_i/C+2L_1/C$ 时被

传感器所接收，其相应的质点速度 v_m 和力 P_m 为：

$$v_m^{(2)} = -\frac{1}{Z}\left[\frac{1}{2}R\left(i,\ t-\frac{2X_i}{C}\right) + \frac{1}{2}R\left(i,\ t-\frac{2X_i}{C}-\frac{2L_1}{C}\right)\right] \tag{15-81}$$

$$P_m^{(2)} = \frac{1}{2}R\left(i,\ t-\frac{2X_i}{C}\right) - \frac{1}{2}R\left(i,\ t-\frac{2X_i}{C}-\frac{2L_1}{C}\right) \tag{15-82}$$

同样，这一应力波也将在桩身中反复传播，每隔 $2L/C+2L_1/C$ 以后，传感器可以反复接收到这一应力波的信号。考虑在不同的位置 X_1，X_2，X_3，…，X_n 处作用有不同的摩阻力 $R(1,\ t)$，$R(2,\ t)$，$R(3,\ t)$，…，$R(n,\ t)$，则对 i 求和。

由 $R(i,\ t)$ 产生的下行波是幅值为 $R(i,\ t)/2$ 的拉力波，在 L/C 时刻和锤击产生的力波一起到达桩尖，经桩尖反射而成为压力波，在 $2L/C$ 时被传感器所接收，再经过 $2L_1/C$ 时刻又再次被传感器所接收。经过与上面相似的分析，由 $R(i,\ t)$ 产生的下行波在传感器位置处引起的质点速度和力为：

$$v_m^{(3)}(t) = -\frac{1}{2Z}\left[\sum_{i=1}^{n}\sum_{j=1}^{k}R\left(i,\ t+\frac{2L_1}{C}-\frac{2jL}{C}-\frac{2jL_1}{C}\right) + \sum_{i=1}^{n}\sum_{j=1}^{k}R\left(i,\ t-\frac{2jL}{C}-\frac{2jL_1}{C}\right)\right] \tag{15-83}$$

$$P_m^{(3)}(t) = \frac{1}{2}\left[\sum_{i=1}^{n}\sum_{j=1}^{k}R\left(i,\ t+\frac{2L_1}{C}-\frac{2jL}{C}-\frac{2jL_1}{C}\right) - \sum_{i=1}^{n}\sum_{j=1}^{k}R\left(i,\ t-\frac{2jL}{C}-\frac{2jL_1}{C}\right)\right] \tag{15-84}$$

传感器实际量测到的速度和力的值是上述三部分波叠加的结果，故有：

$$v_m(t) = v_m^{(1)}(t) + v_m^{(2)}(t) + v_m^{(3)}(t)$$
$$P_m(t) = P_m^{(1)}(t) + P_m^{(2)}(t) + P_m^{(3)}(t) \tag{15-85}$$

在上述推导过程中，没有考虑应力波在传播过程中能量的耗散。实际上，只有在最初的 $4L/C$ 或 $3L/C$ 时间内，上述推导与实际情况还比较相符，以后误差就比较大了。假如在 $0 \leqslant t < 4L/C$ 范围内，即上式中 $k \leqslant 1$，任取间隔为 $2L/C$ 的两个时刻：

$$t_1 = t^*，\quad t_2 = t^* + 2L/C \tag{15-86}$$

测得力和速度的实际值，由式（15-78）~式（15-85）可以推得：

$$P_m(t^*) + P_m\left(t^*+\frac{2L}{C}\right) + Z \cdot v_m(t^*) - Z \cdot v_m\left(t^*+\frac{2L}{C}\right)$$

$$= \sum_{i=1}^{n}R(i,\ t^*) + \sum_{i=1}^{n}R\left(i,\ t^*+\frac{2L}{C}-\frac{2X_i}{C}\right) \tag{15-87}$$

假定在所考虑的时间内，例如，$0 < t \leqslant 4L/C$ 时各点的摩阻力是一个不随时间改变的常量，即有：

$$R\left(i,\ t^*+\frac{2L}{C}-\frac{2X_i}{C}\right) = R(i,\ t^*) = R(i) \tag{15-88}$$

那么，打桩时作用在桩身上的所有摩阻力的总和 R_T 为：

$$R_T(t^*) = \sum_{i=1}^{n}R(i,\ t^*) = \sum_{i=1}^{n}R\left(i,\ t^*+\frac{2L}{C}-\frac{2X_i}{C}\right)$$

$$= \frac{1}{2}\left[P_m(t^*) + P_m\left(t^*+\frac{2L}{C}\right)\right] + \frac{Z}{2}\left[v_m(t^*) - v_m\left(t^*+\frac{2L}{C}\right)\right] \tag{15-89}$$

这是 CASE 法中最基本的计算公式。通过间隔为 $2L/C$ 的两次测得的桩顶处 P_m 及 v_m 值，就可用式（15-89）求出锤击过程中作用在桩身上总的土反力值 R_T。

3. 试验设备

（1）锤击设备。高应变检测应采用专用的锤击设备，锤击设备可采用筒式柴油锤、液压锤、蒸汽锤等具有导向装置的打桩机械，不得采用导杆式柴油锤、振动锤。锤击设备应具有稳固的导向装置。

（2）桩垫。桩垫的作用，一是使锤击力分布均匀，调整锤击过程的持续时间，将锤击能量更有效地传递给桩；二是缓冲锤体的冲击力，使打桩压应力不超过容许值。可采用木垫、纸垫、草垫以及工业毛毡等桩垫。

（3）传感器。传感器是指将被测物理量变化值转变为电量变化值的器件，一般采用应变传感器来测定桩顶的力，用加速度传感器来测定桩顶的质点运动速度。

（4）打桩分析仪。打桩分析仪的实质是一套专用的数据信号采集处理系统，具有计算和实时的数据显示功能。

高应变法一天可完成桩的 10~30 根桩的检测工作，其试验装置如图 15-59 所示。

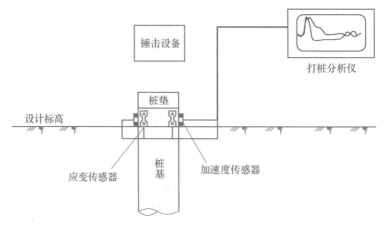

图 15-59　高应变检测装置示意图

4. 现场监测（检测）

（1）桩头处理。为确保试验时锤击力的正常传递和提高工作效率，应先凿掉桩顶部的破碎层和软弱混凝土，对灌注桩、桩头严重破损的混凝土预制桩和桩头已出现屈服变形的钢桩，试验前应对桩头进行修复或加固处理；桩头顶面应水平、平整，桩头中轴线与桩身中轴线应重合。桩头主筋应全部直通至桩顶混凝土保护层之下，各主筋应在同一高度上；距桩顶上 1 倍桩径范围内，宜用 3~5mm 钢板围裹或距桩顶 1.5 倍桩径范围内设箍筋，间距不宜大于 150mm。桩顶应设置钢筋网片 2~3 层，间距 60~100mm，桩头混凝土强度等级宜比桩身混凝土提高 1~2 级，且不得低于 C30；桩头应高出桩周土 2~3 倍桩径，桩周 1.2m 以内应平整夯实；桩头混凝土强度等级宜比桩身混凝土提高 1~2 级，且不得低于 C30。

（2）锤击设备的选取。对于预制桩（包括管桩），可以利用打桩机作为锤击装置进行试验；对于灌注桩，则需要选择专门的自由落锤锤击设备，包括锤体、导向架脱钩器等，调整锤重和锤的落距是关系到能否采集到合格有用信号的关键。锤重选取可按规程要求，即锤重应大于预估桩极限承载力的 1%~2%。落距大小是影响力峰值和桩顶速度的重要因素，落距过小，则能量不足；而落距过大，力峰值过大，易击碎桩顶。一般的落距控制在 1.0~2.0m 之间，最大落距≤2.5m，最好是重锤低击，锤重和锤落距的选取要使桩的锤击贯入度≥2.5mm，但不能超过 10mm。贯入度过小，土的强度发挥不充分，太大则不满足波动理论，实测波形失真。

（3）桩垫的选用。锤击脉冲的宽度与锤垫的厚薄、软厚程度、锤头的硬度以及锤重等因素有关。若桩垫过软，会降低锤击能量的传递，使桩贯入困难；若桩垫过硬，锤击力峰值过高，易击碎桩顶，故应根据实际情况选择合适的桩垫。通常桩头顶部设置桩垫，桩垫可采用 10~30mm 厚的木板或胶合板等材料。

（4）传感器的安置。传感器与桩的连接可以采用螺栓，也可以采用粘贴。加速度传感器和应变传感器各采用两个，在桩的两侧对称布置，以消除桩身弯曲应力的影响。传感器直接测到的信号是检测面上的应变和加速度的信号，要根据其他参数设定值计算后才能得到力和速度信号。故传感器检测截面应选择得当，既不能离桩顶太近，也不能离桩顶太远，一般安装在距桩顶 1~3 倍桩径的桩侧处。安装时还要注意传感器与桩身接触面的平整度，不平整的表面应做凿平处理，保证传感器轴线与桩轴线的平行。若采用螺栓连接时，应加弹簧垫圈。

（5）激振。选用合适的锤击设备，在桩顶进行激振。采用自由落锤为激振设备时，宜重锤低击，锤的最大落距不宜大于 2.0m。实测桩的单击贯入度应确认与所采集的振动信号相对应。用于推算桩的极限承载力时，桩的单击贯入度不得低于 2mm 且不宜大于 6mm。检测桩的极限承载力时，锤击次数宜为 2~3 击。

（6）信号的现场采集。对于每一根试桩，在规定的测试标高附近至少要记录基本特征相似的 5 锤以上完整的波形信号。检测桩身完整性和承载力时，应及时分析实测信号质量、桩顶最大锤击力和动位移。每根被检桩的有效信号数不应少于 2 组。参数设定和计算，应符合下列规定：

1）采样时间间隔宜为 50~200s，信号采样点数不宜少于 1024 点。

2）传感器的设定值应按计量检定或校准结果设定。

3）自由落锤安装加速度传感器测力时，力的设定值由加速度传感器设定值与重锤质量的乘积确定。

4）测点处的桩界面尺寸应按实际测量确定。

5）测点以下桩长和截面积可采用设计文件或施工记录提供的数据作为设定值。

5. 分析与评价

实测结果一般采用 CASE 法和 CAPWAPC 法进行分析。由于 CAPWAPC 法主要是依靠计算机程序进行分析，故本节只对 CASE 法进行重点介绍，关于 CAPWAPC 法的内容可以参考《基桩高应变动力检测规程》（JGJ 106—97）。

CASE 法在打桩现场测量的直接结果是取得一条力波曲线和一条速度波曲线（见图 15-60）。根据这两条曲线做现场实测分析或带回室内做更详细的分析计算。由于计算机计算程序无法判断现场采集的信号的可靠性，错误的信号也会产生相应的计算值，故需人为对采集的信号进行判断，对可靠性有疑问的信号应立即剔除。

单桩的极限承载力和桩侧摩阻力可通过 CASE 法进行测定，利用波在桩内以 $2L/C$ 为周期的反复传播、叠加的性质。

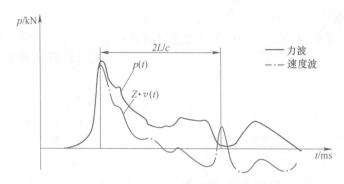

图 15-60　典型的 CASE 法现场记录波形

（1）由式（15-90），在一次锤击时，沿桩身各处所受的实际土反力值的总和为：

$$R_{\mathrm{T}}(t) = \frac{1}{2}\left[P_m(t) + P_m\left(t + \frac{2L}{C} \right) \right] + \frac{Z}{2}\left[v_m(t) - v_m\left(t + \frac{2L}{C} \right) \right] \tag{15-90}$$

由于土的总主力值 R_{T} 既包含了土的静阻力 R_{s} 也包含了土的动阻尼力，故单桩的极限承载力 R_{s} 可按式（15-91）计算：

$$R_{\mathrm{s}} = \max\left\{ \frac{1}{2}\left[P(t) + P\left(t + \frac{2L}{C} \right) \right] + \frac{Z}{2}\left[v(t) - v\left(t + \frac{2L}{C} \right) \right] - J_1\left[2P(t) - R_{\mathrm{T}}(t) \right] \right\}$$
$$\tag{15-91}$$

式中　　R_{s}——桩的极限承载力；

　　　　L——桩长；

　　　　C——应力波波速，$C = \sqrt{E/\rho}$；

　　　　Z——桩身材料的声阻抗，$Z = AE/C$；

　　　　J_1——CASE 阻尼系数；

　　$R_{\mathrm{T}}(t)$——作用在桩上总的土阻力；

　　　　t——时间，$0 < t \leqslant 2L/C$。

（2）桩侧摩阻力可按式（15-92）计算：

$$R_{\mathrm{ski}} = \max\{ P_m(t) - Z \cdot v_m(t) \} \qquad (0 < t < 2L/C) \tag{15-92}$$

必须指出，在桩尖附近，部分桩侧摩阻力产生的压力回波将和桩尖的拉力回波互相抵消，所以由式（15-92）求得的桩侧总摩阻力可能偏小。

（3）在 CASE 法中，需要人为选取的参数是土的阻尼系数 J。CASE 法的阻尼系数和史密斯法的阻尼系数是不同的，其取值也不相同。但从本质上来说和史密斯法的阻尼系数一样，都是一种经验修正系数。国外资料的典型数据见表 15-28 和表 15-29。

表 15-28　Goble 建议的 CASE 阻尼系数

土　的　类　型	取值范围	建议值
砂	0.05~0.20	0.05
粉砂和砂质粉土	0.15~0.30	0.15
粉　土	0.20~0.45	0.30
粉质黏土和黏质粉土	0.40~0.70	0.55
黏　土	0.60~1.10	1.10

表 15-29　瑞典 PID 公司建议的 CASE 阻尼系数

土 的 类 型	取值范围
砂	0.00~0.15
砂质粉土	0.15~0.25
粉质黏土	0.45~0.70
黏 土	0.90~1.20

CASE 阻尼系数对计算结果有较大的影响，具体取值又有很强的地区性和经验性，在实践中应多注意总结，特别是要积累地区性的动静对比资料，切忌盲目套用。在《建筑基桩检测技术规范》（JGJ 106—2014）中规定"阻尼系数 J 值宜根据同条件下静载试验结果校核，或应在已取得相近条件下可靠对比资料后，采用实测曲线拟合法确定 J 值，拟合计算的桩数不应少于检测总桩数的 30%，并不应少于 3 根"。

（4）CASE 法可通过对实测力波曲线和速度波曲线的分析，根据两者的相对变化关系来判断桩身的完整性情况。基本原理是根据锤击所产生的压力波向下传播，在有桩侧摩阻力或桩载面突然增大处会产生一个压力回波，这一压力波回到桩顶时，将使桩顶处的力增加，速度减小。同时，下行的压力波在桩载面突然减小处或有负摩阻力处，将产生一个拉力回波。拉力波返回桩顶时，将使桩顶处的力值小，速度增加。

根据收到拉力回波的时刻即可估算出拉力回波产生的位置，即桩身缺损使声阻抗变小的位置。缺损的损坏程度，可用损坏截面的声阻抗值 Z_2 与正常截面的声阻抗值 Z_1 的比值 β 来描述。β 为桩身截面的完整性指标。

$$\beta = Z_2/Z_1 = (1-\alpha)/(1+\alpha) \tag{15-93}$$

式中　Z_2/Z_1——缺损处应力波上下行波幅值的比值。

根据观察到的异常回波出现的时刻 t_x，即可求得缺陷距传感器的距离：

$$X = \frac{1}{2}Ct_x \tag{15-94}$$

由 β 值即可判断该截面上缺损的程度，见表 15-30。

表 15-30　桩身缺损鉴别标准

β	损坏程度	β	损坏程度
1.0	完好	0.6~0.8	损坏
0.8~1.0	轻微损坏	<0.6	断裂

应该指出 β 是声阻抗的比值，当桩是真空中的一根自由杆件时，两截面声阻抗之比即为两截面面积之比。但当缺损断面处有其他介质（例如土）存在，通过第二种介质也能传递部分能量时，Z_2 为两种介质的声阻抗之和，β 值将远大于桩身两截面面积之比。所以在土中当桩完全断开时，β 也不可能等于零。

当桩中的缺损比较轻微时（$\beta>0.8$），估算裂缝宽度 δ 的近似公式：

$$\delta = \frac{1}{2}\int_{t_1}^{t_2}\left(v - \frac{P-\Delta R}{Z}\right)dt \tag{15-95}$$

如图 15-61 所示，从发现异常回波的时刻 t_1 起，在速度波曲线上作一条与 P 波曲线平行的假想的速度波曲线 $(P-\Delta R)/Z$。这条假想的速度波曲线与实测速度波曲线再次相交的

时刻为 t_2。积分式（15-95）就是假想的速度波曲线与实测速度波曲线所围成的阴影部分面积。ΔR 为 t_1 时刻时两条曲线波的差值，即产生缺损截面以上桩身上的土的摩阻力：

$$\Delta R = P(t_1) - Z \cdot v(t_1) \tag{15-96}$$

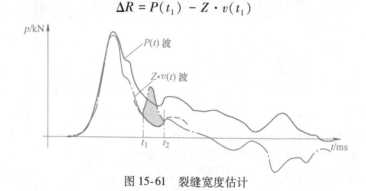

图 15-61　裂缝宽度估计

一般而言，利用 CASE 法测得的波形来判断缺陷的位置、范围和性质不如低应变方法灵敏，但 CASE 法的好处在于可以测定极限承载力和估算缺损的程度。

七、声波透射法基桩检测技术

1. 试验目的

声波透射法适用于混凝土灌注桩的桩身完整性检测，判定桩身缺陷的位置、范围和程度。

> ★　对于桩径小于 0.6m 的桩，不宜采用本方法进行桩身完整性检测。当桩径较小时，声波换能器与检测管的声耦合会引起较大的相对测试误差。

2. 试验原理

在灌注桩浇筑混凝土前将超声换能器放入桩身内部的预留孔道内，待灌注桩施工完毕并满足检测条件后，通过超声脉发射源向桩内发射高频弹性脉冲波，并用高精度的接收系统记录该脉冲波在混凝土内传播过程中表现的波动特性；声波在混凝土中传播时通过声时、波幅、波形等各种声学参数的量值及变化将有关混凝土材料性质、内部结构特征等有关信息反映出来，分析混凝土的质量、缺陷位置、性质和大小，进而判断混凝土的性能、内部结构完整性与组成情况等。

3. 试验设备

（1）超声波检测仪。超声波检测仪应具有下列功能：

1）实时显示和记录接收信号时程曲线以及频率测量或频谱分析。

2）最小采样时间间隔小于等于 0.5s，系统频带宽度应为 1~200kHz，声波幅值测量相对误差应小于 5%，系统最大动态范围不得小于 100dB。

3）首波实时显示并自动记录声波发射与接收换能器位置。

（2）声波发射与接收换能器。声波发射与接收换能器应满足下列规定：圆柱径向换能器沿径向振动应无指向性，外径应小于声测管内径，有效工作段长度不得大于 150mm，谐振频率应为 30~60kHz，水密性应满足 1MPa 水压不渗水。

（3）声测管。声测管为 50mm 镀锌钢管，声测管应下端封闭、上端加盖、管内无异物。声测管连接处应光滑过渡，管口应高出桩顶 100mm 以上，且各声测管管口高度宜一致。声测管埋设时应满足以下要求：

1）保证声测管内径大于换能器外径，且声测管应有足够的径向刚度，声测管材料的温度系数应与混凝土接近。

2）声测管应下端封闭、上端加盖、管内无异物，连接处应光滑过渡，管口应高出混凝土顶面 100mm 以上。

3）浇筑混凝土前应将声测管有效固定。

4）声测管应沿钢筋笼内侧呈对称形状布置（见图 15-62），并依此编号。

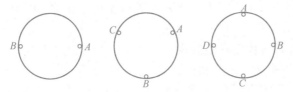

注：检测剖面组（检测剖面序号为 j）分别为：2 根管时，AB 剖面（$j=1$）；3 根管时，AB 剖面（$j=1$），BC 剖面（$j=2$），CA 剖面（$j=3$）；4 根管时，AB 剖面（$j=1$），BC 剖面（$j=2$），CD 剖面（$j=3$），DA 剖面（$j=4$），AC 剖面（$j=5$），BD 剖面（$j=6$）。

图 15-62　声测管布置示意图

其埋设数量规定如下（其中 D 为受检桩设计桩径）：$D \leqslant 800mm$，埋设不少于 2 根声测管；$800mm < D \leqslant 1600mm$，埋设不少于 3 根声测管；$D > 1600mm$，埋设不少于 4 根声测管。

4. 现场监测（检测）

在灌注桩混凝土浇注前，根据桩直径的大小预埋一定数量的深测管，作为换能器的通道，待具备检测条件后进行检测。检测时以每两根声测管为一组，将发射与接收声波换能器通过深度标志分别置于两根声测管中的管底，从下往上逐步提升（检测布置示意图见图 15-63）。

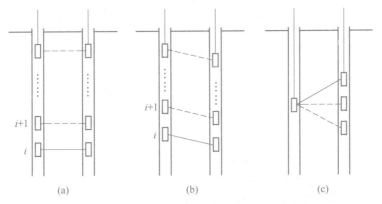

图 15-63　平测、斜测和扇形扫测示意图
（a）平测；（b）斜测；（c）扇形扫测

（1）采用平测法对桩的各检测剖面进行全面普查。超声脉冲信号从一根声测管中的换能器中发射出去，在另一根声测管中的换能器接收信号，超声仪测定有关参数，采集记录储存。

（2）对各检测剖面的测试结果进行综合分析确定异常测点。

1）采用概率法确定各检测剖面的声速临界值。

2）某一检测剖面的声速临界值与其他剖面或同一工程的其他桩的临界值相差较大，则应分析原因。如果是因为该剖面的缺陷点很多，声速离散太大，则应参考其他桩的临界值；如果是因声测管的倾斜所至，则应进行管距修正，再重新计算声速临界值；如果声速的离散性不大，但临界值明显偏低，则应参考声速低限值判据定断。

3）对低于临界值的测点或 PSD 判据（斜率法判据）中的可疑测点，如果其波幅值也明显偏低，则这样的测点可确定为异常点。

（3）对各剖面的异常测点进行细测（加密测试）。

1）采用加密平测和交叉斜测等方法验证平测普查对异常点的判断，并确定桩身缺陷在该剖面的范围和投影边界。

2）细测的主要目的是确定缺陷的边界，在加密平测和交叉斜测时，在缺陷的边界处，波幅较为敏感，会发生突变；声速和接收波形也会发生变化，应注意综合运用这些指标。

（4）综合各个检测剖面细测的结果推断桩身缺陷的范围和程度。

> ★　在桩身质量可疑的测点周围，采用加密测点（加密测点间距为 50mm），或采用斜测、扇形扫测进行复测，进一步确定桩身缺陷的位置和范围，斜测时收、发探头的中心连线与水平面的夹角不宜小于 30°。

5. 分析与评价

综合分析往往贯彻于检测过程的始终，因为检测过程中本身就包含了综合分析的内容（例如，对平测结果进行综合分析找出异常测点进行细测），而不是在现场检测完成后才进行综合分析。

（1）各测点的声时 t_c、声速 v、波幅 A_p 及主频 f，应根据现场检测数据、分别按下式计算：

$$t_{ci} = t_i - t_0 - t' \tag{15-97}$$

$$v_i = l'/t_{ci} \tag{15-98}$$

$$A_{pi} = 20\lg \frac{a_i}{a_0} \tag{15-99}$$

$$f_i = 1000/T_i \tag{15-100}$$

式中　t_{ci}——第 i 测点声时，μs；

　　　t_i——第 i 测点声时测量值，μs；

　　　t_0——仪器系统延迟时间，μs；

　　　t'——声测管及耦合水层声测修正值，μs；

　　　l'——每检测剖面相应两声测管的外壁间净距离，mm；

　　　v_i——第 i 测点声速，km/s；

　　　A_{pi}——第 i 测点波幅；

　　　a_i——第 i 测点信号波峰值，V；

　　　a_0——零分贝信号幅值，V；

f_i——第 i 测点信号主频值，kHz，也可由信号频谱的主频求得；

T_i——第 i 测点信号周期，μs。

（2）缺陷范围的推断。考察各剖面是否存在同一高程的缺陷。

如果不存在同一高程的缺陷，则该缺陷在桩身横截面的分布范围不大，该缺陷的纵向尺寸将由缺陷在该剖面的投影的纵向尺寸确定。

如果存在同一高程的缺陷，则依据该缺陷在各个检测剖面的投影大致推断该缺陷的纵向尺寸和在桩身横截面上的位置和范围。

对桩身缺陷几何范围的推断是判定桩身完整性类别的一个重要依据，也是声波透射法检测混凝土灌注桩完整性的优点。

（3）缺陷程度的推断。对缺陷程度的推断主要依据以下四个方面：

1）缺陷处实测声速与正常混凝土声速（或平均声速）的偏离程度。

2）缺陷处实测波幅与同一剖面内正常混凝土波幅（或平均波幅）的偏离程度。

3）缺陷处的实测波形与正常混凝土测点处实测波形相比的畸变程度。

4）缺陷处 PSD 判据的突变程度。

（4）在对缺陷的几何范围和程度作出推断后，对桩身完整性类别的判定可按表 15-31 描述的各种类别桩的特征进行。

表 15-31 桩身完整性判定

类别	特 征
Ⅰ	各检测剖面的声学参数均无异常，无声速低于限值异常
Ⅱ	某一检测剖面个别测点的声学参数出现异常，无声速低于限值异常
Ⅲ	某一检测剖面连续多个测点的声学参数出现异常； 两个或两个以上检测剖面在同一深度测点的声学参数出现异常； 局部混凝土声速出现低于限值异常
Ⅳ	某一检测剖面连续多个测点的声学参数出现异常； 两个或两个以上检测剖面在同一深度测点的声学参数出现异常； 桩身混凝土声速出现普遍低于限值异常或无法检测首波或声波接收信号严重畸变

在缺陷程度的推断中，相对于其他判据来说，声速的测试值最稳定，可靠性也最高，而且测试值是有明确物理意义的量，与混凝土强度有一定的相关性，是进行综合判定的主要参数。

声速临界值应按下列步骤计算：

将同一检测面各测点的声速值 v_i 由大到小依次排序，即

$$v_1 \geqslant v_2 \geqslant \cdots \geqslant v_i \geqslant \cdots \geqslant v_{n-k} \geqslant \cdots v_{n-1} \geqslant v_n \tag{15-101}$$

式中 v_i——按序列排列后的第 i 个测点的声速测量值；

n——某检测剖面的测点数；

k——逐一去掉式（15-101）中 v_i 序列尾部最小数值的数据个数。

对逐一去掉 v_i 序列中最小值后余下的数据进行统计计算，当去掉最小数值的数据个数为 k 时，对包括 v_{n-k} 在内的余下数据 $v_1 \sim v_{n-k}$ 按下列公式进行统计计算：

$$v_0 = v_m - \lambda_1 s_v \tag{15-102}$$

$$v_m = \frac{1}{n-k} \sum_{i=1}^{n-k} v_i \qquad (15\text{-}103)$$

$$s_v = \sqrt{\frac{1}{n-k-1} \sum_{i=1}^{n-k} (v_i - v_m)^2} \qquad (15\text{-}104)$$

式中　v_0——异常判断值；

　　　　v_m——$(n-k)$ 个数据的平均值；

　　　　s_v——$(n-k)$ 个数据的标准差；

　　　　λ_1——由表 15-32 查得的与 $(n-k)$ 相对应的系数。

表 15-32　统计数据个数 $(n-k)$ 与对应的值

$n-k$	20	22	24	26	28	30	32	34	36	38
λ_1	1.64	1.69	1.73	1.77	1.80	1.83	1.86	1.89	1.91	1.94
$n-k$	40	42	44	46	48	50	52	54	56	58
λ_1	1.96	1.98	2.00	2.02	2.04	2.05	2.07	2.09	2.10	2.11
$n-k$	60	62	64	66	68	70	72	74	76	78
λ_1	2.13	2.14	2.15	2.17	2.18	2.19	2.20	2.21	2.22	2.23
$n-k$	80	82	84	86	88	90	92	94	96	98
λ_1	2.24	2.25	2.26	2.27	2.28	2.29	2.29	2.30	2.31	2.32

将 v_{n-k} 与异常判断值 v_0 进行比较，当 $v_{n-k} \leqslant v_0$ 时，v_{n-k} 及其以后的数据均为异常，去掉 v_{n-k} 及其以后的异常数据；再用数据 $v_1 \sim v_{n-k-1}$ 并重复式（15-102）~式（15-104）的计算步骤，直到 v_i 序列中余下的全部数据满足：

$$v_i > v_0 \qquad (15\text{-}105)$$

此时，v_0 为声速的异常判断临界值 v_{c0}。

声速异常时的临界值判据为：

$$v_i \leqslant v_{c0} \qquad (15\text{-}106)$$

当式（15-106）成立时，声速可判定为异常。

思　考　题

15-1　基坑工程现场监测内容和监测方法有哪些？

15-2　基坑工程现场监测点的布置原则是什么？

15-3　基坑工程监测中为什么要设定报警值，报警值由哪些监测量控制？

15-4　路基填筑质量控制的常用测试指标有哪些，不同行业所采用的测试指标及控制标准分别是什么？

15-5　路基工程中沉降变形监测技术有哪些，在用实测数据推算工后沉降时，有哪些需要注意的地方？

15-6　隧道现场监控量测的内容主要有哪些，监测警戒值的确定原则是什么？

15-7　竖井或基坑施工过程中，围护结构与周围土体变形是否协调一致？反映基桩质量的主要指标有哪些？

15-8　桩的竖向抗压静载试验和地基土的静载试验在哪些方面存在差异？

15-9　低应变法和高应变法的区别体现在哪些方面？

参 考 文 献

[1] 中华人民共和国国家标准.GB 50308—2008《城市轨道交通工程测量规范》[S].北京：中国建筑工业出版社，2008.

[2] 中华人民共和国国家标准.GB/T 50269—2015《地基动力特性测试规范》[S].北京：中国计划出版社，2015.

[3] 中华人民共和国国家标准.GB 50157—2013《地铁设计规范》 [S].北京：中国建筑工业出版社，2013.

[4] 中华人民共和国国家标准.GB 50026—2007《工程测量规范》[S].北京：中国计划出版社，2008.

[5] 中华人民共和国国家标准.GB/T 50266—2013《工程岩体试验方法标准》[S].北京：中国计划出版社，2013.

[6] 中华人民共和国国家标准.GB 50202—2002《建筑地基基础工程施工质量验收规范》[S].北京：中国计划出版社，2004.

[7] 中华人民共和国国家标准.GB 50007—2011《建筑地基基础设计规范》[S].北京：中国建筑工业出版社，2012.

[8] 中华人民共和国国家标准.GB 50497—2009《建筑基坑工程监测技术规范》[S].北京：中国计划出版社，2009.

[9] 中华人民共和国国家标准.GB 50011—2010《建筑抗震设计规范》[S].北京：中国建筑工业出版社，2010.

[10] 中华人民共和国国家标准.GB/T 50145—2007《土的工程分类标准》[S].北京：中国计划出版社，2007.

[11] 中华人民共和国国家标准.GB/T 50123—1999《土工试验方法标准》[S].北京：中国计划出版社，1999.

[12] 中华人民共和国国家标准.GB/T 50279—2014《岩土工程基本术语标准》[S].北京：中国计划出版社，2014.

[13] 中华人民共和国国家标准.GB 50021—2001《岩土工程勘察规范》（2009 年修订版）[S].北京：中国建筑工业出版社，2009.

[14] 中华人民共和国国家标准.GB 50290—2014《土工合成材料应用技术规范》[S].北京：中国计划出版社，2014.

[15] 中华人民共和国行业标准.DL/T 5355—2006《水利水电工程土工试验规范》[S].北京：中国电力出版社，2006.

[16] 中华人民共和国行业标准.DL/T 5368—2007《水电水利工程岩石试验规程》[S].北京：中国电力出版社，2007.

[17] 中华人民共和国行业标准.JGJ 8—2016，J719—2016《建筑变形测量规范》[S].北京：中国建筑工业出版社，2016.

[18] 中华人民共和国行业标准.JGJ 79—2002《建筑地基处理技术规范》[S].北京：中国建筑工业出版社，2002.

[19] 中华人民共和国行业标准.JGJ 79—2012《建筑地基处理技术规范》[S].北京：中国建筑工业出版社，2013.

[20] 中华人民共和国行业标准.JGJ 120—2012《建筑基坑支护技术规程》[S].北京：中国建筑工业出版社，2012.

[21] 中华人民共和国行业标准.JGJ 106—2014《建筑基桩检测技术规范》[S].北京：中国建筑工业出版社，2014.

［22］中华人民共和国行业标准．JGJ 94—2008《建筑桩基技术规范》［S］．北京：中国建筑工业出版社，2008.

［23］中华人民共和国行业标准．JT/T 738—2009《基桩静载试验自平衡法》［S］．北京：人民交通出版社，2009.

［24］中华人民共和国行业标准．JTG D30—2015《公路路基设计规范》［S］．北京：人民交通出版社，2015.

［25］中华人民共和国行业标准．JTG D70/2—2014《公路隧道设计规范》［S］．北京：人民交通出版社，2014.

［26］中华人民共和国行业标准．JTG E40—2007《公路土工试验规程》［S］．北京：人民交通出版社，2007.

［27］中华人民共和国行业标准．JTG E41—2005《公路工程岩石试验规程》［S］．北京：人民交通出版社，2005.

［28］中华人民共和国行业标准．JTG E50—2006《公路工程土工合成材料试验规程》［S］．北京：人民交通出版社，2006.

［29］中华人民共和国行业标准．JTG/T F50—2011《公路桥涵施工技术规范》［S］．北京：人民交通出版社，2011.

［30］中华人民共和国行业标准．JTJ 240—1997《港口工程地质勘察规范》［S］．北京：人民交通出版社，1997.

［31］中华人民共和国行业标准．JTS 133-1—2010《港口岩土工程勘察规范》［S］．北京：人民交通出版社，2010.

［32］中华人民共和国行业标准．SL264—2001《水利水电工程岩石试验规程》［S］．北京：水利水电出版社，2001.

［33］中华人民共和国行业标准．SL/T 235—2012《土工合成材料测试规程》［S］．北京：中国水利水电出版社，2012.

［34］中华人民共和国行业标准．SL237—1999《土工试验规程》［S］．北京：水利水电出版社，1999.

［35］中华人民共和国行业标准．TBJ 37—1993《静力触探技术规则》［S］．北京：中国铁道出版社，1993.

［36］中华人民共和国行业标准．TB 10001—2016《铁路路基设计规范》［S］．北京：中国铁道出版社，2016.

［37］中华人民共和国行业标准．TB 10102—2010《铁路工程土工试验规范》［S］．北京：中国铁道出版社，2010.

［38］中华人民共和国行业标准．TB 10102—2010《铁路土工试验规程》［S］．北京：中国铁道出版社，2010.

［39］中华人民共和国行业标准．TB 10121—2007《铁路隧道监控量测技术规程》［S］．北京：中国铁道出版社，2007.

［40］中华人民共和国行业标准．TB 10751—2010《高速铁路路基工程施工质量验收标准》［S］．北京：中国铁道出版社，2011.

［41］中华人民共和国行业标准．TB 10621—2014《高速铁路设计规范》［S］．北京：中国铁道出版社，2014.

［42］北京市地方标准．DB11/490—2007《地铁工程监控量测技术规程》［S］．北京：2007.

［43］江西省工程建设标准．DB 36/J002—2006《桩身自反力平衡静载试验技术规程》［S］．南昌：2006.

［44］山东省工程建设标准．DBJ/T14-005—2009《基桩承载力自平衡检测技术规程》［S］．济南：2009.

［45］江苏省地方标准．DB32/T 291—1999《桩承载力自平衡测试技术规程》［S］．南京：1999.

［46］ Ulusay R, Hudson J A. The Complete ISRM Suggested Methods for Rock Characterization. Testing and Monitoring: 1974～2006 ［M］. Ankara, Turkey: Commission on Testing Methods, International Society of Rock Mechanics, 2007.

［47］ 包承纲. 堤防工程土工合成材料应用技术 ［M］. 北京: 中国水利水电出版社, 1999.

［48］ 北京交通大学. 地铁工程监测测量管理与技术 ［M］. 北京: 中国建筑工业出版社, 2013.

［49］ 柴华友, 吴慧明, 张电吉, 等. 弹性介质中表面波理论及其在岩土工程中的应用 ［M］. 北京: 科学出版社, 2008.

［50］ 常士骠, 张苏民. 工程地质手册（第四版）［M］. 北京: 中国建筑工业出版社, 2007.

［51］ 范广勤. 岩土工程流变力学 ［M］. 北京: 煤炭工业出版社, 1993.

［52］ 付志亮. 岩石力学试验教程 ［M］. 北京: 化学工业出版社, 2010.

［53］ 胡一峰, 李怒放. 高速铁路无砟轨道路基设计原理 ［M］. 北京: 中国铁道出版社, 2010.

［54］ 孔纲强. 路基工程 ［M］. 北京: 清华大学出版社, 2013.

［55］ 宫全美. 铁路路基工程 ［M］. 北京: 中国铁道出版社, 2007.

［56］ 龚晓南. 地基处理手册 ［M］. 中国建筑工业出版社, 2008.

［57］ 顾晓鲁, 钱鸿缙, 刘惠珊, 等. 地基与基础（第三版）［M］. 北京: 中国建筑工业出版社, 2003.

［58］ 姜朴. 现代土工测试技术 ［M］. 北京: 中国水利水电出版社, 1997.

［59］ 李欣, 冷毅飞, 等. 岩土工程现场监测 ［M］. 北京: 地质出版社, 2015.

［60］ 林在贯, 高大钊, 顾宝和, 等. 岩土工程手册 ［M］. 北京: 中国建筑工业出版社, 1994.

［61］ 林宗元. 岩土工程试验监测手册 ［M］. 北京: 中国建筑工业出版社, 2005.

［62］ 刘建坤, 杨军. 路基工程 ［M］. 北京: 中国建筑工业出版社, 2014.

［63］ 刘招伟, 赵运臣. 城市地下工程施工监测与信息反馈技术 ［M］. 北京: 科学出版社, 2006.

［64］ 娄炎, 何宁. 地基处理监测技术 ［M］. 北京: 中国建筑工业出版社, 2015.

［65］ 卢廷浩. 土力学（第二版）［M］. 南京: 河海大学出版社, 2005.

［66］ 罗骐先. 桩基工程检测手册（第三版）［M］. 北京: 人民交通出版社, 2010.

［67］ 南京水利科学研究院土工研究所. 土工试验技术手册 ［M］. 北京: 人民交通出版社, 2002.

［68］ 普拉卡什 S. 土动力学 ［M］. 徐攸在, 等译. 北京: 中国水利水电出版社, 1984.

［69］ 钱家欢, 殷宗泽. 土工原理与计算 ［M］. 北京: 中国水利电力出版社, 1994.

［70］ 钱家欢. 土力学（第二版）［M］. 南京: 河海大学出版社, 1995.

［71］ 仇玉良. 隧道检测监测技术及信息化智能管理系统 ［M］. 北京: 人民交通出版社, 2013.

［72］ 沈扬. 土力学原理十记 ［M］. 北京: 中国建筑工业出版社, 2015.

［73］ 侍倩. 土工试验与测试技术 ［M］. 北京: 化学工业出版社, 2005.

［74］ 石林珂. 岩土工程原位测试 ［M］. 郑州: 郑州大学出版社, 2003.

［75］ 孙汝建 关秉洪. 国外岩土工程监测仪器 ［M］. 何宁译. 南京: 东南大学出版社, 2006.

［76］ 唐大雄. 工程岩土学（第二版）［M］. 北京: 地质出版社, 1999.

［77］ 王保田. 土工测试技术（第二版）［M］. 南京: 河海大学出版社, 2004.

［78］ 王宝学, 杨同, 张磊. 岩石力学实验指导书 ［M］. 北京: 北京科技大学, 2008.

［79］ 谢才军, 林贤根. 基坑变形监测与 VB 编程 ［M］. 杭州: 浙江大学出版社, 2012.

［80］ 徐超, 石振明, 高彦斌, 等. 岩土工程原位测试 ［M］. 上海: 同济大学出版社, 2005.

［81］ 徐满意, 周福田. 水运工程试验检测人员考试用书地基与基础 ［M］. 北京: 人民交通出版社, 2010.

［82］ 徐攸在. 桩的动测新技术（第二版）［M］. 北京: 中国建筑工业出版社, 2002.

［83］ 徐志英. 岩石力学 ［M］. 北京: 中国水利水电出版社, 1993.

［84］ 袁聚云. 土工试验与原理 ［M］. 上海: 同济大学出版社, 2003.

[85] 袁聚云，徐超，赵春风，等．土工试验与原位测试 [M]．上海：同济大学出版社，2004．

[86] 袁聚云，徐超，贾敏才，等．岩土体测试技术 [M]．北京：中国水利水电出版社，2011．

[87] 岳建平．城市地面沉降监控理论与技术 [M]．北京：科学出版社，2012．

[88] 宰金珉．岩土工程测试与监测技术 [M]．北京：中国建筑工业出版社，2008．

[89] 曾进伦．地下工程施工技术 [M]．北京：高等教育出版社，2001．

[90] 张留俊，王福胜，刘建都．高速公路软土地基处理技术 [M]．北京：人民交通出版社，2002．

[91] 周传波，陈建平，罗学东，等．地下建筑工程施工技术 [M]．北京：人民交通出版社，2008．

[92] 周志刚，郑健龙．公路土工合成材料设计原理及工程应用 [M]．北京：人民交通出版社，2001．

[93] 中铁建港航局集团岩土工程有限公司．珠三角软基处理试验工程报告集 [M]．北京：人民交通出版社，2012．

[94] 沈扬．考虑主应力方向变化的原状软黏土试验研究 [D]．杭州：浙江大学，2007．

[95] 崔雨．某高速公路桥头段路基整体滑移事故分析与整治 [J]．四川建材，2011，37（3）：178~181．

[96] 龚维明，戴国亮，蒋永生，等．桩承载力自平衡测试理论与实践 [J]．建筑结构学报，2002，23（1）：4~6，82~88．

[97] 顾长存，余湘娟，赵慧．南京市纬八路西延道路软基处理的现场试验研究 [J]．河海大学学报（自然科学版），2005，33（s）：126~129．

[98] 顾培英，吴亚忠，邓昌．基坑深层土体水平位移监测影响因素浅析 [J]．矿产勘查，2007，10（6）：76~78．

[99] 孔纲强，余湘娟，周立朵，等．区域道路真空预压处治软基沉降现场试验分析 [J]．防灾减灾工程学报，2015，35（6）：733~737．

[100] 姜丽丽，吴勇，尹恒，等．三维激光扫描技术在地表巨粒组粒度分析中的应用 [J]．地质灾害与环境保护，2012，23（1）：103~107．

[101] 刘欢迎，周克明．孔隙水压力计的几种不同埋设方法 [J]．人民珠江，2004，25（3）：63~64．

[102] 彭社琴，赵其华．超深基坑土压力监测成果分析 [J]．岩土力学，2006，27（4）：657~661．

[103] 沈扬，周建，张金良，等．新型空心圆柱仪的研制与应用 [J]．浙江大学学报（工学版），2007，41（9）：1450~1456．

[104] 滕俊常，林弘，孙志鸿．分层沉降观测技术的应用 [J]．黑龙江交通科技，2001，24（2）：13~14．

[105] 王如宾，徐卫亚，王伟，等．坝基硬岩蠕变特性试验及其蠕变全过程中的渗流规律 [J]．岩石力学与工程学报，2010，29（5）：960~969．

[106] 吴松华，谢锦涛．深层水平位移监测中测斜管的埋设施工 [J]．低温建筑技术，2012，34（7）：126~127．

[107] 叶国良．地基基础沉降观测方法综述 [J]．中国港湾建设，2003（3）：18~21．

[108] 赵秀绍，孙瑞民，杨凤灵．孔隙水压力计埋设过程中的问题研究 [J]．金属矿山，2007，38（6）：47~50．

[109] 上海地质调查研究院．上海市地面沉降监测水准网数据处理优化设计报告 [A]．2007．

[110] 张功新，莫海鸿，董志良．孔隙水压力测试和分析中存在的问题及对策 [C]．广东省岩土力学与工程学会成立 20 周年暨 2006 年学术研讨会．2006：3535~3538．

冶金工业出版社部分图书推荐

书　名	作　者	定价(元)
冶金建设工程	李慧民　主编	35.00
建筑工程经济与项目管理	李慧民　主编	28.00
土木工程安全管理教程（本科教材）	李慧民　主编	33.00
工程结构抗震（本科教材）	王社良　主编	45.00
现代建筑设备工程（第2版）（本科教材）	郑庆红　等编	59.00
土木工程材料（本科教材）	廖国胜　主编	40.00
混凝土及砌体结构（本科教材）	王社良　主编	41.00
地下建筑工程（本科教材）	门玉明　主编	45.00
建筑工程安全管理（本科教材）	蒋臻蔚　主编	30.00
工程经济学（本科教材）	徐　蓉　主编	30.00
工程地质学（本科教材）	张　荫　主编	32.00
工程造价管理（本科教材）	虞晓芬　主编	39.00
建筑施工技术（第2版）（国规教材）	王士川　主编	42.00
建筑结构（本科教材）	高向玲　编著	39.00
建设工程监理概论（本科教材）	杨会东　主编	33.00
土力学地基基础（本科教材）	韩晓雷　主编	36.00
建筑安装工程造价（本科教材）	肖作义　主编	45.00
高层建筑结构设计（第2版）（本科教材）	谭文辉　主编	39.00
土木工程施工组织（本科教材）	蒋红妍　主编	26.00
施工企业会计（第2版）（国规教材）	朱宾梅　主编	46.00
工程荷载与可靠度设计原理（本科教材）	郝圣旺　主编	28.00
流体力学及输配管网（本科教材）	马庆元　主编	49.00
土木工程概论（第2版）（本科教材）	胡长明　主编	32.00
土力学与基础工程（本科教材）	冯志焱　主编	28.00
建筑装饰工程概预算（本科教材）	卢成江　主编	32.00
建筑施工实训指南（本科教材）	韩玉文　主编	28.00
支挡结构设计（本科教材）	汪班桥　主编	30.00
建筑概论（本科教材）	张　亮　主编	35.00
SAP2000结构工程案例分析	陈昌宏　主编	25.00
理论力学（本科教材）	刘俊卿　主编	35.00
岩石力学（高职高专教材）	杨建中　主编	26.00
建筑设备（高职高专教材）	郑敏丽　主编	25.00
现行冶金工程施工标准汇编（上册）		248.00
现行冶金工程施工标准汇编（下册）		248.00